职业教育BIM应用技术系列教材

BIM技术应用实务

主　编　应仁仁　王　伟　王　强　欧阳彬生

参　编　陈　琳　谢雪红　梁艳晨　唐文俊

主　审　罗　军

机 械 工 业 出 版 社

本书以Revit软件为操作平台，全面介绍使用该软件进行建模设计的方法和技巧。全书共五个模块，分别为BIM概述、结构专业建模、建筑专业建模、深化设计、体量与族，各模块既可独立成册，又相互关联，覆盖了使用Revit进行建筑、结构建模设计的全过程。各模块部分任务配套了过关练习，以强化建模技能。

本书既适合作为高等院校建筑类专业的相关课程教材，也可作为BIM软件培训班的教材，还可作为相关专业技术人员和自学者的参考和学习用书。

为方便教学，本书还配有电子课件及相关资源，凡使用本书作为教材的教师可登录机械工业出版社教育服务网 www.cmpedu.com 注册下载。机工社职教建筑群（教师交流QQ群）：221010660。咨询电话：010-88379934。

图书在版编目（CIP）数据

BIM技术应用实务 / 应仁仁等主编. —北京：机械工业出版社，2021.7
职业教育BIM应用技术系列教材
ISBN 978-7-111-68297-4

Ⅰ.①B… Ⅱ.①应… Ⅲ.①建筑设计－计算机辅助设计－应用软件－高等学校－教材 Ⅳ.①TU201.4

中国版本图书馆CIP数据核字（2021）第095038号

机械工业出版社（北京市百万庄大街22号 邮政编码100037）
策划编辑：沈百琦 责任编辑：沈百琦 王莹莹
责任校对：张 力 封面设计：马精明
责任印制：常天培
北京机工印刷厂印刷
2021年8月第1版第1次印刷
184mm × 260mm · 17.25印张 · 421千字
0001—1500册
标准书号：ISBN 978-7-111-68297-4
定价：54.90元

电话服务	网络服务
客服电话：010-88361066	机 工 官 网：www.cmpbook.com
010-88379833	机 工 官 博：weibo.com/cmp1952
010-68326294	金 书 网：www.golden-book.com
封底无防伪标均为盗版	机工教育服务网：www.cmpedu.com

前 言

BIM（Building Information Modeling，建筑信息模型）技术作为建筑产业数字化转型的重要基础支撑，在建筑领域得到迅猛发展。新技术在革新行业的同时，也对高校人才培养提出了新的需求。2019年，教育部推出职业教育改革“1+X”证书制度试点工作，在首批推出的试点领域中，将建筑信息模型（BIM）列为工程建设领域的“1+X”证书制度教育改革试点，开设BIM及相关课程势在必行，相关人才培养显得尤为紧迫。

本书以Autodesk Revit软件为基础，从实用角度出发，采用“模块分解、任务描述、知识学习、实例示范”的结构编排形式，较为全面地介绍了建筑设计与室内设计中Revit软件的基本概念、操作技巧、方法流程和案例应用等内容，贴近国内工程设计和实践。

本书共分为五个模块：BIM概述、结构专业建模、建筑专业建模、深化设计、体量与族，各模块既可独立成册，又相互关联，覆盖了使用Revit进行建筑、结构建模设计的全过程。各模块相关任务配套了过关练习，作为过关考核，强化学生的技能训练。本书具有如下特色：

（1）以企业、行业对人才的岗位要求为指导，以项目为导向，注重理论与实际的融合。整体布局按照BIM工程师实际工作流程进行排列组织，遵循从建筑到室内、从建模到应用、从主体到细节，从简单到复杂、从一般到特殊的逻辑顺序，使教学内容与岗位需求相吻合，具有较强的针对性和实用性。

（2）校企合作 双元育人，注重内容与标准的融合。编写初期，邀请江西恒实建设管理股份有限公司企业专家唐文俊参与策划与编写教材，较好地做到教材内容与实际职业标准、岗位职责相一致。本书以已完工的实际工程（某办公楼）为例贯穿整个教学过程，保证了教材的系统性以及案例的规范性，教材配套电子版图样也可免费下载。

（3）教材内容通俗易懂，注重知识与技能的融合。通过完整的项目案例为载体，利用

"一图一练"的模式进行讲解，将复杂项目过程更加直观化，学生也更容易理解内容与提升技能。

（4）以"1+X"BIM 职业技能等级证书为依托，注重课程与取证的融通。教材内容涵盖了"1+X"BIM 职业技能等级证书的考试大纲的要求，并以此合理设置教材内容，使学生更易取证，适应"双证融通"的教学需要。

（5）融入课程思政内容，注重技能与素养的融合。通过增加"思政目标"以及"延伸阅读与分享"强化对学生职业素养的培养，适应当前职业教育"知行合一　德技并修"的教学目标。

（6）配套立体化数字资源，注重适用与实用的融合。本书配套大量的微课视频、电子课件、案例图样，以及配套对应的线上课程（超星平台），方便学生们自学使用，也让本书更加好用、适用、实用。

本书由江西现代职业技术学院应仁仁、王伟、王强、欧阳彬生担任主编，参与编写的还有江西现代职业技术学院陈琳、谢雪红、梁艳晨和江西恒实建设管理股份有限公司唐文俊，全书由应仁仁统稿，由江西现代职业技术学院罗军主审，并对教材进行了编排。具体编写分工如下：欧阳彬生编写了模块一；王伟编写了模块二；应仁仁编写了模块三；陈琳编写了模块四中的任务 4.1、4.2；王强编写了模块四中的任务 4.3 和模块五。本书中的微课视频由应仁仁、王伟、王强、罗军负责录制，谢雪红参与了视频编辑。此外，梁艳晨、唐文俊也参与了本书部分内容的编写。

最后，感谢读者选择了本书，希望编者的努力对读者的学习和工作有所帮助，也希望广大读者把对本书的意见和建议告知编者。由于编者水平和经验有限，书中难免有疏漏与不足之处，敬请读者批评指正。

编　者

微课视频清单

名　称	图　形	名　称	图　形
01　概述		11　复制编辑楼板	
02　图元操作与编辑		12　按草图创建楼梯	
03　绘制与编辑标高		13　按草图设计楼梯	
04　绘制与编辑轴网		14　按构件绘制楼梯	
05　创建柱子		15　复制楼梯	
06　创建基本墙		16　创建坡道	
07　幕墙绘制自动生成		17　栏杆与扶手	
08　创建编辑常规门		18　创建迹线屋顶	
09　创建编辑常规窗		19　创建拉伸屋顶	
10　创建楼板		20　创建竖井洞口	

（续）

名　称	图　形	名　称	图　形
21　创建垂直洞口		31　打印输出	
22　绘制地形表面		32　内建体量实例	
23　绘制建筑地坪		33　杯口基础绘制	
24　创建地形子域面		34　栏杆绘制	
25　构件布置		35　融合实例	
26　布置相机视图		36　螺栓绘制	
27　渲染图像		37　柱顶饰条	
28　创建漫游		38　凉亭绘制	
29　创建明细表		39　百叶窗绘制	
30　设置布图和出图样式			

超星学习通教师端操作流程

1. 下载学习通 APP，用手机号注册

2. 点击首页“课程”→“新建课程”→“用示范教学包建课”

3. 搜索“BIM 技术应用实务（机工版）”→点击建课，一键引用该示范教学包

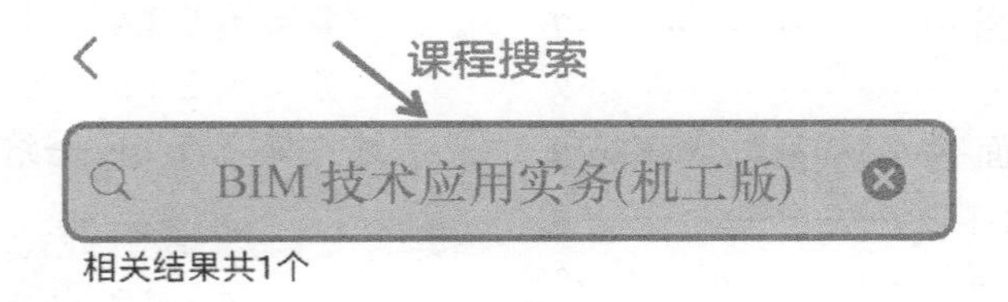

4. 建课完毕后，打开班级二维码，让学生扫码进班，开展混合式教学

目 录

BIM

模块一 BIM 概述

■ 知识目标：

1. 了解 BIM 发展历史和主要特点；
2. 了解 BIM 在施工领域的应用；
3. 掌握 Revit 软件的界面组成。

■ 技能目标：

1. 能够完成 Revit 软件的安装、启动与退出；
2. 能够完成基本的图元操作和编辑。

■ 思政目标：

通过介绍我国 BIM 发展的现状及在施工领域的应用，激励学生奋发图强，敢于挑战新技术，自力更生发展我国软件，从而培养学生职业理想，树立从业意识，端正从业态度。

1.1 BIM 概念及特点

概述

1.1.1 BIM 概念

Building Information Modeling（BIM，建筑信息模型）是通过创建并利用数字模型对项目进行设计、建造及运营管理的过程。作为一种可视化的数字建筑模型技术以及为设计师、建造师、机电安装工程师、开发商乃至最终用户等各环节人员提供模拟和分析的数据协同平台，BIM 技术推广和发展能使工作效率大幅提升，能有效降低劳动强度，服务于项目全寿命周期，如图 1-1 所示。

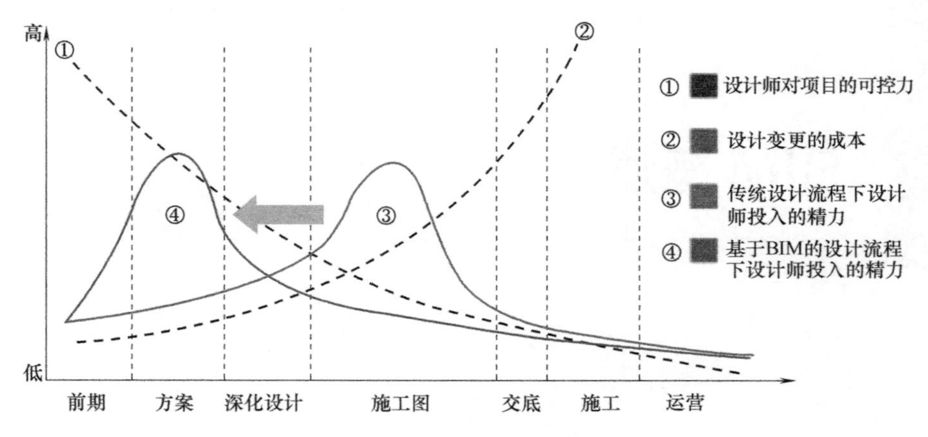

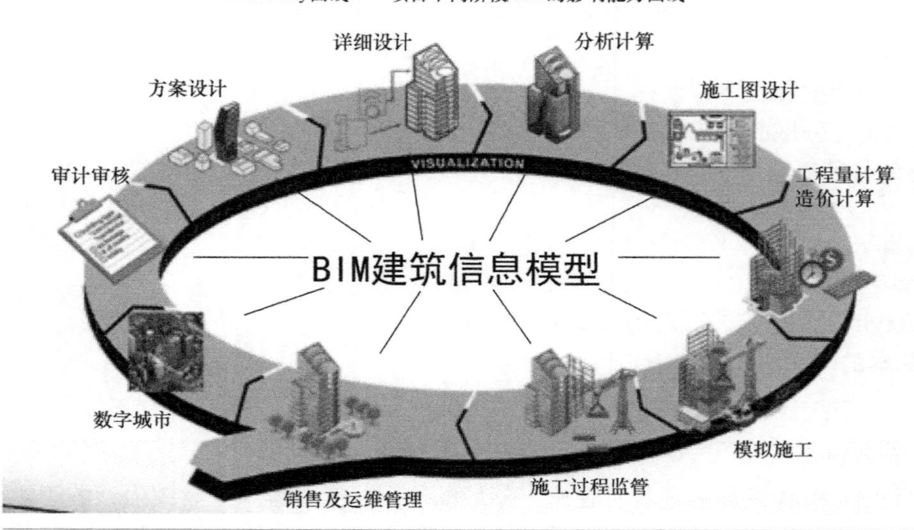

图 1-1 工程项目不同阶段的 BIM 应用

自从 1975 年，美国的 Chuck Eastman 教授提出了建筑物计算机模拟系统（Building Description System，BDS）的概念以来，建筑信息模型即 BIM 技术理念得以迅速发展。建筑信息模型（BIM）的概念最开始在美国得以推广应用，随后欧洲、日本、新加坡等国家也得到了积极的推广。

美国 BIM 标准（NBIMS）对 BIM 的定义有 3 个层次的含义：

1）BIM 是一个设施（建设项目）物理和功能特性的数字表达；

2）BIM 是一个共享的知识资源，是一个分享有关这个设施的信息，为该设施从建设到拆除的全生命周期中的所有决策提供可靠依据的过程；

3）在项目的不同阶段，不同利益相关方通过在 BIM 提取、更新和修改信息，以支持和反映其各自职责的协同作业。

1.1.2 BIM 特点

根据 BIM 的概念，结合工程建设实践，总结出 BIM 具有 5 个特点：可视化、协调性、模拟性、优化性和可出图性。

1. 视图可视化

视图可视化是指，通过 BIM 技术，视图上可实现由二维图纸到三维模型，如图 1-2 所示。

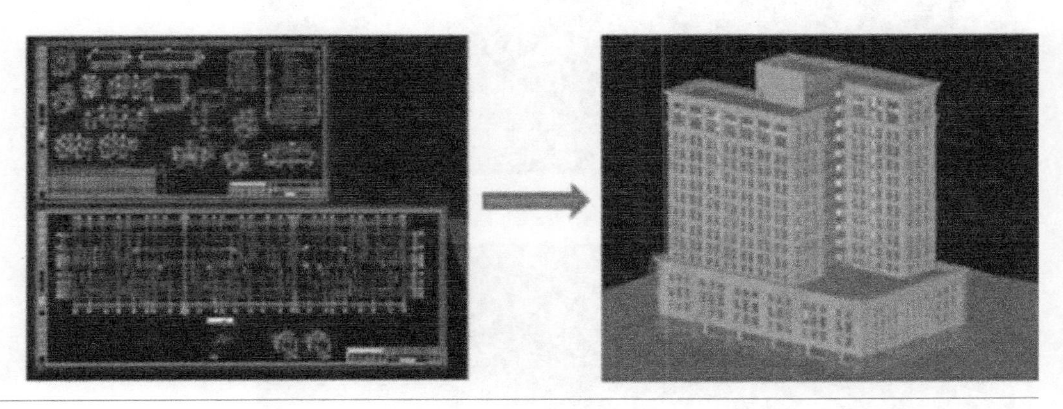

图 1-2　视图可视化

2. 过程可视化

过程可视化是指建设项目信息的传输与共享，使得整个建造过程可视化，如图 1-3 所示。

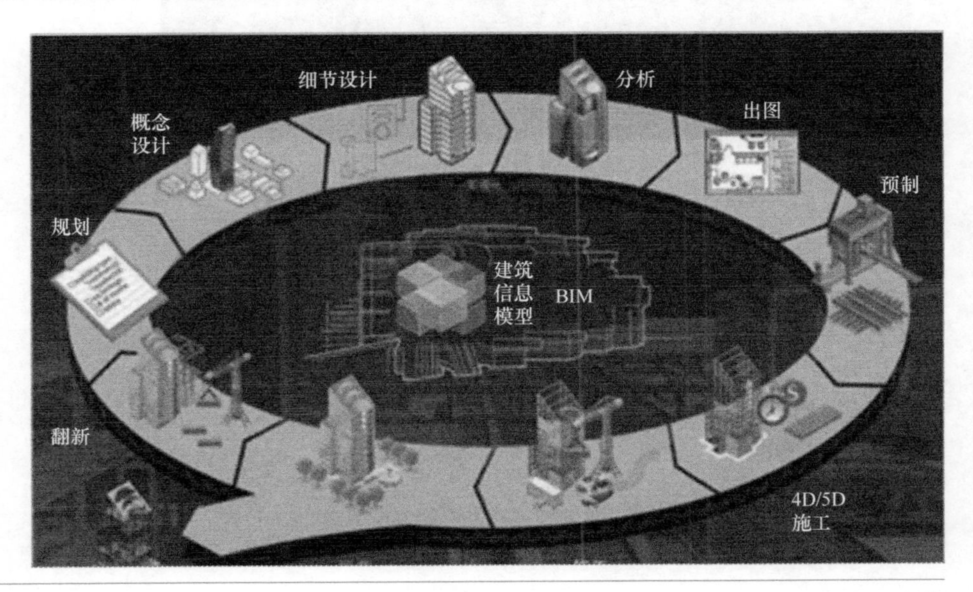

图 1-3　过程可视化

3. 建筑物各构件间的协调

通过 BIM 技术，建筑物的各个构件、管道、钢筋等，通过碰撞检查，可使其避免冲突，如图 1-4 所示。

4. 各阶段、各参与方工作协调

通过 BIM 技术实现信息的共享，即基于同一 BIM 模型各参与方之间工作的协调性，如图 1-5 所示。

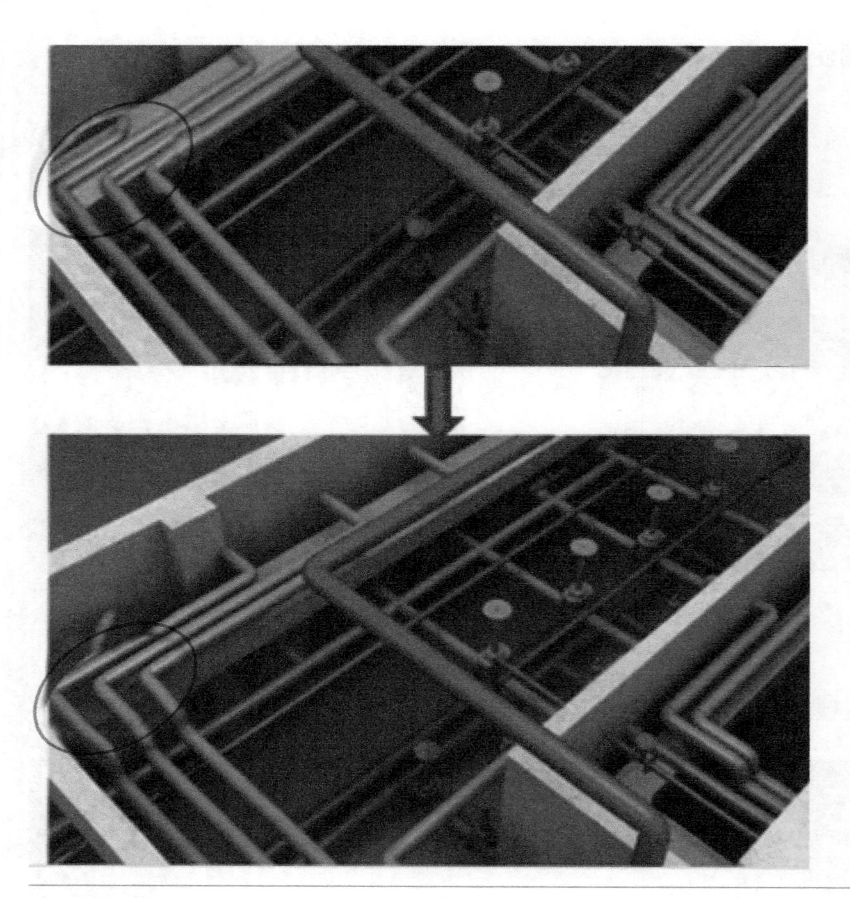

图 1-4　碰撞检查

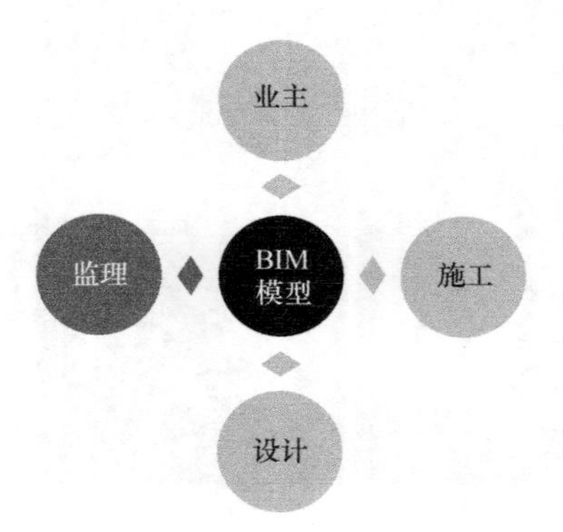

图 1-5　协调性

5. 模拟性（图 1-6）

模拟性是指通过 BIM 技术（创建三维模型）可实现日照模拟、自然通风模拟和热能环境模拟等。

6. 优化性（图 1-7）

利用 BIM 技术可实现对建设项目整个设计、施工、运营等过程更好地优化。

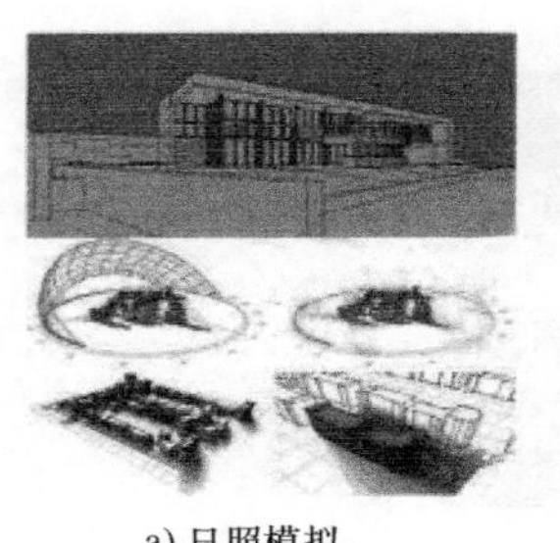

a) 日照模拟　　b) 自然通风模拟　　c) 热能环境模拟

图 1-6　模拟性

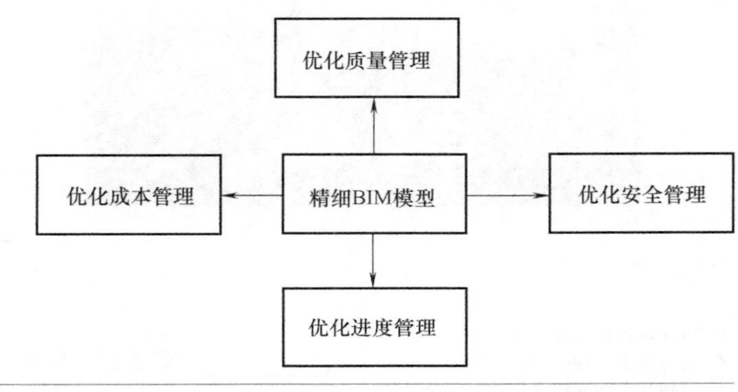

图 1-7　优化性

1.2　BIM 在施工领域的应用

根据目前施工领域的 BIM 应用情况和实施价值，施工领域 BIM 应用类别可分为以下 3 类：

1）支撑施工投标的应用；

2）支撑施工管理和工艺改进的初级应用；

3）支撑项目管理和展示 BIM 实力的高级应用。

1. 支撑施工投标的应用（图 1-8）

1）3D 施工工况的展示。

2）4D 方案演示和虚拟建造。

2. 支撑施工管理和工艺改进的初级应用

（1）施工管理和工艺改进（图 1-9）

（2）工程量和测量数据自动计算

建模的过程中对复杂构件分节段进行族的建立，可精确确定相关参数。

（3）消除现场工艺冲突

钢筋、管线等容易发生冲突，通过对其进行建模，可事先发现冲突点。

（4）施工场地布置和管理

通过对场地进行立体的展示，对机电设备进行施工安放的模拟，如图 1-10 所示。

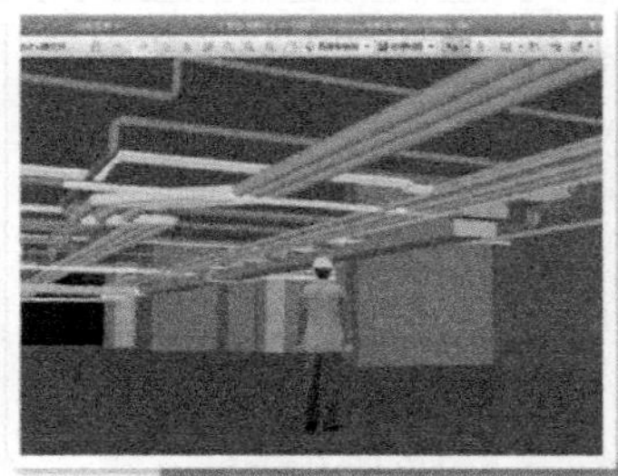

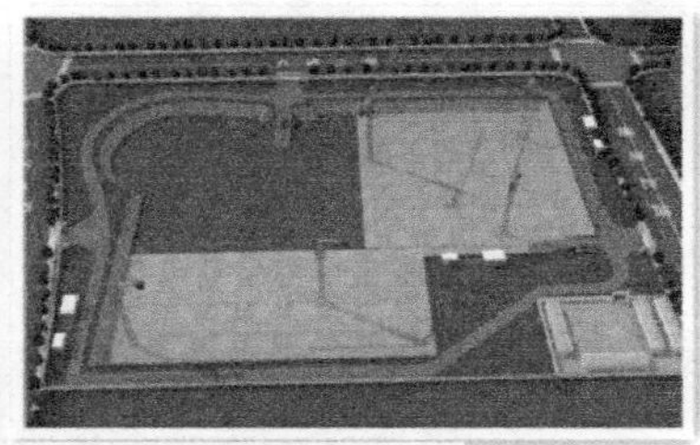

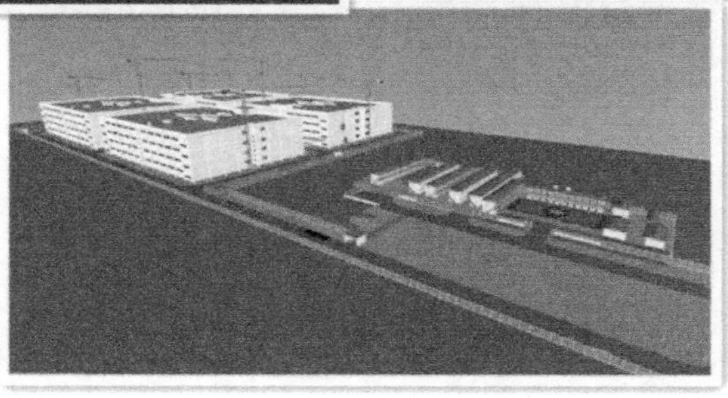

图 1-8　BIM 支撑施工投标的应用

✓ 设计审查和深化设计
✓ 工程可建设性模拟
✓ 可视化条件下技术讨论和简单协同
✓ 施工方案演示和简单优化

⇐ 通过建立三维模型对施工工序进行模拟展示

图 1-9　BIM 支撑施工管理和工艺改进的应用

图 1-10　施工场地、机械平面布置模拟

3. 支撑项目管理和展示 BIM 实力的高级应用

1）4D 计划管理和进度监控；
2）施工方案高级的验证和优化；
3）施工资源管理和协调；
4）施工预算和成本核算；
5）质量、安全管理；
6）绿色施工技术；
7）总承包管理协同工作平台的搭建……

——有效提高建筑企业经营管理水平和核心竞争力

以上这些过程需要专业的设备、高级的相关软件的支持。

1.3 Revit 软件介绍

Revit 是专门针对 BIM 建筑信息模型设计的，是最先引入建筑社群并提供建筑设计和文件管理支持的软件。目前，建筑信息化模型以及参数化变更引擎在经过设计和优化后，可以支持整个建筑企业的信息建立和管理。建筑信息化模型是一种先进的数据库基础结构，可以满足建筑设计和制作团队的信息需求。Revit 软件将此信息基础结构的功能扩大到建筑项目的厂房设计、结构配置、土木大地工程敷地、机电空调水电、施工四维模拟等工作中，为业主单位提供可视化与数据化的决策依据。

Revit 软件主要有以下 3 种：

1）Revit Architecture：主要功能着重于建筑外观与内部设计及家具或设备的规划，它可以将家具或设备呈现于建筑空间中，且可从各个角度观看建筑外观与内部景观，还具有敷地、日照环境与彩现及施工图表现。

2）Revit Structure：主要着重于结构设计，它可以依据设定将配筋、钢骨等对象画在建筑 3D 模型上；最重要的是依据它们原本设定，这些结构对象是可以回馈至结构分析软件中做分析，提供许多型钢规格并与多种结构分析软件结合传递分析数据。在它们的数量统计程序中还可以表格形式列出结构材料的使用数量，然后传至 Excel 中做预算。

3）Revit MEP（Mechanical Electrical，and Plumping）：主要功能着重于建筑机械与设备管线配置规划，并提供电力负载及空调空间热能分析功能；是一套专为机电工程师量身定做的机电系统仿真平台，其协助机电工程师进行电力系统的设计与分析，如同其他 Revit 系列软件也采用参数化设计，凡 MEP 系统建立的数字模型皆可于 Revit MEP 所提供的操作环境下进行模拟。另外，提供管路路径自动配置的功能，用户只需选取管路与所欲连接的设备，系统就会自动产生多种管路布设方式供使用者选取与修改，并在管路拐弯折角处，自动绘制适当零件，大幅减少绘图的时间。

Revit 软件特点：

1）直觉式设计环境，功能接口给予用户使用上较高的亲和力。

2）参数式组件，广泛的设置组件数据库。

3）提供 gbXML 接口可进行能源仿真及能源负载分析。

4）整合 ROBOT 及 RISA 结构计算分析。

5）具有很强的概念设计工具接口，设计初期可简单分析建筑量体。

6）提供 2D 剖面详图及明细表，以“材料需求”计算详细材料数量。

7）支持多数三维模型格式，可以检视接口的文件格式为 DGN、DWG、DWF、DXF、IFC、SAT、SKP、AVI、ODBC、gbXML、BMP、JPG、TGA、TIF。

8）实时协作能让多人同时操作同一个 DWG 档案，并实时浏览其所进行的变更。

9）设计时间表能捕捉和追踪所有图纸的变更，以利版本控制和审核。

Revit 软件建模顺序：

模型创建的顺序一般是先结构专业，后建筑专业，最后是机电暖通专业。结构与建筑专业的各个构件的建模顺序如图 1-11 所示。

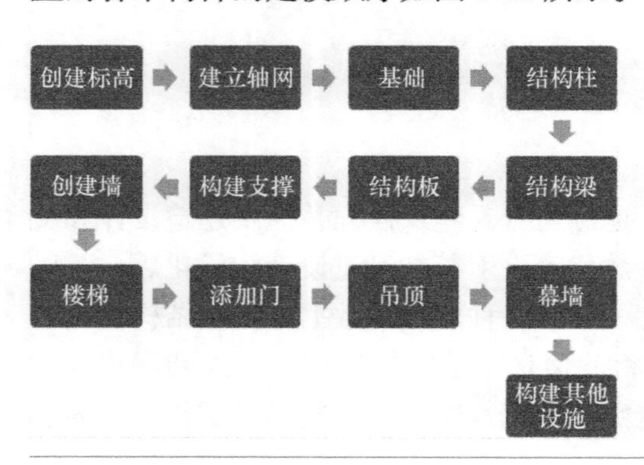

图 1-11　建模顺序

1.4　BIM 与 Revit

从 BIM 设计过程的资源、行为、交付 3 个基本维度，给出设计企业的实施标准的具体方法和实践内容。BIM 并不是简单地将数字信息进行集成，而是一种数字信息的应用，并可以用于设计、建造、管理的数字化方法。这种方法支持建筑工程的集成管理环境，可以使建筑工程在其整个进程中显著提高效率、大量减少风险。

BIM 指的是一种数字建模，可检查施工，对于一个项目来说，可减少返工等诸多情况，解决很多复杂的问题。BIM 只是一个统称，它里面包含很多内容，需要很多建筑行业里的专业知识，包括管道、水暖、建筑、结构等方面。

而 Revit 系列软件是专为 BIM 构建的，可帮助建筑设计师设计、建造和维护质量更好、能效更高的建筑。它结合了 Revit Architecture、Revit MEP 和 Revit Structure 软件的功能，提供支持建筑设计、MEP 工程设计和结构工程的工具。

1.5　Revit 软件界面

1.5.1　Revit 启动界面（图 1-12）

在【最近使用的文件】界面中，还可以单击相应的快捷图标打开、新建项目或族文件，也可以查看相关帮助和在线帮助，快速掌握 Revit 的使用。当不希望显示【最近使用的文件】界面时，可以按图 1-13 所示步骤来设置。

在软件的选项中还能设置“保存提醒时间间隔”“选项卡”的显示和隐藏、文件保存位置等。

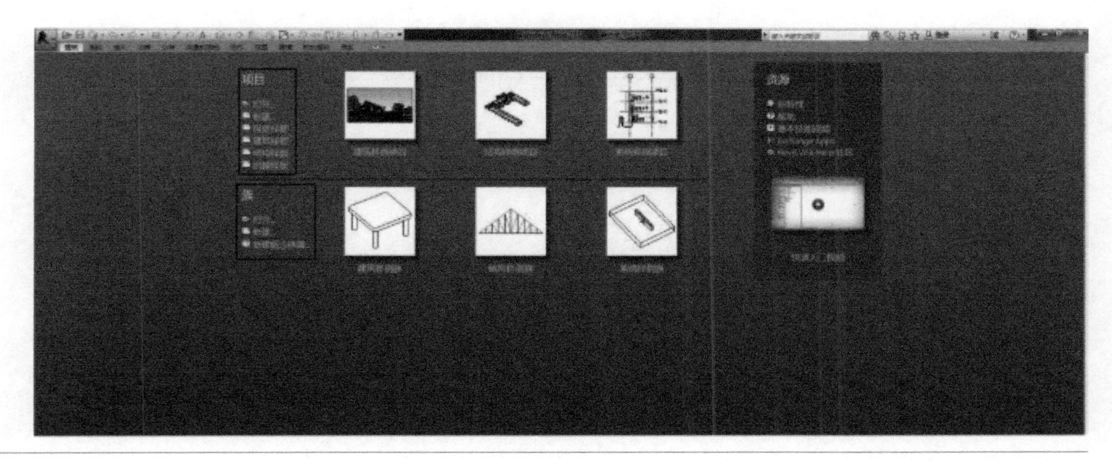

图 1-12 Revit 启动界面

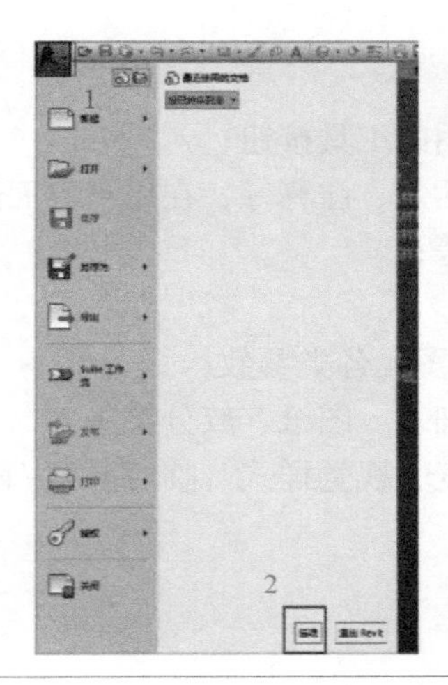

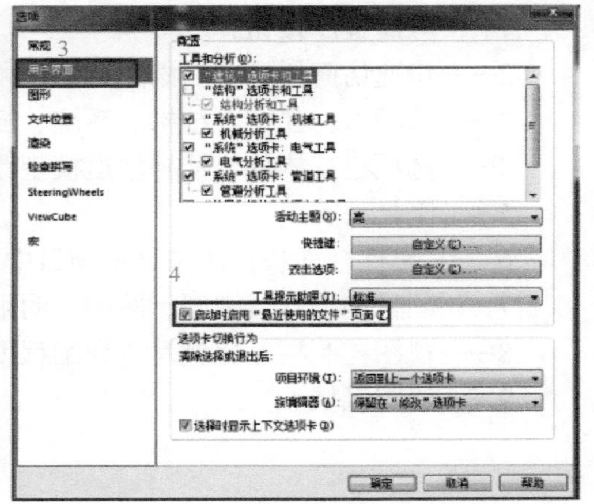

图 1-13 Revit 界面设置

1.5.2 Revit 操作界面

在启动界面新建“机械样板”，如图 1-14 所示。Revit 建模操作界面如图 1-15 所示。

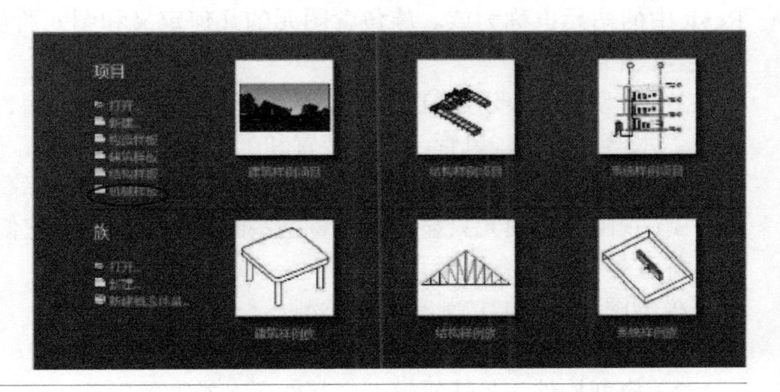

图 1-14 Revit 新建“机械样板”

图 1-15　Revit 建模操作界面

图 1-15 中，各数字含义如下：

1——应用程序按钮；

2——快速访问栏：可以添加经常使用的工具按钮；

3——选项卡：建筑、结构、系统、插入、注释等，在用户界面选项中可以进行隐藏；

4——选项栏：构件、楼梯坡道模型等；

5——工具；

6——“属性”面板：用来显示项目中图元各类参数；

7——项目浏览器：视图、图例、明细表、图纸、族分类等；

8——视图控制栏：比例尺、详细程度、视觉样式、临时隐藏 / 隔离等；

9——绘图区域。

1.6　图元操作与编辑

图元操作与编辑

Revit 在项目中使用 3 种类型的图元（图 1-16）：模型图元、基准图元和视图专有图元。Revit 中的图元也称为族。族包含图元的几何定义和图元所使用的参数。图元的每个实例都由族定义和控制。

1）模型图元表示建筑的实际三维几何图形，包括：墙、窗、门和屋顶、结构墙、楼板、坡道、水槽、锅炉、风管、喷水装置和配电盘等。

2）基准图元可帮助定义项目上下文，例如：轴网、标高和参照平面都是基准图元。

3）视图专有图元只显示在放置这些图元的视图中，它们可帮助对模型进行描述或归档，尺寸标注是视图专有图元。

模型图元（图 1-17）有两种类型：

1）主体（或主体图元），通常在构造场地在位构建。

2）模型构件，是建筑模型中其他所有类型的图元。

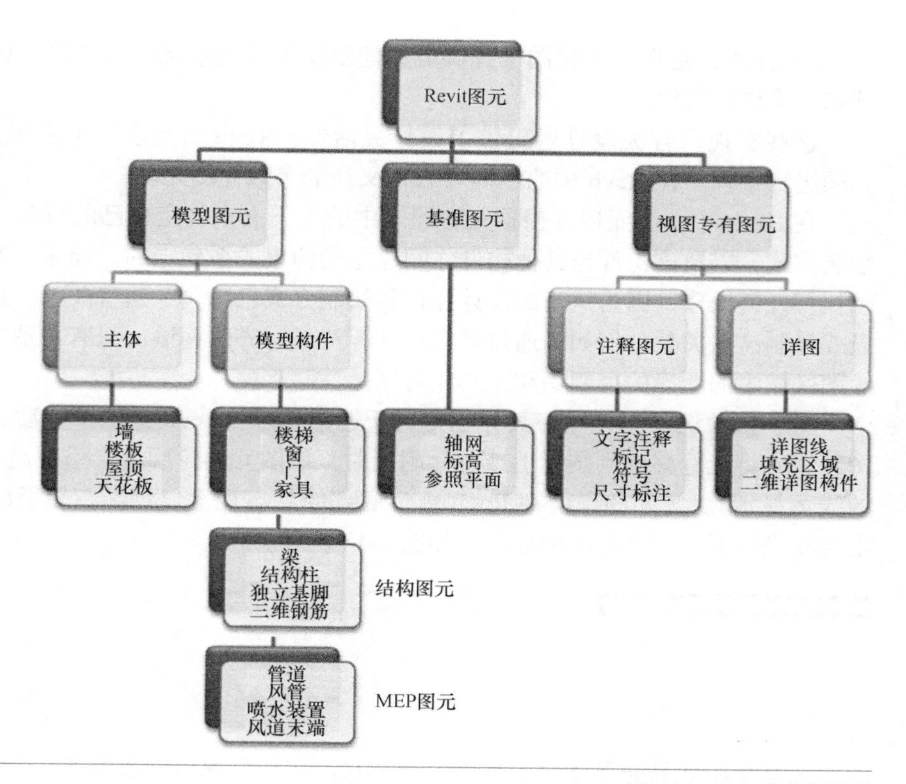

图 1-16　Revit 的图元分类

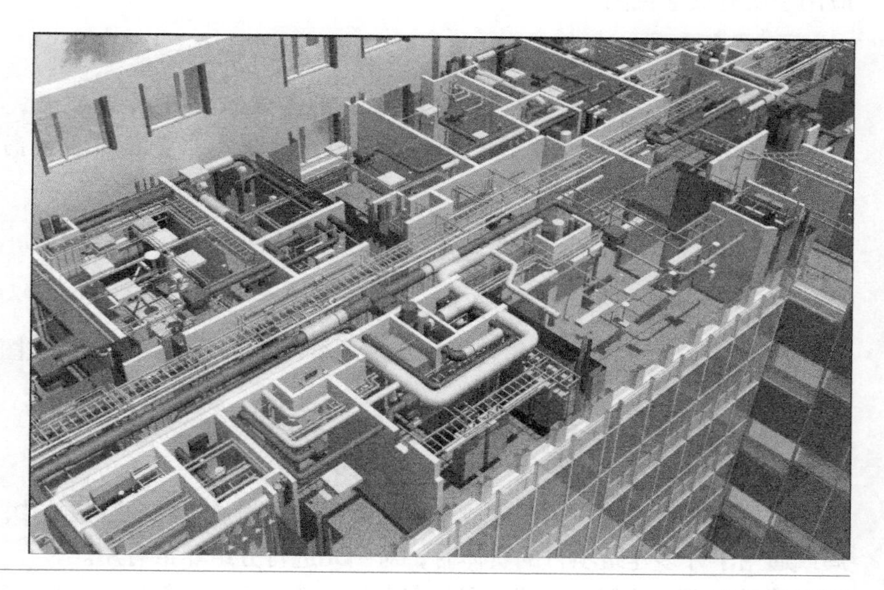

图 1-17　模型图元

视图专有图元有两种类型：

1）注释图元，是对模型进行归档并在图纸上保持比例的二维构件。例如，文字注释、标记、符号、尺寸标注都是注释图元。

2）详图，是在特定视图中提供有关建筑模型详细信息的二维项，包括详图线、填充区域和二维详图构件。

这些实现内容为设计者提供了设计灵活性。Revit 图元设计可由用户直接创建和修改，无须进行编程。在 Revit 中绘图时可以定义新的参数化图元。

在 Revit 中，图元通常根据其在建筑中的上下文来确定自己的行为。上下文是由构件的绘制方式，以及该构件与其他构件之间建立的约束关系确定的。通常，要建立这些关系，无须执行任何操作，因为执行的设计操作和绘制方式已隐含了这些关系。在其他情况下，可以显式控制这些关系，例如，通过锁定尺寸标注或对齐两面墙。只有在选中图元后，用于修改绘图区域中的图元的控制柄和工具才可用。

为了帮助识别图元并将其标记为处于选中状态，Revit 提供了自动高亮显示功能。在绘图区域中将光标移动到图元上或图元附近时，该图元的轮廓将会呈现高亮显示（它会以更粗的线宽显示）。图元的说明在 Revit 窗口底部的状态栏上显示。在短暂的延迟后，图元说明也会在光标下的工具提示中显示，如图 1-18 所示。

图 1-18　高亮显示前后的墙图元

在某个图元高亮显示时，点击以选择它。在一个视图中选择了某个图元时，该选择也将应用于所有其他视图。

■ 小提示

如果由于附近有其他图元而难以高亮显示某个特定图元，可按 <Tab> 键循环切换图元，直到所需图元呈高亮显示为止。状态栏会标识当前高亮显示的图元。按 <Shift+Tab> 键可以按相反的顺序循环切换图元。

选择某个图元后（图 1-19）：

1）图元的轮廓将以在选项中指定的颜色显示。

2）任何图元专有的编辑控制柄和尺寸标注都会显示在图元上或图元附近。

3）适用的编辑工具将会在【修改 | 图元】选项卡上变得可用。

4）状态栏中的选择合计显示所选的图元数。

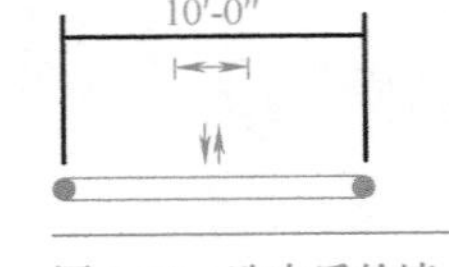

图 1-19　选中后的墙

可以将项目或族中的图元成组，然后多次将组放置在项目或族中。需要创建表示重复布局或通用于许多建筑项目的实体时，对图元进行分组非常有用。

放置在组中的每个实例之间都存在相关性。例如，创建一个具有床、墙和窗的组，然后将该组的多个实例放置在项目中。如果修改一个组中的墙，则该组所有实例中的墙都会随之改变。

可以创建：

1）模型组，可以包含模型图元，如图 1-20 所示。

2）详图组，可以包含视图专有图元（例如文本和填充区域），如图 1-21 所示。

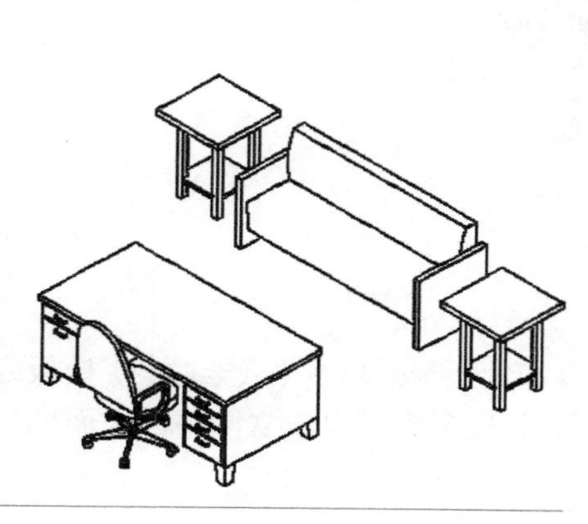

图 1-20　模型组

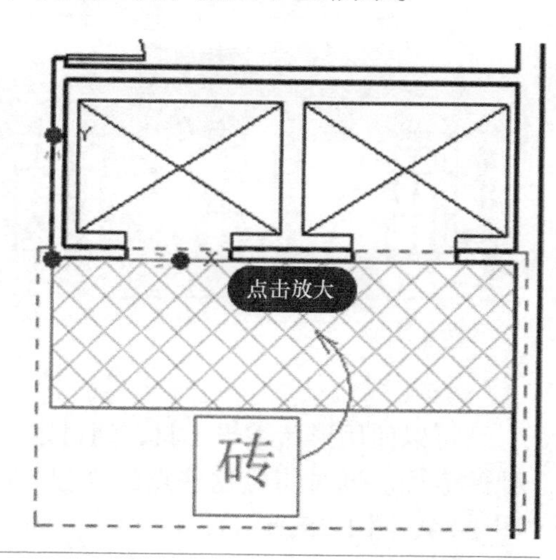

图 1-21　详图组（1）

3）附着的详图组，可以包含与特定模型组关联的视图专有图元，如图 1-22 所示。

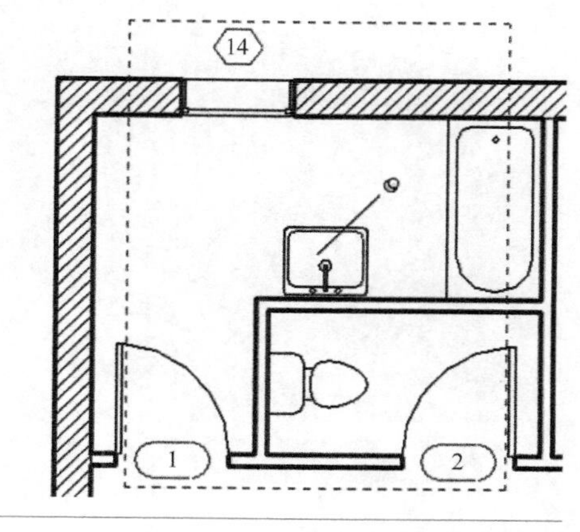

图 1-22　详图组（2）

组不能同时包含模型图元和视图专有图元。如果选择了这两种类型的图元，然后尝试将它们成组，则 Revit 会创建一个模型组，并将详图图元放置于该模型组的附着的详图组中。如果同时选择了图元和模型组，其结果相同：Revit 将为该模型组创建一个含有详图图元的附着的详图组。

阵列工具用于创建选定图元的线性阵列或半径阵列。使用阵列工具可以创建一个或多个图元的多个实例，并同时对这些实例执行操作。

阵列中的实例可以是组的成员，因此，可以在组中添加或删除项目。有关成组的详细信息，请参见编辑组中的图元的相关内容。

■ 小提示

大多数注释符号不支持阵列。

样例（图 1-23）：

1）可以选择墙上的一个门和一扇窗，然后创建此门窗配置的多个实例。

2）可以创建一个 7 面墙的阵列。如果使一张书桌与其中的一面墙成组时，此阵列中的所有墙均会获得此书桌。

图 1-23 详图组（1）

可以使用形状编辑工具，通过定义排水的高点和低点来处理水平（非倾斜）楼板或屋顶的表面。通过指定这些点的高程，可以将表面拆分成多个可以独立倾斜的子面域，如图 1-24、图 1-25 所示。

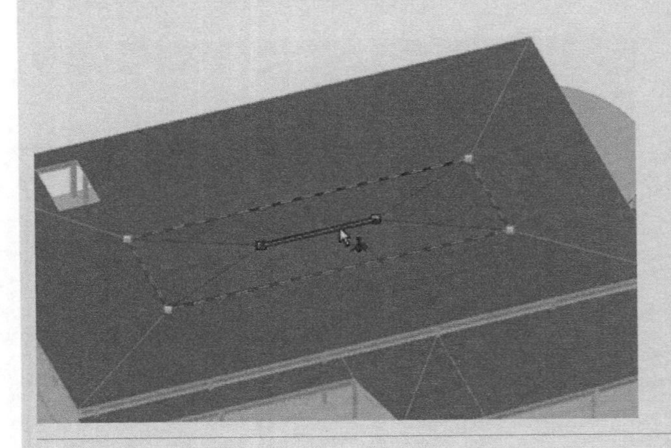

图 1-24 详图组（2）

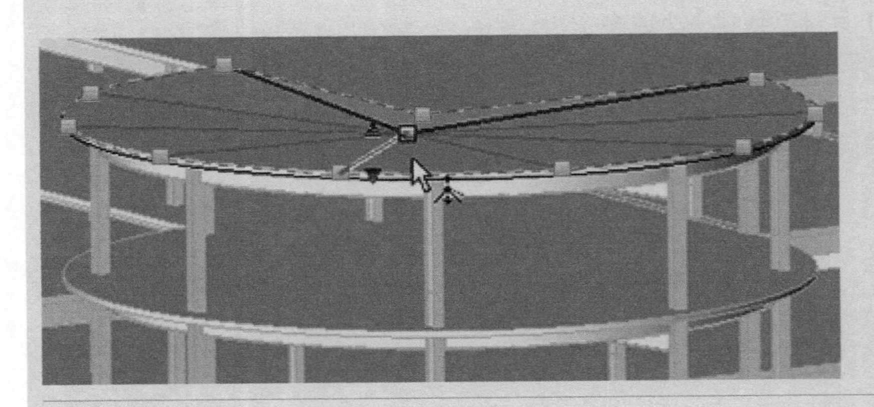

图 1-25 详图组（3）

形状编辑示例：

使用形状编辑工具可以设置固定厚度楼板坡度或具有可变厚度层的楼板的顶面坡度，以便进行以下建模：

1）由倾斜的非平面框架支撑的固定厚度的楼板或屋顶。

2）用于倾斜水平平面表面的可变厚度材质（例如，变厚度板）。

■ 小提示

编辑了形状的楼板和屋顶不会报告真实的厚度。形状编辑工具用于形成适当的坡度，在这种情况下，真实厚度变化不重要。但是，随着坡度的增加，此变化也会增加。当坡度与预期厚度的偏离很大时，Revit 会发出警告。

为了启用形状编辑工具，必须满足以下条件：

1）楼板必须是平的，并且位于水平平面上。

2）屋顶不能附着到另一屋顶，而且不能是幕墙屋顶。

只要上述条件有一个不满足，则不能使用板形状编辑按钮。可以使用【修改 | 楼板】选项卡。

■ 注 意

如果以后由于对图元做了编辑而违反了这些条件，则板形状编辑将产生错误，并发出回调，使用户能重设板形状编辑。

【形状编辑】面板上的形状编辑工具：子图元、添加点、添加分割线、拾取支座、重设形状。

■ 注 意

使用这些工具编辑楼板或屋顶的形状，不会影响到它的分析模型形状。基于原始顶面的单个分析模型面保持不变。

■ 注意事项

1）自动分割线。为了保持楼板/屋顶几何图形的精度，有时会自动创建分割线。如果分割线的创建条件无效，则自动创建的分割线将被删除。例如，4 个非平面顶点变为平面顶点，或者手动创建分割线时。

2）扭曲的楼板/屋顶。如果某平面的边界是 4 条非平面边界边缘或用户创建的分割线，则此平面将会变形。为了避免变形，请在相对顶点之间添加一条分割线。

延伸阅读与分享

通过对我国 BIM 发展现状及在施工领域应用的介绍，分组搜集已经完工了并且采用了 BIM 技术的项目的相关资料，了解项目概况、施工难点、BIM 应用环节及带来的效益，并总结项目在攻克难题的过程中，工程师们有什么值得学习的品质，最后以小组为单位制作提交相关 PPT 并进行分享。

BIM

模块二　结构专业建模

■ **知识目标：**

1. 了解结构专业的建模流程；
2. 掌握标高、轴网的绘制方法；
3. 掌握结构专业的基础、柱、梁等构件的定义及绘制方法。

■ **技能目标：**

1. 能够完成基于 Revit 的标高、轴网的创建；
2. 能够完成结构专业各构件模型的创建。

■ **思政目标：**

通过观看《大国工匠》讲述老一辈技术工程师的励志故事，引导学生形成耐心细致、追求专注、精益求精的学习态度与工作作风，精确地绘制模型。

任务 2.1　绘制与编辑标高

绘制与编辑标高

任务发布

■ **任务描述：**

标高是指在高度方向上相互平行的一组面，用来定义建筑内的垂直高度或楼层高度，以反映建筑构件的定位情况。标高包含标头和标高线。标高的标头符号样式、标高值、标高名称等信息通过标头反映；标高对象投影的位置和线型通过标高线反映。本任务主要讲述标高基本属性及其设置方法，新建标高及修改标高的方法。

■ 任务目标：

完成 1 号办公楼标高的绘制与编辑。

任务实施 2.1.1 创建绘制标高

1. 新建项目文件

绘制标高是创建标高的基本方法之一，此方法适用于低层或尺寸变化差异过大的建筑构件。在做项目前，必须首先选择一个合适的项目样板来新建项目。

启动 Revit 软件后，单击左上角的【应用程序菜单】按钮，在打开的下拉菜单中选择【新建】→【项目】选项，软件将打开【新建项目】对话框，如图 2-1 所示。此时，在该对话框中选择“建筑样板”文件作为样板文件，然后单击【确定】按钮完成项目新建。

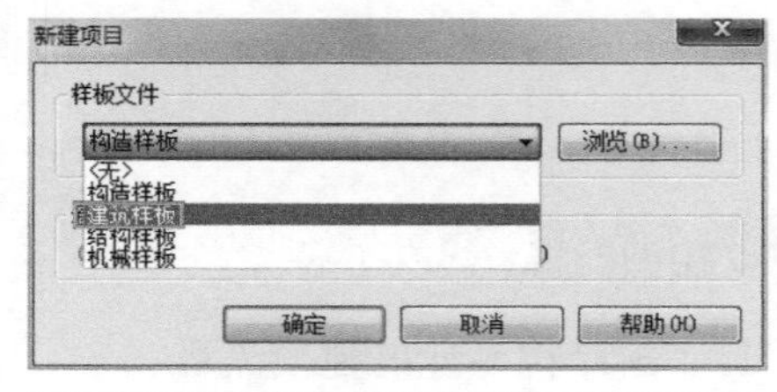

图 2-1 【新建项目】对话框

2. 保存项目文件

再次单击【应用程序菜单】按钮，在打开的下拉菜单中选择【保存】选项，软件将打开【另存为】对话框，如图 2-2 所示。此时在“文件名”文本框中输入“1 号办公楼结构模型”，保存该文件到桌面，然后单击右上角【关闭】按钮，退出软件。

图 2-2 【另存为】对话框

双击桌面“1号办公楼结构模型.rvt”，进入标高的绘制操作。标高的创建与编辑必须在立面视图或剖面视图中才能够进行，因此在项目设计时，必须首先进入立面视图。默认情况下，绘图区域显示为“平面”视图效果，“项目管理器”和“属性栏”为隐藏状态，因此，需要切换到【视图】选项卡，在【窗口】面板中单击【用户界面】按钮，勾选【项目浏览器】和【属性】，如图2-3所示。这时可以在【项目浏览器】里展开【立面】，双击【南】，将绘图区域视图效果切换为“南立面”显示。在该视图中，标高图标显示为蓝色，倒三角标高值显示在图标上方，灰色虚线为标高线，标高名称位于标高线右侧，如图2-4所示。由南立面视图可知，系统预设了±0.000的标高1和4.000的标高2。

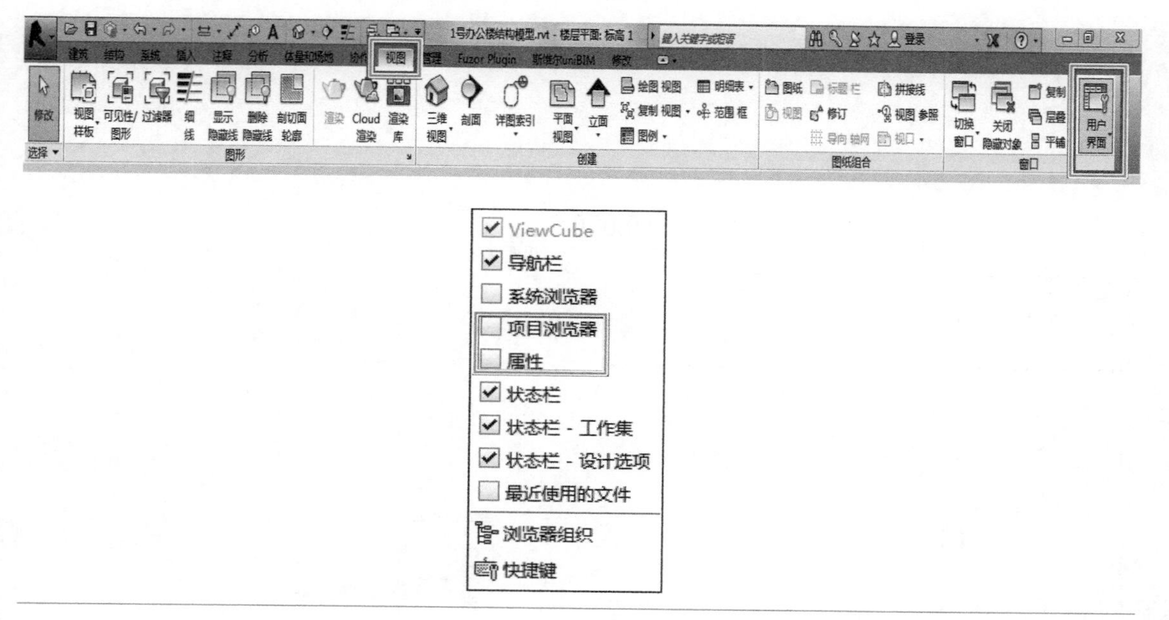

图2-3　【用户界面】选项框

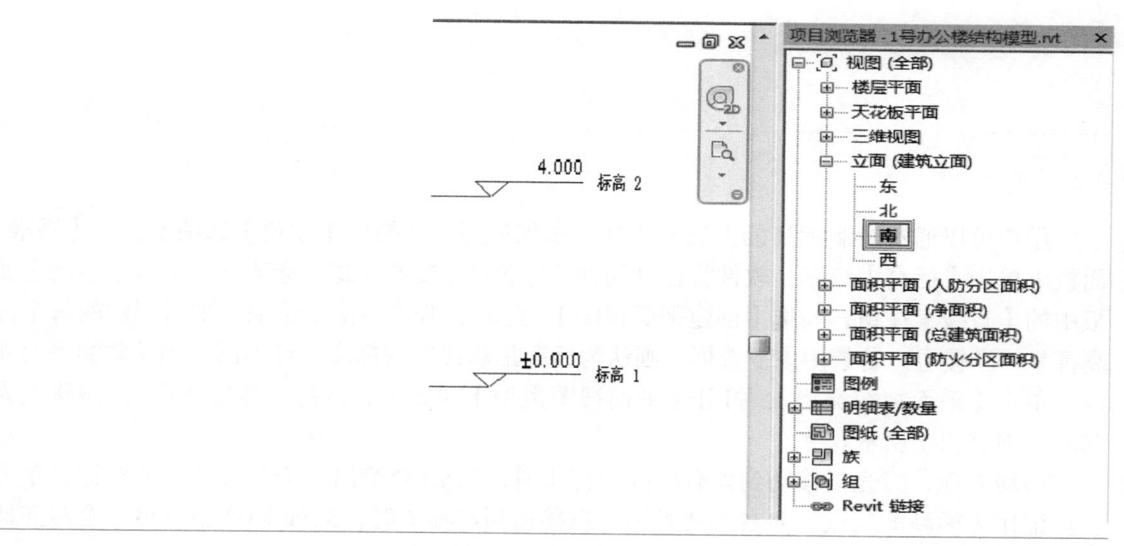

图2-4　南立面视图

用户可以对已有的标高进行高度值的修改，将光标指向标高 2 一端，选择“标高 2”，并滚动鼠标滚轮放大该区域。单击“标高值”，在文本框中输入“3.8”，接着按 <Enter> 键完成标高值的更改，如图 2-5 所示。该项目样板的标高值是以（m）米为单位，标高值并不是任意设置的，而是根据建筑设计图中的建筑尺寸来设置相应的层高。与此同时，标高修改后 Revit 中的临时标注尺寸也已经修改为 3800mm，如图 2-6 所示。

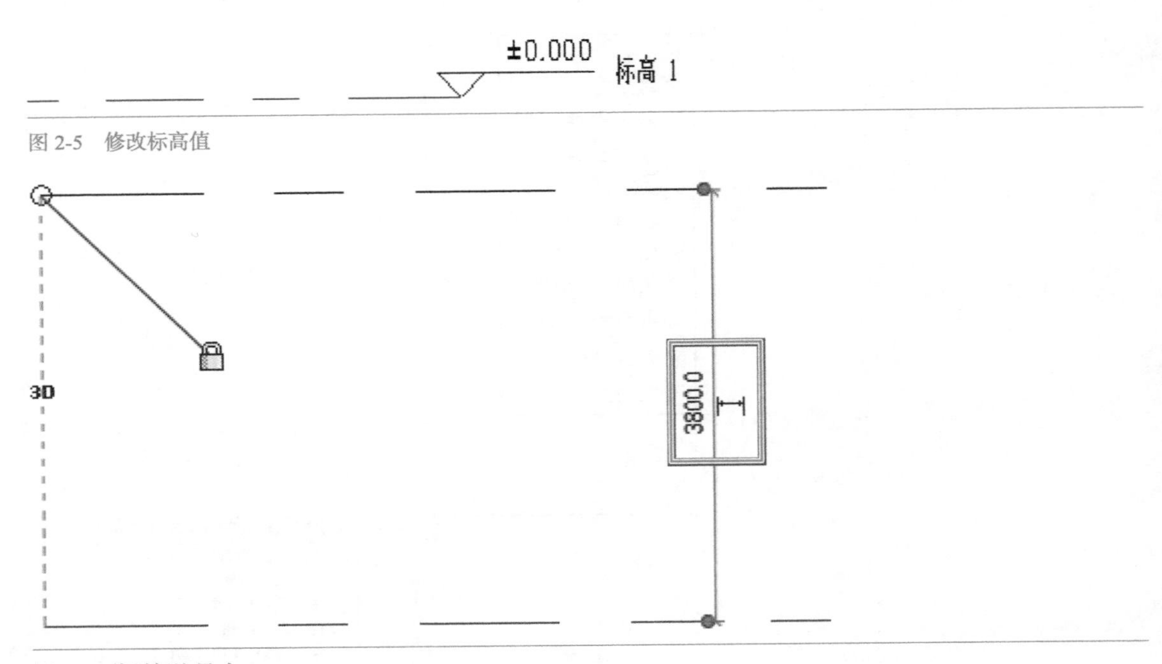

图 2-5　修改标高值

图 2-6　临时标注尺寸

用户可以通过绘制标高的方法来为项目添加标高。切换到【建筑】选项卡，在【基准】面板中单击【标高】按钮，软件将自动切换至【修改 | 放置标高】选项卡。单击【绘制】面板中的【直线】按钮，勾选【创建平面视图】。此时，若启用该复选框，则所创建的每个标高都是一个楼层；若禁用该复选框，则认为标高是非楼层的标高，且不创建相关联的平面视图。单击【平面视图类型】，打开【平面视图类型】对话框，选择“楼层平面”，偏移量为“0.0”，如图 2-7 所示。

移动光标，当光标移动到现有标高的标头时，Revit 会给出一个对齐捕捉的标记，单击该标记作为标高的起点，向右移动光标，当移动到右标头时，Revit 同样会给出一个对齐捕捉的标记，单击该标记作为标高的终点，绘制标高，如图 2-8 所示。

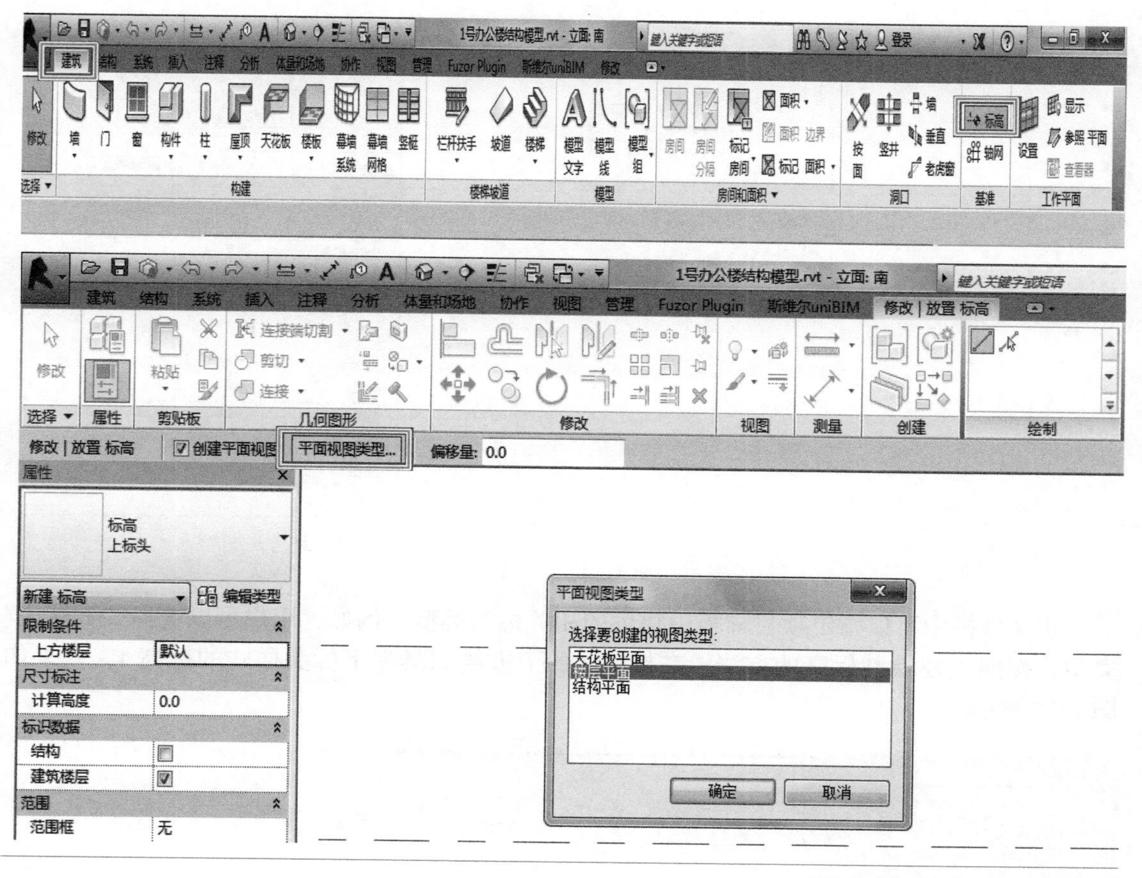

图 2-7 【平面视图类型】对话框

图 2-8 绘制标高

此时，将光标指向标高 3 右侧，单击“标高 3”，光标与现有标高之间将显示一个临时尺寸标注。双击临时尺寸标注，修改尺寸，如图 2-9 所示。

此外，选择【标高】命令后，【属性】面板中将显示与标高相关的参数选项。例如，选择标高 3，【属性】面板显示“上标头，立面 7400.0，名称标高 3”等信息，如图 2-10 所示。

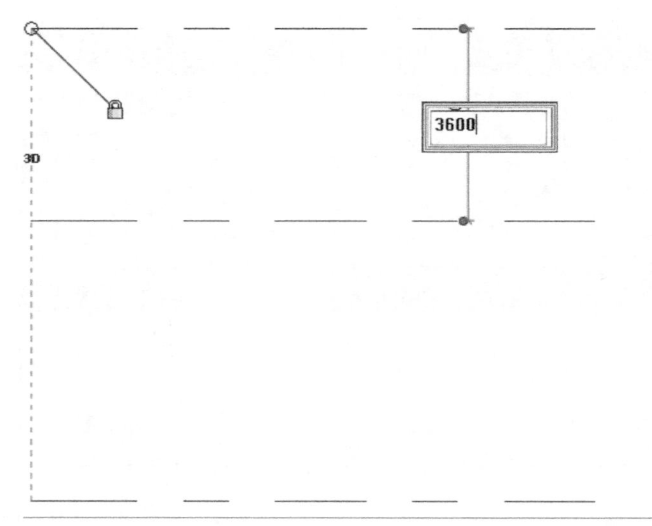

图 2-9 修改标高

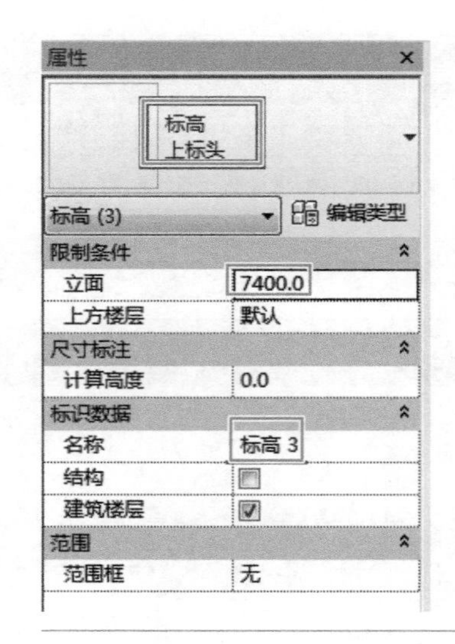

图 2-10 标高参数

在属性栏中可以指定项目样板中提供的相关标头类型。例如，用户可以选择“下标头”类型，按照上述绘制标高的方法，在标高 1 的下方绘制具有下标头样式的标高 4，效果如图 2-11 所示。

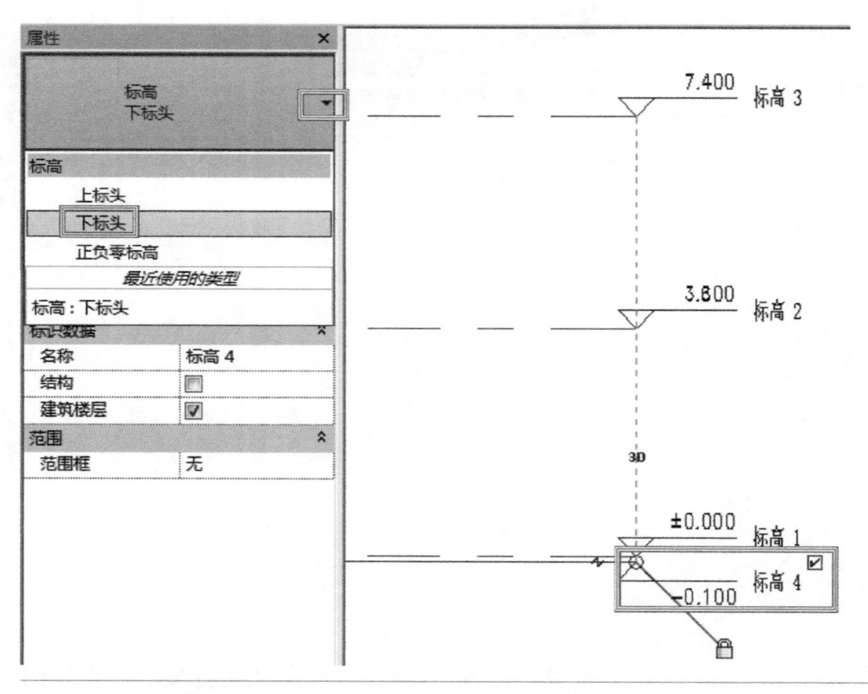

图 2-11 绘制下标头标高

任务实施 2.1.2 复制、阵列标高

在 Revit 中，除了通过直接绘制创建标高外，还可以通过复制和阵列的方法进行创建。

1. 复制创建标高

在绘图区域选择需要复制的标高，此时，软件将会自动切换至【修改 | 标高】选项卡。单击【修改】面板中的【复制】按钮，并勾选【约束】和【多个】复选框。启用选项栏中的【约束】复选框，可以激活正交模式；若启用【多个】复选框，则可以连续进行多个复制操作。接着在标高 3 的任意位置单击鼠标左键作为复制的基点，如图 2-12 所示。

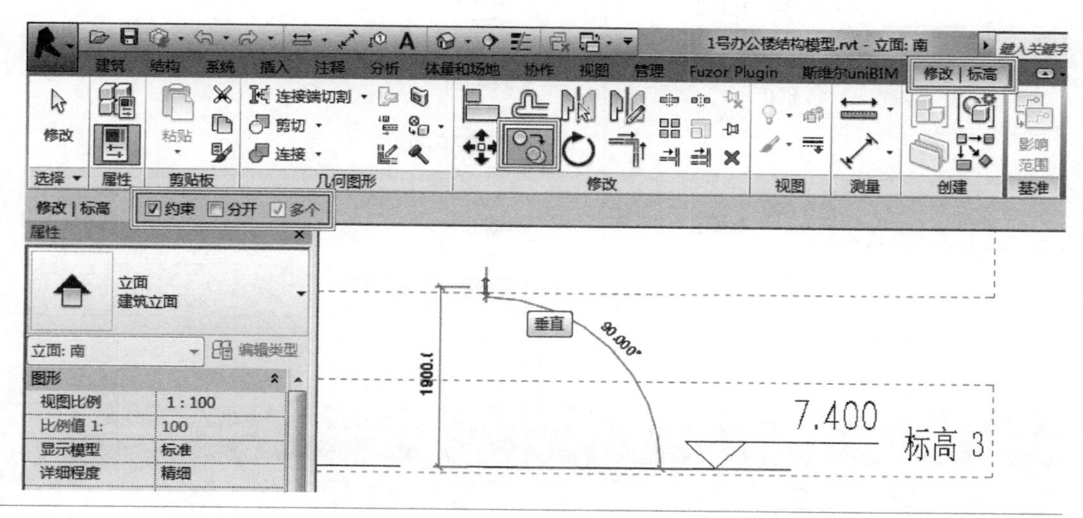

图 2-12　选择要复制的标高

最后向上移动光标，软件将显示一个临时尺寸标注。当临时尺寸标注显示为“3600”时单击鼠标左键，完成标高 5 的创建操作，效果如图 2-13 所示。

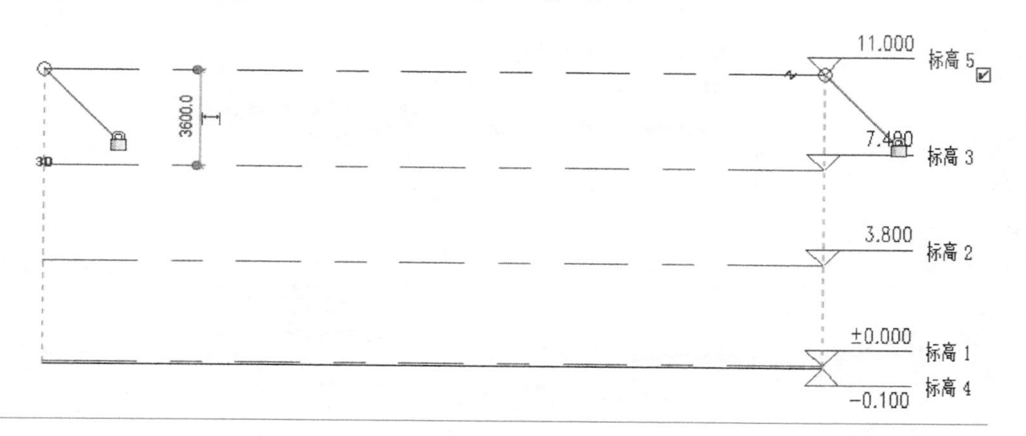

图 2-13　复制标高

2. 添加楼层平面

通过复制方式创建的标高在项目浏览器中并未生成相应的平面视图。标高 5 的标头在绘图区域显示为黑色，效果如图 2-14 所示。

此时，需要给标高 5 建立一个楼层平面，在【视图】选项卡下，单击【平面视图】下拉菜单中的【楼层平面】按钮，打开【新建楼层平面】对话框，如图 2-15 所示。单击选择【标高 5】选项，并单击【确定】按钮，完成标高 5 楼层平面视图的创建。

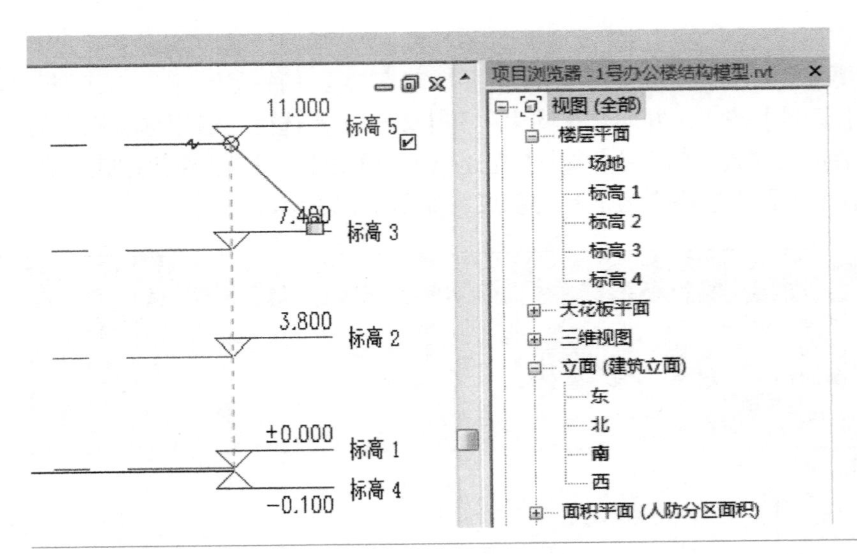

图 2-14　复制标高显示效果

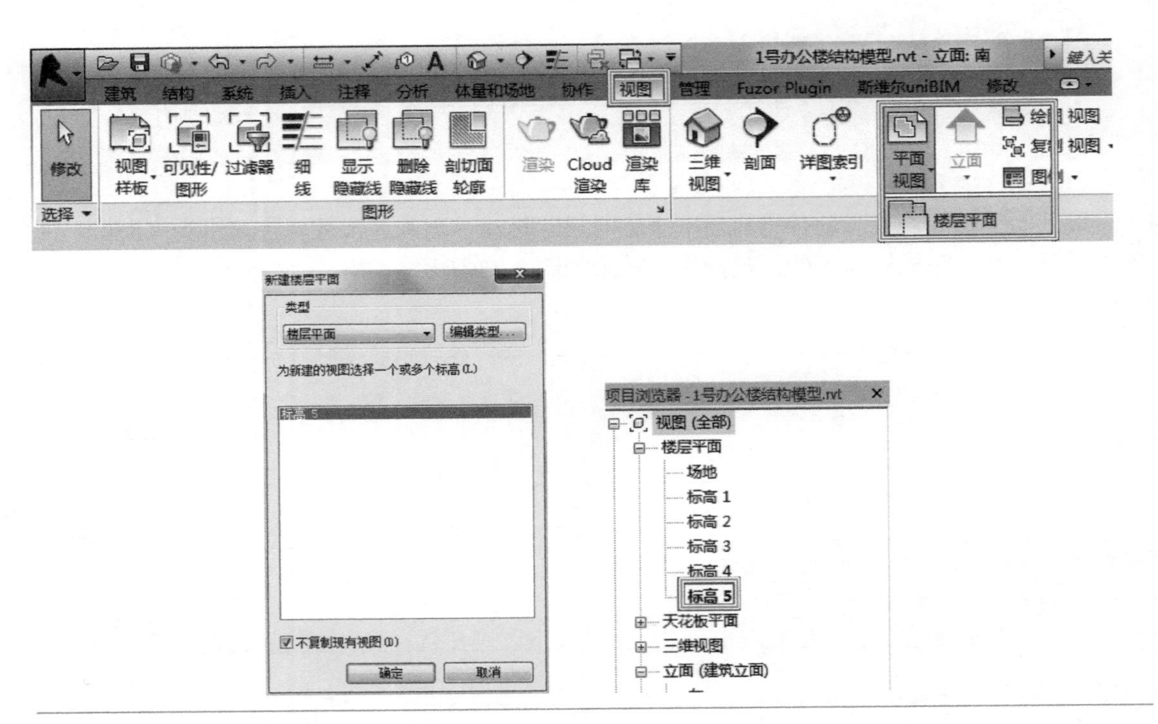

图 2-15　创建复制标高的楼层平面视图

一般情况下直接绘制的标高标头符号为蓝色，通过其他方式创建的标高标头符号为黑色。当双击蓝色标头符号时，视图将自动跳转至相应的平面视图，而双击黑色标头符号却不能引导视图的跳转。

3. 阵列创建标高

在 Revit 中，除了通过直接绘制和复制标高的方法创建标高外，阵列标高也是常用的一种标高创建方法。用阵列命令可一次绘制多个间距相等的标高。选择需要阵列的标高，软件

将自动切换至【修改 | 标高】选项卡。在【修改】面板中单击【阵列】按钮，并勾选【线性】按钮，不勾选【成组并关联】复选框，“项目数”设置为“2”，则将生成包含被选中的阵列对象在内的共 2 个标高。勾选【第二个】和【约束】复选框（保证正交），最后单击标高任意位置用来确定基点，如图 2-16 所示。

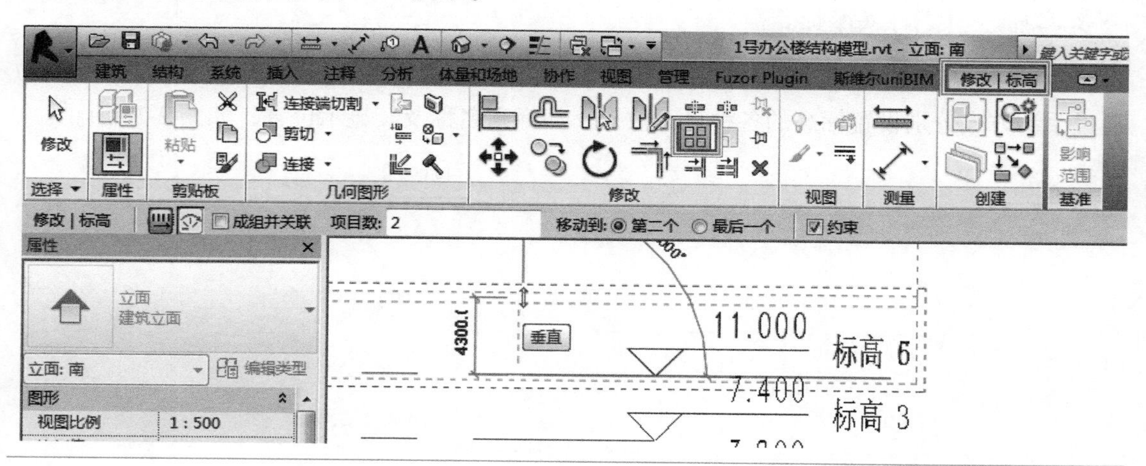

图 2-16　阵列标高对象

确定阵列基点后，向上拖动光标，软件会显示一个临时尺寸标注，或用户可以自己输入一个数值（如 3400）或当临时尺寸标注值显示为“3400”时单击鼠标左键，完成标高的阵列操作，效果如图 2-17 所示。

图 2-17　阵列标高

当选择【阵列】命令后，用户还可以通过设置选项栏中的参数选项来创建径向阵列或线性阵列。各参数选项的含义如下：

1）线性：当单击该按钮时，将创建线性阵列。

2）径向：当单击该按钮时，将创建径向阵列。

3）成组并关联：勾选该复选框，软件将阵列的每个图元包括在一个组中；若不勾选该复选框，软件将创建指定数量的副本，但副本间是独立的，不会成组。

4）项目数：指定阵列中所有选定图元的副本总数。

5）移动到：该选项组用来设置阵列效果。

6）第二个：选择该按钮，可以指定阵列中每个图元间的间距。

7）最后一个：选择该按钮，可以指定阵列的整个跨度，即第一个图元与最后一个图元的间距。

8）约束：用来限制阵列图元沿着与所选的图元垂直或共线的方向移动。

任务实施 2.1.3 编辑标高

在 Revit 中，用户可以通过【类型属性】对话框统一设置标高的各种显示效果，也可以通过手动方式分别设置标高的各种显示效果，如标高名称及其显示位置，如图 2-18 所示。

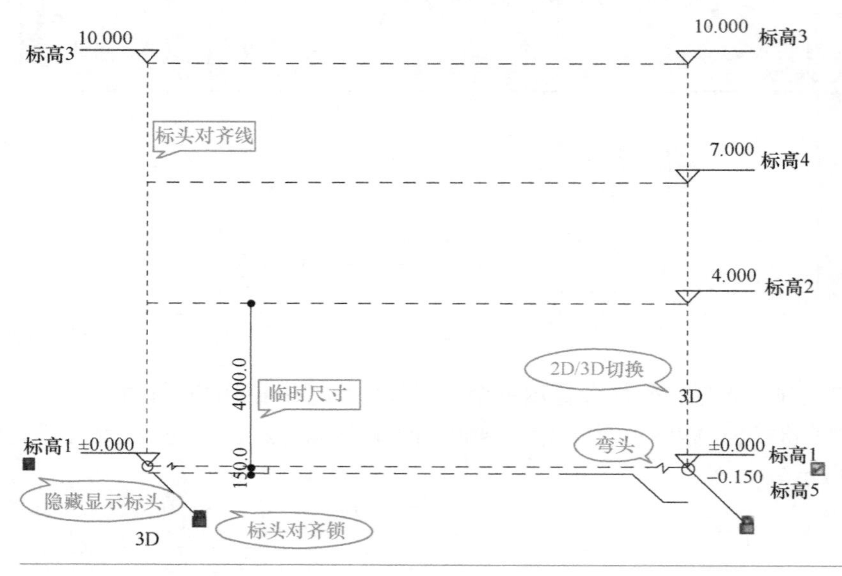

图 2-18　编辑标高

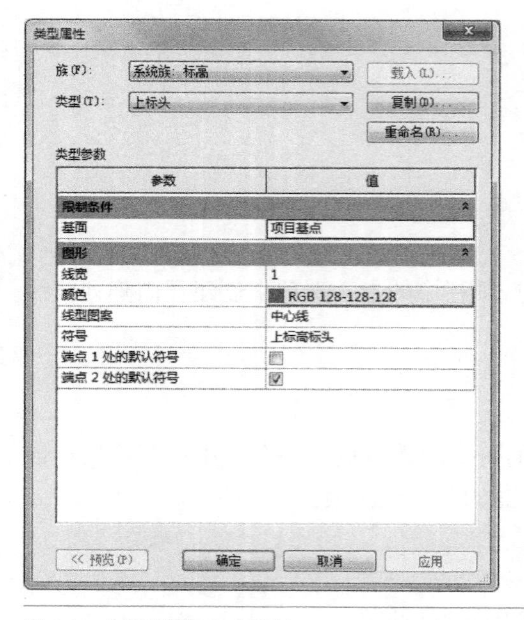

图 2-19 【类型属性】对话框

1. 批量设置

选择某个标高后，单击【属性】面板中的【编辑类型】按钮，软件将打开【类型属性】对话框，如图 2-19 所示。

在该对话框中，不仅可以设置标高显示的颜色、线型图案、线宽，还可以设置端点符号的显示与否。

2. 手动设置

标高除了可以在【类型属性】对话框中统一设置外，还可以通过手动方式来设置。

（1）重命名标高

双击标高名称，在弹出的文本框中输入标高名称，如“F1”，并按 <Enter> 键确认，此时，软件将打开【Revit】提示框，单击【是】按钮，则在更改标高名称的同时更改了相应视图的名称，效果如图 2-20 所示。

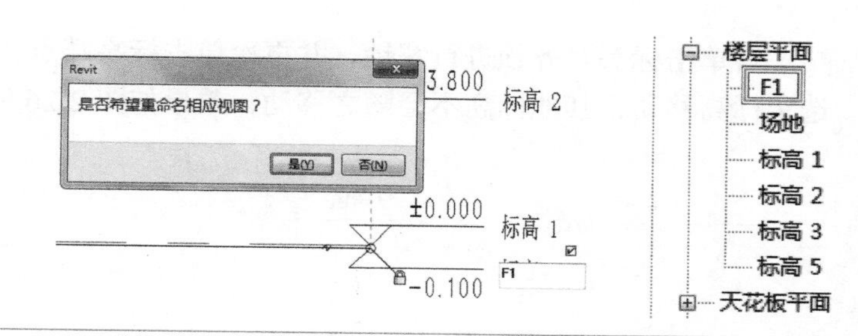

图 2-20　重命名标高

（2）标头的隐藏与显示

选取某一标高，不勾选其右侧的【隐藏编号】复选框，则完成隐藏该标高右侧标头，效果如图 2-21 所示；若要重新显示标高右侧标头，勾选右侧的【隐藏编号】复选框即可。

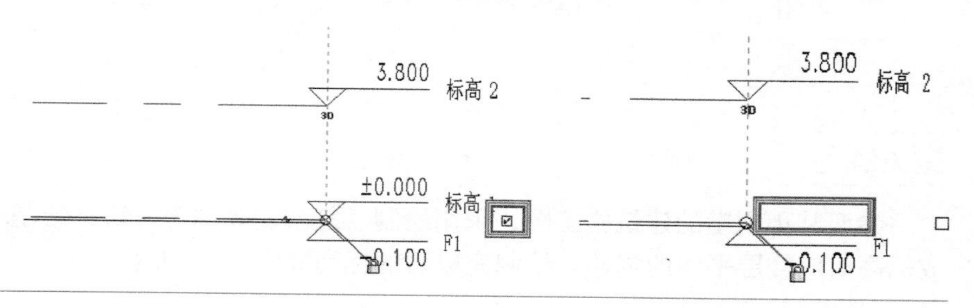

图 2-21　标头的隐藏与显示

（3）为标高添加弯头

单击选中某一标高，在标头右侧标高线上将显示添加弯头图标，如图 2-22 所示。

单击标高线中的添加弯头图标，即可改变标高参数和符号的显示位置，效果如图 2-23 所示。

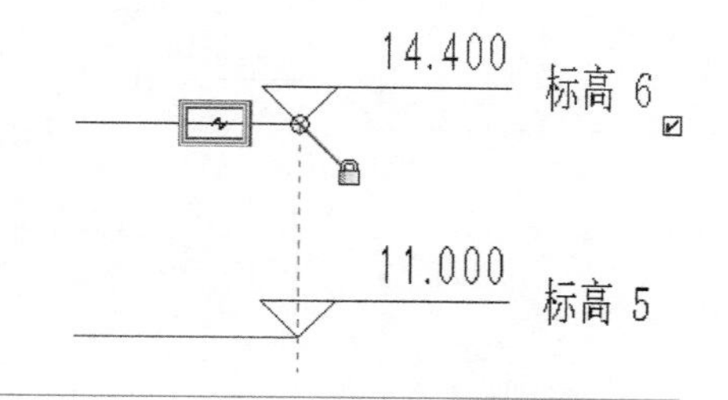

图 2-22　添加弯头图标

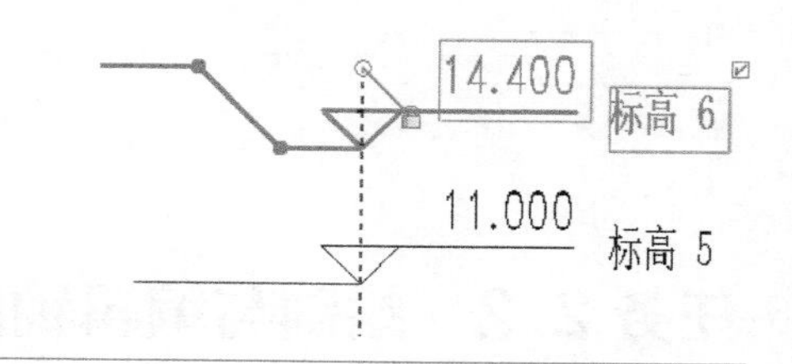

图 2-23　添加弯头

添加弯头后，还可以通过单击并向上或向下拖动蓝色拖曳点来改变标高参数和图标的显示位置，效果如图 2-24 所示。

（4）标头对齐锁

在 Revit 中，当标高端点对齐时，单击选中任意标高，软件都将在其标头右侧显示标头对齐锁。默认情况下，单击并拖动标高端点改变其位置，所有对齐的标高将同时移动，效果如图 2-25 所示。

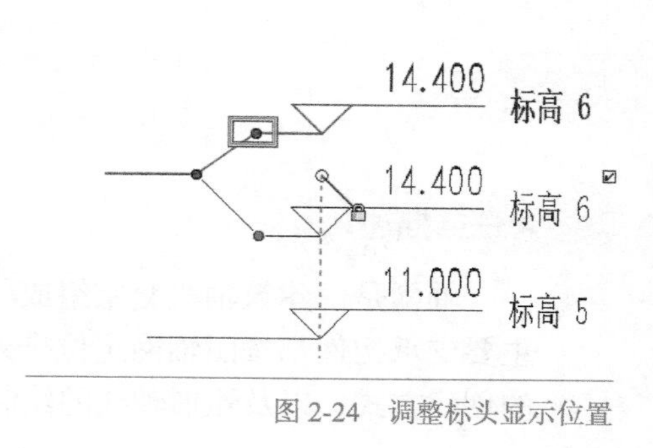

图 2-24　调整标头显示位置

若单击标头对齐锁进行解锁，并再次单击标高端点，之后再次拖动标高端点，则只有该选定标高移动，其他标高不会随之移动，效果如图 2-26 所示。

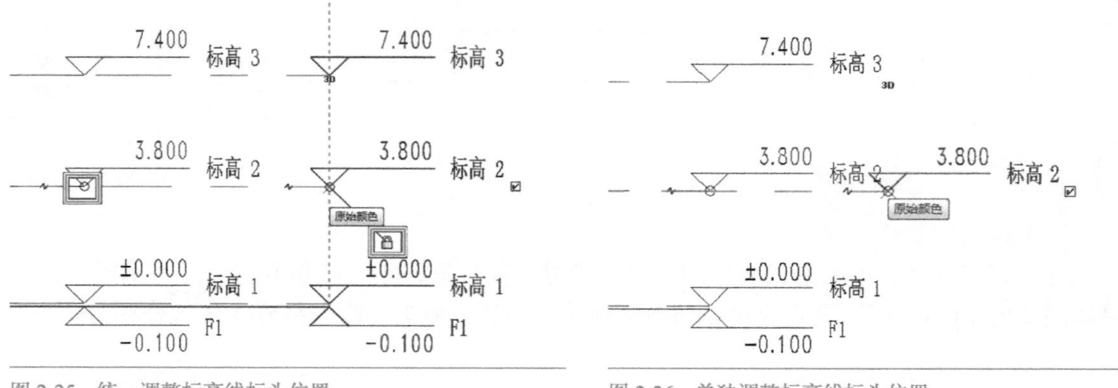

图 2-25　统一调整标高线标头位置

图 2-26　单独调整标高线标头位置

过关练习 1 ——标高

参照某小别墅的建筑施工图，采用绘制、复制、阵列等方法，绘制小别墅的标高，并完成标高对应楼层平面的创建。绘制完成后的标高如图 2-27 所示。

图 2-27　某小别墅的标高

任务 2.2　绘制与编辑轴网

绘制与编辑轴网

任务发布

■ **任务描述：**

轴网是由建筑轴线交错组成的网，由定位轴线、标识尺寸和轴号组成。建筑物的主要支承构件都按照轴网定位排列，从而达到井然有序的效果。本任务主要介绍轴网的创建方式，以及弧形轴线的绘制方法。

■ **任务目标：**

完成 1 号办公楼轴网的绘制与编辑。

任务实施 2.2.1　绘制创建轴网

在 Revit 中，用户可以通过绘制轴网的方法来创建轴网。

1. 绘制直线轴网

最基本的轴网创建方法是绘制轴线。轴网的创建需要在楼层平面视图中进行。打开项目文件，在“项目浏览器”中双击【视图】→【楼层平面】→【 F1 】选项，进入 F1 楼层平面视图，如图 2-28 所示。

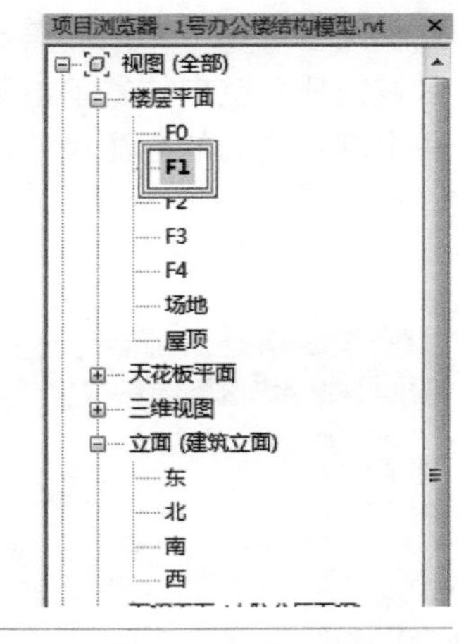

图 2-28　F1 楼层平面视图

切换至【建筑】选项卡，在【基准】面板中单击【轴网】命令，软件自动打开【修改 | 放置轴网】选项卡，如图 2-29 所示。

在绘图区域左下角的适当位置单击鼠标左键，按住 <Shift> 键向上移动光标，在适当位置再次单击鼠标左键，创建完成第一条轴线，效果如图 2-30 所示。

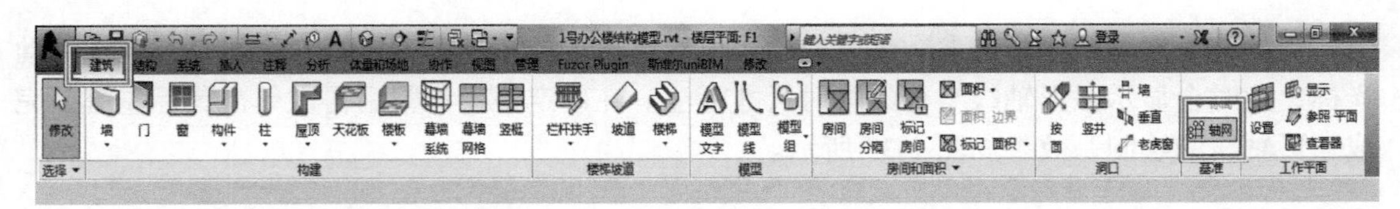

图 2-29 【基准】面板及【修改 | 放置轴网】选项卡

按类似的方法绘制第二条轴线。用户将光标指向轴线的一侧端点，光标与现有轴线之间会显示一个临时尺寸标注，而且会有对齐捕捉，输入临时尺寸标注“3300”，按 <Enter> 键，确定第一个点，再按 <Shift> 键向上移动光标。当捕捉到对齐捕捉点时，单击该点即可确定所绘轴线的另一侧端点，完成该轴线的绘制，效果如图 2-31 所示。

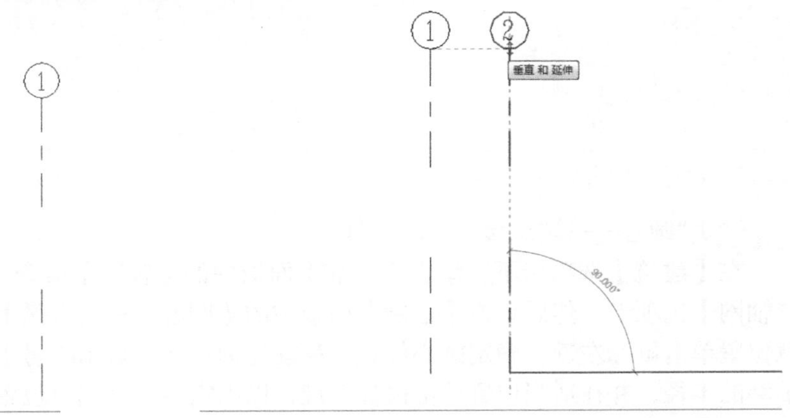

图 2-30　绘制垂直轴线

图 2-31　绘制第二条轴线

2. 绘制弧形轴网

在轴网的绘制方式中，除了绘制直线轴线外，还能绘制弧形轴线。绘制弧形轴线的方法有两种：一种是利用“起点——终点——半径弧”绘制工具；另一种是利用“圆心——端点弧”绘制工具。

（1）“起点——终点——半径弧”绘制工具

在【建筑】选项卡下，单击【基准】面板中的【轴网】命令，软件即可打开【修改 | 放置轴网】选项卡。然后单击【绘制】面板中的【起点——终点——半径弧】命令，并在绘制区域的任意空白位置单击鼠标左键，即可确定弧形轴线的一个端点。移动光标，软件将显示两个端点之间的标注尺寸以及弧形轴线角度值，效果如图 2-32 所示。

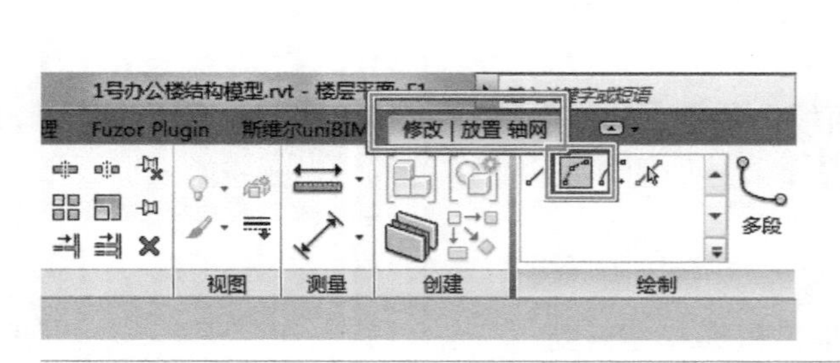

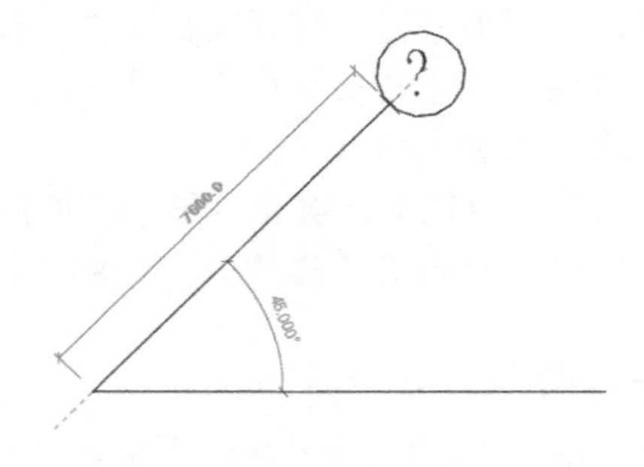

图 2-32　确定弧形轴线端点

根据临时尺寸标注中的参数值，在适当位置单击鼠标左键，确定第二个端点，继续移动光标，此时会显示弧形轴线半径的临时尺寸标注。在确定半径参数后再次单击鼠标左键，完成弧形轴线的绘制，效果如图 2-33 所示。

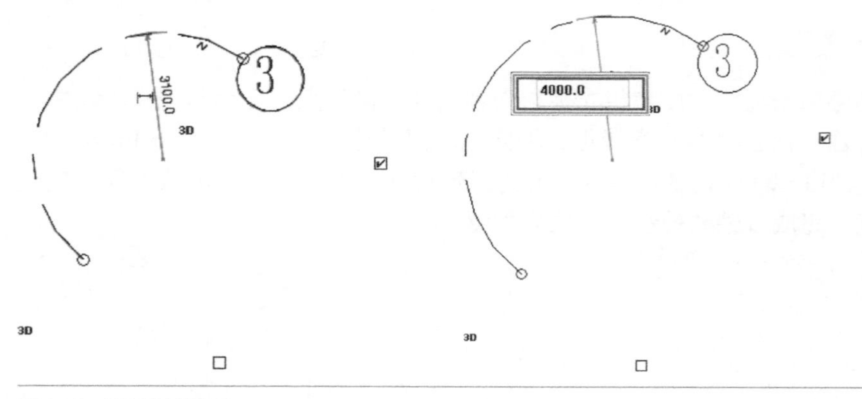

图 2-33　绘制弧形轴线

（2）“圆心——端点弧”绘制工具

在【建筑】选项卡下，单击【基准】面板中的【轴网】命令，软件即可打开【修改 | 放置轴网】选项卡。然后单击【绘制】面板中的【圆心——端点弧】按钮，并在绘图区域的任意位置单击鼠标左键，确定圆心位置。移动光标，此时显示临时半径的标注，然后指定弧形轴网的半径，并在适当位置单击鼠标左键，以确定第一个端点位置。继续移动光标，并在适当位置继续单击鼠标左键，确定第二个端点的位置，弧形轴线即绘制完成。

任务实施 2.2.2　复制、阵列轴网

轴线的复制方法与标高的复制方法极为相似。首先选择将要复制的②轴线，软件将自动切换至【修改 | 轴网】选项卡。单击【修改】面板中的【复制】按钮，并勾选【约束】和【多个】复选框。勾选【约束】，确保轴线在正交的方向上复制，单击②轴线的任意位置作为复制的基点，然后向右移动光标，软件会显示临时尺寸标注。当临时尺寸标注为“6000”时单击鼠标左键，完成轴线的复制操作。轴号会按照之前已经绘制好的轴线自行排序。继续向右移动光标，可连续进行相应的轴线复制操作，效果如图 2-34 所示。

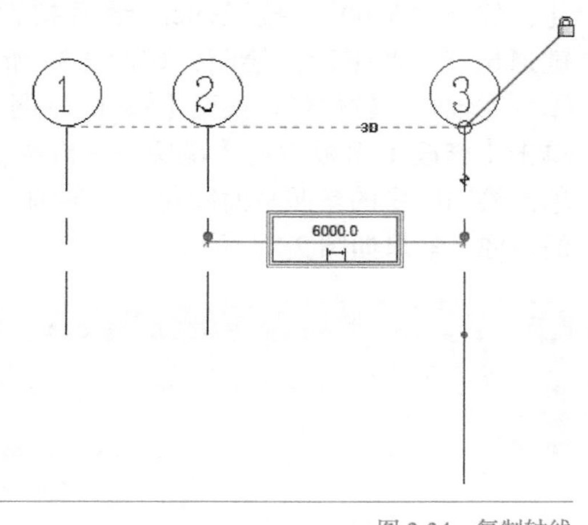

图 2-34　复制轴线

对一些间距相等的轴线，可以利用“阵列”工具同时创建多条轴线。选择②轴线，软件将切换至【修改 | 轴网】选项卡。单击【修改】面板中的【阵列】按钮，单击【线性】按钮，不勾选【成组并关联】复选框。设置“项目数”参数为“3”，并勾选【第二个】和【约束】复选框。最后在②轴线上单击任意位置确定基点，效果如图 2-35 所示。

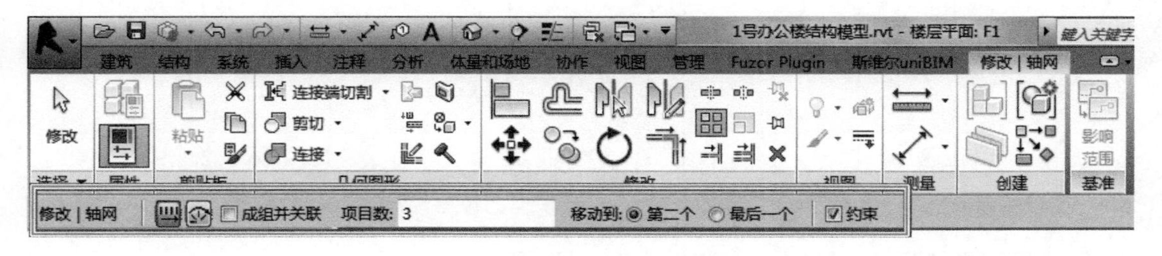

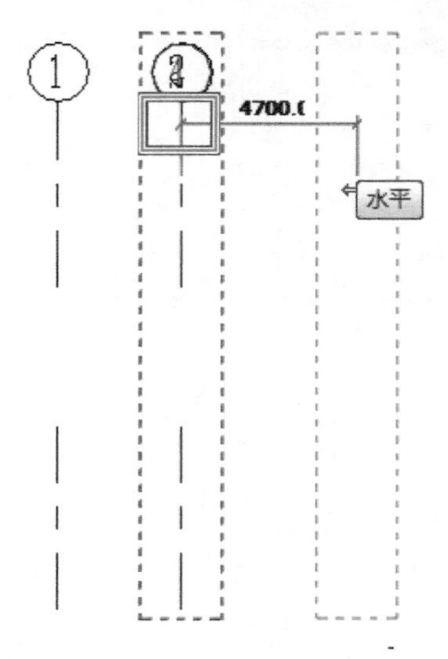

图 2-35　指定阵列的基点

确定阵列基点后，向右拖动光标，当临时尺寸标注显示为“6000”时单击鼠标左键，即可完成标高的阵列操作，效果如图 2-36 所示。

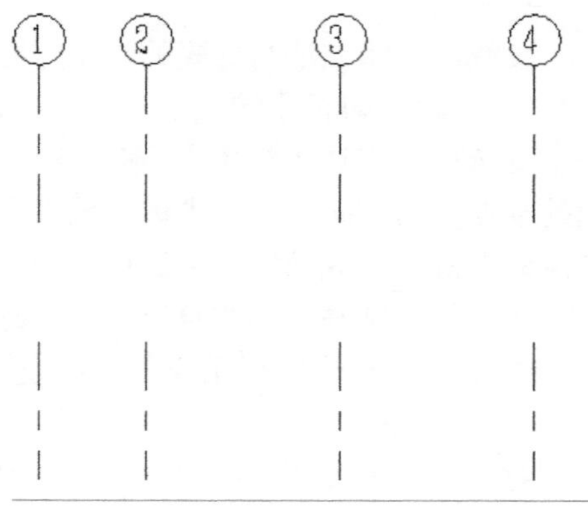

图 2-36　阵列轴线

模型有对称特性时，可以利用“镜像”工具创建对称图元。在【建筑】选项卡下，单击【工作平面】面板中的【参照平面】按钮，在绘图区④轴线右侧绘制一条垂直的参照平面，单击临时尺寸标注，输入“3600”，按 <Enter> 键后按两次 <Esc> 键退出“参照平面”绘制，如图 2-37 所示。框选①~④轴线，软件将切换至【修改 | 轴网】选项卡。单击【修改】面板中的【镜像——拾取轴】按钮，单击绘图区中的参照平面线作为对称轴，完成轴线的镜像，效果如图 2-38 所示。

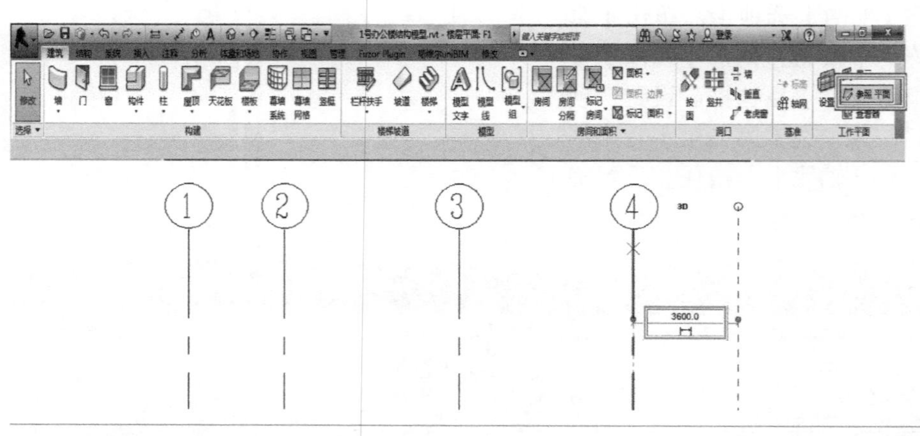

图 2-37　参照平面绘制

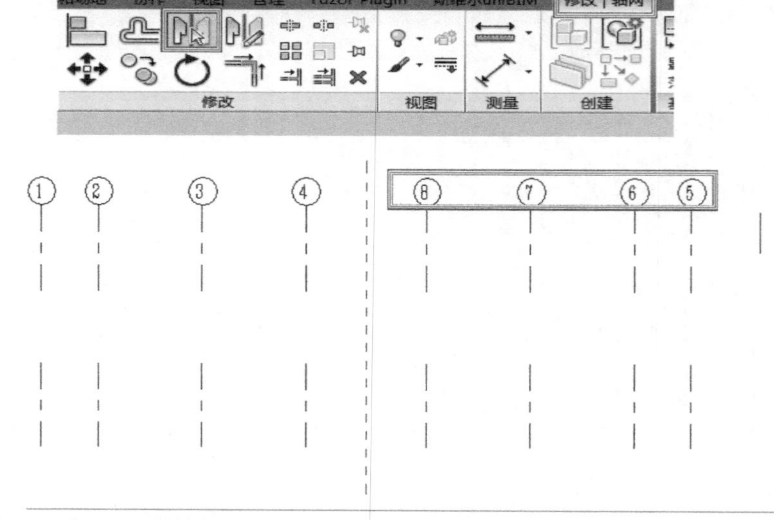

图 2-38　轴线镜像绘制

Revit 会自动为每个轴网按生成的先后顺序编号，要修改轴网编号，可选择轴线后单击轴网编号，输入新值，然后按 <Enter> 键。编号不能重复，可借助过渡数值完成修改，效果如图 2-39 所示。

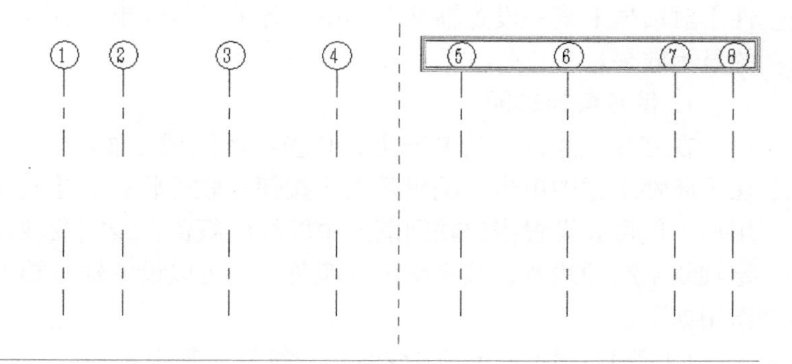

图 2-39　轴网编号修改。

同样，按照相同的绘制方法，在绘图区域的适当位置绘制相应的水平轴线，然后双击轴线编号，修改轴线名称为“A”，效果如图 2-40 所示。

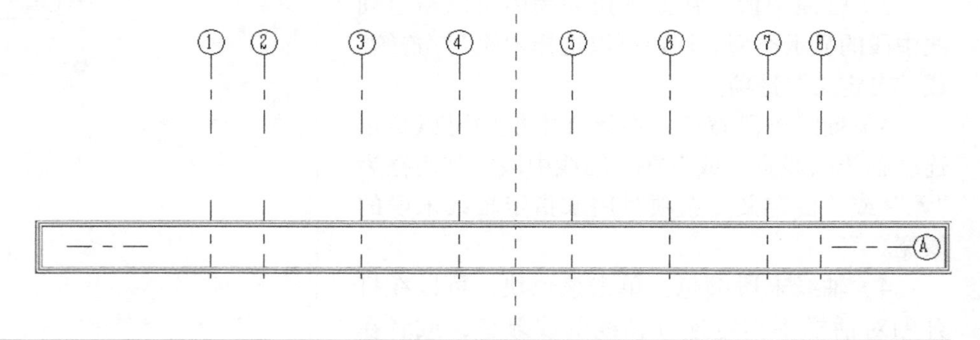

图 2-40　绘制水平轴线

按照上述绘制、复制、阵列的操作方法，由下至上创建 4 条水平轴线，并更改相应编号，效果如图 2-41 所示。

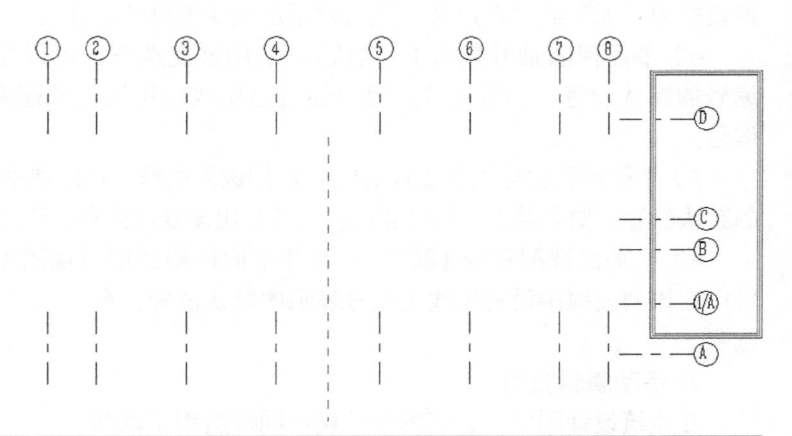

图 2-41　水平轴线绘制

任务实施 2.2.3 编辑轴网

建筑设计图中轴网的显示效果可以改变。在 Revit 中，用户既可以通过轴网的【类型属性】对话框来统一设置轴网图形中的各种显示效果，也可以通过手动方式分别设置单个轴线的显示效果。

1. 批量编辑轴网

在完成上述绘制的基础上，切换绘图区域，显示为 F1 楼层平面视图，选择②轴线，并在【属性】栏中单击【编辑类型】按钮，软件将打开【类型属性】对话框，如图 2-42 所示。用户不仅可以设置指定轴网图形中轴线的颜色、线宽及轴线中段的显示类型，还可以设置指定轴线末端的线宽、填充图案和颜色，也可以设置轴号端点显示与否。各参数选项的含义及作用如下：

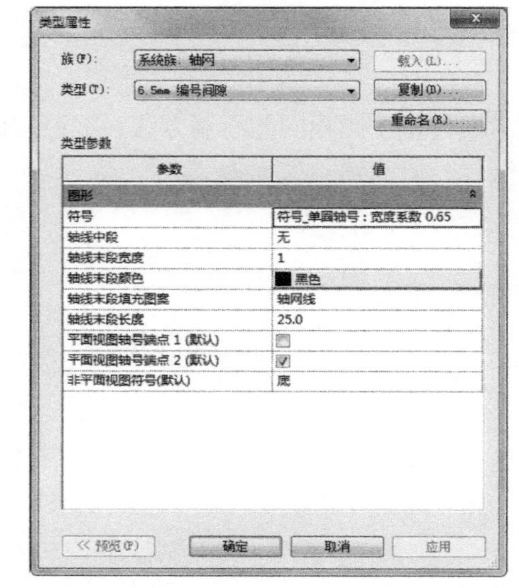

图 2-42 【类型属性】对话框

1）符号：用于指定轴线端点的符号。其中，该符号在编号中可以显示轴网号（轴网标头——圆），显示轴网号但不显示编号（轴网标头——无编号），无轴网编号或轴网号。

2）轴线中段：在该下拉列表中可以指定轴线中段的显示类型。用户可以选择“无”“连续”或“自定义”选项。

3）轴线末段宽度：在该文本框中可以指定连续轴线的线宽，或者在“轴线中段”列表框为“无”或“自定义”选项时用来指定轴线末段的线宽。

4）轴线末段颜色：单击该色块，可以在打开的对话框中指定连续轴线的线颜色，或者在“轴线中段”列表框为“无”或“自定义”选项时指定轴线末段的线颜色。

5）轴线末段填充图案：在该列表框中可以指定连续轴线的线样式，或者在“轴线中段”列表框为“无”或“自定义”选项时指定轴线末段的线样式。

6）平面视图轴号端点 1（默认）：启用该复选框，可以在平面视图的轴线起点处显示编号的默认设置。如果需要，可以通过启用或禁用该复选框来显示或隐藏视图中各轴线的编号。

7）平面视图轴号端点 2（默认）：启用该复选框，可以在平面视图的轴线终点处显示编号的默认设置。如果需要，可以通过启用或禁用该复选框来显示或隐藏视图中各轴线的编号。

8）非平面视图符号（默认）：在非平面视图的项目视图（如立面视图和剖面视图）中，可以在该列表框中设置轴线上编号显示的默认位置，有“顶”“底”“两者”（顶和底）或“无”选项。

2. 手动编辑轴网

在建筑设计图中，标高的手动设置同样适用于轴网。

依次打开 F1 和 F2 楼层平面视图，单击【视图】选项卡。在【窗口】面板中单击【平铺】

命令，效果如图 2-43 所示。

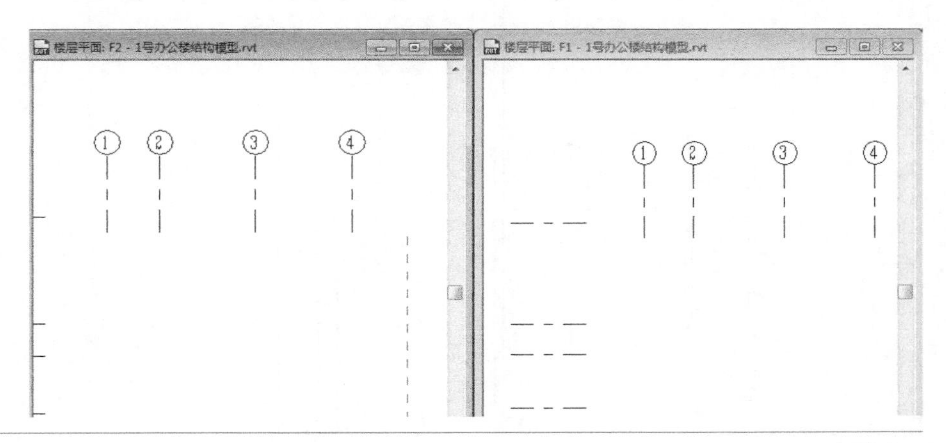

图 2-43　平铺窗口

选中“楼层平面：F1”窗口中的①轴线并解锁，此时垂直向上拖动该轴线的上端点至某一位置，可以发现，在 3D 模式下，“楼层平面：F2”窗口中的①轴线也将同步移动到相同位置，效果如图 2-44 所示。

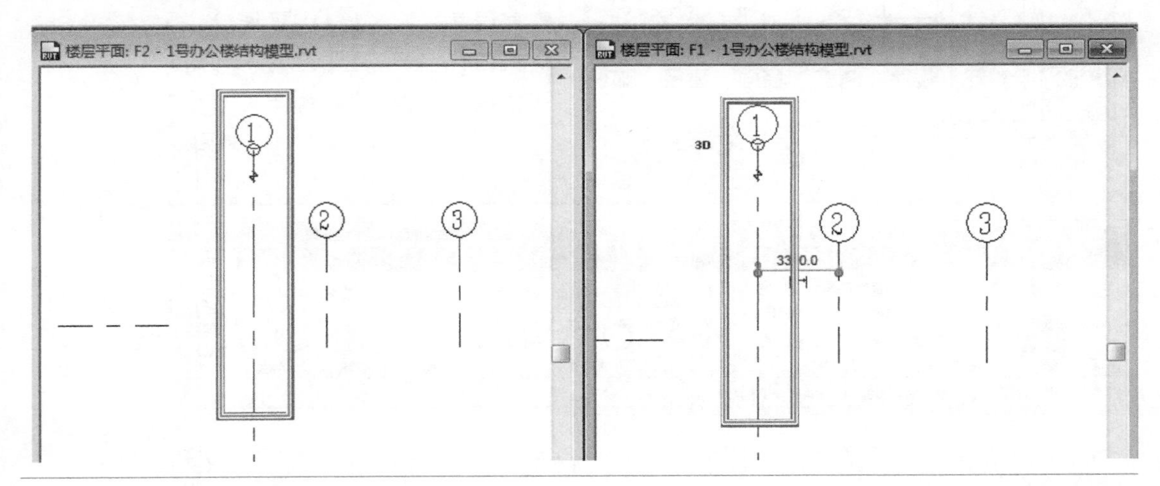

图 2-44　3D 模式下移动轴线端点

选中“楼层平面：F1”窗口中的②轴线并解锁，单击轴线旁边【3D】图标，软件将切换至 2D 模式。此时向下移动“楼层平面：F1”窗口中②轴线的上端点至合适位置，可发现“楼层平面：F2”窗口中的②轴线的位置将保持不变，效果如图 2-45 所示。

另外，若将轴线的二维投影长度切换为实际的三维长度，则右击该轴线，并选择“重设为三维范围”选项即可。

在【注释】选项卡下，单击【尺寸标注】面板中的【对齐】按钮，在激活的【修改 | 放置尺寸标注】面板选项栏中，保持默认的“参照墙中心线”和默认的“单个参照点”选项。依次点选同一排侧的轴线，然后在选完最后一个轴线后，调整标注显示位置，并在空白位置单击鼠标左键确定，完成标注，效果如图 2-46 所示。

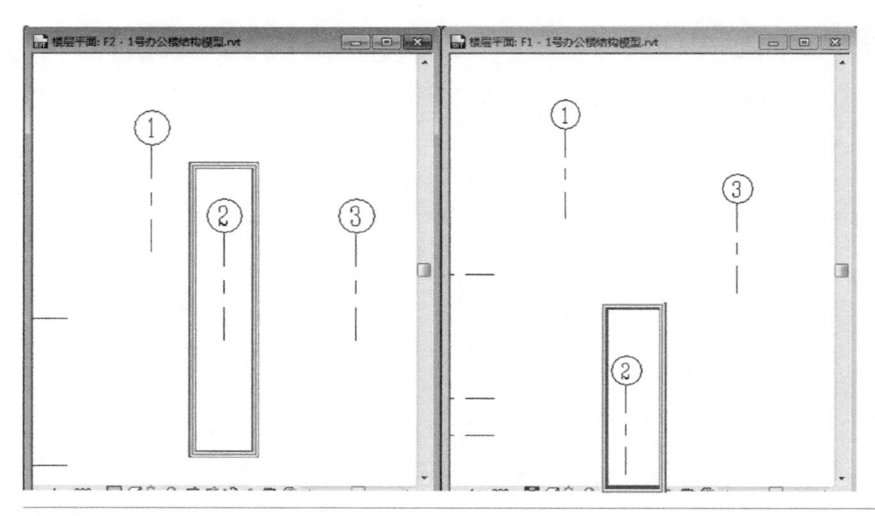

图 2-45　2D 模式下移动轴线端点

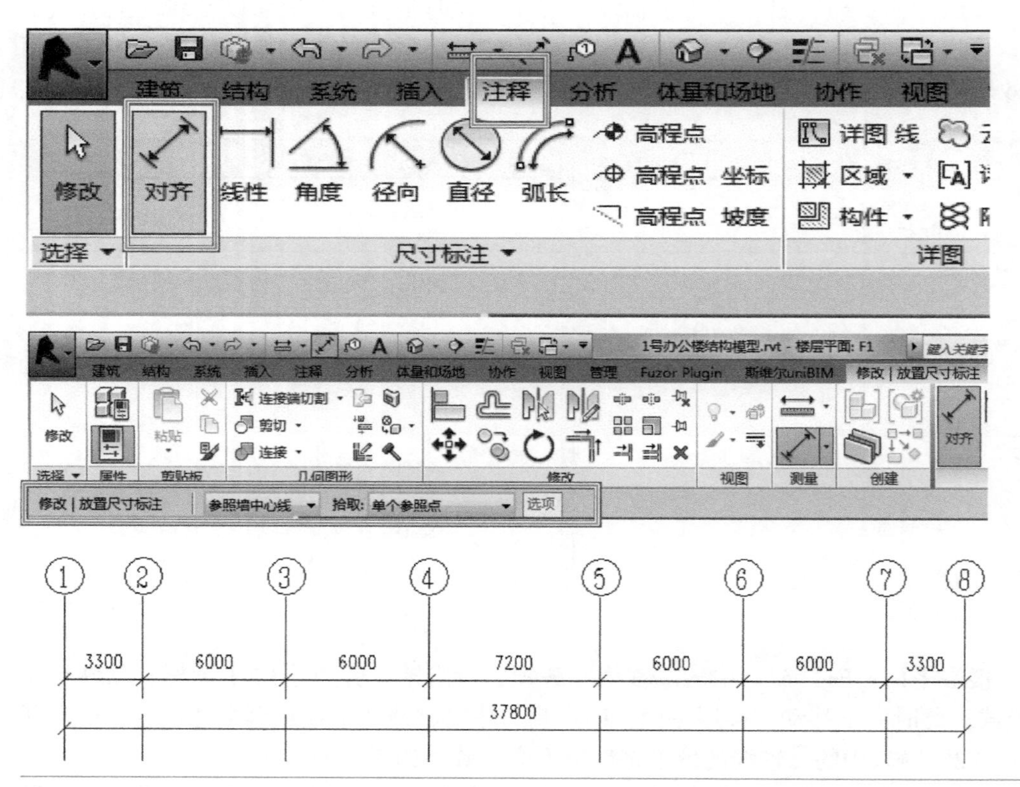

图 2-46　轴线尺寸标注

过关练习 2 ——轴网

参照某小别墅的建筑施工图，采用绘制、复制、阵列的方法，绘制小别墅的轴网，并完成轴线间的尺寸标注。完成效果如图 2-47 所示。

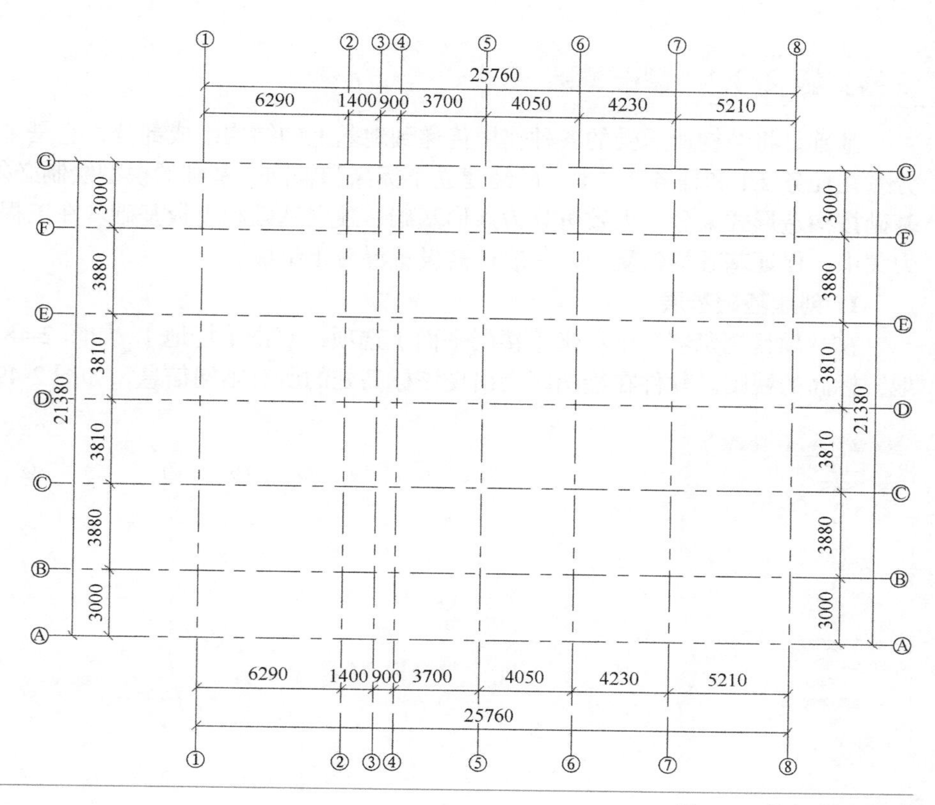

图 2-47　某小别墅的轴网

任务 2.3　创建结构模型

任务发布

■ 任务描述：

建筑结构是由基础、柱、梁、板、墙等基本构件组成，这些基本构件相互连接、相互支承，构成能承受和传递各种作用的建筑物支承骨架，从而保证建筑物的安全和正常使用。本任务主要介绍建筑结构专业基础、柱、梁、板、墙等构件的创建方法。

■ 任务目标：

完成 1 号办公楼结构专业的基础、柱、梁、板等构件的创建。

任务实施 2.3.1 创建基础

基础是将结构所承受的各种作用传递到地基上的结构组成部分，它是主体结构的组成部分。在任务 2.1 和任务 2.2 中，已经建立了标高和轴网，基础的模型绘制必须在其之上进行。基础按构造形式来分，大致可分为条形基础、独立基础和筏板基础。在工程中，为了防止应力集中，保证基础均匀受力，一般还需设置混凝土垫层。

1. 创建基础垫层

在“项目浏览器”中单击【楼层平面】选项，双击【场地】，如图 2-48 所示，进入“场地”标高的视图。软件在绘图区会出现该标高处的所有轴网信息，如图 2-49 所示。

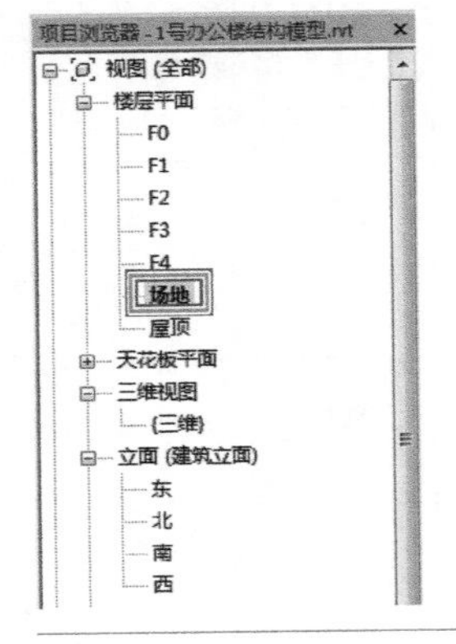

图 2-48 场地平面

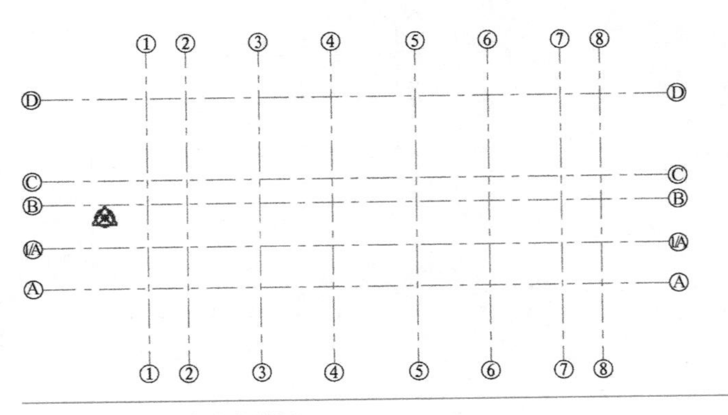

图 2-49 场地标高中的轴网

单击左上角【应用程序菜单】按钮，选择【选项】工具，打开【选项】对话框，在“图形”菜单栏的“颜色”面板中，勾选“反转背景色”，修改绘图区背景色为“黑色”，如图 2-50 所示。

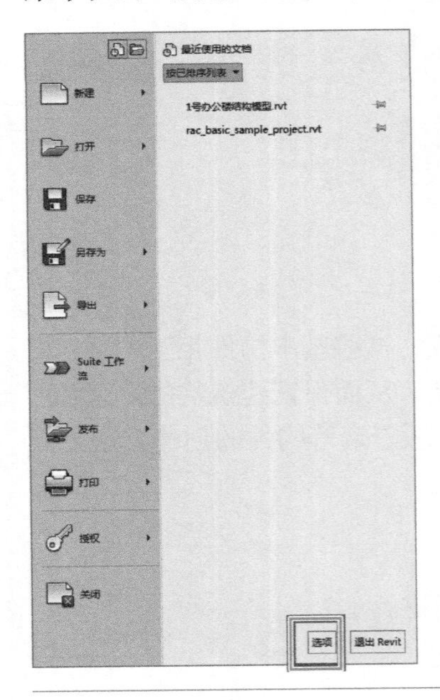

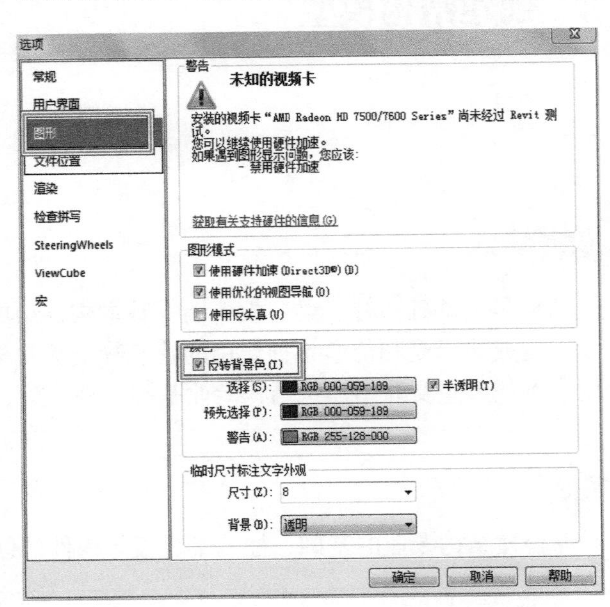

图 2-50 修改绘图区背景色

在【插入】选项卡的【链接】面板中，单击【链接 CAD】按钮，在【链接 CAD 格式】对话框中，选择【基础结构平面图】，勾选【仅当前视图】，设置“导入单位”为“毫米”，单击【打开】按钮，导入“基础结构平面图”，如图 2-51 所示。

在【修改】选项卡的【修改】面板中，单击【对齐】按钮，然后在绘图区先单击①轴线，再单击链接 CAD 中的①轴线。同理，单击绘图区中的Ⓐ轴线后再单击链接 CAD 中的Ⓐ轴线，完成图纸定位，如图 2-52 所示。

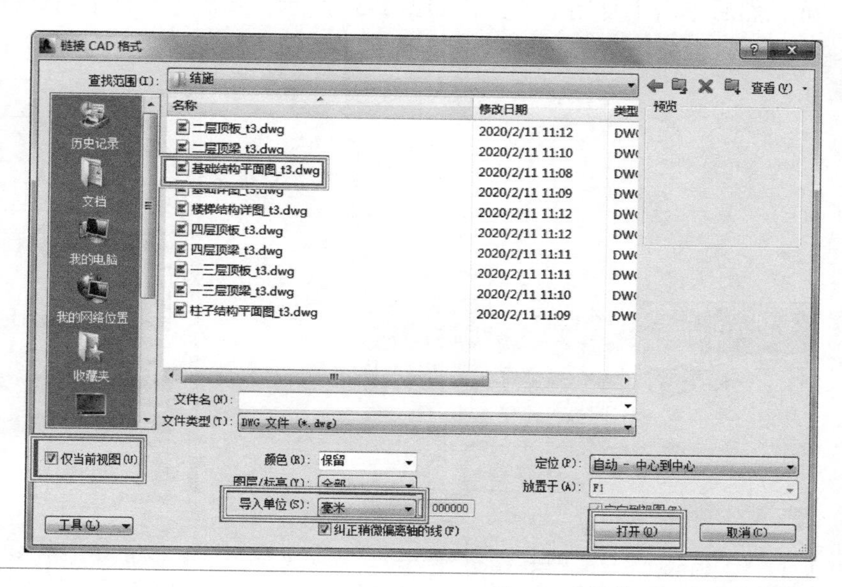

图 2-51 【链接 CAD 格式】对话框

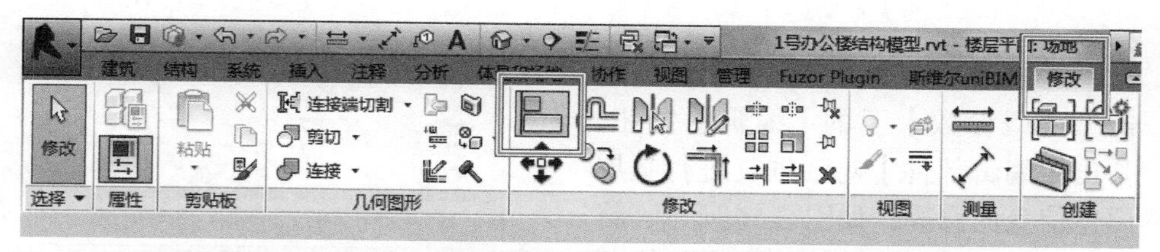

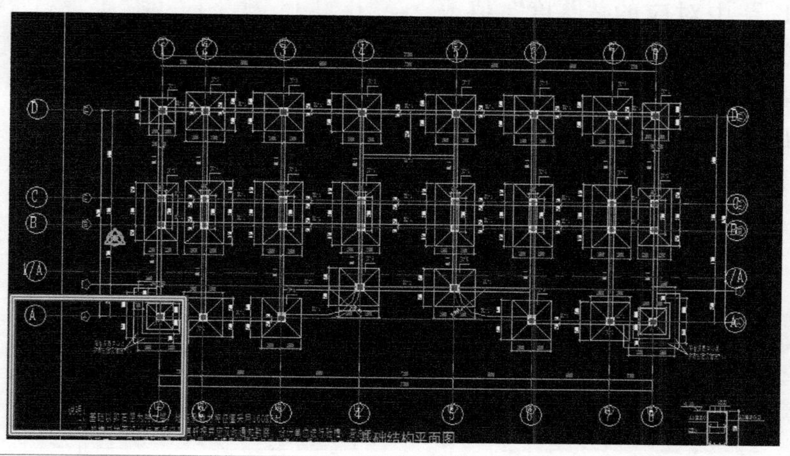

图 2-52　链接 CAD 图纸定位

■ 小提示

对齐命令选择对象顺序应先为绘制的轴线，后为链接 CAD 中的轴线，顺序不能反。

在【结构】选项卡的【结构】面板中，单击【楼板】按钮，选择“楼板：结构”，如图 2-53 所示，此时的轴网线颜色会变淡。在属性栏中，单击【编辑类型】，打开【类型属性】对话框，然后单击【复制】按钮，如图 2-54 所示，弹出【名称】对话框，如图 2-55 所示，将名称改为“混凝土垫层”，并单击【确定】按钮。

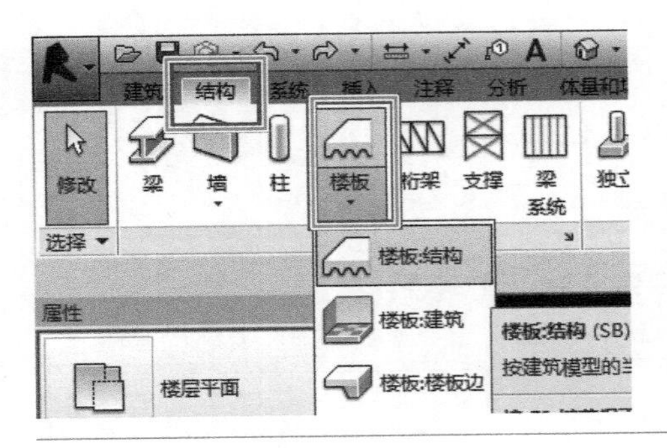

图 2-53 【楼板：结构】命令

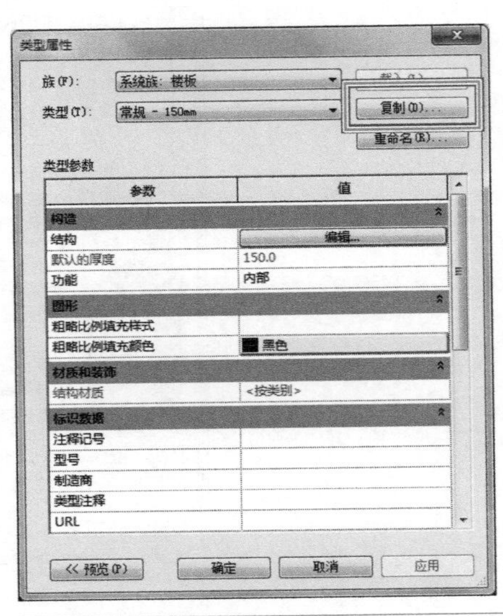

图 2-54 【类型属性】对话框

返回到【类型属性】对话框，单击【类型参数】下的【编辑】按钮，弹出【编辑部件】对话框，进行垫层属性信息的修改，如图 2-56 所示，将“结构［1］”中对应的“厚度”值改为“100”，单击【确定】按钮，返回到【类型属性】对话框，再单击【确定】按钮。

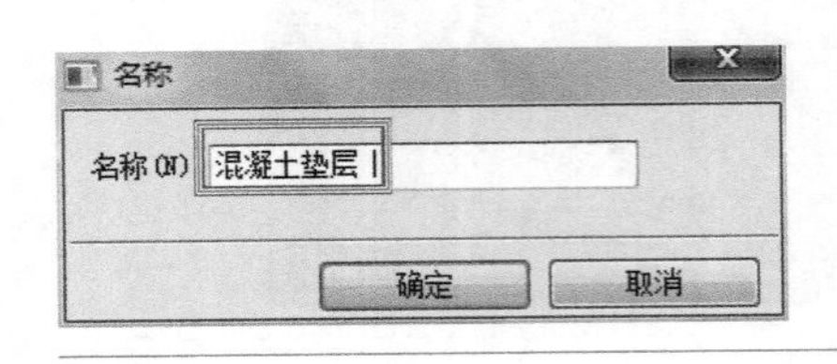

图 2-55 【名称】对话框

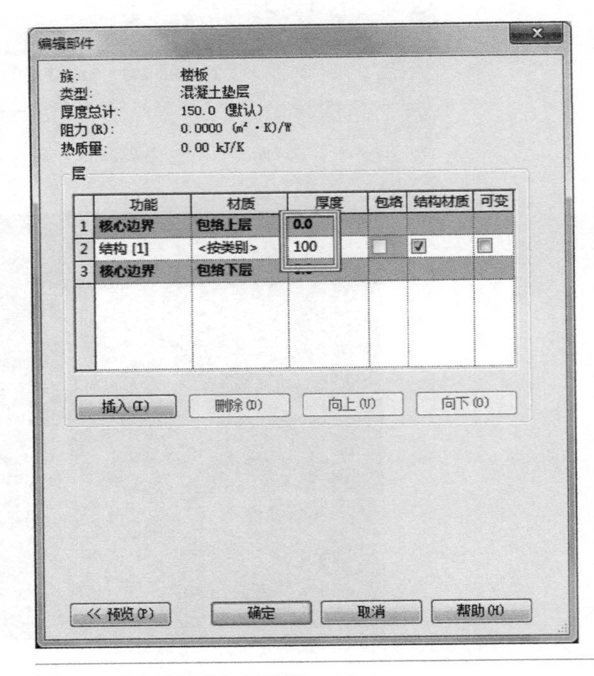

图 2-56 【编辑部件】对话框

单击【绘制】选项卡下的【拾取线】命令，选项栏中的“偏移量”设置为“100”，如图 2-57 所示。

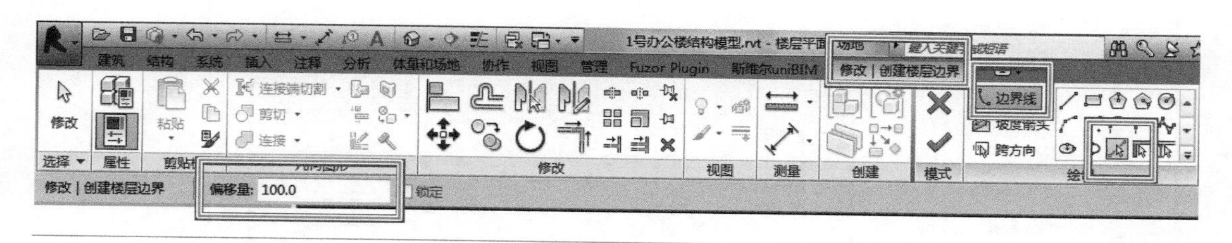

图 2-57　【拾取线】命令

在属性栏中，调整限制条件，“标高”设置为“F1”，自标高的“高度”设置为“–1800”，其他保持默认，如图 2-58 所示。对照图纸，拾取基础边界，绘制垫层的平面位置，最终使线条形成闭合状态（轮廓线必须是闭合的），如图 2-59 所示，绘制完成后，单击【模式】选项卡的【√】，即完成编辑模式。其他垫层可结合绘制、复制、阵列及镜像等工具完成。

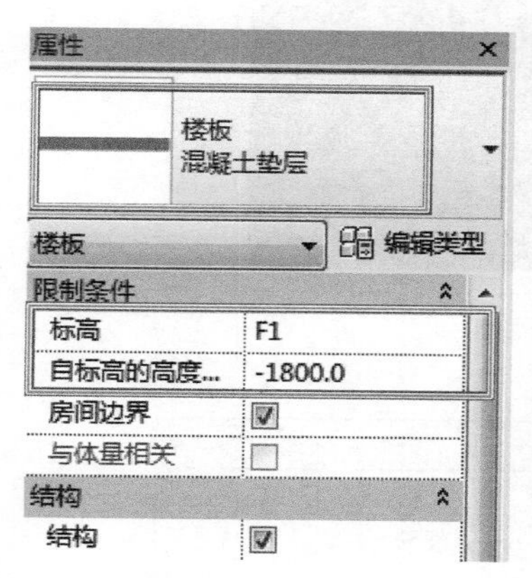

图 2-58　基础垫层属性参数

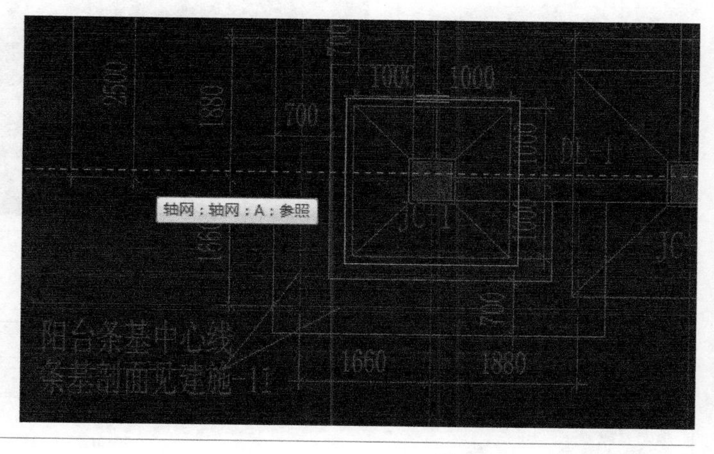

图 2-59　闭合状态下的垫层

单击属性栏中视图范围的【编辑】按钮，打开【视图范围】对话框，设置底和标高的偏移量为“–2000”，如图 2-60 所示，调整视图范围，使完成的垫层可见。

在【视图】选项卡中，单击【创建】面板的【三维视图】命令，选择【默认三维视图】，可查看垫层的三维状态，三维状态下的垫层如图 2-61 所示。

2. 创建独立基础

要创建基础，如项目中没有对应的基础族，则需从外部载入。单击【结构】→【基础】→【独立】命令，此时弹出【询问是否载入基础族】对话框，单击【是】按钮，弹出【载入族】对话框，如图 2-62 所示，或者单击【插入】→【从库中载入】→【载入族】命令，如图 2-63 所示，弹出【载入族】对话框。依次选择【结构】→【基础】→【独立基础 - 坡形截面】，单击【打开】按钮，此时在【项目浏览器】的“族”中，将会新增“独立基础 - 坡形截面”族。

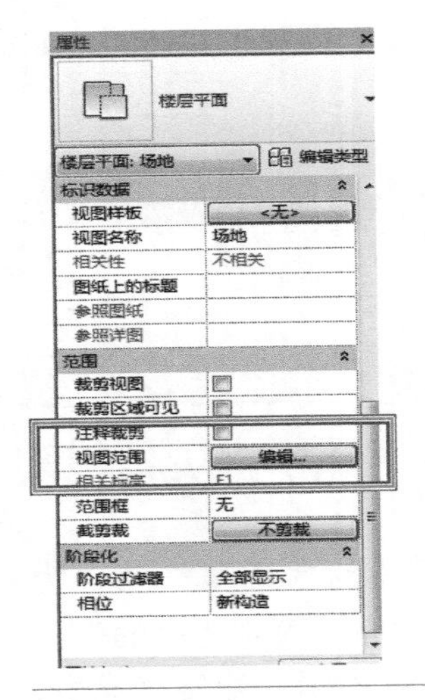

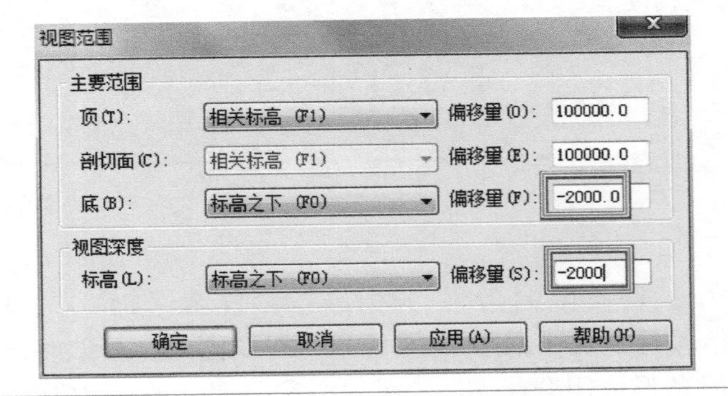

图 2-60　调整视图范围

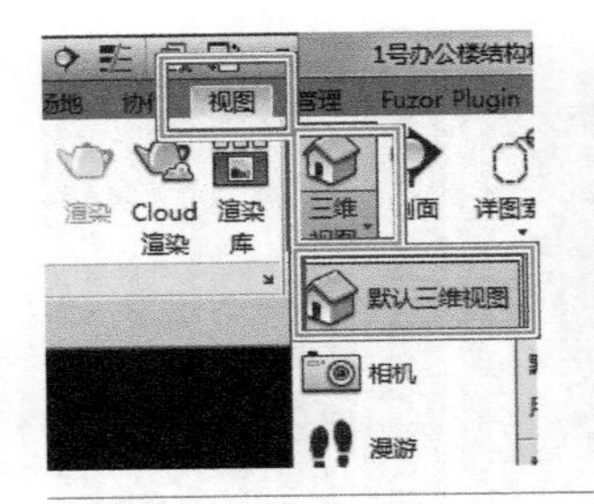

图 2-61　三维状态下的垫层

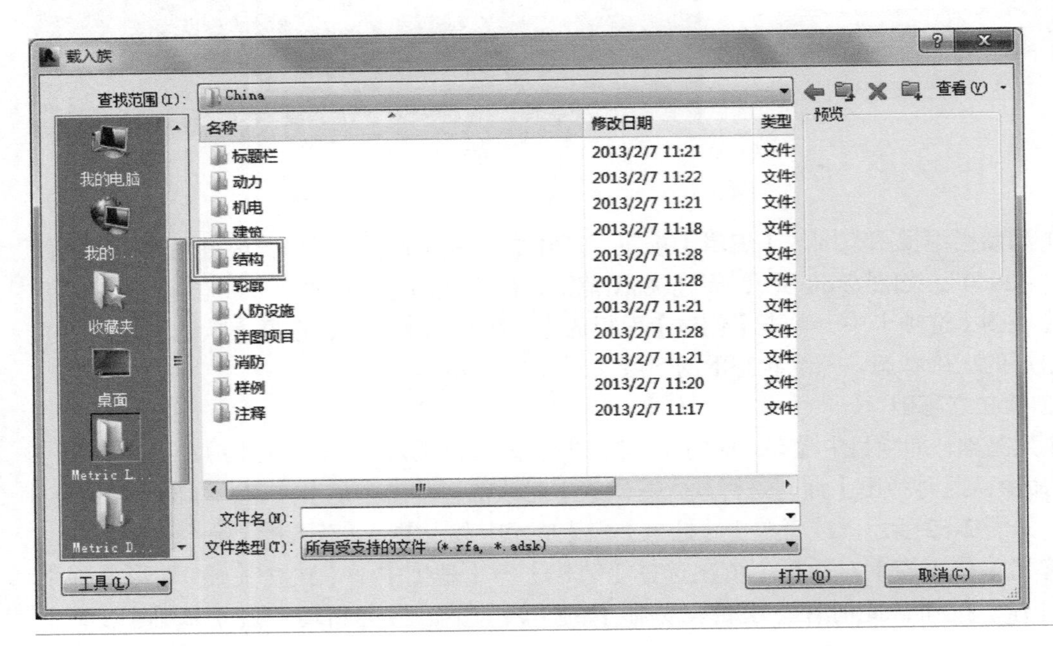

图 2-62　【载入族】对话框

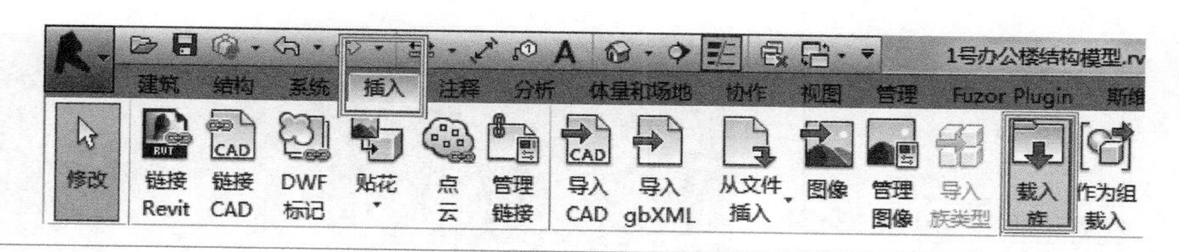

图 2-63 【载入族】命令

再次单击【结构】→【基础】→【独立】命令，在属性栏中选择“独立基础 - 坡形截面”族。单击【编辑类型】，打开【类型属性】对话框，然后单击【复制】命令，弹出【名称】对话框，将名称改为“ JC1”，并单击【确定】按钮。返回到【类型属性】对话框，根据图 2-64 参数值所表示的含义，或单击【类型属性】对话框左下角的【预览】按钮，此时，会在【类型属性】对话框左侧弹出基础构件的三维视图窗口，查阅各参数所代表的含义，参照基础详图尺寸，修改【类型参数】下的尺寸标注值，修改结果如图 2-65 所示，单击【确定】按钮完成编辑。最后在属性栏中设置“限制条件标高”为“ F1”，“偏移量”为“ –1300”，单击①轴线和Ⓐ轴线交点位置处，放置独立基础 JC1，效果如图 2-66 所示。其他基础的创建和放置方式类似，不再赘述，效果如图 2-67 所示。

■ 小提示

限制条件的计算与设置，可借助对齐命令，修正放置位置。

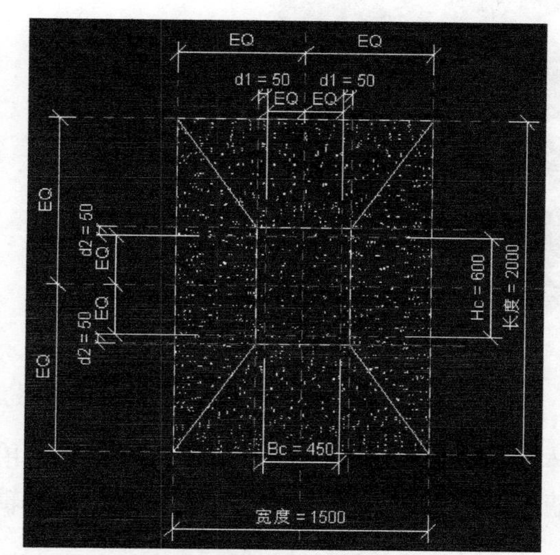

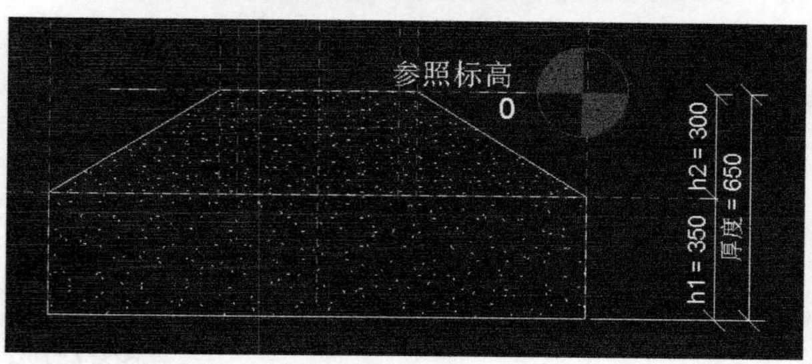

图 2-64　参数值

类型属性

族(F)：独立基础-坡形截面　载入(L)...

类型(T)：JC1　复制(D)...

重命名(R)...

类型参数

参数	值
尺寸标注	
h2	200.0
h1	300.0
d2	50.0
d1	50.0
宽度	2000.0
长度	2000.0
Hc	500.0
Bc	500.0
厚度	500.0
标识数据	
部件代码	
注释记号	
型号	
制造商	
类型注释	

<< 预览(P)　确定　取消　应用

图 2-65　类型参数

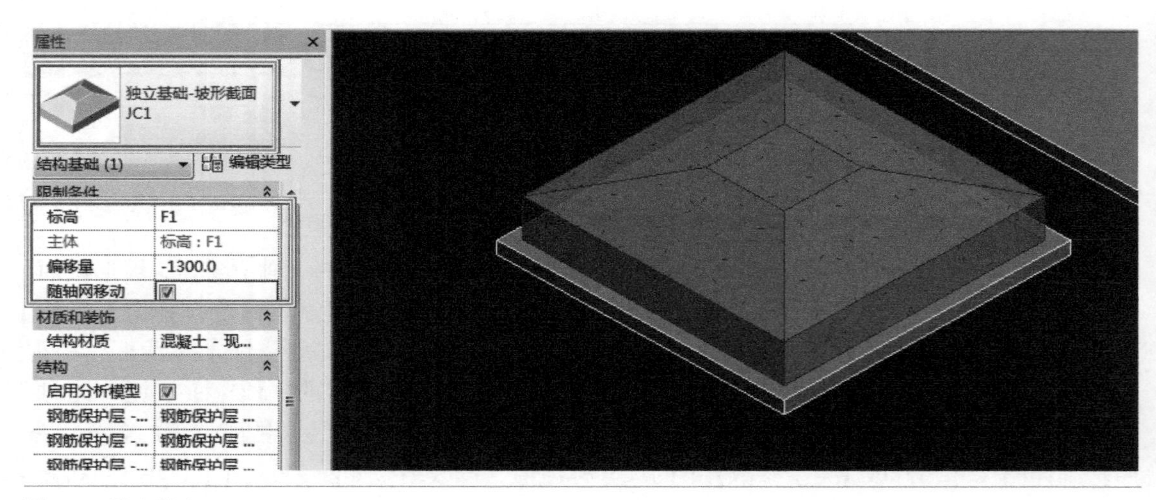

图 2-66 独立基础 JC1

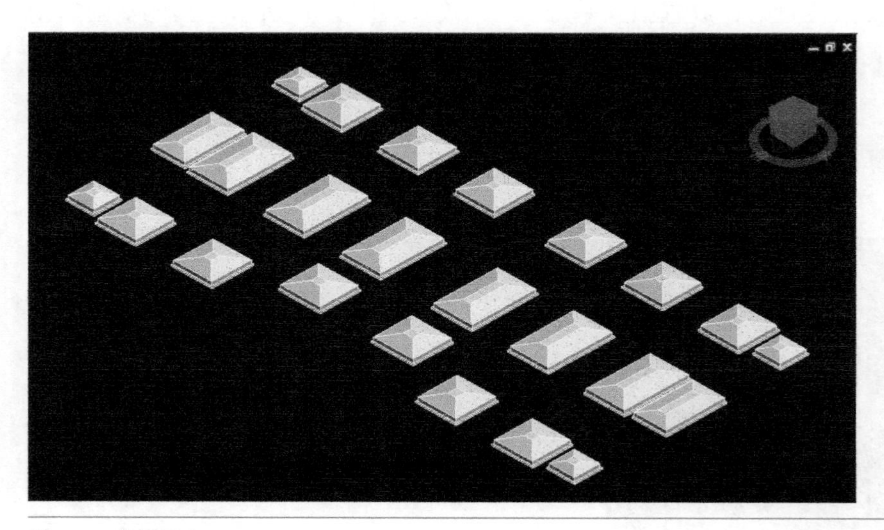

图 2-67 绘制基础

3. 创建条形基础

条形基础绘制前，应先绘制好墙体，墙体绘制方法可参考任务 3.1，绘制完成后单击【结构】→【基础】→【条形】命令，再选择墙体构件即可。条形基础的参数和属性编辑与独立基础一样，不再赘述。

4. 创建筏板基础

单击【结构】→【基础】→【板】→【结构基础：模板】命令，此时将加载【修改 | 创建楼层边界】选项卡，且轴网线条颜色变淡，绘制和属性编辑方法与基础垫层相同，不再赘述。

任务实施 2.3.2 创建柱子

创建柱子

本任务实施主要讲述如何创建和编辑结构柱、建筑柱，使人们了解建筑柱和结构柱的应用方法和区别。

1. 创建垂直结构柱

1）单击【建筑】选项卡→【构建】面板→【柱】的下拉箭头，在下拉列表中选择“结构柱”，或者在【结构】选项卡下，单击【结构】面板中的【柱】，在激活的【修改】选项卡【放置】面板中选择“垂直柱”。

2）从属性栏中的【类型选择器】下拉列表中，选择所需要的结构柱类型，若无所需规格则单击【编辑类型】按钮，打开【编辑类型】对话框，编辑柱子属性，修改长度、宽度等参数尺寸。如列表中没有需要的类型，则通过载入族的方法载入所需要的结构柱族。然后单击属性栏中的【编辑类型】按钮，在弹出的对话框中单击【复制】按钮，将复制的新结构柱命名为所需要绘制的柱的名称，并修改其尺寸和结构材质。

3）在选项栏上指定柱的下列属性内容。

① 放置后旋转：选择此选项可以在放置柱后立即将其旋转。

② 底部标高：为柱的底部选择标高（仅在三维视图放置柱时需选择底部标高；当在平面视图中放置时，该视图的标高即为柱的底部标高，因此不会出现此选项）。

③ 深度 / 高度：此设置从柱的顶部向下绘制时，选择“深度”；要从柱的底部向上绘制，则选择“高度”。

④ 标高 / 未连接：选择柱的顶部标高；或者选择“未连接”，然后在后面的输入框中输入柱的高度。

4）在对应的位置单击鼠标左键以放置柱。

放置时可以捕捉到现有几何图形上的点。当柱放置在轴网交点时，两组网格线将亮显。

放置柱时，使用空格键可更改柱的方向。每次按空格键时，柱将发生旋转，以便与选定位置的相交轴网对齐。在不存在任何轴网的情况下，按空格键时会使柱旋转 90°。

2. 创建倾斜结构柱

1）单击【建筑】选项卡【构建】面板中【柱】的下拉箭头，在下拉列表中选择“结构柱”，或者单击【结构】选项卡【结构】面板中的【柱】命令，激活【修改】选项卡→【放置】面板→【斜柱】命令。

2）从属性栏中的【类型选择器】下拉列表中，选择所需要的结构柱类型。若无所需规格则单击【编辑类型】按钮，打开【编辑类型】对话框，编辑柱子属性，修改长度、宽度等参数尺寸。如列表中没有需要的类型，则通过载入族的方法载入所需要的结构柱族。然后单击属性栏中的【编辑类型】按钮，在弹出的对话框中单击【复制】按钮，将复制的新结构柱命名为所需要绘制的柱的名称，并修改其尺寸和结构材质。

3）在选项栏上指定柱的下列属性内容。

第一次单击（仅平面视图放置时有此选项）：选择柱起点所在的标高，并在文本框中指定柱端点自所选标高的偏移，即指定斜柱的底标高。

第二次单击（仅平面视图放置时有此选项）：选择柱端点所在的标高，并在文本框中指定柱端点自所选标高的偏移，即指定斜柱的顶标高。

三维捕捉：如果希望柱的起点和终点之一或二者都捕捉到之前放置的结构图元，则可勾选【三维捕捉】按钮。如果在剖面、立面或三维视图中进行放置，是最准确的放置方法。

4）在平面区域中单击鼠标左键，以指定斜柱的起点。

5）再次单击鼠标左键，以指定斜柱的终点。

3. 创建建筑柱

1）单击【建筑】选项卡【构建】面板中【柱】的下拉箭头，在下拉列表中选择“柱：建筑”。

2）从类型选择器中选择适合尺寸规格的建筑柱。若无所需规格则单击【编辑类型】按钮，打开【编辑类型】对话框，编辑柱子属性，修改长度、宽度等参数尺寸。如无所需的柱子类型，则单击【插入】选项卡，【从库中载入】面板下【载入族】工具，打开相应族库进行载入族文件。

3）单击插入点插入柱子。

4）建筑柱编辑与结构柱相似，柱的实例属性可以调基准、顶标高、顶部和底部偏移，是否随轴网移动，此柱是否设为房间边界。单击【编辑类型】按钮，在类型属性中设置柱子的粗略比例填充样式、材质、长度、宽度参数以及偏移基准、偏移顶的设置。

■ 小提示

建筑柱的属性与墙体相同，修改粗略比例填充样式只能影响没有与墙相交的建筑柱。

建议：建筑柱适用于砖混结构中的墙垛、墙上突出结构等。

4. 实操创建柱子

柱子的创建方法可分层绘制或从底至顶一次绘制。有时需要引入阶段的概念，让建筑构件分属于不同的创建阶段，以便进行四维施工模拟或分阶段统计工程量，因此可把柱子分层绘制，并使每一层的柱子分属于不同的阶段。一般情况下则是从底至顶一次绘制完成柱子。在绘制柱子时，直接设置柱子的底标高及顶标高即可。

在“项目浏览器”中，双击【F1】，切换视图为“楼层平面 F1”，效果如图 2-68 所示，将“柱子结构平面图”CAD 图纸链接插入视图，并对位。

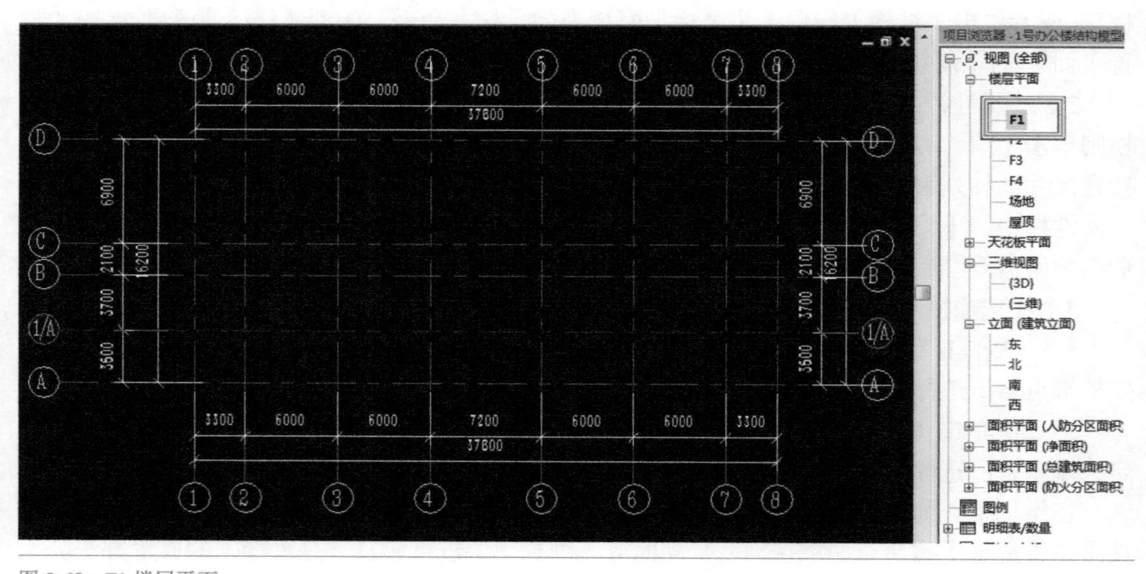

图 2-68　F1 楼层平面

单击【插入】→【从库中载入】→【载入族】命令，弹出【载入族】对话框。依次选择【结构】→【柱】→【混凝土】→【混凝土 - 矩形 - 柱】，单击【打开】按钮，此时在“项目浏览器”的“族”中，将会新增“混凝土 - 矩形 - 柱”族。

单击【建筑】选项卡【构建】面板中【柱】的下拉箭头，在下拉列表中选择“结构柱”，或者单击【结构】选项卡【结构】面板中的【柱】命令，在激活的【修改】选项卡【放置】面板中选择“垂直柱”。

从属性栏中的【类型选择器】下拉列表中，选择“混凝土 - 矩形 - 柱”的结构柱类型。单击属性栏中的【编辑类型】按钮，在弹出的对话框中单击【复制】按钮，将复制的新结构柱命名为“KZ1”，并将尺寸标注下的“*h*”和“*b*”的数值均改为“500”，单击【确定】按钮。

单击属性栏中【结构材质】后输入框中的▣，在弹出的【材质浏览器】中单击【新建材质】按钮，如图 2-69 所示，并在新建的材质上单击鼠标右键，选择“重命名”，将材质名称改为“C30 现浇混凝土”。

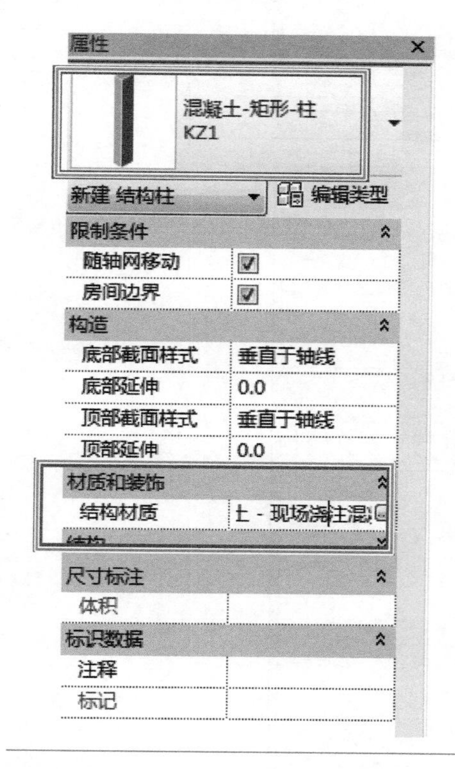

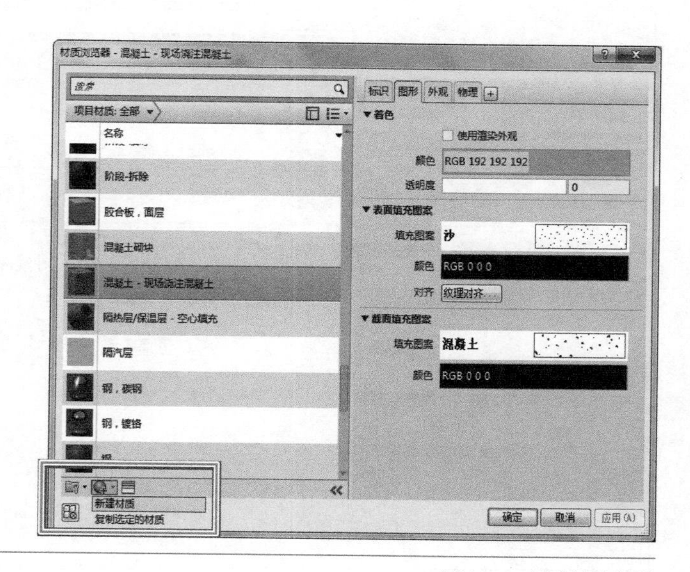

图 2-69 创建结构材质

如图 2-70 所示，选择新建的该材质，单击【打开 / 关闭资源浏览器】按钮，在打开的【资源浏览器】搜索框内输入“混凝土”，在搜索的结果列表中找到【混凝土 - 现场浇注混凝土】并双击，即将该材质的外观属性给了新建的“C30 现浇混凝土”材质。最后单击【确定】按钮，完成结构柱混凝土强度等级的设置。

在选项栏上指定柱的相关属性内容，如图 2-71 所示，不勾选【放置后旋转】按钮；“深度 / 高度”处选择为“高度”；“标高 / 未连接”下拉列表中选择标高为“F2”。

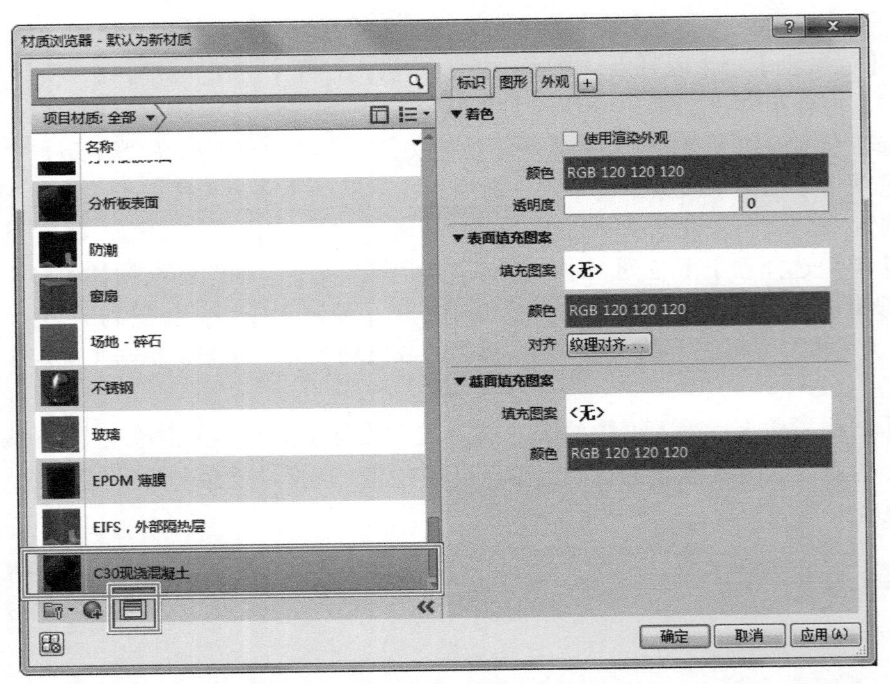

图 2-70　资源浏览器对话框

图 2-71　柱选项栏设置

在Ⓐ轴与①轴交点处单击以放置柱子。另外，柱子 KZ1 下基础顶部的标高为“–1300”，因此，需选中柱 KZ1，在属性栏中将“底部偏移”值修改为“–1300”，效果如图 2-72 所示。

在“项目浏览器”中，双击【F2】，切换视图为“楼层平面 F2”，单击【建筑】选项卡【构建】面板中【柱】的下拉箭头，在下拉列表中选择“结构柱”，或者单击【结构】选项卡【结构】面板中的【柱】，在激活的【修改】选项卡【放置】面板中选择“垂直柱”。从属性栏中的【类型选择器】下拉列表中，选择“混凝土 - 矩形 - 柱 KZ1”的结构柱类型。设置选项栏参数，不勾选【放置后旋转】；【深度 / 高度】处选择为“高度”；【标高 / 未连接】下拉列表中选择标高为“屋顶”。单击Ⓐ轴与①轴交点，按两次 <Esc> 键，完成上部 3.8~14.4m 位置的柱子放置，如图 2-73 所示。

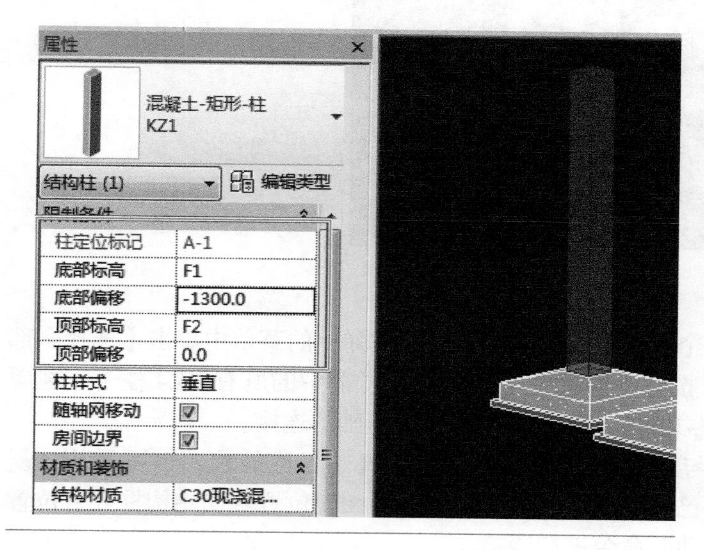

图 2-72　放置底部柱子

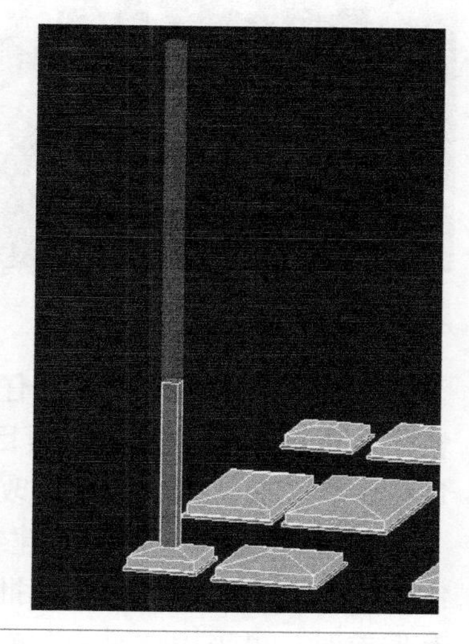

图 2-73　放置顶部柱子

在“项目浏览器”中，双击【F1】，切换视图为“楼层平面 F1”，单击【建筑】选项卡【构建】面板中【柱】的下拉箭头，在下拉列表中选择“结构柱”，或者单击【结构】选项卡【结构】面板中的【柱】命令，在激活的【修改】选项卡【放置】面板中选择“垂直柱”。从属性栏中的【类型选择器】下拉列表中，选择“混凝土 - 矩形 - 柱 KZ1”的结构柱类型。然后单击属性栏中的【编辑类型】按钮，在弹出的对话框中单击【复制】按钮，将复制的新结构柱命名为“KZ4”，并修改其尺寸和结构材质，选项栏参数设置与 KZ1 相同。单击【多个】面板中的【在轴网处】按钮，如图 2-74 所示，选中【标记】面板中的【在放置时进行标记】命令，如图 2-75 所示。长按 <Ctrl> 键，点选①～⑦轴线和Ⓑ、Ⓒ轴线，单击多个面板中的【完成】按钮，被选中轴线的交点处将全部生成柱子，效果如图 2-76 所示。

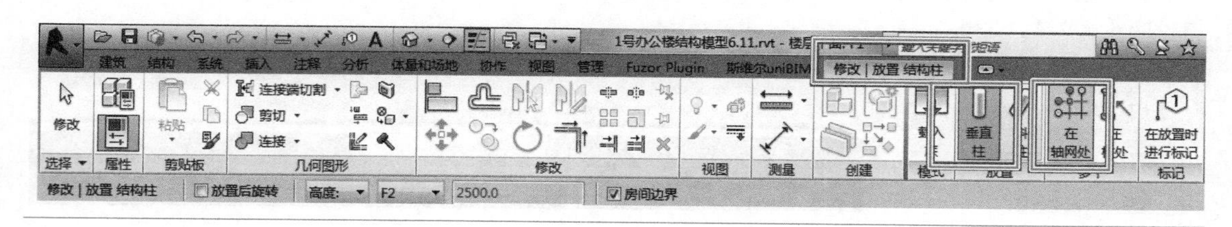

图 2-74　在轴网处放置柱

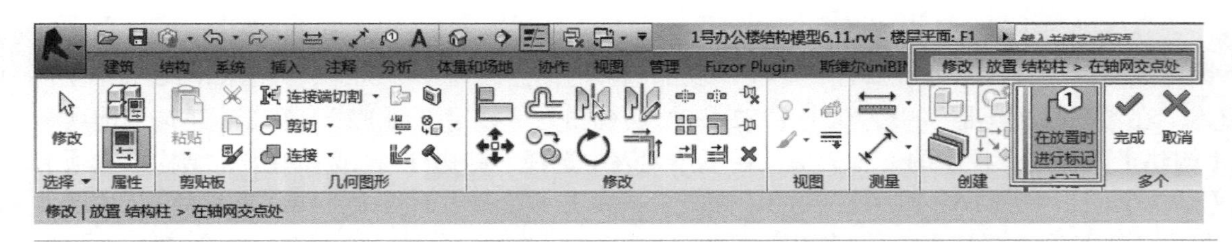

图 2-75　在放置时进行标记

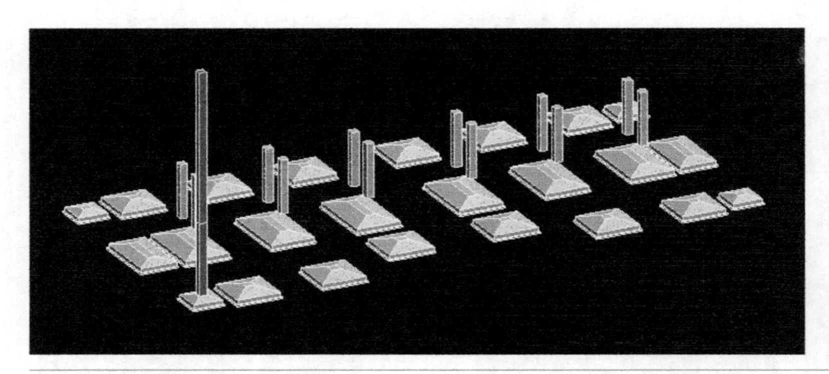

图 2-76　轴线的交点处生成柱子群

点选生成的柱子群中的任意一个柱子，鼠标单击右键，在弹出的菜单中单击【选择全部实例】下的子项【在整个项目中】按钮，即选中了创建的柱子群中的所有 KZ4 柱子，在属性栏中将“底部偏移”值修改为“-1200”，完成底部柱子与基础的连接。

其他部位结构柱的创建方法与此相同，对于同一楼层统一名称的柱，也可采用“复制”“阵列”“镜像”等工具批量将已绘制的同名称实例放置到相应位置。当结构柱放置位置有偏差时，可采用“对齐”或“移动”命令进行调整。

柱子可以附着于屋顶楼板或参照平面。选取柱子，自动激活【修改 | 结构柱】上下文选项卡，如图 2-77 所示。单击【修改柱】面板上的【附着】命令后，在选项栏中可以设置附着样式的参数，如图 2-78 所示。最终，结构柱绘制的三维视图如图 2-79 所示。

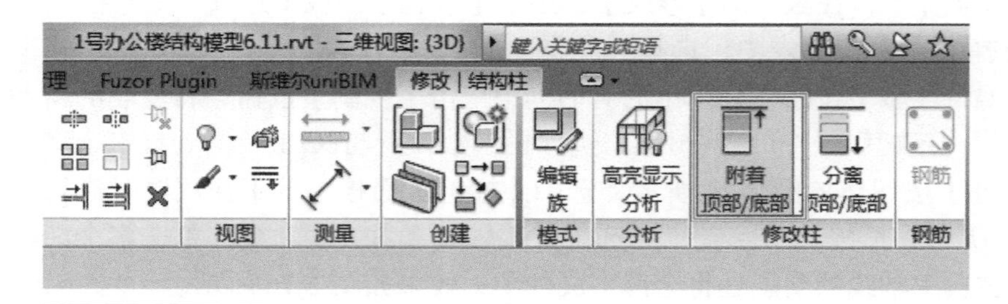

图 2-77 【修改柱】选项卡

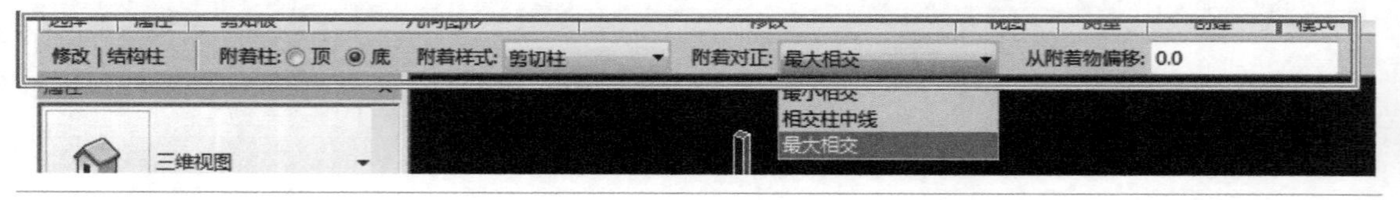

图 2-78　柱的附着设置

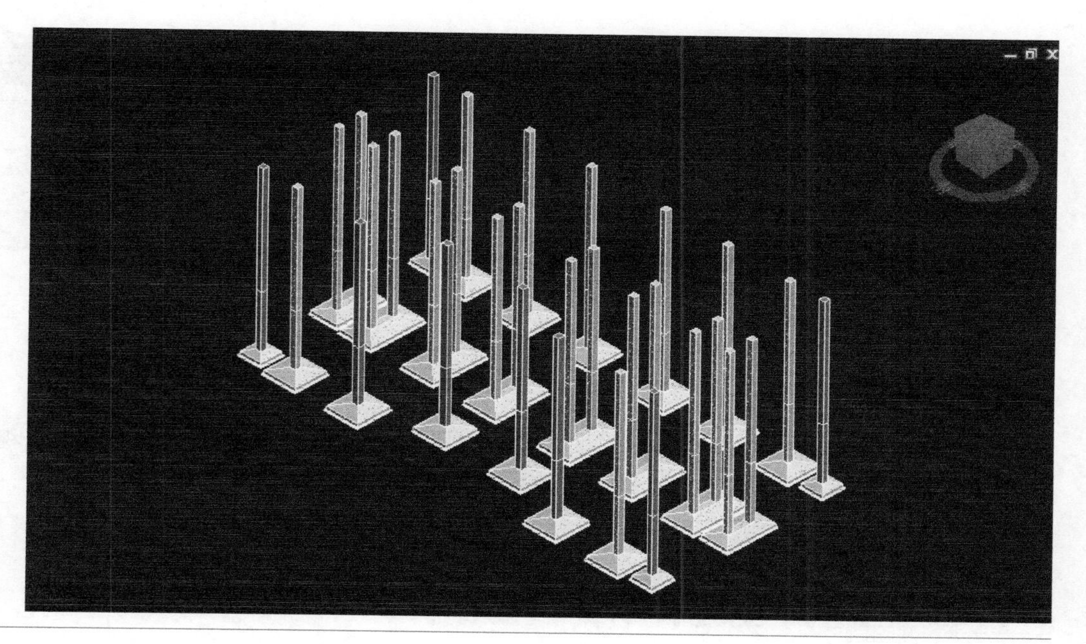

图 2-79　结构柱三维视图

任务实施 2.3.3　创建梁

本任务实施主要讲述如何创建和编辑梁、梁系统、结构支架等。根据项目需要，有些时候人们需要创建结构梁系统和结构，如对楼层净高产生影响的大梁等。大多时候我们可以在剖面上通过二维填充命令来绘制梁剖面。

在项目中，是否都需要创建梁和梁系统呢？事实上，在应用 Revit 进行项目设计时，最好的工作模式是建筑、结构、水暖电各专业的协同设计。由结构专业创建梁板柱等结构构件，建筑专业直接调用。如果只用于建筑专业设计的话，柱子的创建是必需的，主梁、次梁的创建则是根据项目需求而定。没有特殊要求的项目一般不创建梁和梁系统的模型。只在剖面图上用详图工具绘制出梁的断面表达即可。

1. 创建结构梁

（1）常规梁

单击【结构】选项卡的【结构】面板下【梁】命令，从【类型选择器】的下拉列表中选择需要的梁类型，若无所需类型则从库中载入。在选项栏上选择梁的放置平面，从【结构用途】下拉列表中选择梁的结构用途或让其处于自动状态，结构用途参数可包括在结构框架明细表中，这样便能计算大梁、托梁檩条和水平支撑的数量。使用“三维捕捉”选项，通过捕捉任何视图中的其他结构图元，可以创建新梁。这表示可以在当前工作平面之外绘制梁和支撑。例如，在启用了三维捕捉之后，不论高程如何，屋顶梁都将捕捉到柱的顶部。要绘制多段连接的梁，请选择选项栏中的“链”，如图 2-80 所示。单击起点和终点来绘制梁，当绘制梁时，光标会捕捉其他结构构件；也可使用“轴网”命令，拾取轴网线或框选、交叉框选轴网线，单击【完成】按钮，系统自动在柱、结构墙和其他梁之间放置梁。

点选绘制的梁，端点位置会出现操纵柄，可通过鼠标拖曳，调整其端点位置。

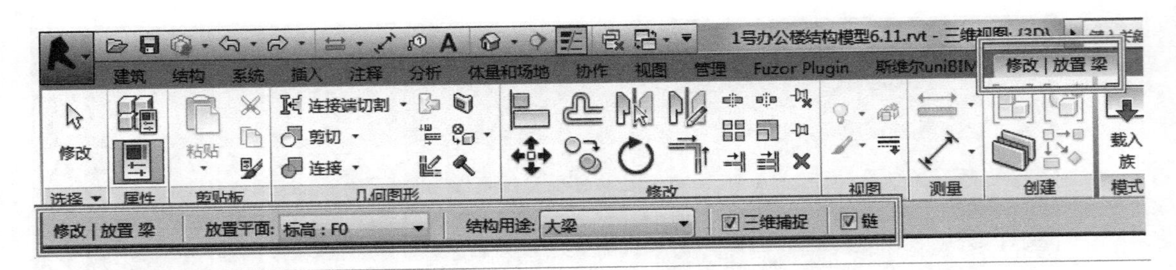

图 2-80　绘制梁

■ 小提示

由于软件默认的详细程度为“粗略”，绘制的梁、系统、支撑显示为单线，将视图栏的详细程度改为“精确”，梁构件就会显示空间几何形状，如图 2-81 所示。

图 2-81　视图栏的详细程度

（2）梁系统

结构梁系统可创建多个平行的等距梁，这些梁可以根据设计中的修改进行参数化调整，如图 2-82 所示。

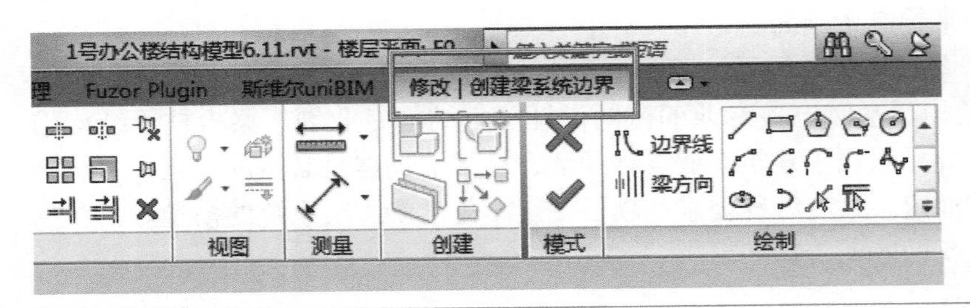

图 2-82　梁系统

打开一个平面视图，单击【结构】选项卡【结构】面板下【梁】命令的下拉列表，选择【梁系统】命令，进入定义梁系统边界草图模式。单击【绘制】中【边界线】的【拾取线】或【拾取支座】命令，拾取结构梁或结构墙，并锁定其位置，形成个封闭的轮廓作为结构梁系统的边界；也可以用【线】绘制工具，绘制或拾取线条作为结构梁系统的边界。若在梁系统中剪切一个洞口，则用【线】绘制工具在边界内绘制封闭洞口轮廓。绘制完边界后，可以用【梁方向】命令选择某边界线作为新的梁方向（在默认情况下，拾取的第一个支撑或绘制的第一条边界线为梁方向），如图 2-83 所示。

单击【梁系统属性】打开属性对话框，设置此系统梁在立面的偏移值，是否在编辑时在三维视图中显示该构件，设置其布局规则，按设置的规则确定相应数值、梁的对齐方式及选择梁的类型，如图 2-84 所示。

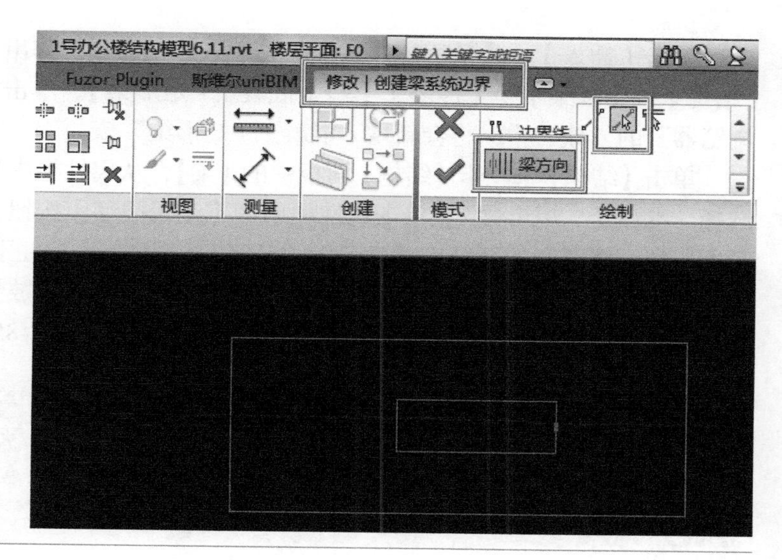

图 2-83　梁方向

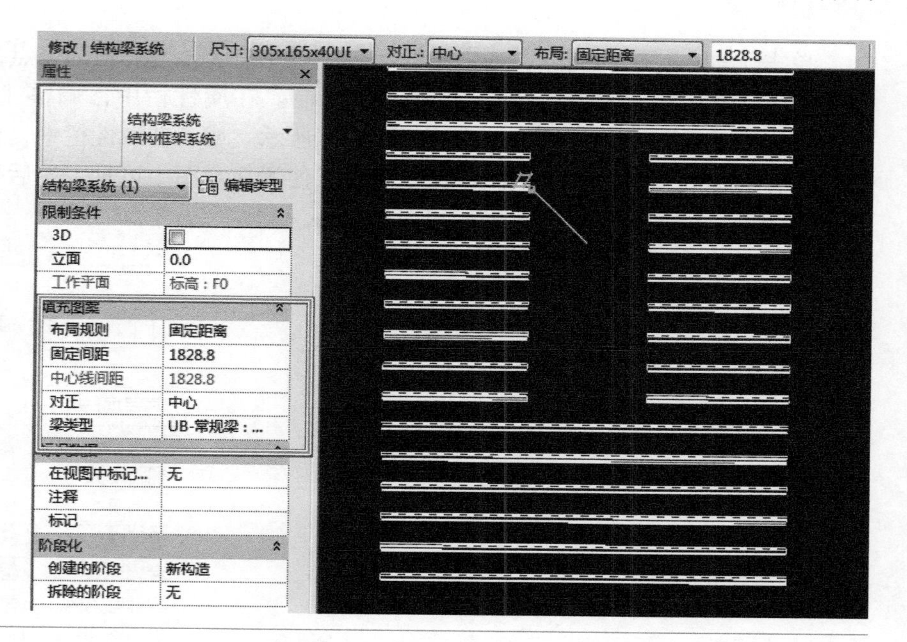

图 2-84　梁类型设置

（3）结构支撑

在平面视图或框架立面视图中添加支架时，支架会将其自身附着于梁和柱，并根据建筑设计中的修改进行参数化调整。打开一个框架立面视图或平面视图，单击【结构】选项卡【结构】面板下的【支撑】命令。从类型选择器的下拉列表中选择需要的支撑类型，如无所需类型则从库中载入。拾取放置起点、终点位置，放置支撑。

2. 实操创建梁

在“项目浏览器”中，双击【F2】，切换视图为“楼层平面 F2”，将“一、三层顶梁”CAD 图纸链接插入视图，并对位。

单击【插入】→【从库中载入】→【载入族】命令，弹出【载入族】对话框。依次选择【结构】→【框架】→【混凝土】→【混凝土 - 矩形梁】，单击【打开】按钮，此时在“项目浏览器”的“族”中，将会新增“混凝土 - 矩形梁”族。

单击【结构】选项卡【结构】面板中的【梁】，从属性栏中的【类型选择器】下拉列表中，选择“混凝土 - 矩形梁”。单击属性栏中的【编辑类型】按钮，在弹出的对话框中单击【复制】按钮，将复制的新结构梁命名为“KL5”，并将尺寸标注下的“*b*”和“*h*”的数值改为“300”和“500”，单击【确定】按钮。选项栏参数设置：“放置平面”为“标高：F2”，“结构用途”为“自动”，不勾选【三维捕捉】和【链】，如图 2-85 所示。

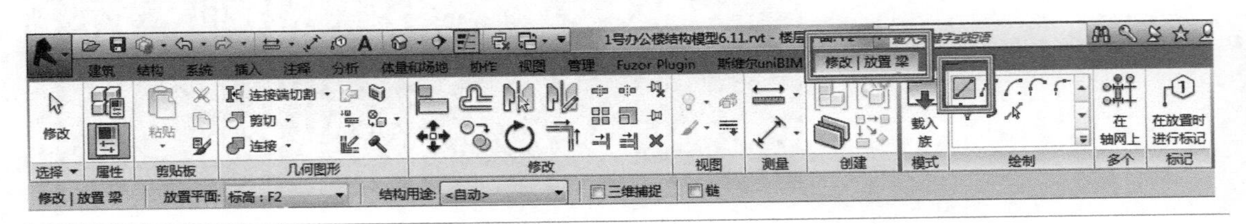

图 2-85　绘制梁

单击①轴与Ⓒ轴的交点，确定梁的起点，再单击④轴与Ⓒ轴的交点，确定梁的终点，完成 KL5 梁的绘制，按两次 <Esc> 键，结束绘制。在属性栏中，调整“视图范围”中“底”和“标高”偏移量设置为“–500”，如图 2-86 所示。或者在属性栏中，设置“基线”为当前视图下方的标高，即“F1”，如图 2-87 所示，使梁在视图中可见。然后采用“对齐”或“移动”命令进行位置的调整，效果如图 2-88 所示。

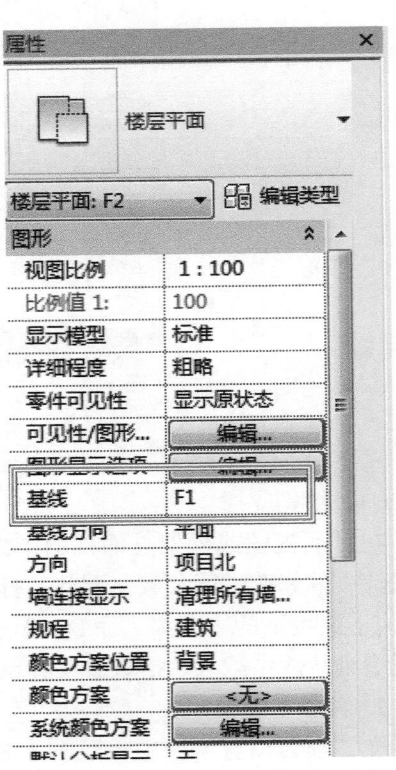

图 2-86　调整视图范围

图 2-87　调整基线

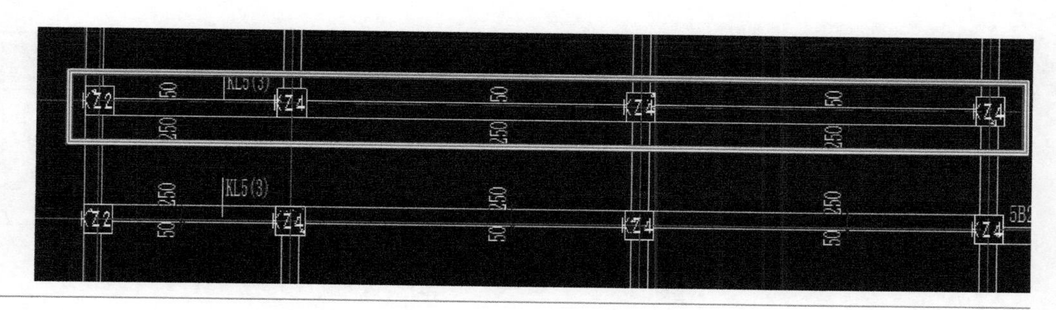

图 2-88 KL5 绘制

其他部位结构柱的创建方法与此相同，不再赘述。绘制完一层梁的三维视图如图 2-89 所示。

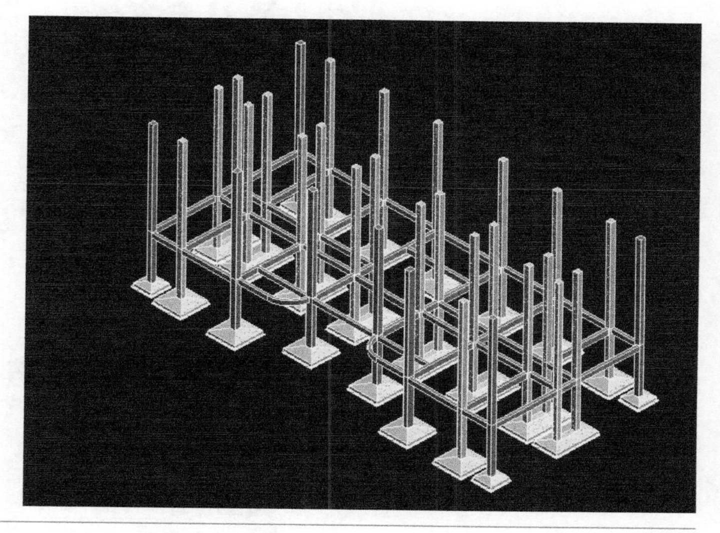

图 2-89 一层顶梁三维视图

如果梁构件为弧形时，可采用绘图面板中“拾取线”工具，如图 2-90 所示，点选链接 CAD 图纸中的梁弧线，完成弧形梁的创建。在“F2 楼层平面”视图中，采用右框选，选择所有图元，单击右上角【选择】面板的【过滤器】按钮，只勾选结构框架，单击【确定】按钮，如图 2-91 所示，选中 F2 楼层平面视图中的全部梁，单击【剪贴板】面板上的【复制到剪贴板】按钮，如图 2-92 所示，此时激活了“粘贴”命令，单击【粘贴】下拉菜单，选择“与选定的标高对齐”。在弹出的对话框中，长按 <Shift> 键，拖选 F3、F4 和屋顶，如图 2-93 所示，单击【确定】按钮，将“F2 楼层平面”视图中绘制的梁复制到 F3、F4 和屋顶视图平面中。然后根据 CAD 图纸，将有差异的地方进行修改，完成所有梁构件的绘制，如图 2-94 所示。

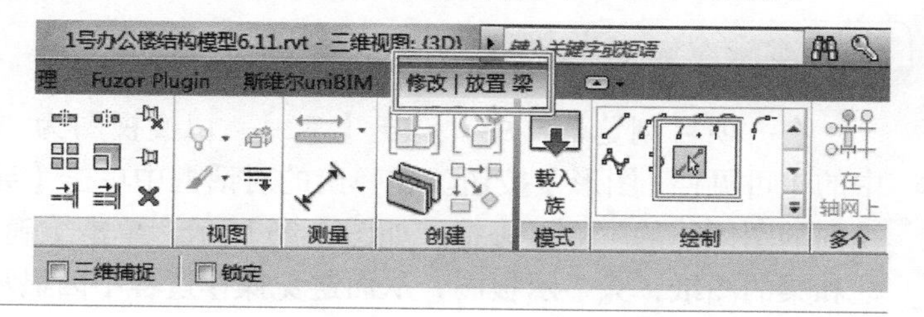

图 2-90 【拾取线】命令

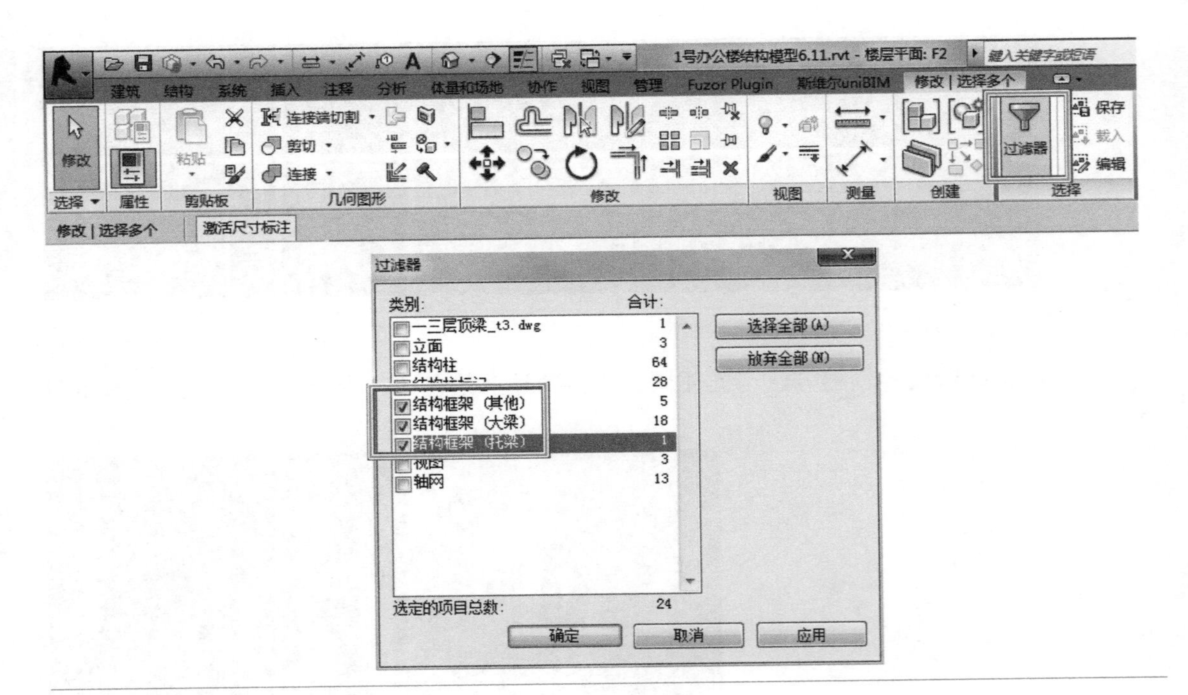

图 2-91 【过滤器】筛选图元

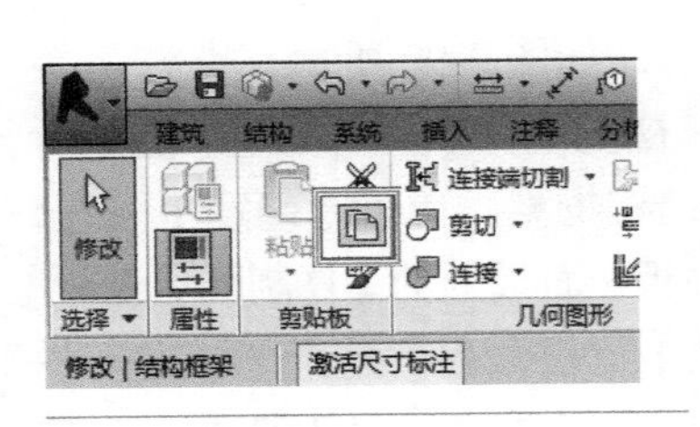

图 2-92 剪贴面板

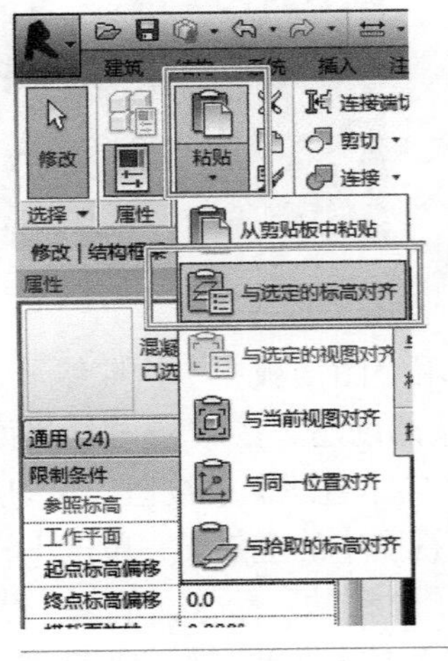

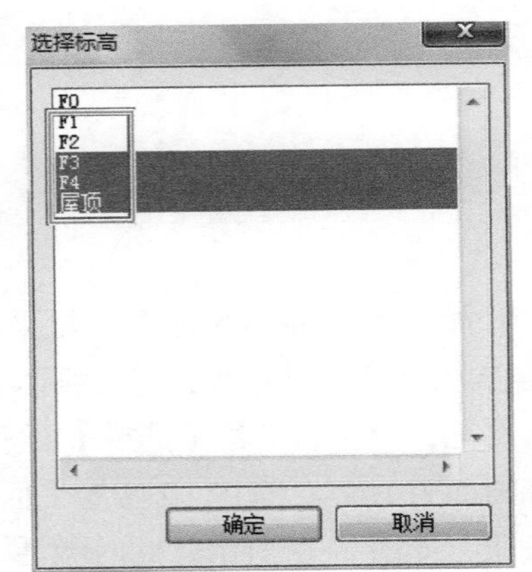

图 2-93 复制结构梁

任务实施 2.3.4 创建结构板

在“项目浏览器”中，双击【F2】，切换视图为“楼层平面 F2”。单击【视图】选项中的【可见性/图形】按钮。在弹出的对话框中单击【导入的类别】按钮，将列表中已导入视图的图纸前的“√”去掉，如图 2-95 所示，单击【确定】按钮。此操作可隐藏导入的墙、柱和梁的图纸，只显示板图，从而避免操作过程中因显示的图纸过多而带来的干扰。然后将“一三层顶板”CAD 图纸链接插入视图，并对位。

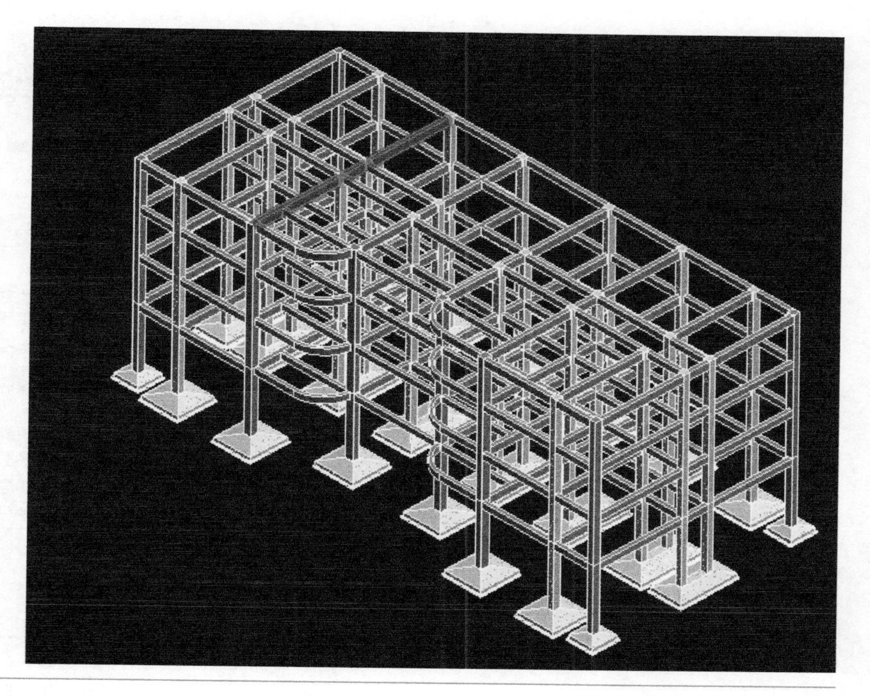

图 2-94　梁柱效果图

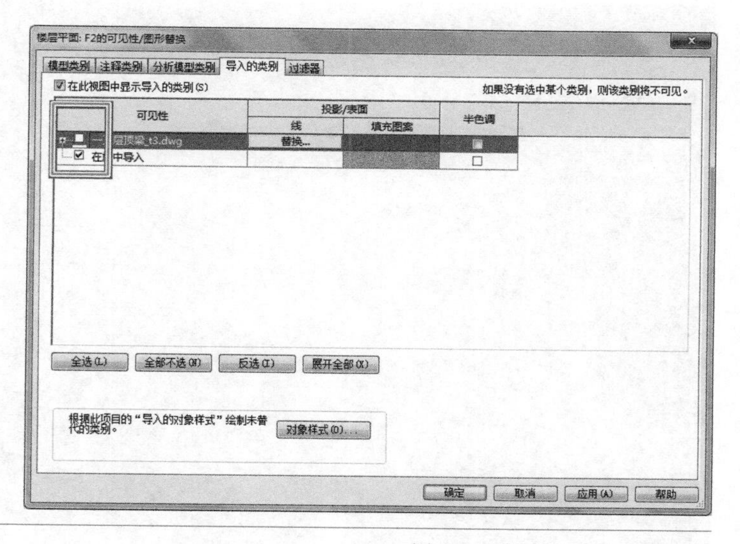

图 2-95　设置导入图纸的可见性

单击【建筑】选项卡【构建】面板中的【楼板】下拉列表，选择“楼板：结构”；或者单击【结构】选项卡【结构】面板中的【楼板】下拉列表，选择“楼板：结构”。

在属性栏的【类型选择器】中选择“常规 –150mm”，单击【编辑类型】按钮，在弹出的对话框中单击【复制】按钮，将名称改为“一层 C30 混凝土顶板 –120mm”，单击【确定】按钮。单击【结构】后方的【编辑】按钮，在弹出的对话框中，将核心层的“厚度”改为“120”，并设置“材质”为“C30 现浇混凝土”，依次单击【确定】按钮退出编辑类型。将属性栏中的“标高”设置为“F2”，“自标高的高度偏移值”输入“0”，如图 2-96 所示。

在【修改】选项卡【绘制】面板中选择“直线”“矩形”或“拾取线”的方式绘制板的边界轮廓，当用“拾取线”绘制时，需配合“修剪 / 延伸为角”命令将边界修剪成封闭的多边形，如图 2-97 所示。单击【修改】选项卡【模式】面板中的【√】按钮，完成板的创建，效果如图 2-98 所示。

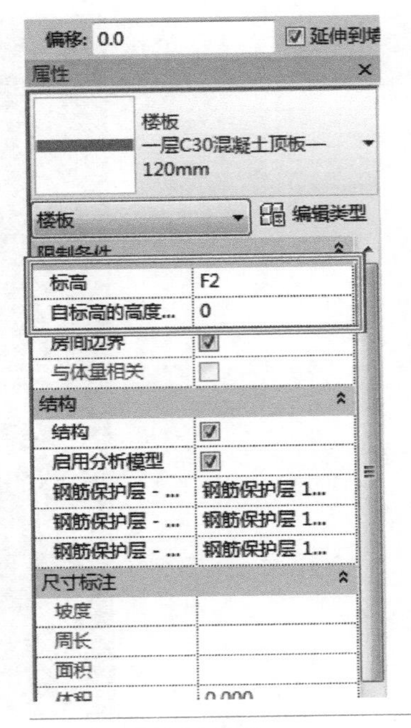

图 2-96　设置楼板属性

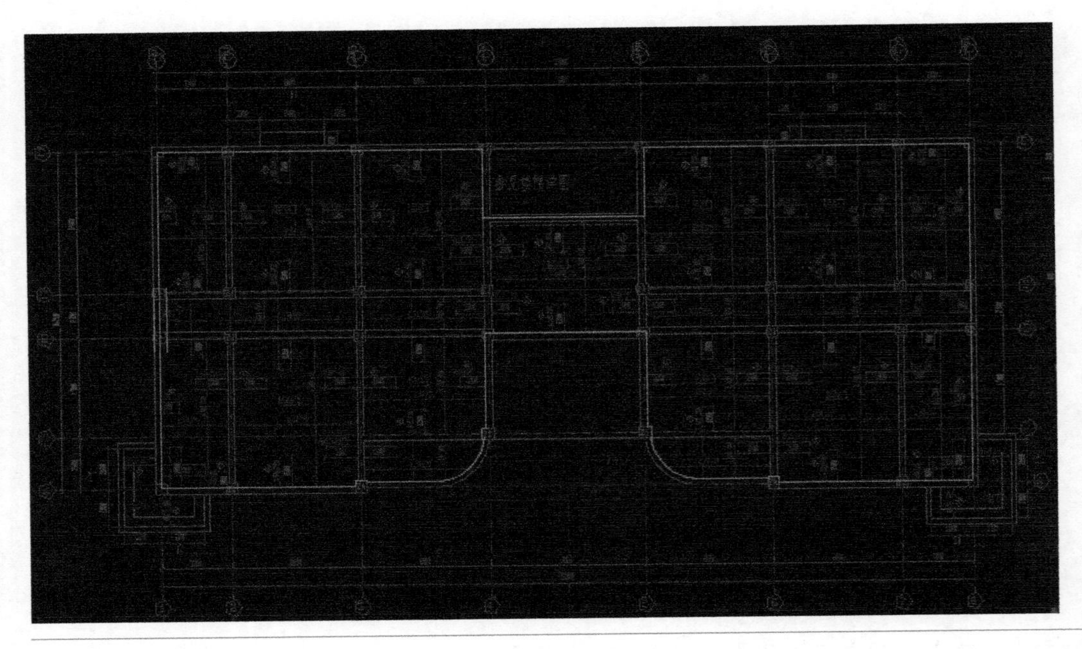

图 2-97　绘制板边界线

■ 小提示

板封闭的边界线一般为梁、墙等构件的内轮廓线。如果板中有洞，则可在编辑状态的封闭边界线内再绘制封闭的线，实现板上开洞。

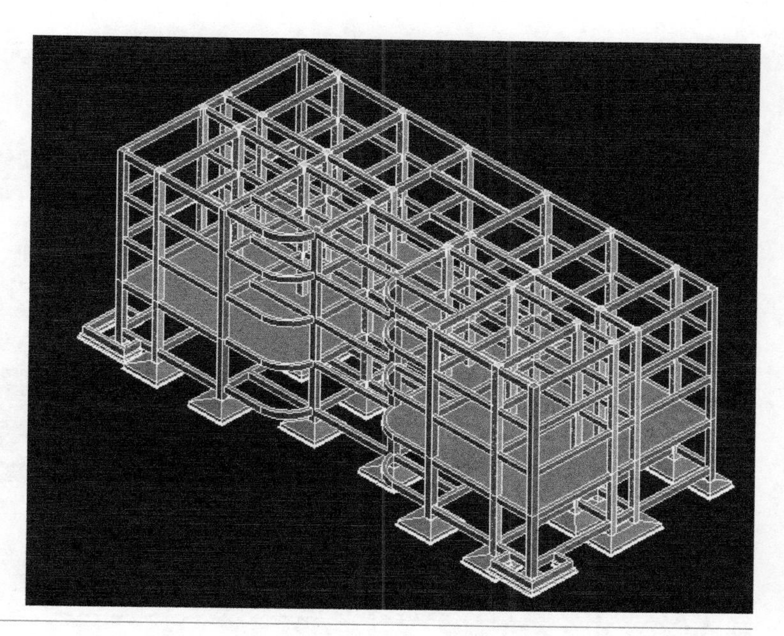

图 2-98　完成板的创建

板与梁、柱构件连接位置的体积重叠区域，系统默认删除了梁和柱的体积，保留了板的体积，如图 2-99 所示。在【修改】选项卡的【几何图形】面板上，单击【连接】下拉菜单，选中【切换连接顺序】命令，如图 2-100 所示。依次先点选板，后点选梁或柱，以切换板与梁、柱连接顺序，删除连接部位重叠的板，保证梁与柱的完整性，按两次 <Esc> 键退出。

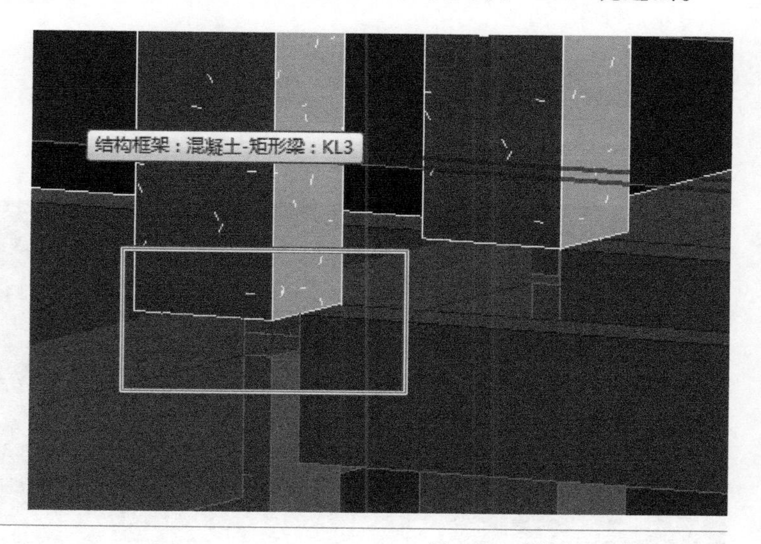

图 2-99　连接位置默认设置情况

其他楼层的楼板的创建方法与此相同，不再赘述。当然也可以选择所绘制的楼板，采用【修改】选项卡下【剪贴板】的工具，将楼板复制到其他楼层，然后切换到对应楼层视图中，直接双击楼板，或者选中该楼层的楼板，单击【模式】面板下的【编辑边界】按钮，如图 2-101 所示，进入楼板边界编辑状态，将有差异的地方进行修改。如果在视图中单击选不中楼板，可在软件右下角选择选项栏中，打开【按面选择图元】按钮，如图 2-102 所示。最终，结构楼板绘制的三维视图如图 2-103 所示。

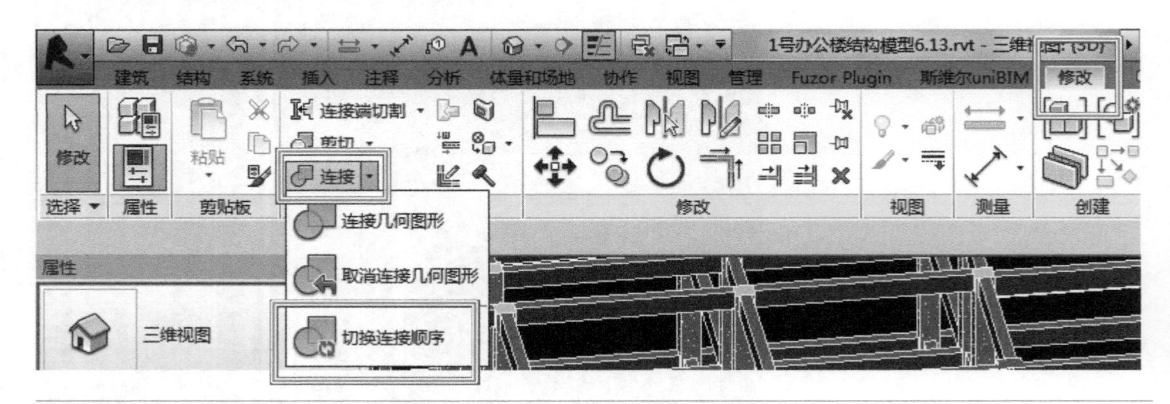

图 2-100　构件连接设置

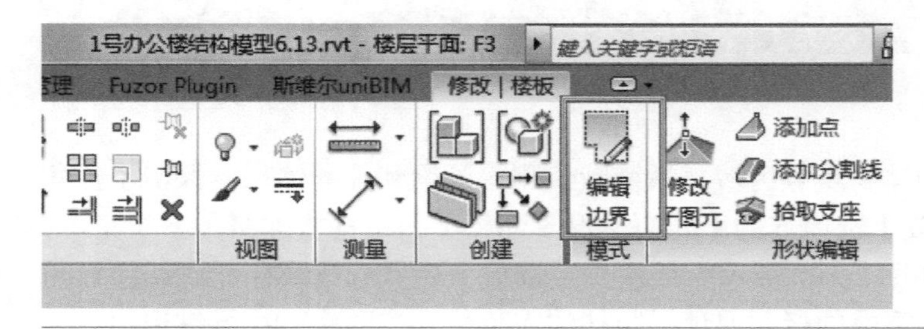

图 2-101　楼板编辑边界

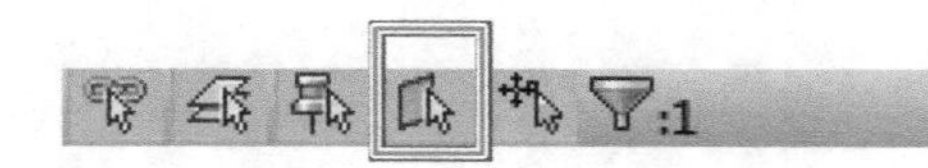

图 2-102　选择选项栏

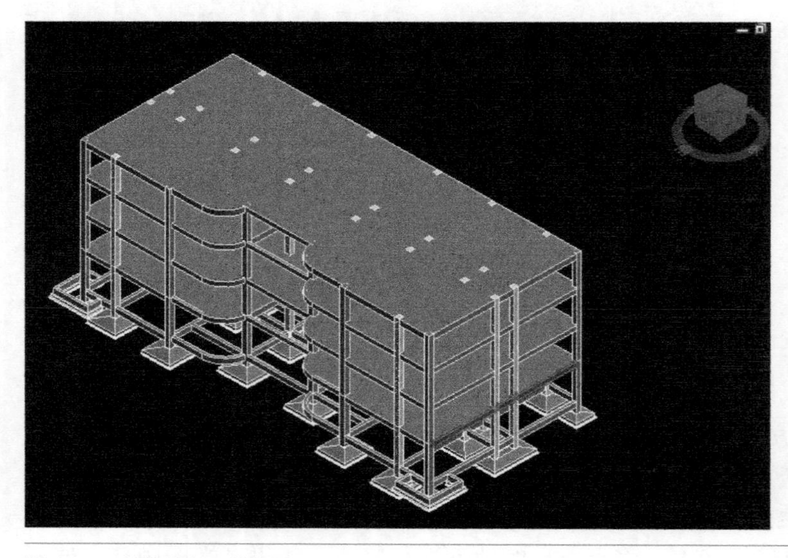

图 2-103　结构楼板三维视图

任务实施 2.3.5　创建结构墙

Revit 中的墙体是非常重要的内容，它不仅是建筑空间的分隔主体，也是门窗、墙体与分割线、卫浴灯具等设备的承载主体，在结构中更是主要受力构件。

墙体构造层设置及其材质设置，不仅影响着墙体在三维、透视和立面视图中的外观表现，更直接影响着后期施工图设计中墙体大样、节点详图等视图中墙体截面的显示。

墙也是 Revit 中最灵活、最复杂的建筑构件。在 Revit 中，墙体属于系统族，有基本墙、幕墙、叠层墙三种墙族，可以根据指定的墙结构参数定义生成三维墙体模型。

1. 创建结构墙体

在 Revit 中，结构墙和建筑墙的创建方法相似，建筑墙的详细创建方法，将在本书 3.1 任务中作具体解述。因此，本任务实施只简单阐述创建结构墙的一般方法，即先定义好墙体的类型、墙厚、做法、材质、功能等，再指定墙体的平面位置、高度等参数，具体步骤如下：

1）打开某楼层平面视图或三维视图。

2）单击【结构】选项卡【结构】面板中【墙】下拉列表，选择“墙：结构”。

3）如果要放置的墙类型与【类型选择器】中显示的墙类型不同，则从下拉列表中选择需要的墙类型。可以对属性栏中墙的一些实例属性进行修改，然后开始绘制墙。

4）在图 2-104 所示墙选项栏中设置下列参数。

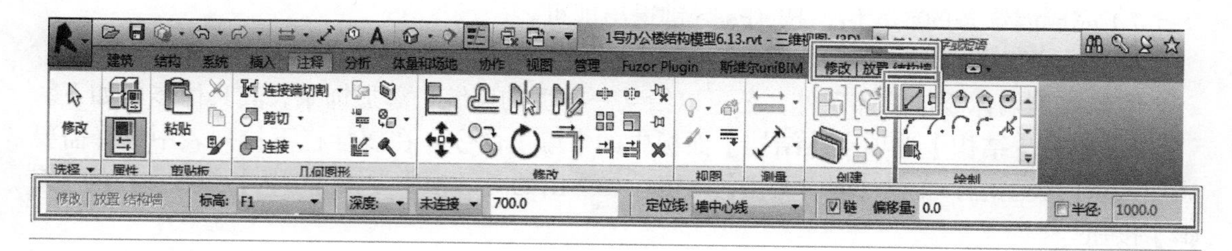

图 2-104　墙选项栏

① 标高：仅在三维视图中创建墙时有此选项。选择墙的底部标高，此标高可以选择为非楼层标高。

② 深度 / 高度：若当前楼层标高为墙的顶部标高，要向下创建墙体，则此处选择“深度”。若当前楼层标高为墙的底部标高，要向上创建墙体，则此处选择“高度”。

③ 标高 / 未连接：在下拉列表中直接选择一个标高作为墙的标高以确定墙高；或者选择“未连接”，并在后面的输入框中输入墙的高度。

④ 定位线：选择在绘制时要将墙的哪个面与光标绘制的线对齐，或要将哪个面与将在绘图区域中选定的线或面对齐。

⑤ 链：勾选此选项，可以绘制一系列连续相连的墙。

⑥ 偏移量：输入一个距离，以指定墙的定位线与光标位置或选定的线或面之间的偏移。

5）在【绘制】面板中，选择一个绘制工具绘制墙。

“绘制墙”使用默认的“线”工具可通过在图形中指定起点和终点来放置直墙分段。或者可以指定起点，沿所需方向移动光标，然后输入墙长度值。使用【绘制】面板中的其他工具，可以绘制矩形布局、多边形布局、圆形布局和弧形布局。使用任何一种工具绘制墙时，可以按空格键相对于墙的定位线翻转墙的内部、外部方向。

拾取线生成墙：使用“拾取线”工具可以沿图形中选定的线来放置墙分段。线可以是模型线、参照平面或图元（如屋顶、幕墙嵌板和其他墙）边缘。

拾取面生成墙：使用“拾取面”工具可以拾取体量面或常规模型面生成墙。

6）绘制完后，按两次 <Esc> 键退出绘制状态。

2. 添加墙饰条

使用“饰条”工具可以向墙中添加踢脚板、冠顶饰或其他类型的装饰。要给已经绘制上去的某个墙构件单独添加饰条，其具体步骤如下。

1）打开一个三维视图或立面视图，其中包含要添加墙饰条的墙。

2）单击【结构】选项卡【结构】面板中的【墙】下拉列表，在列表中选择“墙：饰条”。

3）在【类型选择器】中，选择所需的墙饰条类型。

4）在【修改】选项卡【放置】面板中选择墙饰条的方向：“水平”或“垂直”。

5）将光标放在墙上以高亮显示墙饰条位置，单击鼠标左键以放置墙饰条。如果需要，可以为相邻墙体添加墙饰条。Revit 会在各相邻墙体上预选墙饰条的位置。如果是在三维视图中，则可通过使用 View Cube 旋转该视图，为所有外墙添加墙饰条。

6）要在不同的位置放置墙饰条，则单击【修改】选项卡【放置】面板中的【重新放置墙饰条】命令，将光标移到墙上所需的位置，单击鼠标左键以放置墙饰条。

7）完成墙饰条的放置后，按 <Esc> 键退出即可。

3. 添加类型墙饰条

除给实例墙体添加墙饰条外，还可以给某一类型的墙统一添加饰条，其具体步骤如下。

1）单击【结构】选项卡【结构】面板中的【墙】命令。在属性栏下拉列表中选择需要添加饰条的类型墙，单击【编辑类型】按钮，在弹出的对话框中单击【结构】参数一栏的【编辑】按钮。

2）在编辑部件对话框中单击左下角的【预览】按钮，打开预览窗格，在窗格左下角视图下拉列表中选择“剖面：修改类型属性”，这时激活了修改垂直结构功能，如图 2-105 所示。单击【墙饰条】按钮，在弹出的对话框中单击【载入轮廓】或【添加】以添加一个新的轮廓，即可在墙上生成墙饰条，如图 2-106 所示。

3）修改轮廓属性信息，单击【确定】按钮即可。

4. 添加分割缝

添加分割缝的方法与添加墙饰条的方法一致，不再赘述。

5. 自定义轮廓族

墙饰条、分割缝及室内外的装饰线脚等的断面轮廓，都会用到轮廓族，用户可以自定义轮廓族。系统提供了多个轮廓族的样板文件：公制轮廓—分割缝、公制轮廓—扶手、公制轮廓—楼梯前缘、公制轮廓—竖梃、公制轮廓—主体。

自定义轮廓族的具体步骤为：单击【应用程序菜单】→【新建】→【族】→选择“公制轮廓→分割缝 .rft”→单击【打开】→绘制需要的轮廓。

墙饰条与分割缝的原理刚好相反，但可以用相同的轮廓。载入后会在墙上挖一个“缝”，同时，如果本轮廓用于墙饰条，则会按此轮廓生成饰条。

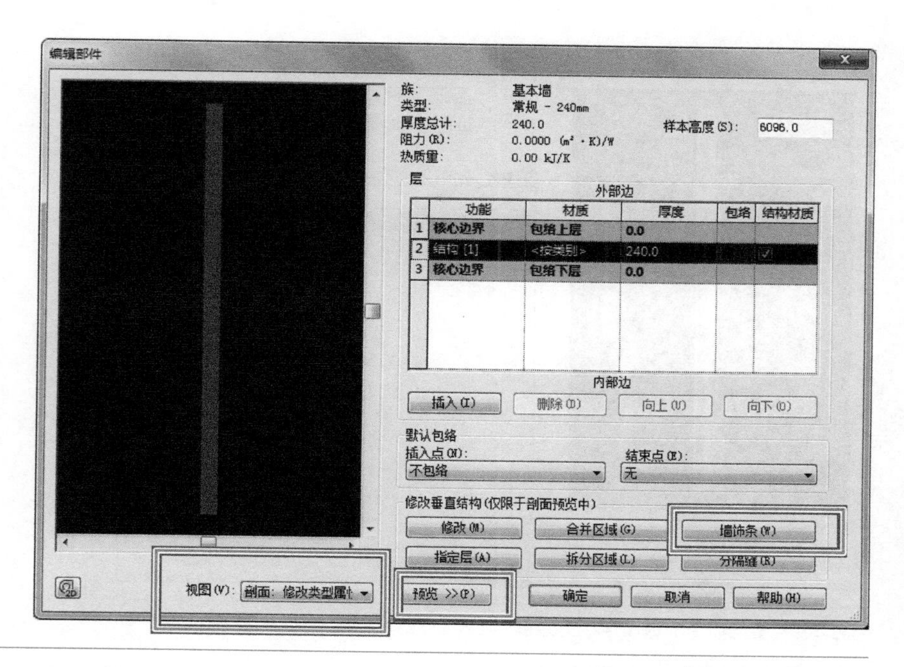

图 2-105 【编辑部件】对话框

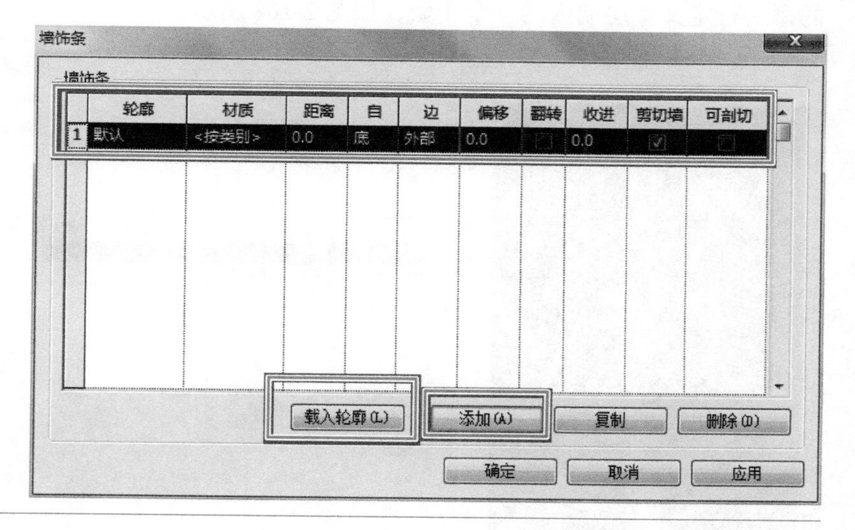

图 2-106 【墙饰条】对话框

6. 自定义叠层墙

叠层墙是 Revit 提供的一种特殊的墙体类型，它由几种基本墙类型在高度方向上叠加而成，适用于同一面墙上有不同的厚度、材质、构造时的情况。定义叠层墙的具体步骤如下。

1）在“项目浏览器”中选择“族”→“墙”→“叠层墙”，在某个叠层墙类型上单击鼠标右键，然后单击【属性】按钮，打开墙的类型属性。或者如果已将叠层墙放置在项目中，则在绘图区域中选择它，然后在属性栏中单击【编辑类型】按钮。

2）在【类型属性】对话框中，单击【预览】按钮打开预览窗格，用以显示选定墙类型的剖面视图。对墙所做的所有修改都会显示在预览窗格中，如图 2-107 所示。

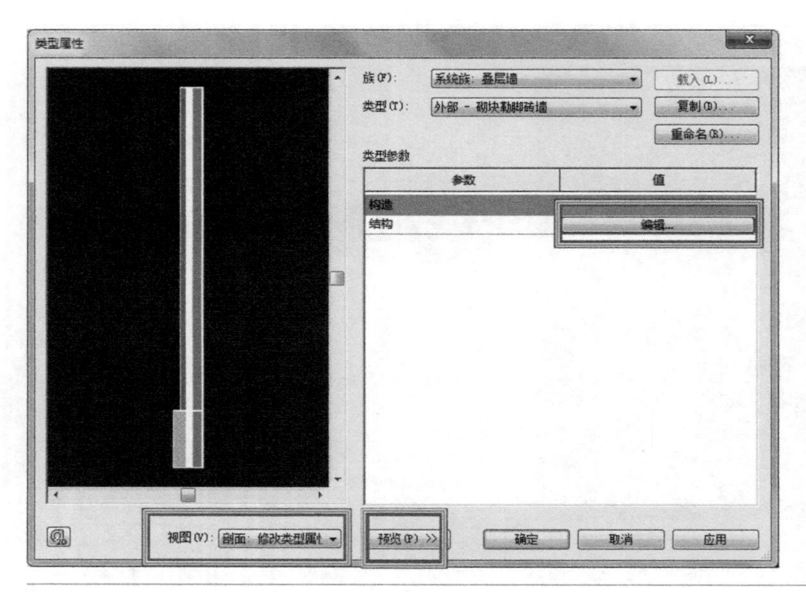

图 2-107　叠层墙【类型属性】对话框

3）单击【结构】参数对应的【编辑】按钮，以打开【编辑部件】对话框。“类型”表中的每一行定义叠层墙内的一个子墙，如图 2-108 所示。

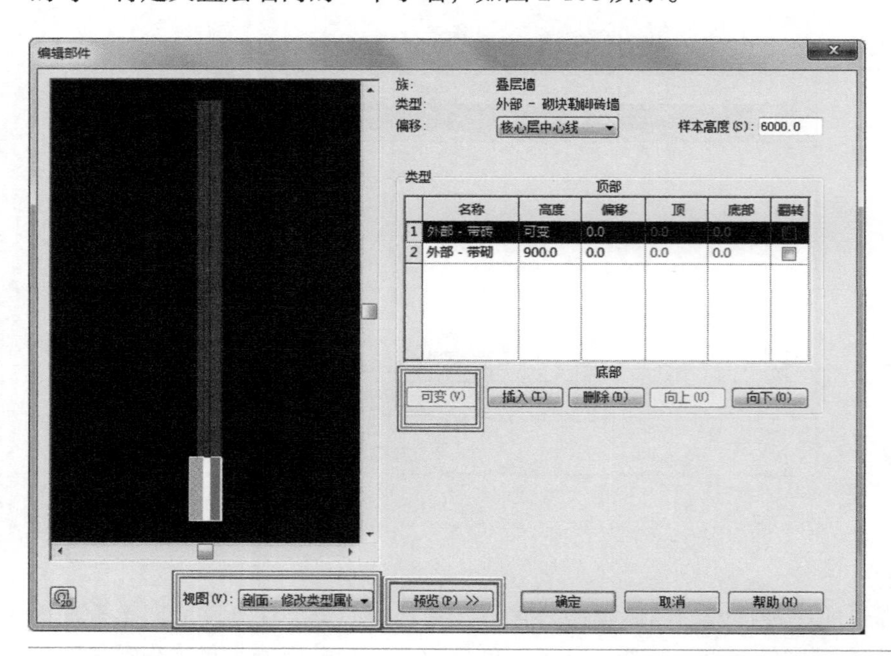

图 2-108　叠层墙【编辑部件】对话框

4）选择将用来对齐子墙的平面作为偏移值（该值将用于每面子墙的“定位线”实例属性）。

5）指定预览窗格中墙的高度作为样本高度。如果所插入子墙的无连接高度大于样本高度，则该值将改变。

6）在“类型”表中，单击左列中的编号以选择定义子墙的行。单击【插入】按钮添加新的子墙。在“名称”列中，单击其值，然后选择所需的子墙类型。在“高度”列中，指定子墙的无连接高度。

注 意

一个子墙必须有一个相对于其他子墙高度而改变的可变且不可编辑的高度。要修改可变子墙的高度，可通过选择其他子墙的行并单击【可变】按钮，将其他子墙修改为可变的墙。

7）在“偏移”列中，指定子墙的定位线与主墙的参照线之间的偏移距离（偏移量）。正值会使子墙向主墙外侧（预览窗格左侧）移动。

8）如果子墙在顶部或底部未锁定，可以在“顶”或“底部”列中输入正值来指定一个可提高墙的高度，或者输入负值来降低墙的高度。这些值分别决定着子墙的“顶部延伸距离”和“底部延伸距离”实例属性。如果为某一子墙指定了延伸距离，则它下面的子墙将附着到该子墙。

9）要沿主叠层墙的参照线（偏移）翻转子墙，则选择“翻转”。要重新排列行，则选择某一行并单击【向上】或【向下】按钮。要删除子墙类型，则选择相应的行并单击【删除】按钮。如果删除了具有明确高度的子墙，则可变子墙将延伸到其他子墙的高度。如果删除了可变子墙，则它上面的子墙将成为可变子墙。如果只有一个子墙，则无法删除它。

10）单击【确定】按钮，完成叠层墙的编辑。

过关练习 3 ——结构专业建模

参照某小别墅的结构施工图，完成案例模型垫层、基础、柱、梁、板构件的绘制，并赋予构件材质属性，基础、柱、梁、板均为 C30 现浇混凝土，基础垫层为 C15 现浇混凝土，完成效果如图 2-109 所示。

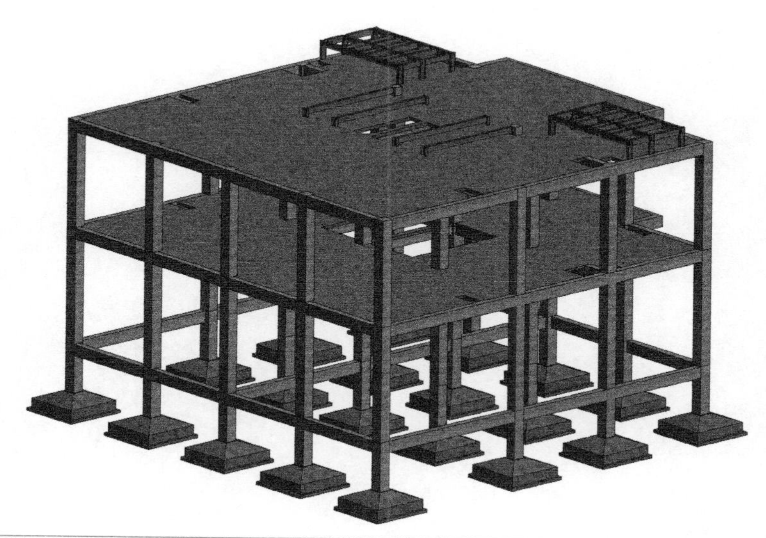

图 2-109　某小别墅结构专业模型

延伸阅读与分享

分组搜集最喜欢的一位大国工匠的励志故事，并说明最喜欢他的原因，最后以小组为单位制作提交相关 PPT 并进行分享。

BIM

模块三 建筑专业建模

■ 知识目标：

1. 了解建筑专业的建模流程；
2. 掌握墙、门窗、楼板、屋顶、楼梯坡道、栏杆扶手、洞口、家具等构件的设计及绘制方法。

■ 技能目标：

1. 能够完成建筑专业各构件的设计；
2. 能够完成建筑专业各构件模型的创建。

■ 思政目标：

通过观看《超级工程》讲述每个建筑奇迹背后建筑工人秉承和践履的工匠精神，引导学生形成不懈奋斗、积极进取、肯干实干、敢于创新、勇克难题的职业精神。

任务 3.1 墙体与幕墙

任务发布

■ 任务描述：

墙体是建筑空间的分隔主体，也是门窗等设备模型的承受主体。墙体是建筑物的重要组成部分，有围护和分割空间的作用。本任务主要介绍基本墙、叠层墙和幕墙的创建方法及编辑方法。

■ 任务目标：

完成 1 号办公楼墙体与幕墙的绘制与编辑。

知识准备 3.1.1 墙体概念

墙体按所处位置可以分为外墙和内墙，按布置方向又可分为纵墙和横墙，此外，按照墙体复杂程度，墙又可以分为基本墙和叠层墙。

在 Revit 中，墙部件有两个特殊的功能层，分别是核心结构和核心边界，主要用于界定墙的核心结构与非核心结构。其中，核心边界之间的功能层是核心结构，它是墙存在的主要条件；核心边界之外的功能层是非核心结构，如装饰层、保温层等辅助结构。以砖墙为例，墙的核心部分是“砖”结构层，而抹灰、防水、保温等部分功能层依附于砖结构而存在，是“砖”结构层之外的辅助结构，即非核心结构。

启动 Revit，接上个任务的练习，打开保存的文件，打开平面视图“F1”。单击【建筑】选项卡，在【构建】面板上单击【墙】命令，单击【类型选择器】，如图 3-1 所示。软件会自动显示 3 种类型的系统墙族，即基本墙、叠层墙及幕墙。然后选择“基本墙”→“常规 –200mm”选项，并单击【编辑类型】按钮，Revit 软件将打开【类型属性】对话框，如图 3-2 所示。

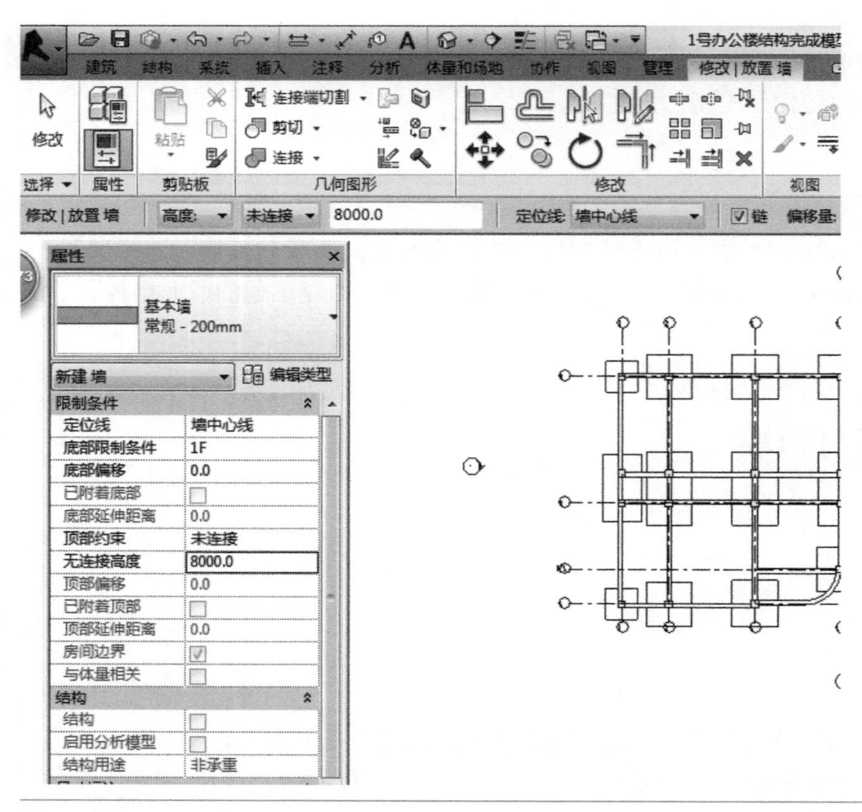

图 3-1 【类型选择器】

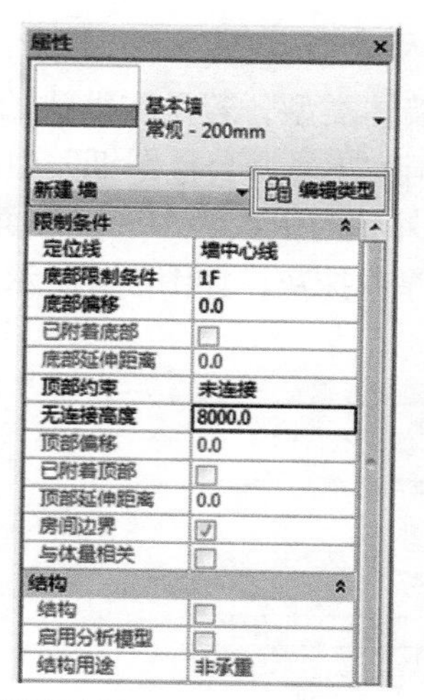

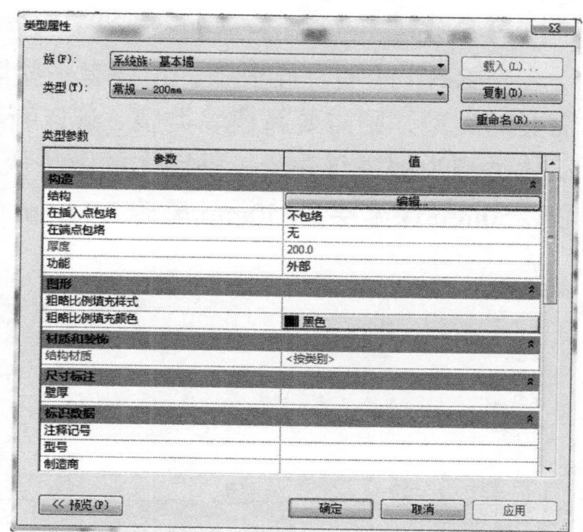

图 3-2 【类型属性】对话框

然后单击【结构】选项后的【编辑】按钮，Revit 软件将打开【编辑部件】对话框，如图 3-3 所示。在此对话框中，单击结构层中的【功能】下拉列表框，Revit 软件将打开“结构［1］”“衬底［2］”“保温层 / 空气层［3］”“面层 1［4］”“面层 2［5］”以及“涂膜层”6 种墙体功能。其中“涂膜层”一般用于防水涂层，所以“厚度”必须设置为“0”，如图 3-4 所示。

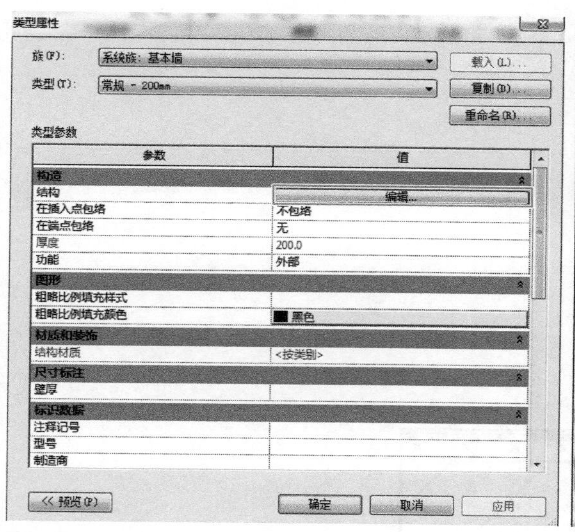

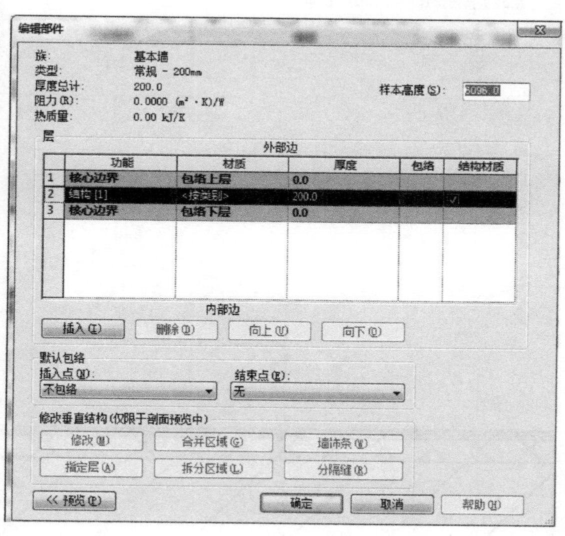

图 3-3 【编辑部件】对话框

任务实施 3.1.2　创建基本墙

创建基本墙

在 Revit 中，用户可以利用墙工具来绘制和生成墙体对象。在创建墙体之前，需要先定义墙体的墙厚、做法、材质、功能等，然后指定墙体的平面位置、高度等参数。

在 Revit 的项目样板中，预设有一些墙体类型，若是在默认的墙体类型中找不到用户所需要的类型，则需要新建墙类型。现以新建“1 号办公楼图纸”中的“外墙 1- 面砖外墙”的墙体类型为例进行介绍。外墙体的做法从外到内依次为 10mm 厚面砖、10mm 水泥石灰膏砂浆、50mm 保温层、250mm 厚砖、14mm 厚内抹灰，如图 3-5 所示。

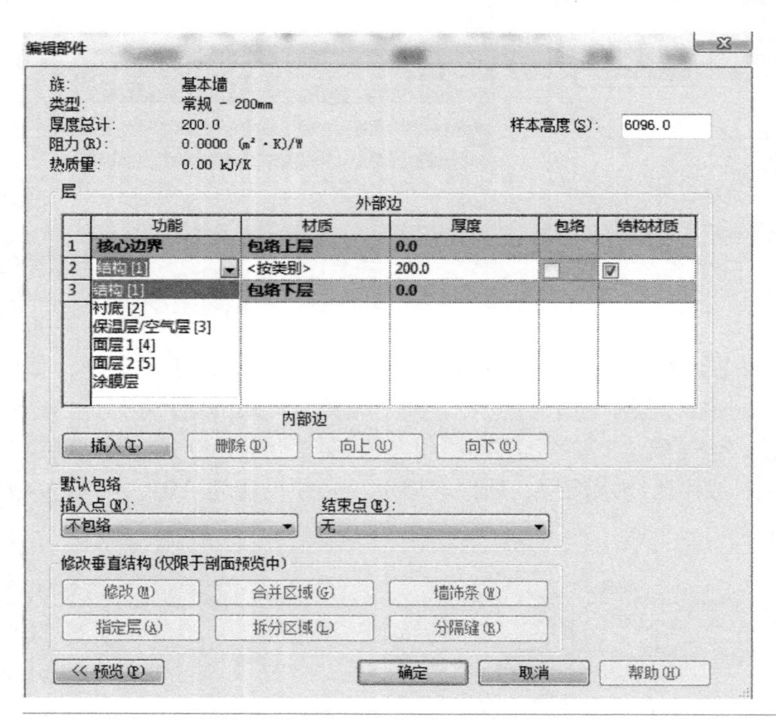

图 3-4　墙体【功能】下拉列表框

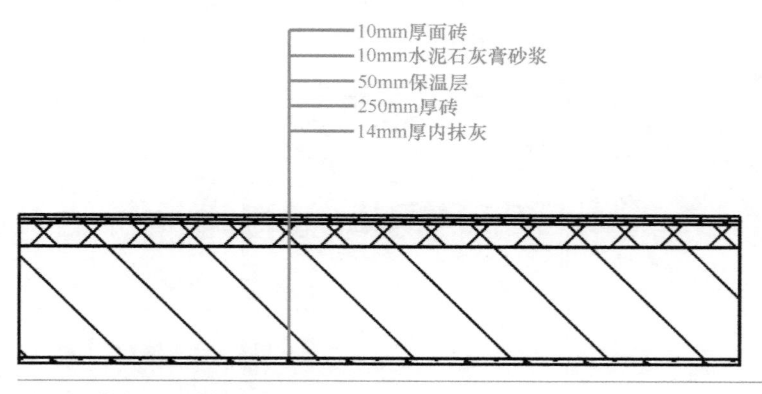

图 3-5　外墙 1- 面砖外墙的做法

启动 Revit，接上面的练习，打开保存的文件，打开平面视图“F1”。单击【建筑】选项卡，在【构建】面板上单击【墙】按钮，单击【类型选择器】，选取任意墙体类型，如“基本墙　常规 -200mm”选项。在属性面板中单击【编辑类型】按钮，弹出【类型属性】对话框，在弹出的【类型属性】对话框中单击【复制】按钮，输入“外墙 1- 面砖外墙”，单击【确定】按钮后，当前类型即为新建的外墙 1，如图 3-6 所示。

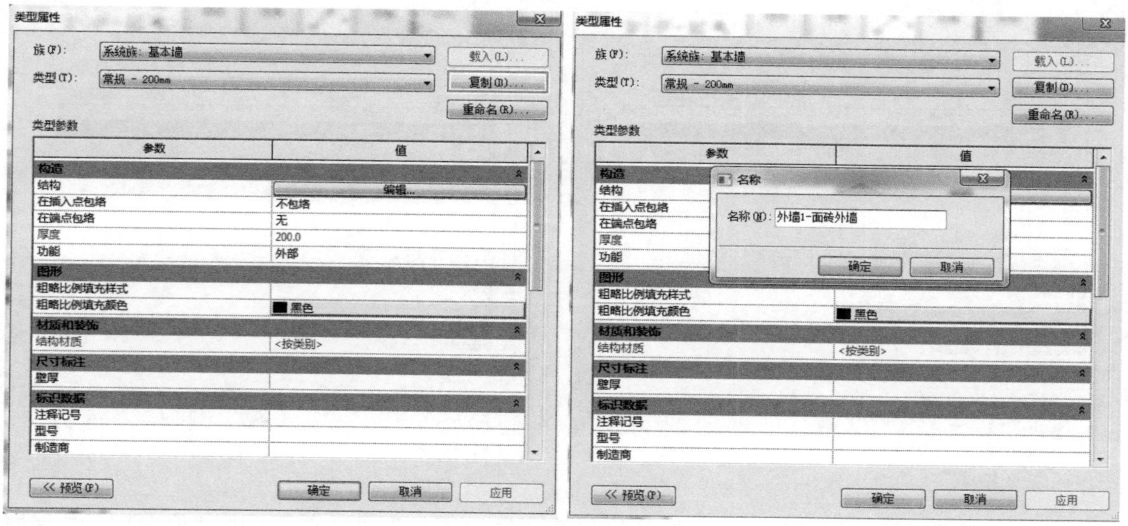

图 3-6　新建墙体类型

新建好外墙类型后，单击【结构】选项后的【编辑】按钮，打开【编辑部件】对话框，如图 3-7 所示。在“层”列表中，连续单击【插入】按钮三次，插入新的结构层，效果如图 3-8 所示。

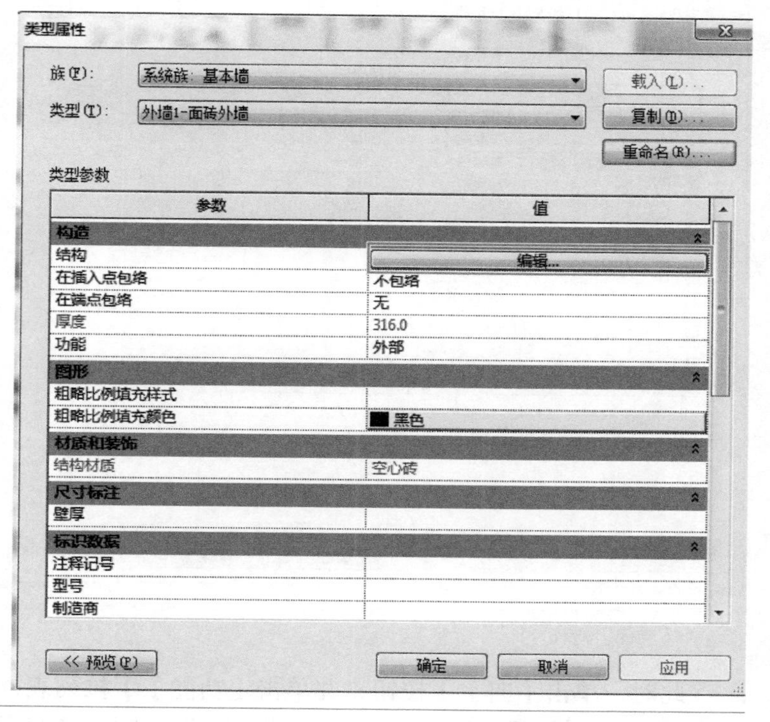

图 3-7 【编辑部件】对话框

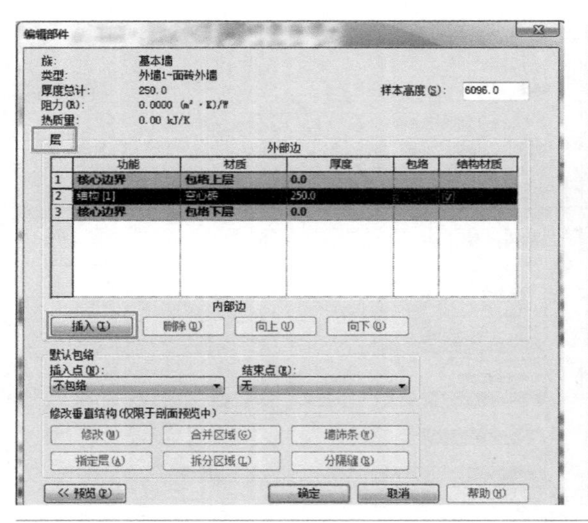

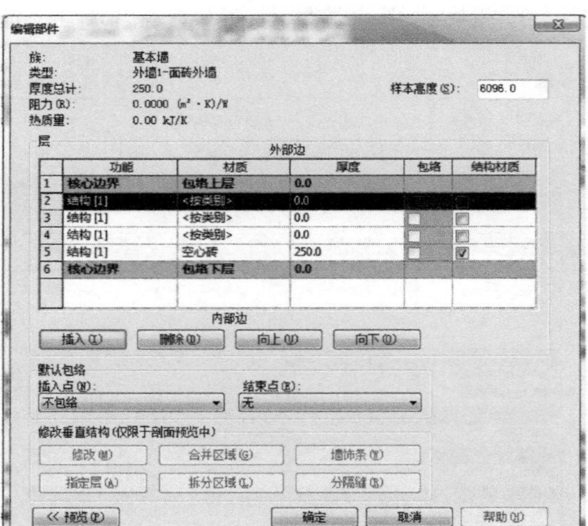

图 3-8 插入结构层

在“功能”下拉列表框，Revit 软件将打开“结构［1］”“衬底［2］”“保温层/空气层［3］”“面层 1［4］”“面层 2［5］”以及“涂膜层”6 种墙体功能。其中“涂膜层”一般用于防水涂层，所以“厚度”必须设置为“0”，如图 3-9 所示。

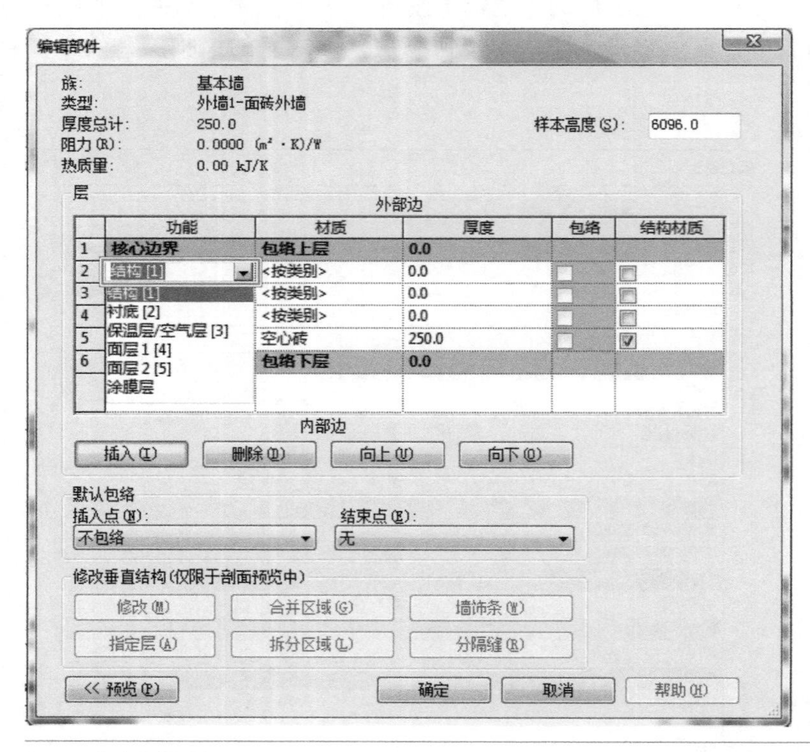

图 3-9 【功能】列表

此时，单击【向上】按钮，并单击【功能】下拉列表框。在该列表框中选择“面层 1［4］”选项，并设置面层“厚度”参数为“10”，如图 3-10 所示。

厚度参数设置完成后，单击【材质】列表框，软件将打开【材质浏览器】对话框。然后选择名称列表中的“面砖”材质选项，单击鼠标右键，选择“复制”选项，如图 3-11 所示。

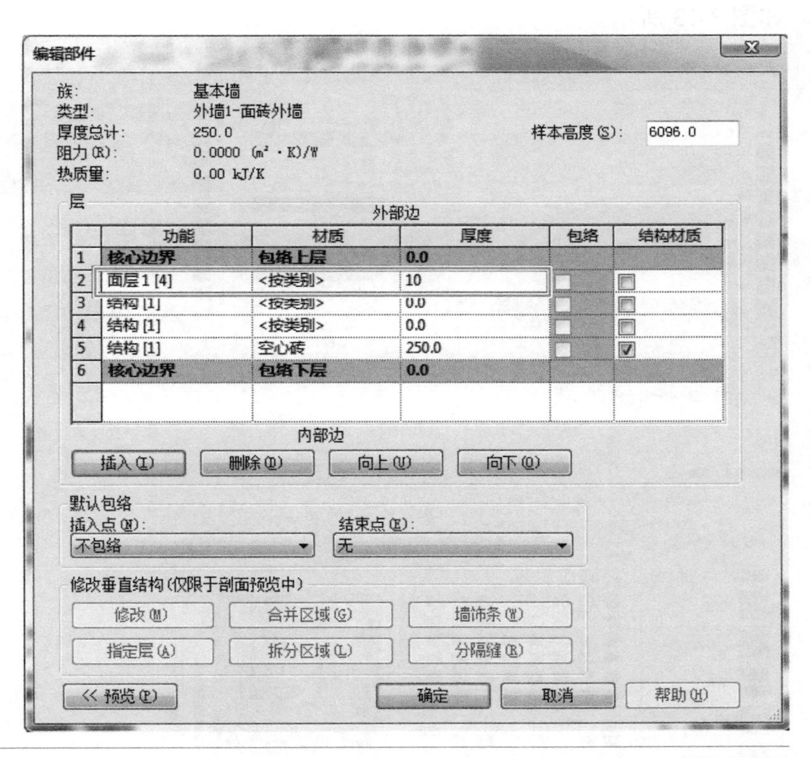

图 3-10　设置面层厚度参数

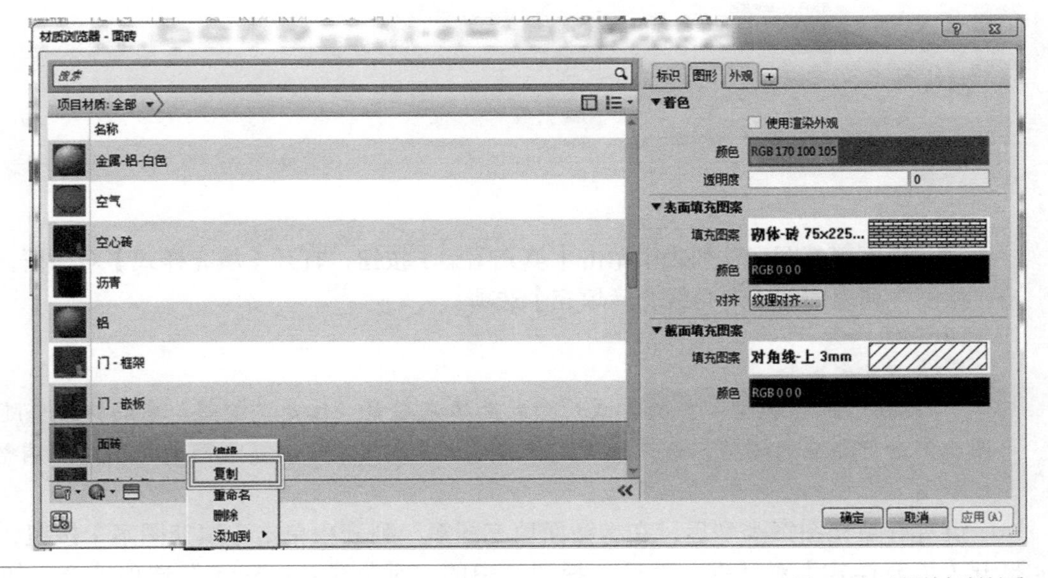

图 3-11　选择并复制材质

此时，单击【标识】选项卡，在“名称”栏中输入“面砖 - 白色”，如图 3-12 所示。

重命名材质完成后，单击旁边的【图形】选项卡，在“着色”列表中单击【颜色】选项卡，在打开的【颜色】对话框中选择白色色块，并单击【确定】按钮，即可完成颜色的设置，如图 3-13 所示。

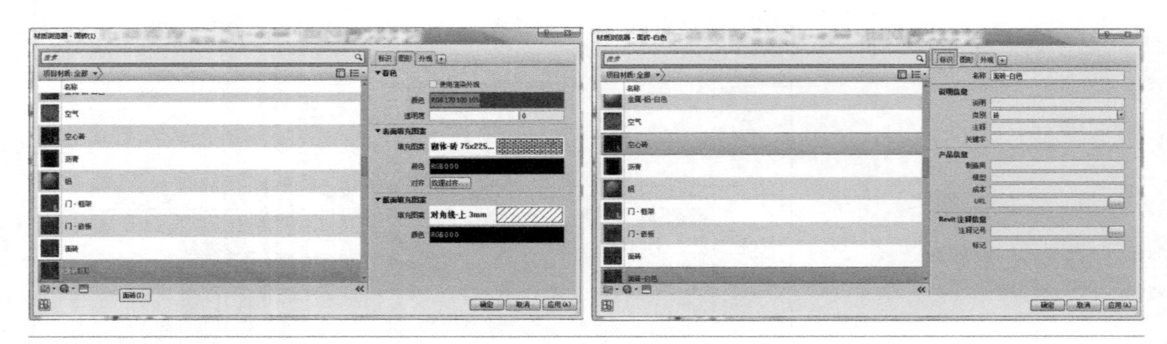

图 3-12　重命名材质

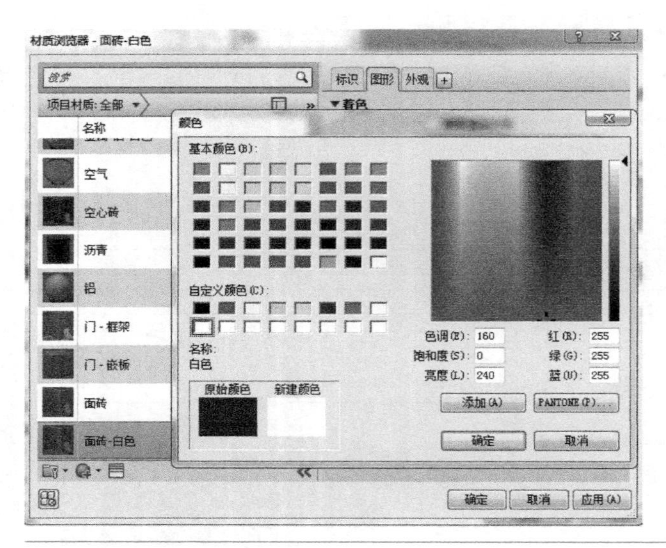

图 3-13　颜色设置

在“表面填充图案”列表中单击【填充图案】按钮，打开【填充样式】对话框，接着单击“绘图”列表中的【对角线交叉填充】选项。

■ 小提示

“绘图”及“模型”中的样式均为表面填充图案，但是“绘图”中的样式会随着视图比例进行相应的调整，而“模型”中的样式是固定大小，不会随着视图比例调整。

设置好填充图案类型后，在“截面填充图案”列表中单击【填充图案】按钮，软件将打开【填充样式】对话框。然后选择列表中的“对角线 - 上 3mm”选项填充，如图 3-14 所示。

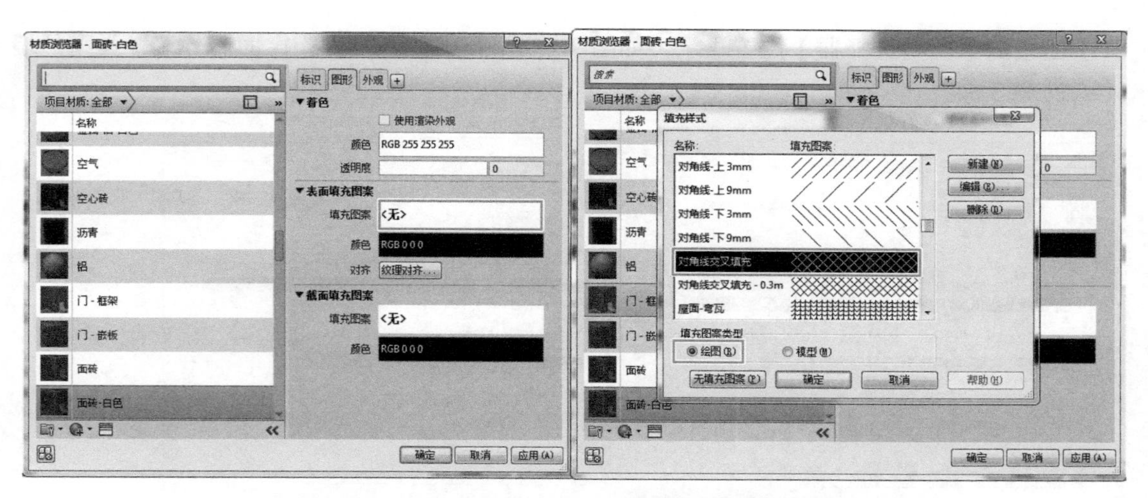

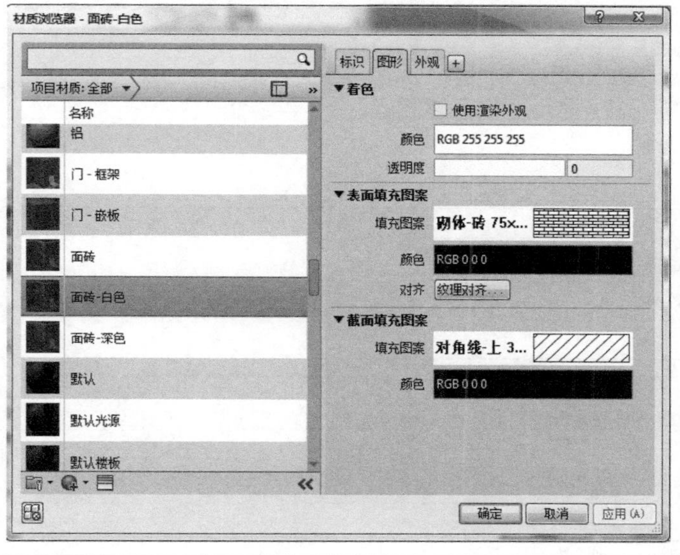

图 3-14　设置表面和截面填充图案

■ 小提示

“图形”及“外观”选项卡均是设置材质外观显示的，但是“图形”设置的是“着色”视觉样式下的显示外观，“外观”设置的是“真实”视觉样式及渲染模式下的显示外观，设置方式类似，不再赘述。

所有设置完成后，单击【确定】按钮，即创建完成“面砖 - 白色”材质，并且该材质显示在“结构［1］”的“材质”下拉列表框中，通过单击【向上】按钮将结构层放置在“核心边界”的外部，如图 3-15 所示。

设置完成“结构［1］”后，通过类似的方法设置其他结构层，材质按照图纸要求设计即可。设置完成后的外墙 1 各结构层如图 3-16 所示。

完成结构层的设置后，连续单击【确定】按钮直至退出所有对话框。该墙类型将在【属性】面板的【类型选择器】位置显示，如图 3-17 所示。这样“外墙 1- 面砖外墙”类型的墙体就创建好了。

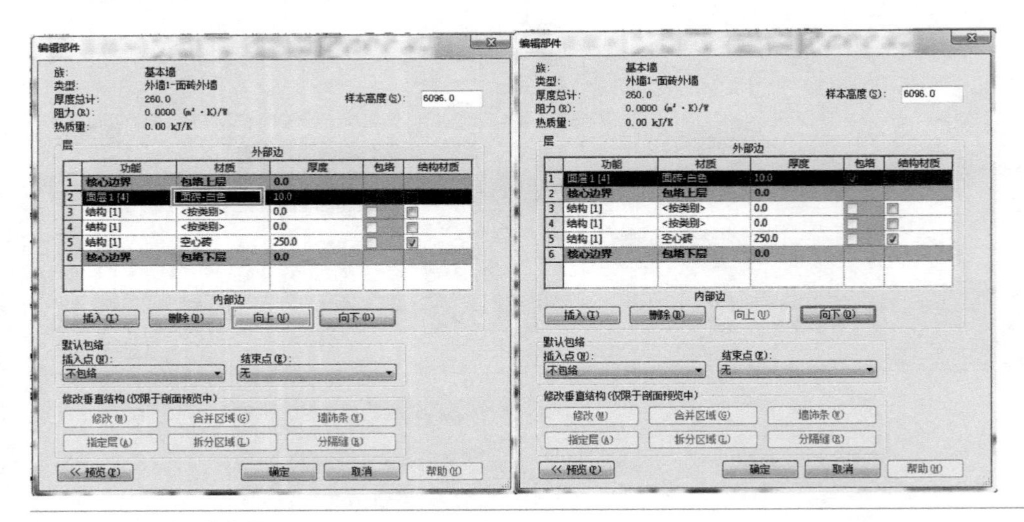

图 3-15　设置后的结构层 1

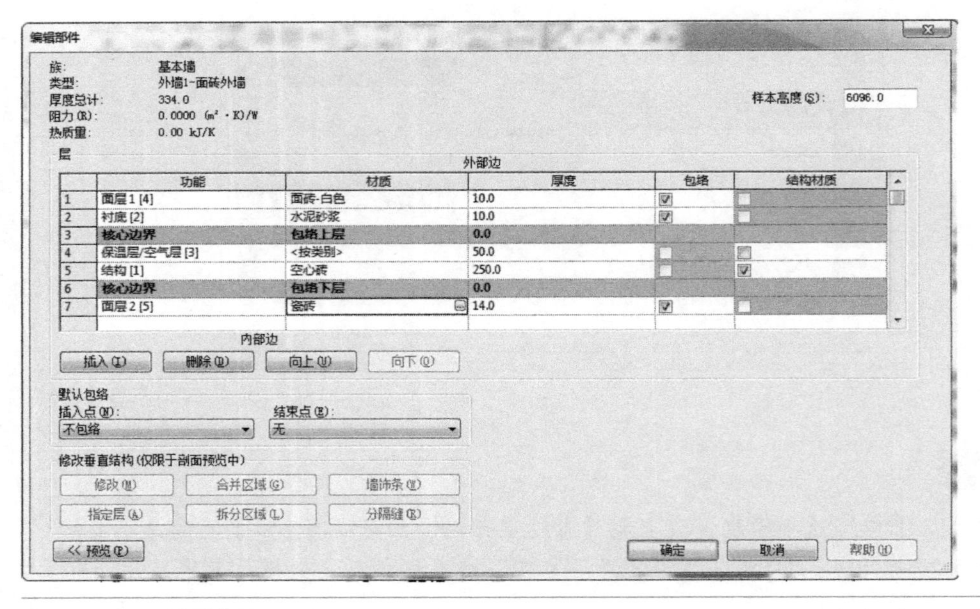

图 3-16　设置后的结构层 2

任务实施 3.1.3　绘制墙体

墙体创建完成后按照图纸所示位置绘制墙体即可。单击【建筑】选项卡→【墙】命令→【建筑墙】按钮，Revit 软件会自动跳转到【修改 | 放置墙】上下文关联选项卡，且在【绘制】面板上会默认选择【直线】命令。在选项栏中设置“高度”为“屋面”，表示墙的高度为当前高度 F1 到屋面。设置“定位线”为“面层面：内部”，并勾选【链】，表示软件会

自动修剪墙角。将【属性】面板的【类型选择器】选中刚创建的“外墙 1- 面砖外墙”墙体类型，“底部偏移”设置为“ –450”，“顶部偏移”设置为“0”，如图 3-18 所示。

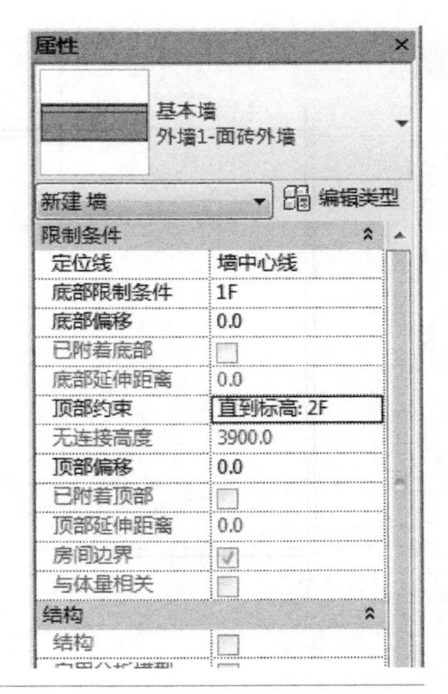

图 3-17　显示墙类型

完成墙工具设置后，将光标指向轴线③与Ⓐ相交的位置，Revit 将自动捕捉两者的交点。此时，在该交点位置单击鼠标左键，并向左移动光标至轴线①与Ⓐ相交的位置单击鼠标左键，继续垂直向上移动光标至轴线①与Ⓓ相交的位置单击鼠标左键。继续水平向右移动光标至轴线⑧与Ⓓ相交的位置单击鼠标左键，并垂直向下移动光标至轴线①与Ⓓ相交的位置单击鼠标左键，继续水平向左移动光标至轴线⑥与Ⓐ相交的位置单击鼠标左键，并按 <Esc> 键。紧接着将鼠标光标移至轴线⑤与(1/A)相交的位置单击鼠标左键，继续水平向左移动光标至轴线④与(1/A)相交的位置单击鼠标左键，并两次按 <Esc> 键，效果如图 3-19 所示。

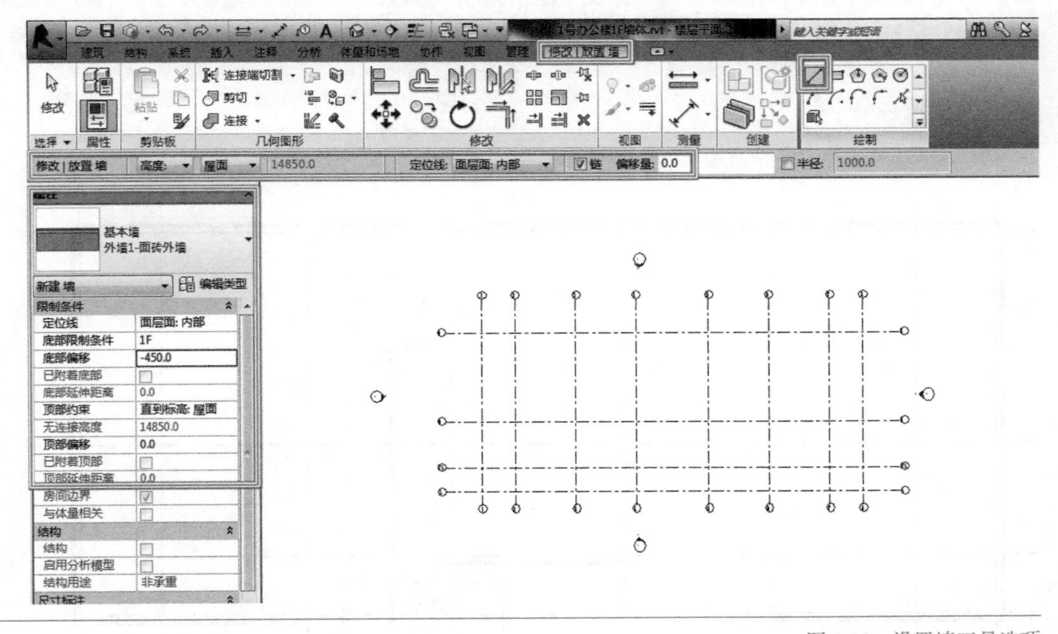

图 3-18　设置墙工具选项

继续绘制轴线⑤与⑥之间的弧形墙体。单击【建筑】选项卡→【工作平面】面板→【参照平面】命令，如图 3-20 所示。

在轴线⑤与⑥之间任意位置绘制一条平行于轴线⑤的参照平面，按 <Esc> 键两次，选中绘制的参照平面，借助临时尺寸标注，将参照平面调整到距离轴线⑤ 2500mm 的位置，如图 3-21 所示。

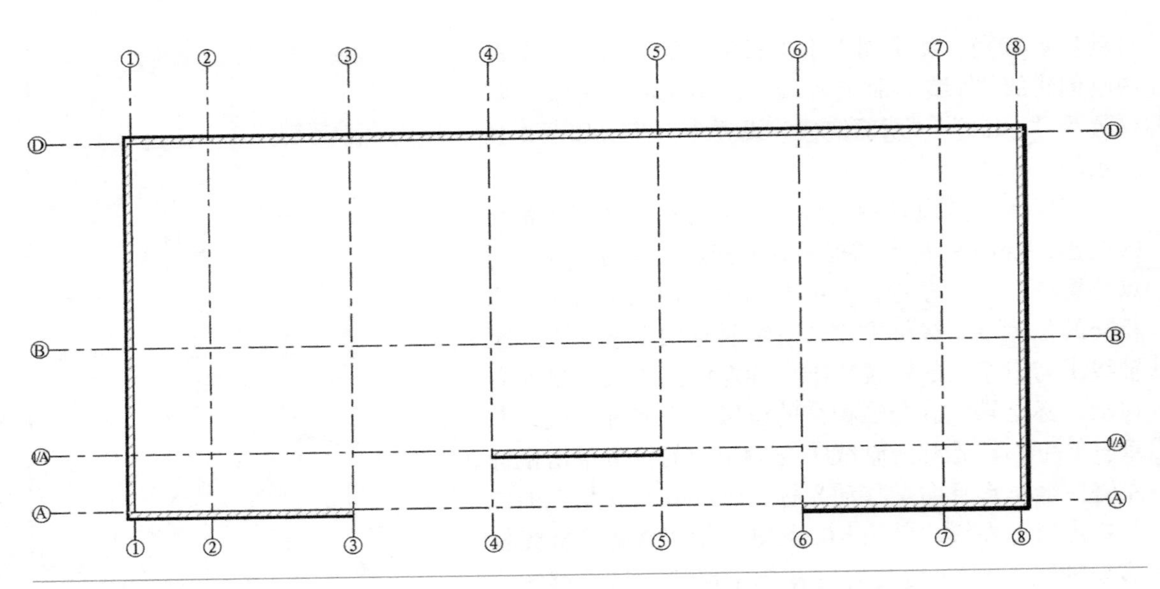

图 3-19　绘制直型外墙

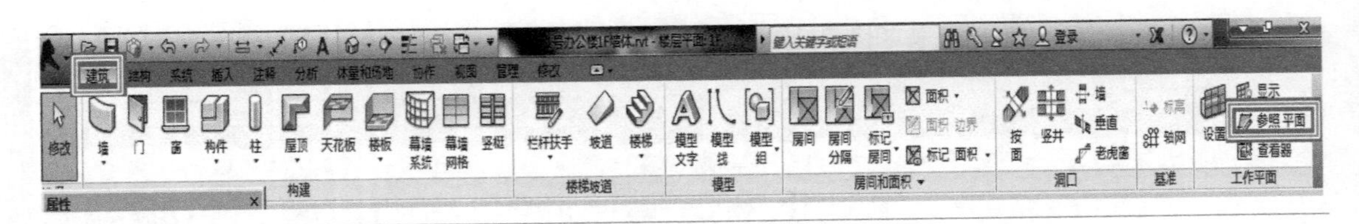

图 3-20　参照平面工具

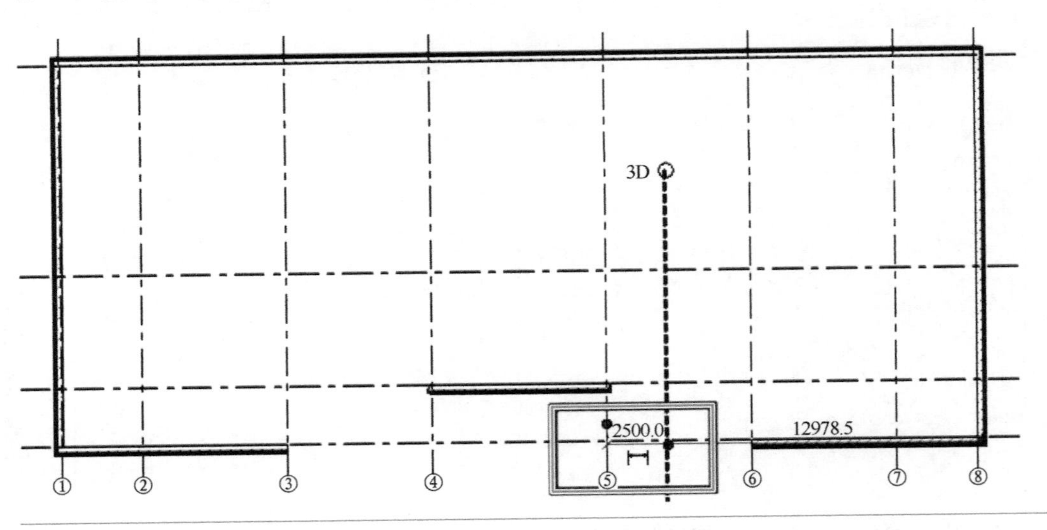

图 3-21　参照平面绘制

单击【建筑】选项卡→【墙】→【建筑墙】按钮，在【绘制】面板上会默认选择“直线”命令。在选项栏中依次设置“高度”为“屋面”，设置“定位线”为“面层面：内部”，勾选【链】，将【属性】面板的【类型选择器】选中刚创建的“外墙 1- 面砖外墙”墙体类型，“底部偏移”设置为“ –450”，“顶部偏移”设置为“0”，将光标指向轴线⑥与Ⓐ相交的位置单击鼠标左键，并水平向左移动光标至参照平面与轴线Ⓐ相交的位置单击鼠标左键，按 <Esc> 键，选择“绘制”面板的“起点 - 终点 - 半径弧”工具，并将光标指向参照平面与轴线Ⓐ相交的位置单击鼠标左键，移动光标至轴线⑤与⑴Ⓐ相交的位置单击鼠标左键，在键盘上输入“2500”，并按 <Enter> 键，即完成弧形墙体的绘制，如图 3-22 所示。

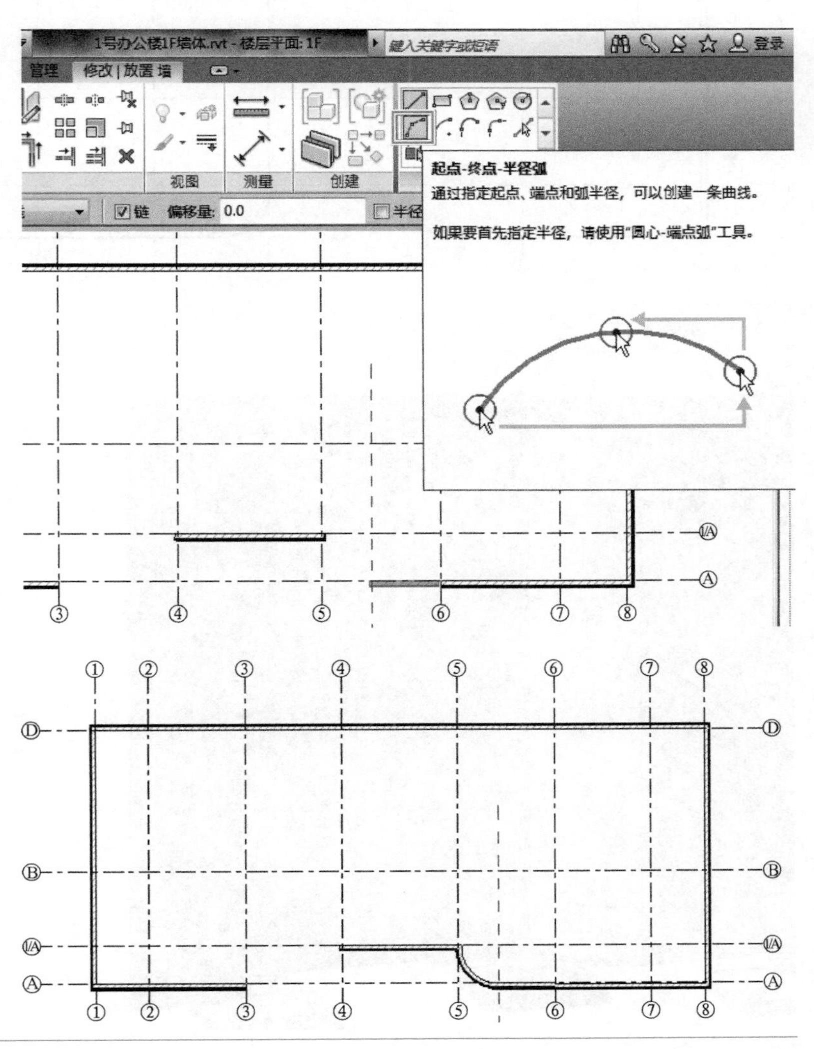

图 3-22　弧形墙体绘制

然后用同样的方法绘制轴线③与④之间的弧形墙体，如图 3-23、图 3-24 所示。

任务实施 3.1.4　绘制叠层墙

根据图纸要求，大堂的内墙为“内墙 1”且下部有 1200mm 的墙裙，为实现其装饰装修效果，需要通过创建叠层墙来实现。叠层墙是指由两种或多种墙体组合而成的墙。所以，先按照上文描述的方法创建两种基本墙“内墙 1- 水泥砂浆”及“踢脚 1+ 墙裙”，具体结构层设计如图 3-25 所示。

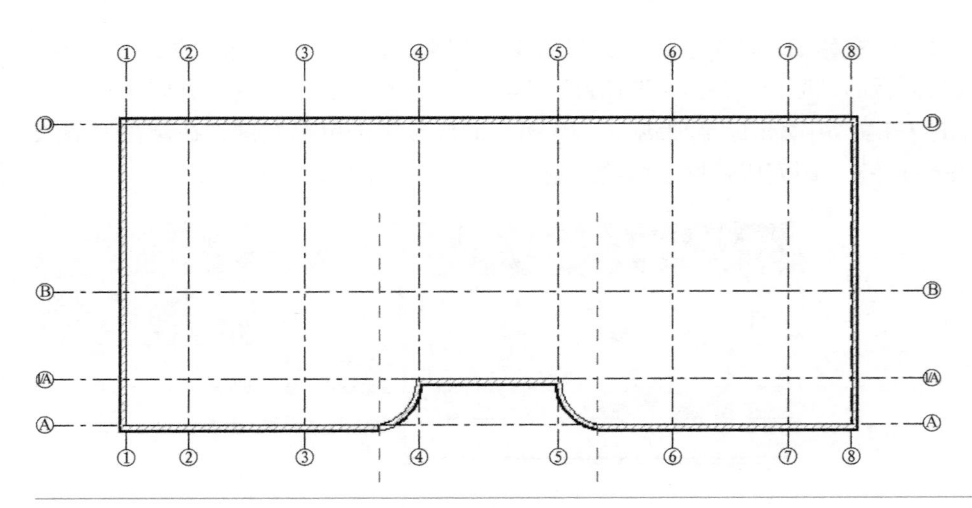

图 3-23　弧形墙体

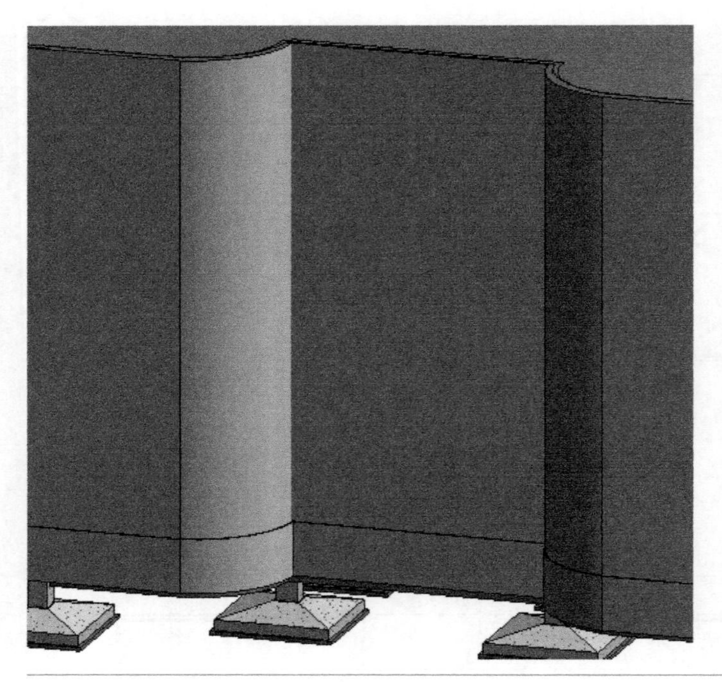

图 3-24　弧形墙体三维效果

单击【建筑】选项卡→【墙】→【建筑墙】按钮，在【属性】面板的【类型选择器】中选中“叠层墙：外部 - 砌块勒脚砖墙”的墙类型，如图 3-26 所示。单击【编辑类型】按钮，打开【类型属性】对话框，然后单击【复制】按钮创建“办公室 1+ 大堂”的叠层墙，单击【结构】后的【编辑】按钮即可打开叠层墙的【编辑部件】对话框，创建叠层墙，如图 3-27 所示。

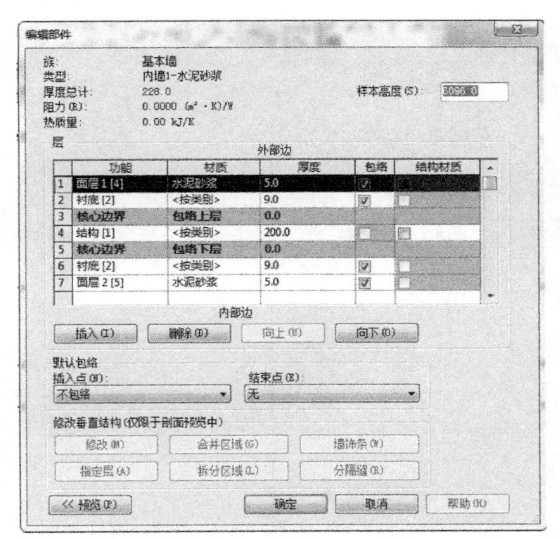
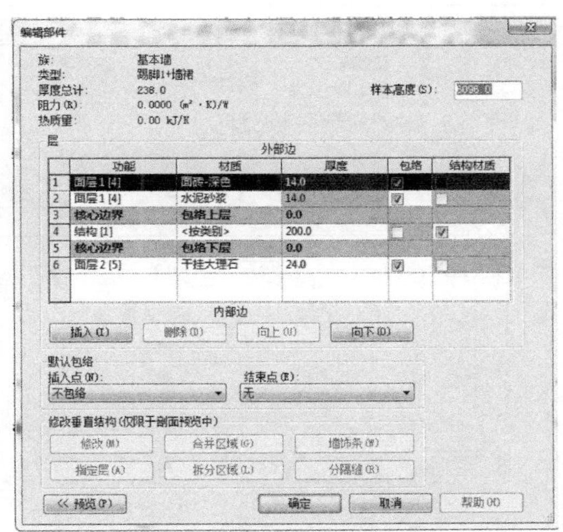

图 3-25　叠层墙的构成墙体设计

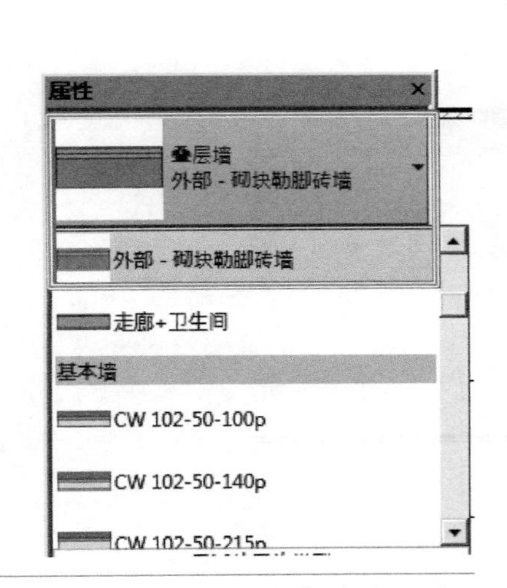

图 3-26　叠层墙类型选择

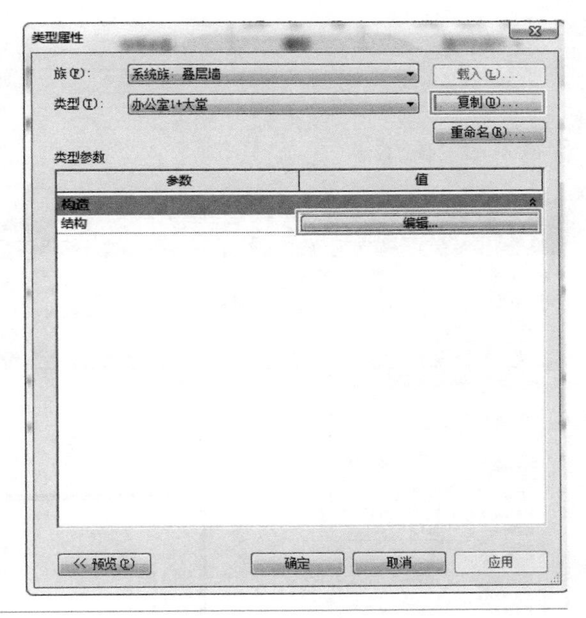

图 3-27　【类型属性】对话框

在【编辑部件】对话框中，单击【墙体名称】选择需要的墙体类型，分别选中“内墙 1-水泥砂浆”及“踢脚 1+ 墙裙”两种墙体类型，之后修改各自墙体的高度，将“内墙 1- 水泥砂浆”的高度设置为“可变”，“踢脚 1+ 墙裙”的高度设置为“1200”，如图 3-28 所示。若叠层墙的组成有更多样式的话，可通过【插入】按钮插入墙体类型。

单击【确定】按钮直至关闭所有对话框即完成了“办公室 1+ 大堂”的叠层墙的创建。在选项栏中依次设置“高度”为“ F2”，设置“定位线”为“核心层中心线”，勾选【链】，【属性】面板中的“底部偏移”设置为“0”，“顶部偏移”设置为“0”，如图 3-29 所示。

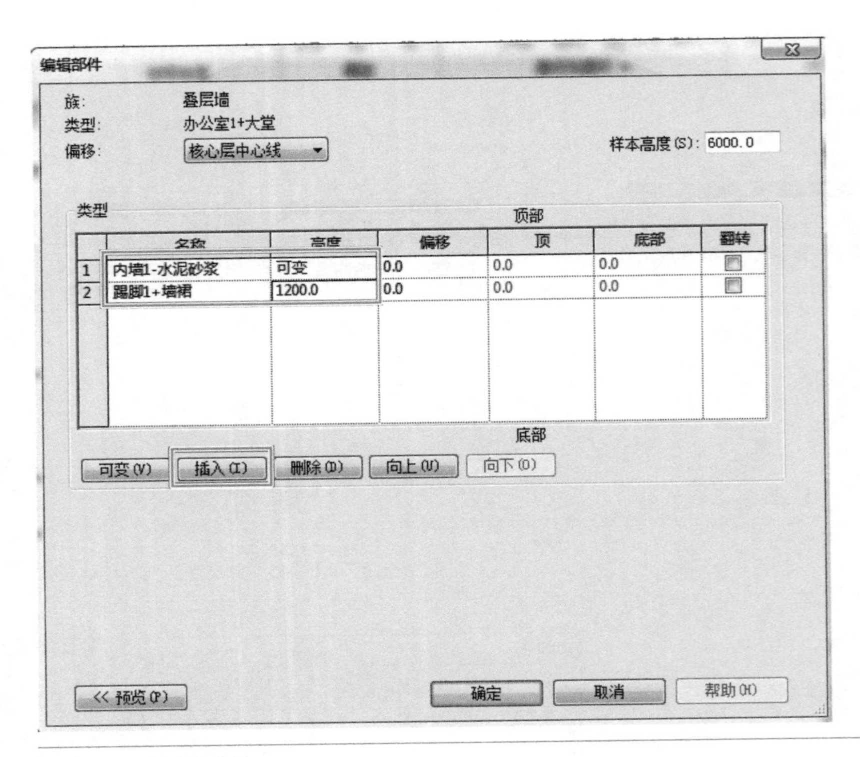

图 3-28　叠层墙的设计

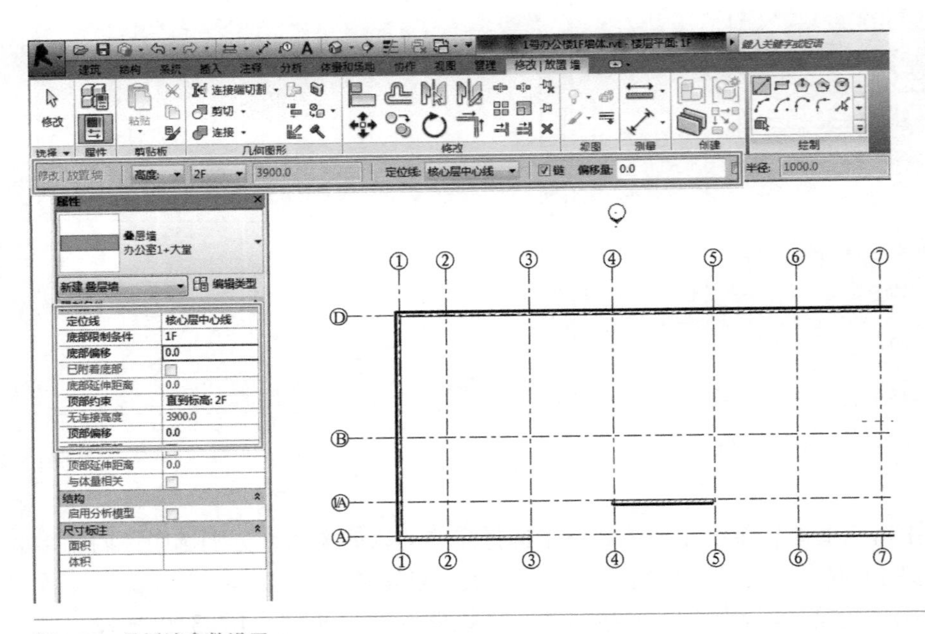

图 3-29　叠层墙参数设置

完成叠层墙参数设置后，将光标指向轴线④与⑴Ⓐ相交的位置单击鼠标左键，并向上移动光标至轴线④与Ⓑ相交的位置单击鼠标左键，然后按 <Esc> 键。紧接着将鼠标光标移至轴线⑤与⑴Ⓐ相交的位置单击鼠标左键，继续向上移动光标至轴线⑤与Ⓑ相交的位置单击鼠标左键，并按 <Esc> 键两次退出墙体绘制模式，效果如图 3-30 所示。

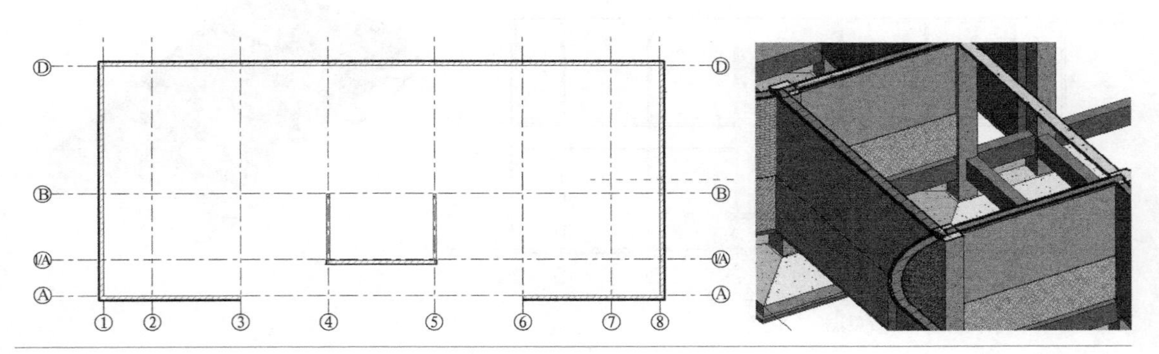

图 3-30　叠层墙绘制

切换到三维显示效果，发现带墙裙的大堂内墙的装饰效果面在办公室的内面，即⑤轴线上的叠层墙墙面装饰装修效果反了。选中⑤轴线上的叠层墙，会显示“修改墙的方向”的反转符号，单击鼠标左键，可完成墙体的反转，如图 3-31、图 3-32 所示。

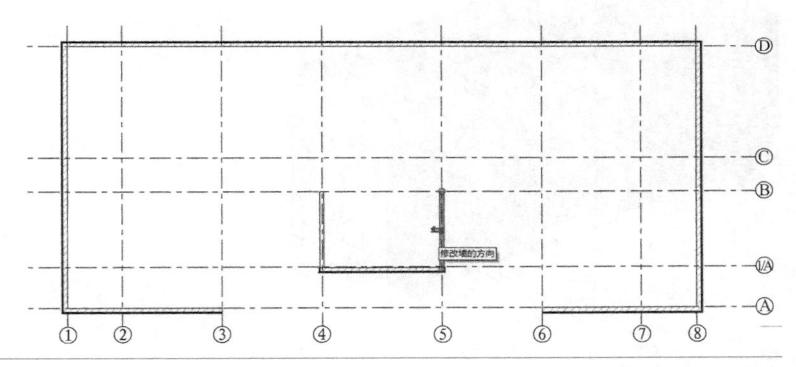

图 3-31　更改墙体外部所在的方位

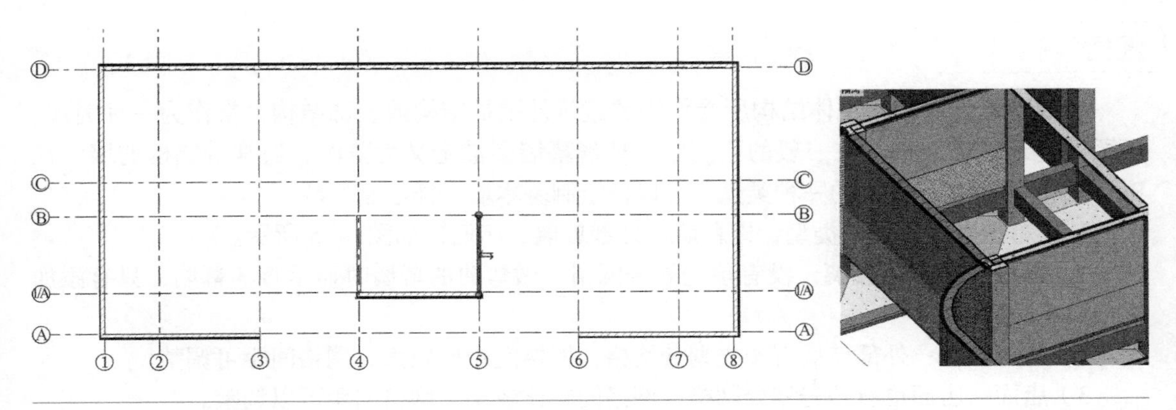

图 3-32　更改后的效果

同样的方式创建其他内墙，按照图纸所示位置绘制 1F 的墙体，完成后效果如图 3-33 所示。

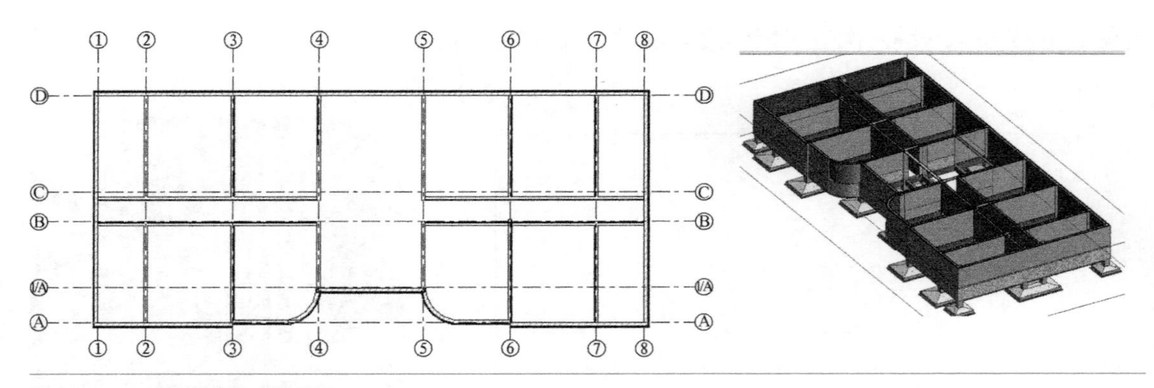

图 3-33　1F 墙体创建完成效果图

女儿墙的绘制和普通墙体完全相同，在此不再赘述。所有墙体绘制完成效果如图 3-34 所示。

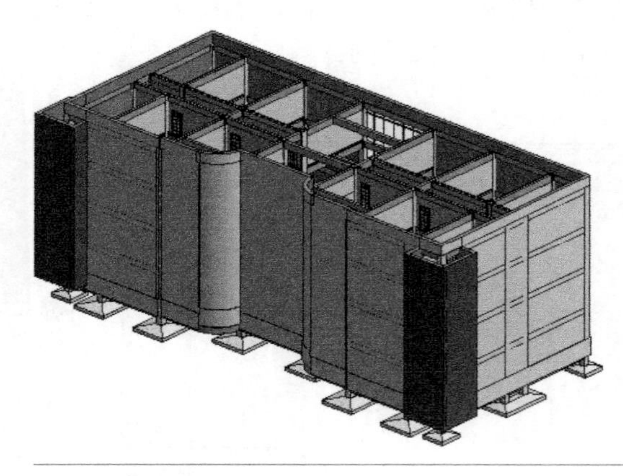

图 3-34　墙体创建完成三维效果图

任务实施 3.1.5　绘制玻璃幕墙

玻璃幕墙是不分担主体结构所受作用的建筑外围护结构或装饰结构，常作为一种美观、新颖的建筑墙体装饰。在一般的应用中，玻璃幕墙多被定义为薄的、通常带铝框的墙。在 Revit 中，幕墙属于墙体的一种类型，可以像绘制基本墙一样绘制幕墙。

玻璃幕墙默认有三种类型，即幕墙、外部玻璃、店面，如图 3-35 所示。

1）幕墙：一整块玻璃，没有预先划分网格，做弯曲的幕墙时显示直的幕墙，只有添加网格后才会弯曲。

2）外部玻璃：外部玻璃有预先划分网格，网格间距比较大，网格间距可调整。

3）店面：店面也有预先划分网格，网格间距比较小，网格间距可以调整。

玻璃幕墙由幕墙嵌板、幕墙网格和幕墙竖梃三个部分组成，如图 3-36 所示。

1）幕墙嵌板：是构成幕墙的基本单元。

2）幕墙网格：决定幕墙嵌板的大小、数量。

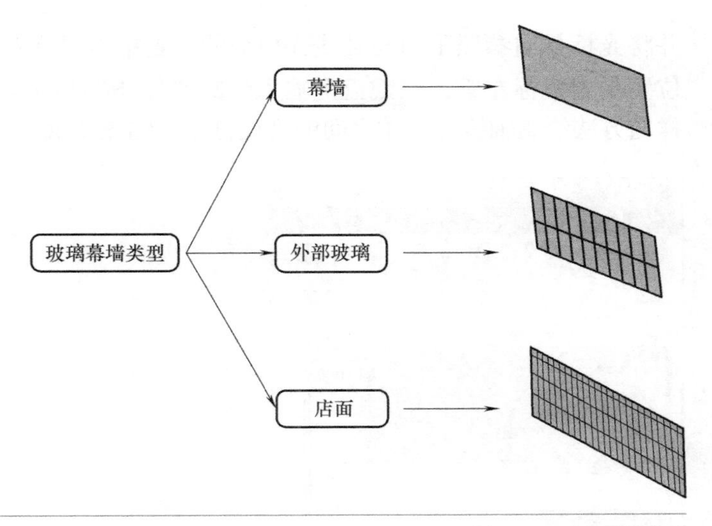

图 3-35　玻璃幕墙类型

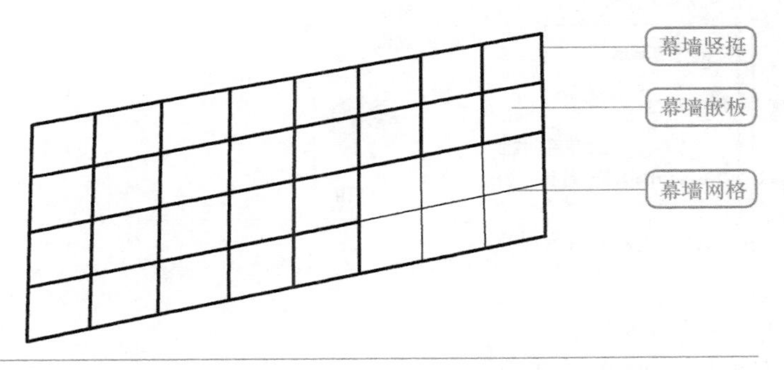

图 3-36　玻璃幕墙组成

3）幕墙竖梃：为幕墙龙骨，是沿幕墙网格生成的线性构件，可编辑其轮廓。

打开上个环节保存的文件，单击【建筑】选项卡→【墙】按钮，在属性下拉栏中择幕墙类型，如图 3-37 所示。在【类型选择器】中选择“幕墙”，单击【编辑类型】按钮，弹出幕墙的【类型属性】对话框，通过编辑幕墙的类型参数，可以控制幕墙网格的布局、间距、对齐、旋转角度和偏移值，还可以设置垂直竖梃和水平竖梃的类型。单击【复制】按钮生成“外墙 4”的幕墙类型，将“自动嵌入”后面打上“√”，设置【垂直网格】中的“布局”为“固定距离”，“间距”为“1000”，【水平网格】中的“布局”为“固定距离”，“间距”为“1500”，【垂直竖梃】中的“内部类型”“边界 1 类型”“边界 2 类型”以及【水平竖梃】中的“内部类型”“边界 1 类型”“边界 2 类型”均为“矩形竖梃：30mm 正方形”，如图 3-38、图 3-39 所示。

单击【确定】按钮直至关闭所有对话框。在【属性】面板中设置“底部约束条件”为“1F”，“底部偏移”为“0”，“顶部约束”为“直至标高：屋面”，“顶部偏移”为“0”，将光标指向轴线⑥与Ⓐ相交的位置单击鼠标左键，并水平向左移动光标至参照平面与轴线Ⓐ相交的位置单击鼠标左键，按 <Esc> 键，选择【绘制】面板的“起点 - 终点 - 半径弧”工具，并将光标指向参照平面与轴线Ⓐ相交的位置单击鼠标左键，移动光标至轴线⑤与(1/A)相交的位置单击鼠标左键，在键盘上输入“2500”，按 <Enter> 键，即完成玻璃幕墙的绘制。用同样的方法绘制轴线③与④之间的玻璃幕墙，如图 3-40、图 3-41 所示，保存文件。

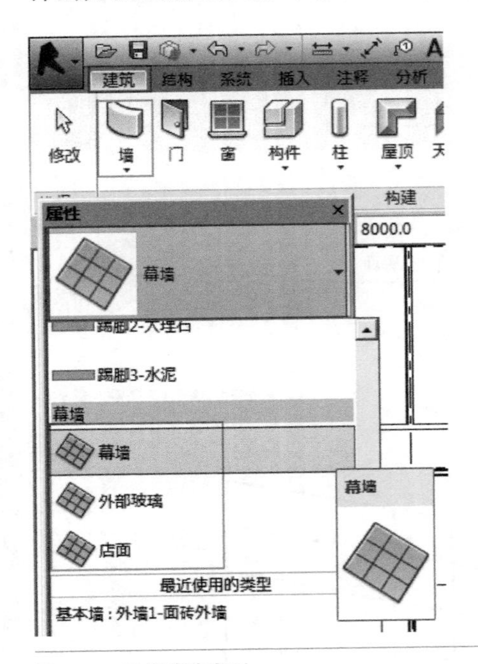

幕墙绘制自动生成

图 3-37　选择幕墙类型

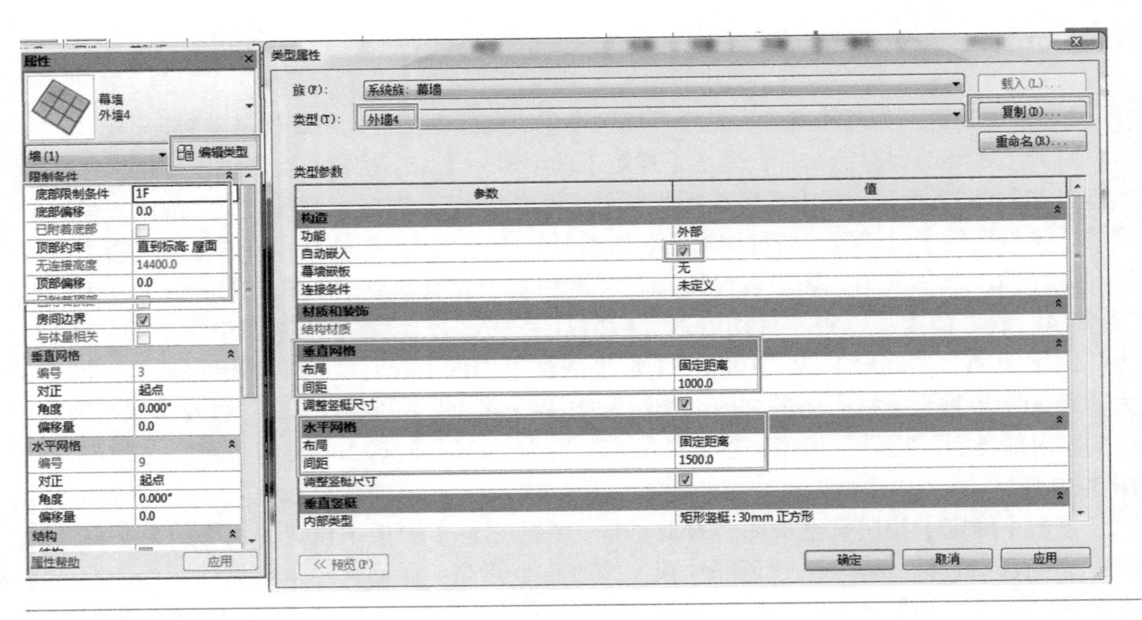

图 3-38　幕墙属性设置

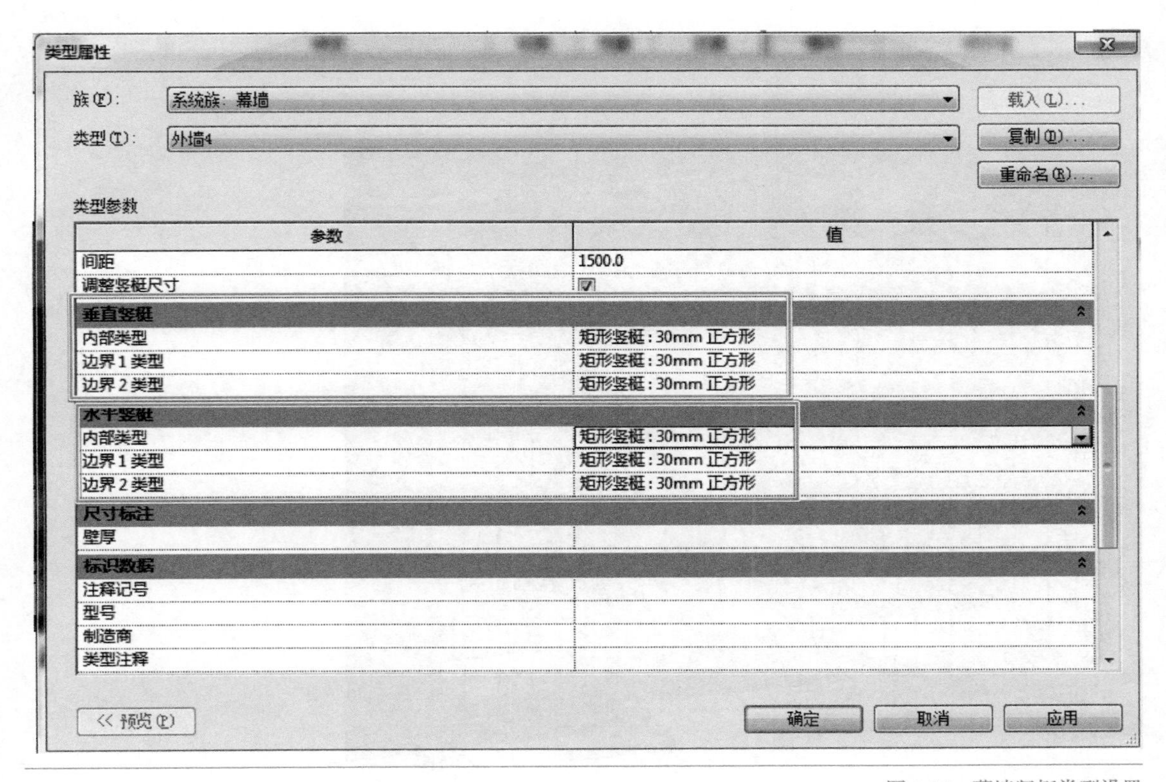

图 3-39　幕墙竖梃类型设置

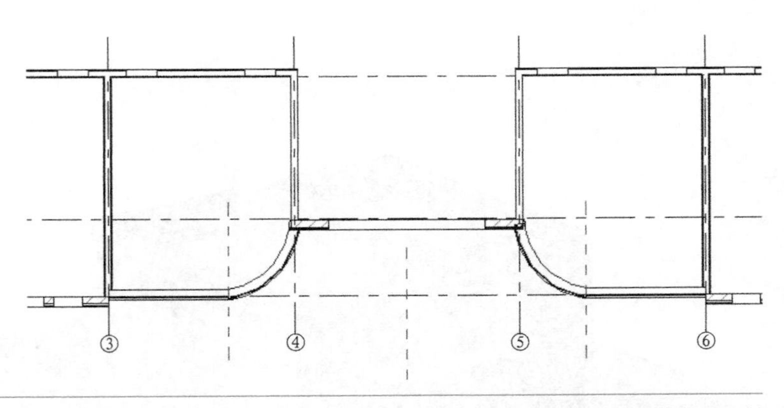

图 3-40　玻璃幕墙的绘制

过关练习 4 ——墙体

参照某小别墅的建筑施工图，完成案例模型的内外墙绘制，墙体装饰装修效果自定义，完成效果如图 3-42 所示。

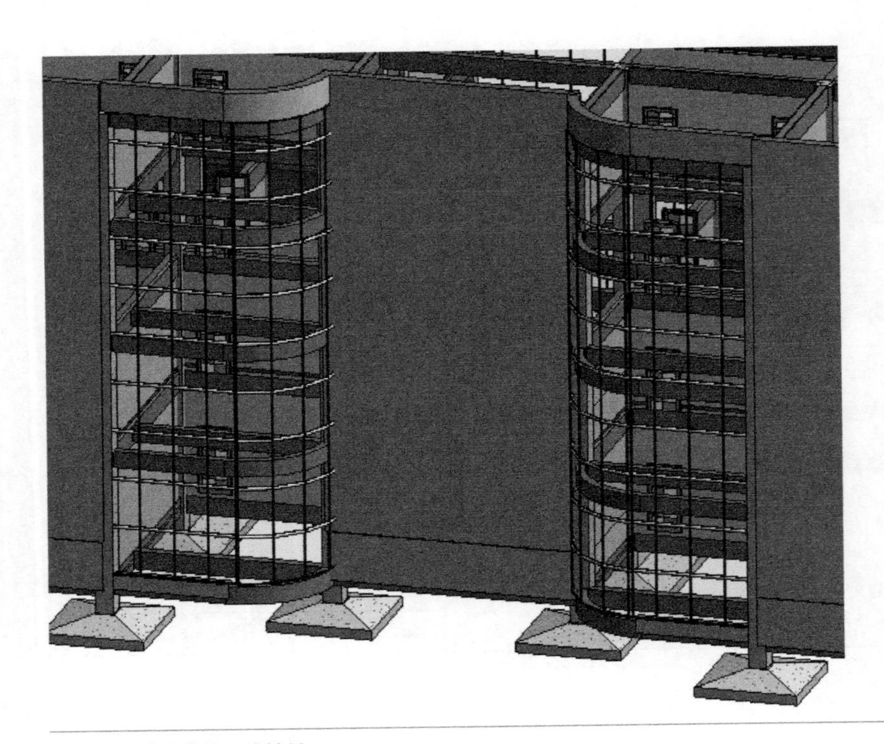

图 3-41 玻璃幕墙三维效果

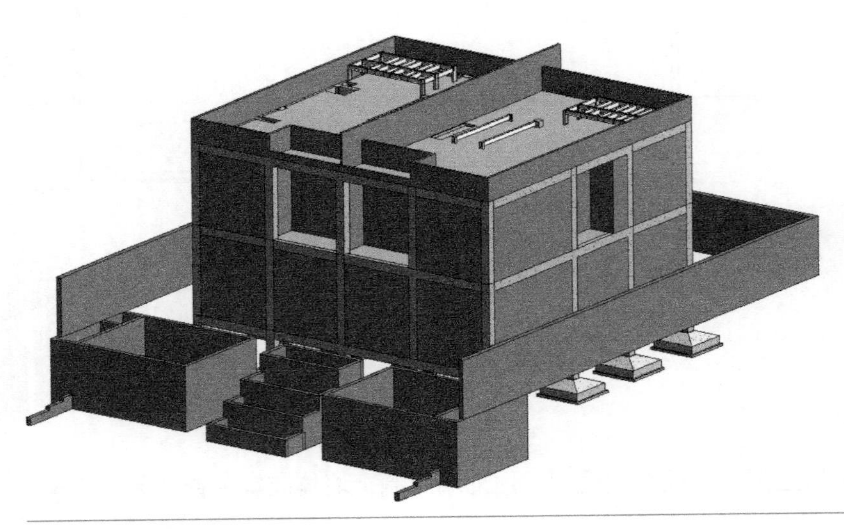

图 3-42 某小别墅墙体模型

任务 3.2　门窗

任务发布

■ 任务描述：

门窗是建筑造型的重要组成部分，它们的形状、尺寸、比例排列、色彩、造型等对建筑的整体造型都有很大的影响。门窗是在墙体的基础上创建的，在创建完墙体模型以后，就可以根据项目需要进行门窗的创建。在 Revit 中，使用门窗工具可以方便地在项目中添加任意形式的门或窗。门窗构件属于外部族，所以在添加门窗之前必须先在项目中载入项目所需的门族或窗族，然后才能在项目中使用门族或窗族。本任务主要讲述门窗的创建方法及其编辑修改的方法。

■ 任务目标：

完成 1 号办公楼门窗的绘制与编辑。

任务实施 3.2.1　创建编辑常规门

创建编辑常规门

1. 创建常规门

打开上个任务保存的“1 号办公楼”项目文件，在【建筑】选项卡中单击【门】命令，Revit 软件会打开【修改 | 放置门】选项卡。在【模式】面板中单击【载入族】按钮，Revit 软件将打开【载入族】对话框，然后选择并打开【China】→【建筑】→【门】→【普通门】→【旋转门】文件夹中的“旋转门 1.rfa”族文件，如图 3-43、图 3-44 所示。

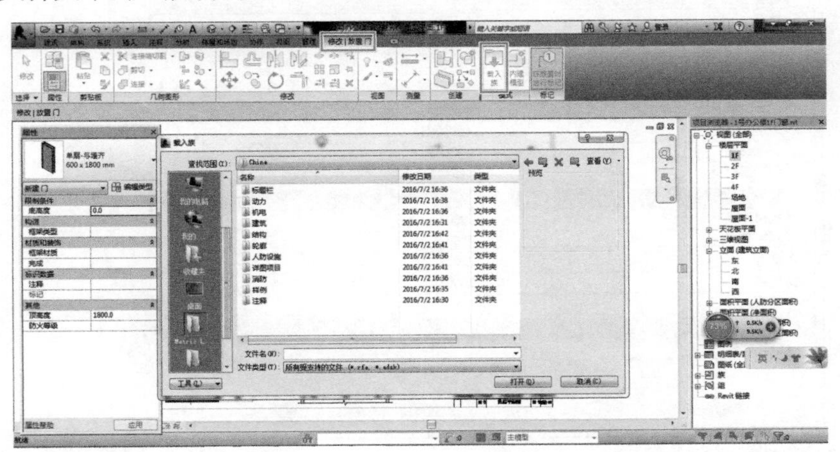

图 3-43　载入族

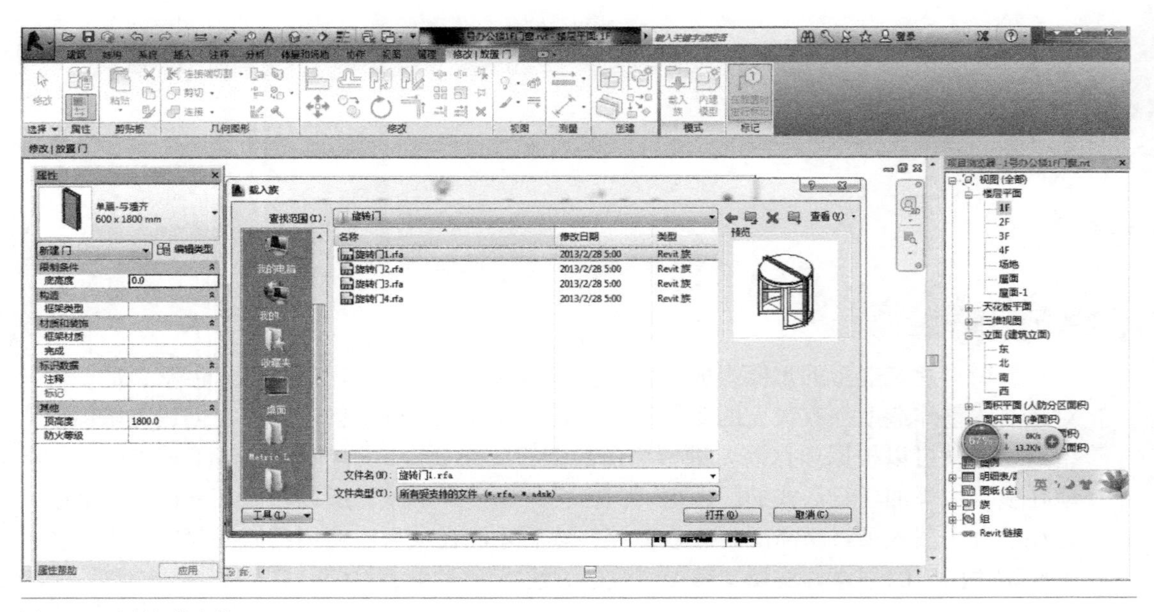

图 3-44　选择门族文件

载入门族后，Revit 软件将在【属性】面板的【类型选择器】中显示该族类型。然后单击【编辑类型】按钮，打开【类型属性】对话框，复制门类型为“M5021”，并在【功能】下拉列表中选择“外部”，在【类型属性】对话框中，不仅能够复制族类型，还可以重命名门类型，也可以在【类型参数】列表中设置与门相关的参数，以改变门图元的显示效果。将门的类型参数“高度”“宽度”分别设置为“2100”和“5000”，如图 3-45 所示。

图 3-45 【类型属性】对话框

门类型参数设置完成后，移动光标至绘图区域，沿着轴线⑴/A并在轴线④与轴线⑤之间的墙体适当位置单击鼠标左键，为其添加门图元，效果如图 3-46 所示。

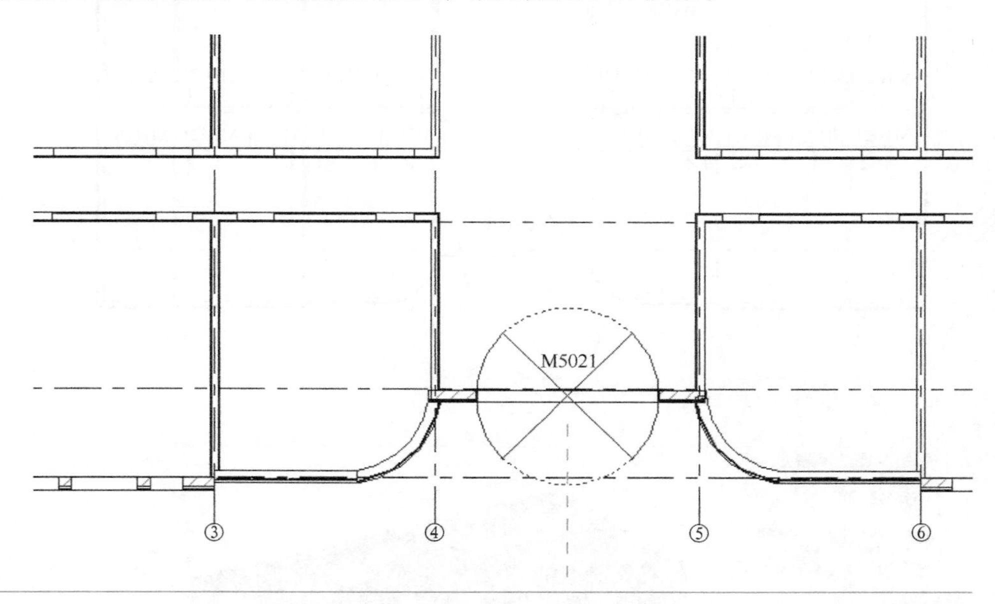

图 3-46　添加门图元

连续两次按 <Esc> 键，切换至三维视图，查看正门的效果，如图 3-47 所示。

图 3-47　正门效果

正门添加完成后，切换至 F1 楼层平面视图，按照上述方法再次载入适当的门族类型，设置好相应的类型参数，然后在适当的墙体位置添加各门图元，效果如图 3-48 所示。

切换至三维视图，在【属性】面板中启动“剖面框”，并拖动蓝色控制按钮，查看各门图元效果，如图 3-49、图 3-50 所示。

此外，还可以通过【门】→【载入族】→【China】→【建筑】→【门】→【其他】→【门洞】文件夹中的“门洞 .rfa”族文件，以添加门洞，如图 3-51 所示。门洞的添加方法与门的添加方法一样，这里不再赘述。

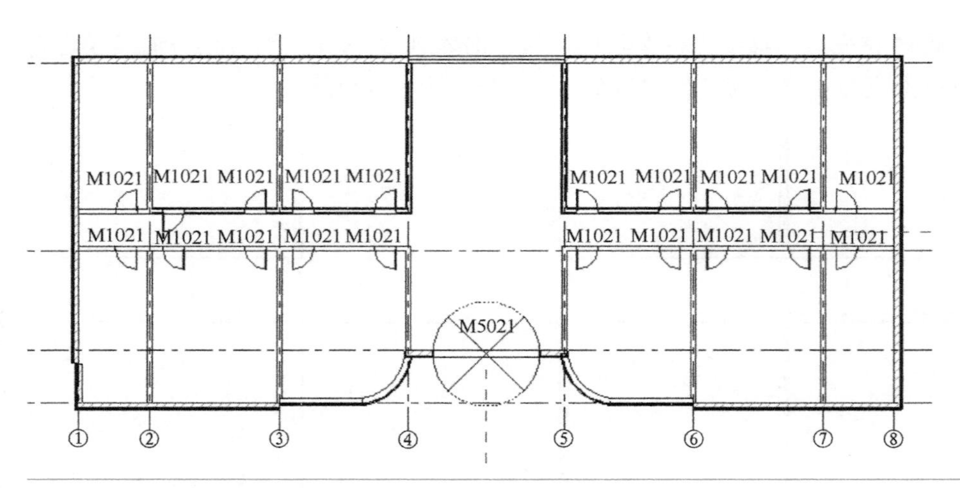

图 3-48 插入其他门图元效果

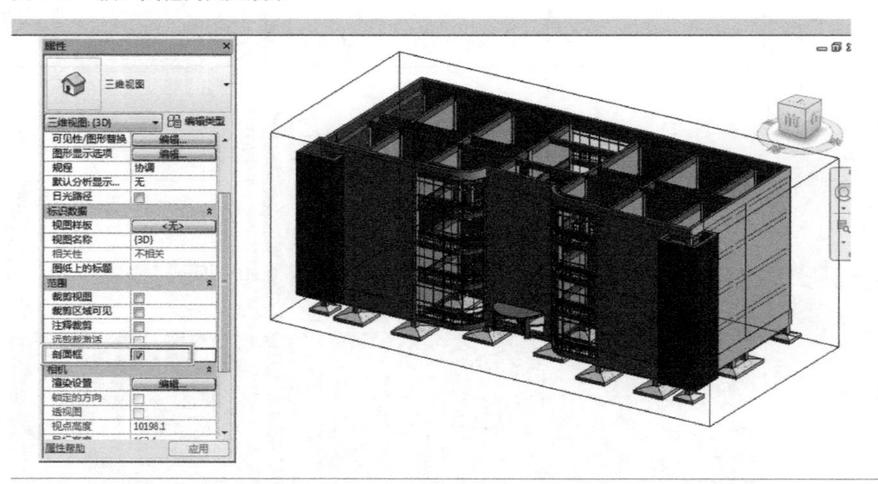

图 3-49 打开“剖面框”

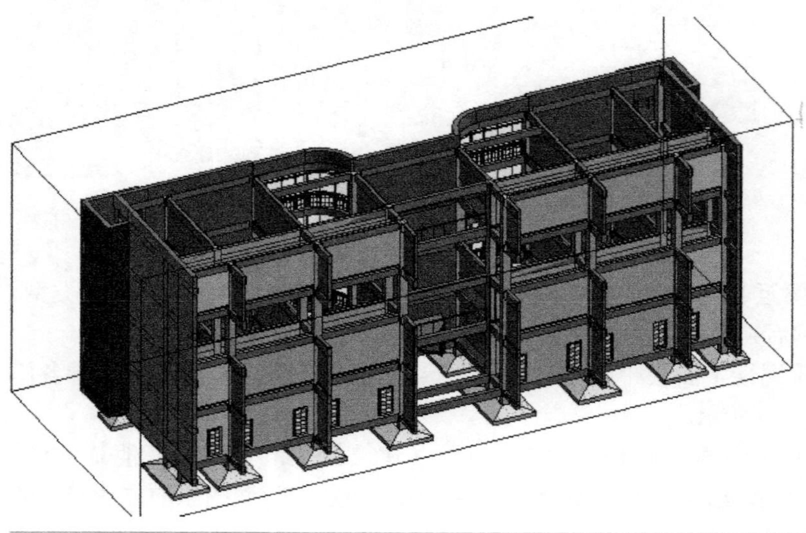

图 3-50 各门图元三维效果

2. 编辑常规门

门窗是建筑造型的重要组成部分，它们的形状、尺寸、比例排列、色彩、造型等对建筑的整体造型都有很大的影响。门窗都是外部载入族，因此其编辑方法完全一样。

（1）修改门实例参数

选择门，并在【属性】面板中设置所需门的标高、底高度等实例参数，如图 3-52 所示。

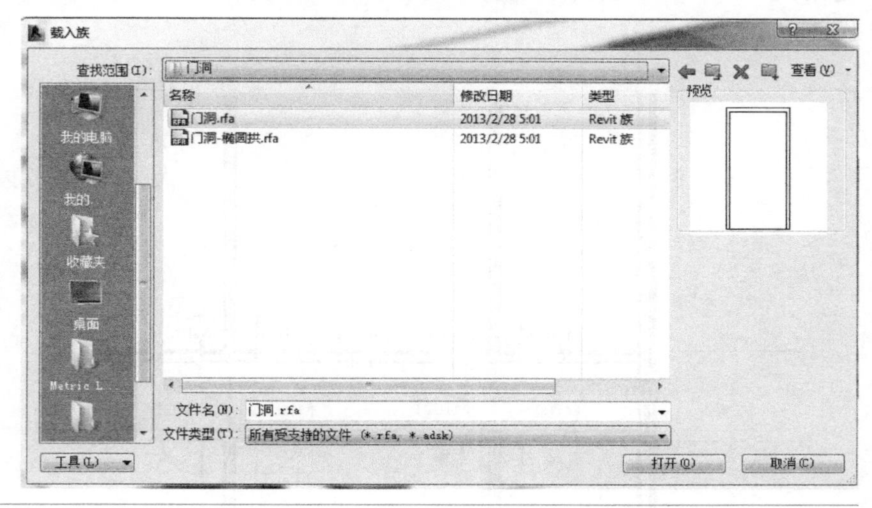

图 3-51　插入门洞族

（2）修改门类型参数

选择门，在【属性】面板中单击【编辑类型】按钮，打开【类型属性】对话框，然后单击【复制】按钮或【重命名】按钮来创建一个新的门类型，也可以修改门的高度、宽度等参数，以改变门的显示效果，如图 3-53 所示。

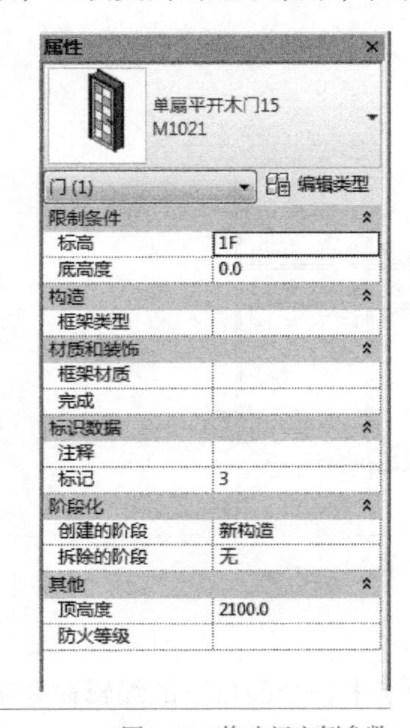

图 3-52　修改门实例参数

图 3-53　修改门类型参数

（3）开启方向及临时尺寸控制

选择Ⓑ轴线上②轴线右边的门 M1021，软件将显示临时尺寸和方向控制按钮，如图 3-54 所示。单击临时尺寸文字，可编辑尺寸数值，门的位置也将随着尺寸的改变而自动调整；单击左右翻转方向符号，可调整门的左右开启方向。同样选择Ⓒ轴线上②轴线右边的门 M1021，单击上下翻转方向符号，可调整门的内外开启方向。调整前后对比图如图 3-55 所示。

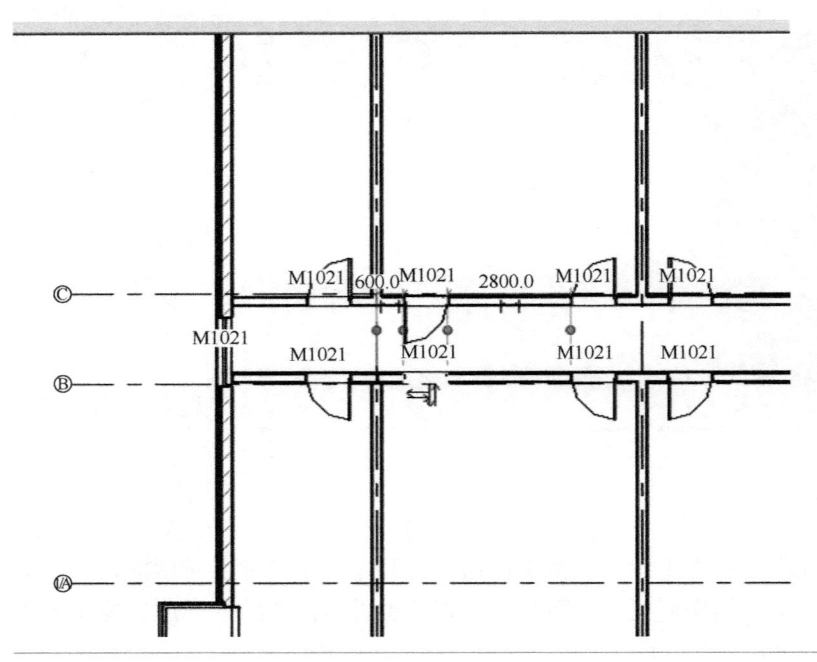

图 3-54　临时尺寸标注和方向控制按钮

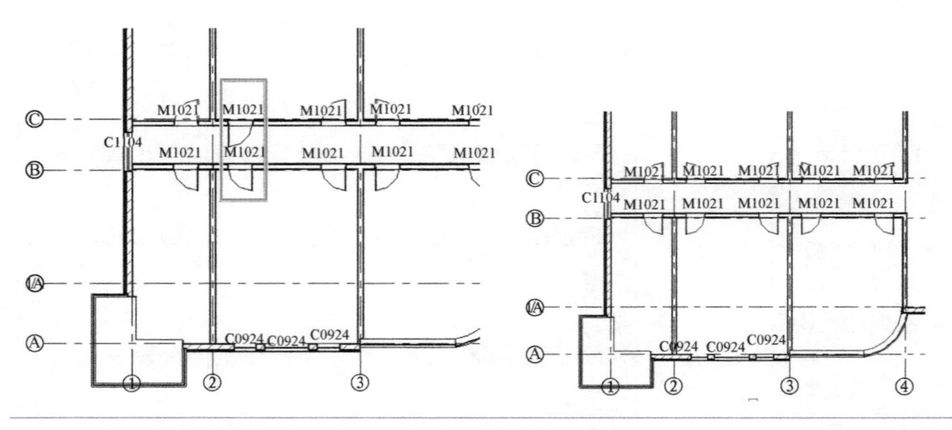

图 3-55　方向控制按钮调整门的左右、内外开启方向前后对比图

（4）常规编辑命令

除了上述编辑工具外，用户还可以通过【修改 | 门】选项卡中各个面板下的编辑命令来编辑门。通常情况下，【修改】面板中有“移动”“复制”“旋转”“阵列”“镜像”和“对齐”

等命令，而【剪贴板】面板中有“复制到剪贴板”“剪切到剪贴板”以及“从剪贴板中粘贴”等编辑命令。例如，用户可以单击【剪贴板】上的编辑命令，将项目文件中F1楼层的门图元显示在F2和F3楼层中的相同位置上。

（5）移动门

选择门，按住鼠标左键拖曳，可以在当前墙的方向上移动所选择图元。如果需要把该图元移动至不同方向的墙体上，则可以使用“拾取新主体”工具。

选择任意一个门图元，单击功能区【拾取新主体】按钮，则进入重新放置门图元的操作，和插入门一样捕捉插入位置，并设置开启方向，接着单击，即可将门移动到另一面墙体上，如图3-56所示。

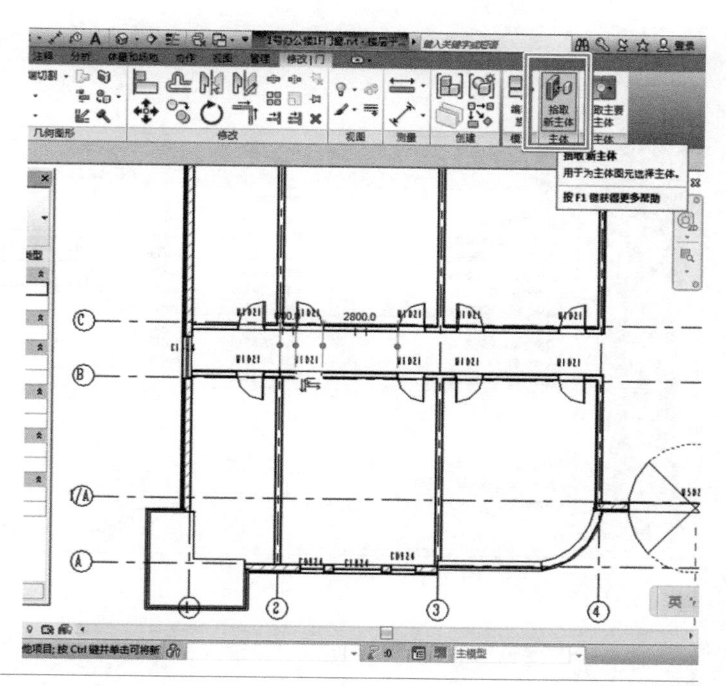

图3-56 【拾取新主体】移动门

任务实施 3.2.2 创建编辑常规窗

创建编辑常规窗

1. 创建常规窗

门添加完成后，切换至F1楼层平面视图。然后在【建筑】选项卡中单击【窗】命令，Revit软件将会打开【修改|放置窗】选项卡，单击【模式】面板【载入族】按钮，将打开【载入族】对话框，如图3-57所示。选择并打开【China】→【建筑】→【窗】→【普通窗】→【推拉窗】文件夹中的“推拉窗3-带贴面.rfa”族文件，如图3-58所示。

窗族载入完成后，在【属性】面板的【类型选择器】中会显示刚载入的族类型。然后单击【编辑类型】按钮，打开【类型属性】对话框，复制窗类型为“C1824”，并且在“尺寸标注”参数列表中将“宽度”“高度”分别设置为“1800”和“2400”，如图3-59所示。

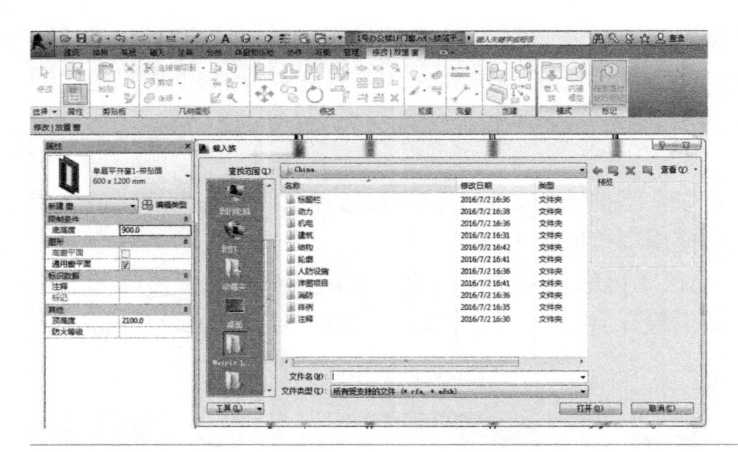

图 3-57 【载入族】对话框

图 3-58 选择窗族文件

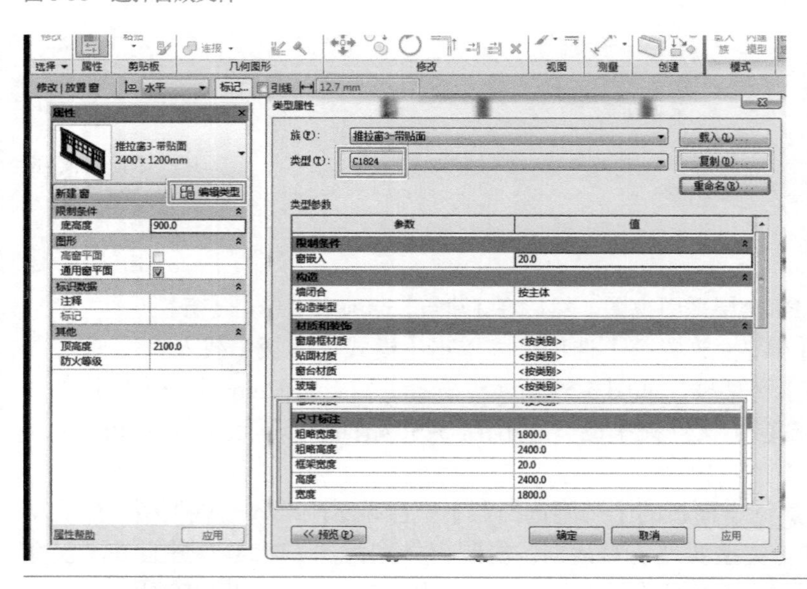

图 3-59 设置窗类型参数

在【属性】面板中将“底高度”设置为“600”，窗类型参数设置完成后，移动光标至绘图区域，沿着轴线Ⓐ并在轴线②与轴线③之间及轴线⑥与轴线⑦的墙体适当位置连续单击鼠标左键，添加窗图元，效果如图 3-60 所示。

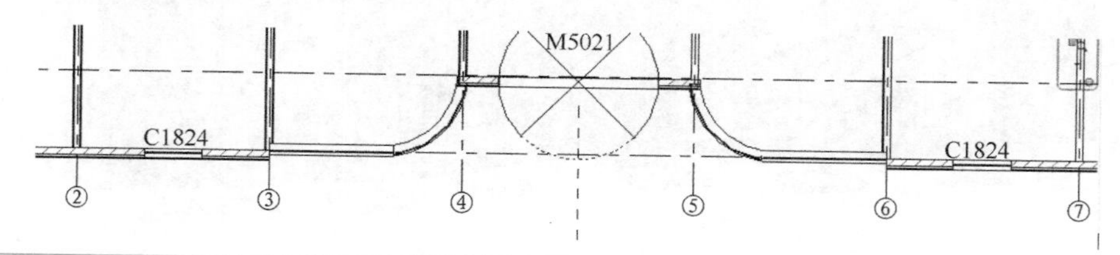

图 3-60　添加窗图元

按两次 <Esc> 键，切换至默认三维视图中，即可查看窗的效果，如图 3-61 所示，保存文件。

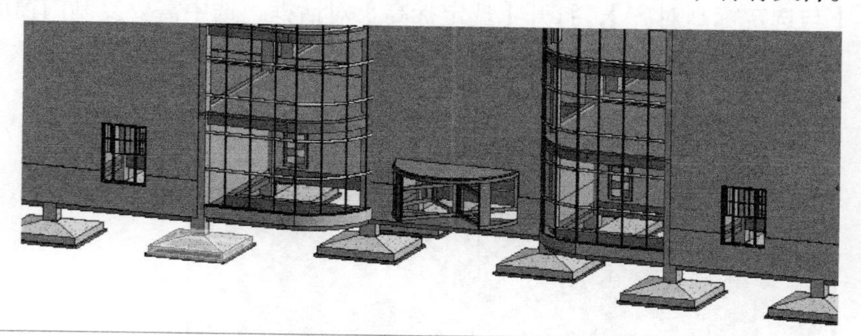

图 3-61　窗图元的三维效果

添加完成“ C1824”后，切换至 F1 楼层平面视图，然后按照上述方法再次载入适当的窗族类型，并设置好相应的类型参数，在墙体上添加载入各窗图元效果如图 3-62 所示。

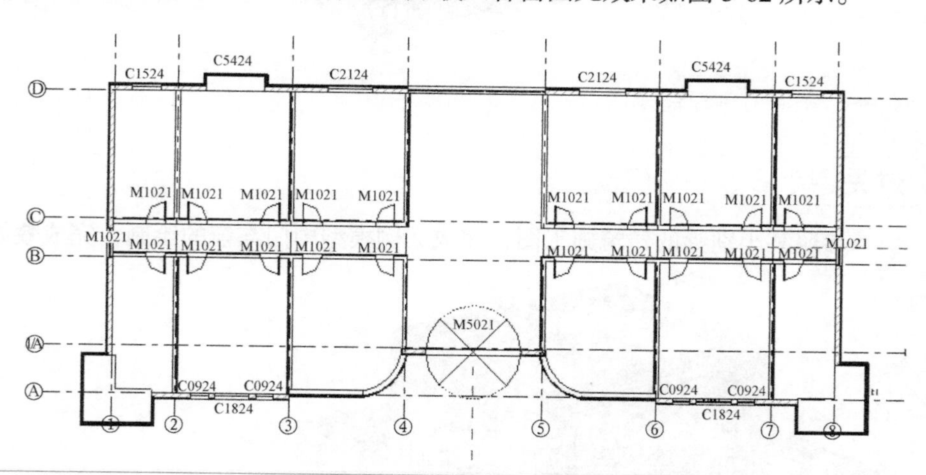

图 3-62　添加其他窗图元效果

切换至三维视图中，查看各窗图元效果，如图 3-63 所示。

2. 编辑常规窗

门窗是建筑造型的重要组成部分，它们的形状、尺寸、比例排列、色彩、造型等对建筑的整体造型都有很大的影响。门窗都是外部载入族，因此其编辑方法完全一样。在此不再赘述，详见 3.2.1 中编辑常规门内容。

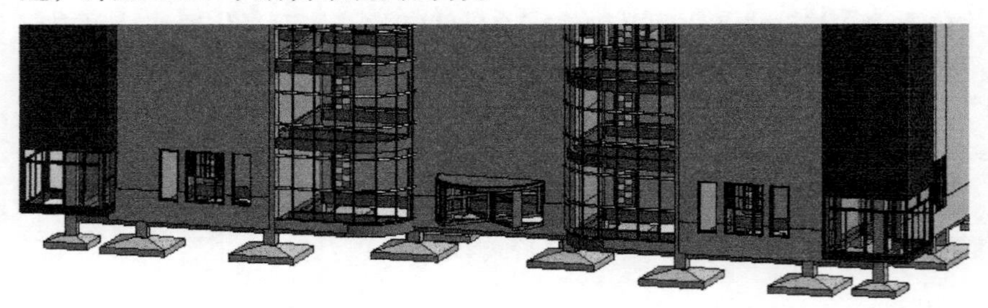

图 3-63　各窗图元的三维效果

选中 1F 所有的门窗，单击【剪贴板】面板→【复制到剪贴板】→【从剪贴板中粘贴】→【与选定标高对齐】，打开【选定标高】对话框，选中需要复制门窗的楼层，单击【确定】按钮即完成其他楼层门窗的创建，如图 3-64 所示。

图 3-64　2F~4F 门窗三维效果

过关练习 5 ——门窗

参照某小别墅的建筑施工图，完成案例模型中门与窗的绘制，完成效果如图 3-65 所示。

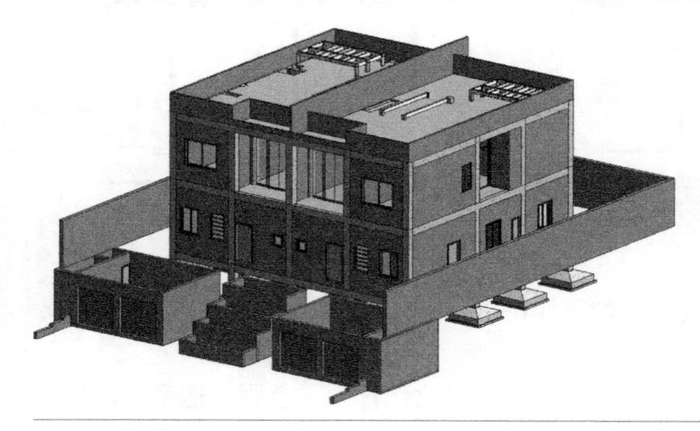

图 3-65　某小别墅门窗效果

任务 3.3　楼板与天花板

任务发布

■ 任务描述：

楼板是建筑空间的分隔主体，在高度方向将建筑物分隔为若干层，也是墙、柱水平方向的支撑及联系杆件，保持墙柱的稳定性。天花板位于建筑物室内顶部表面，起到装饰效果，绘制方法与楼板类似，故本任务主要介绍楼板与天花板的创建及编辑方法。

■ 任务目标：

完成 1 号办公楼楼板与天花板的绘制与编辑。

任务实施 3.3.1　创建楼板

创建楼板

在本项目的施工设计中，将楼板绘制大概分为 4 个区域：办公区域（除服务区域及阳台外的其他房间）、服务区域（大堂、走廊、卫生间）、阳台及核心筒区域（即楼梯间）。

打开上个任务保存的“1 号办公楼”项目文件，单击【项目浏览器】中【楼层平面】→【F1 视图】，开始创建办公室 1 的楼板“地面 3”，单击【建筑】选项卡→【构建】面板→【楼板】→【楼板：建筑】命令，如图 3-66 所示。

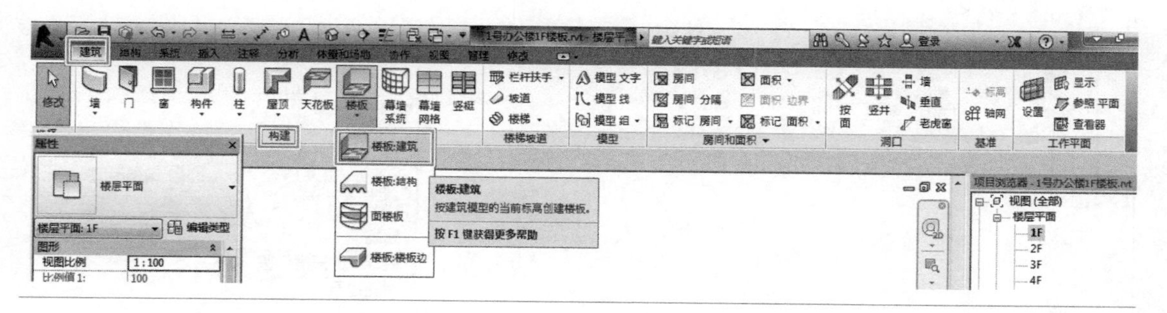

图 3-66　楼板工具

进入楼板的草图绘制模式，在【属性】面板中单击【编辑类型】按钮，进入【类型属性】对话框，单击【类型】后的【复制】按钮，在弹出的【名称】对话框中输入新名称“楼面 3”，单击【确定】按钮，如图 3-67 所示。

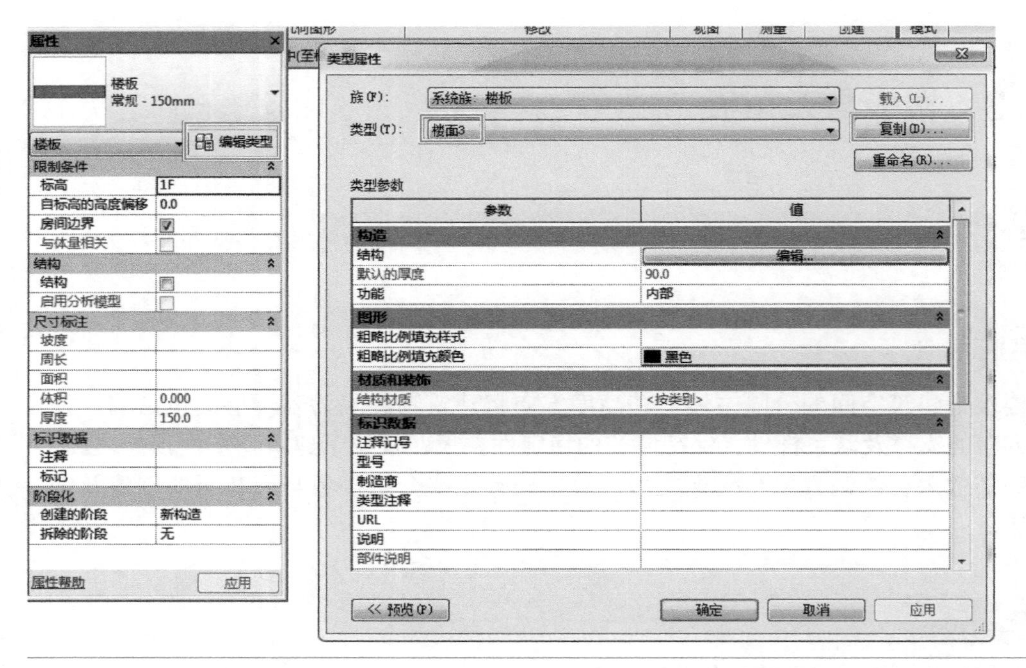

图 3-67　创建“楼面 3”楼板类型

楼板结构的设计类似于墙体结构设计，在此不再详述。单击【结构】项后的【编辑】按钮，进入【编辑部件】对话框，确保结构层厚度为“70mm”，选择材质“混凝土 - 现场浇筑混凝土”，单击【插入】按钮增加结构层，单击【向上】按钮调整为“最上层”，设置“功能”为“面层 1［4］”，选择“材质”为“大理石”，“厚度”设为“20mm”，多次单击【确定】按钮直至关闭所有对话框，即完成新的楼板类型“楼面 3”的创建，如图 3-68 所示。

在【属性】面板中调整限定条件如图 3-69 所示。

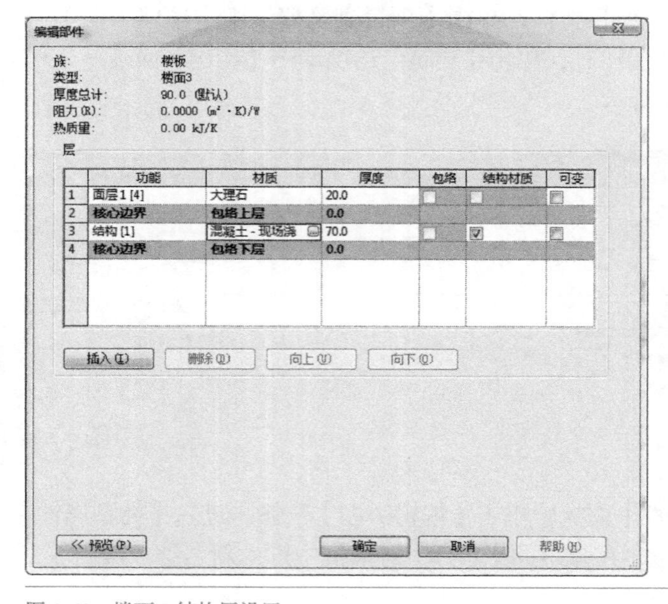

图 3-68　楼面 3 结构层设置

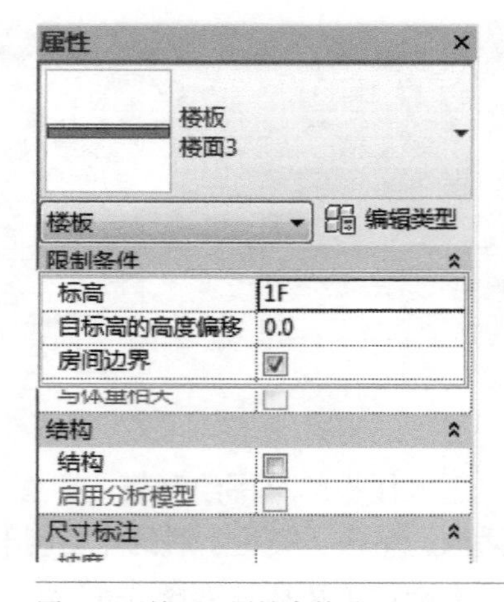

图 3-69　楼面 3 属性参数设置

■ 小提示

楼板限制条件的“标高”为其上顶面的标高。

设置好参数后，单击【绘制】面板中【边界线】内的工具在绘图区域绘制如图 3-70 所示的边界线。

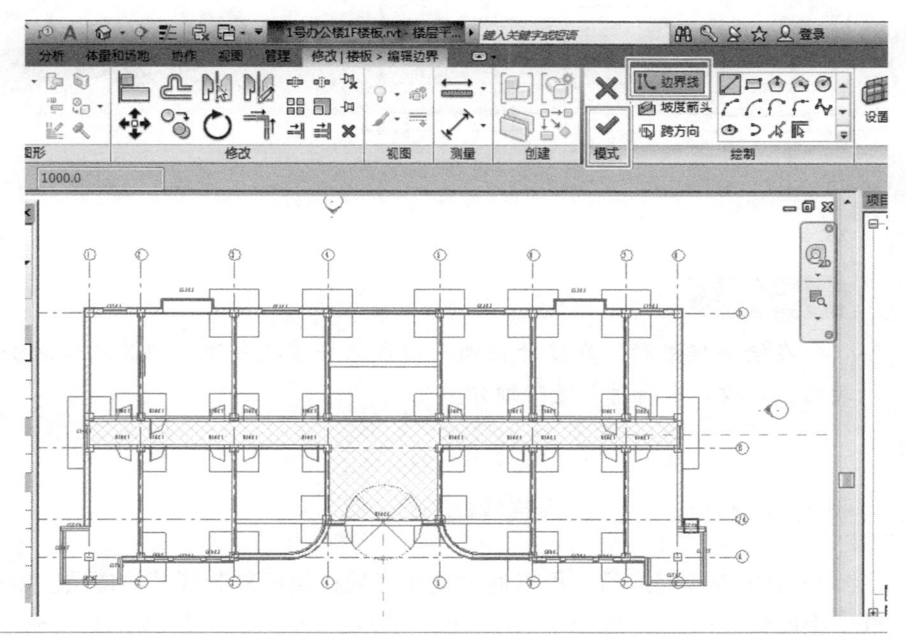

图 3-70　楼面 3 边界线绘制

■ 小提示

楼板轮廓必须为一个或多个闭合轮廓，否则无法创建楼板。

单击【模式】面板→【完成编辑模式】按钮，完成楼板的绘制。打开“三维视图”查看三维效果，如图 3-71 所示，保存文件。

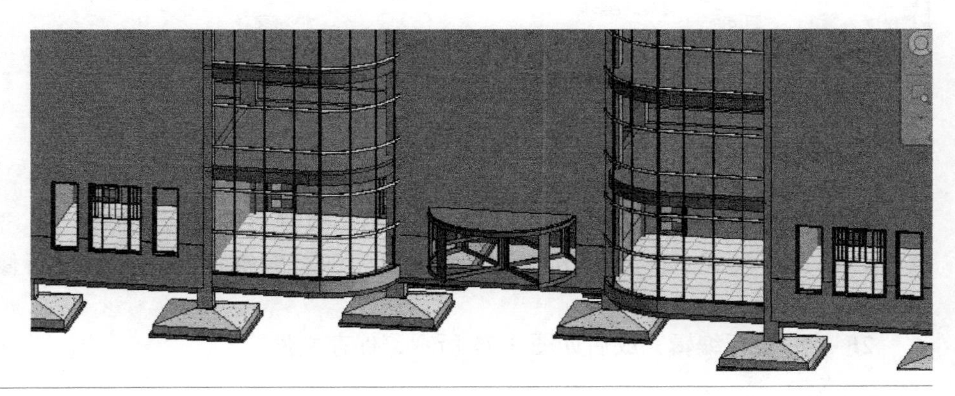

图 3-71　楼面 3 三维效果

用同样的方式创建楼板的地面 1、楼面 2、楼面 4。绘制完成后效果如图 3-72 所示。

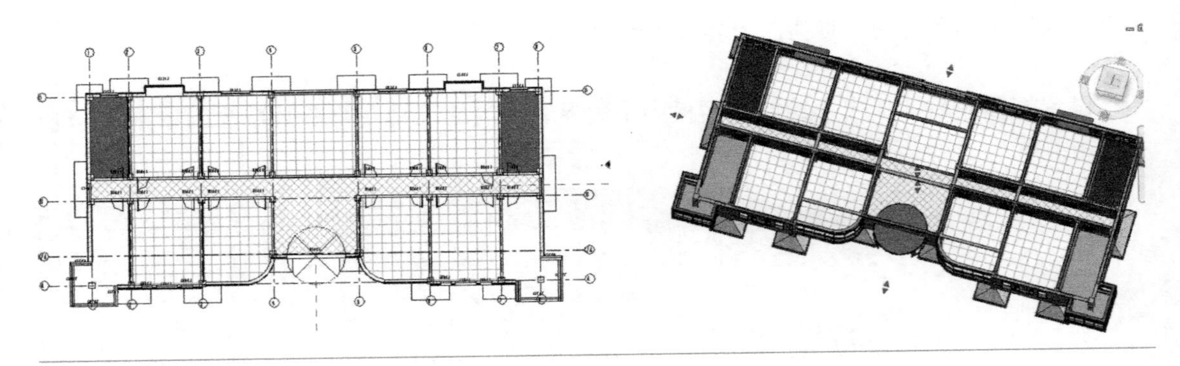

图 3-72　1F 楼板

■注　意

在绘制楼板时，在设计初期我们虽然将楼板分块，但其构造做法暂定一致，在后续的施工设计中将对其进行细分。

任务实施 3.3.2　复制编辑楼板

复制编辑楼板

1F 楼板创建完成后，可以通过复制楼板将楼板复制到其他楼层。Revit 软件中不同标高间的复制通过“剪贴板”实现。选中需要复制的 1F 楼板，单击【剪贴板】面板→【复制到剪贴板】→【从剪贴板中粘贴】→【与选定标高对齐】，打开【选择标高】对话框，如图 3-73~ 图 3-75 所示。

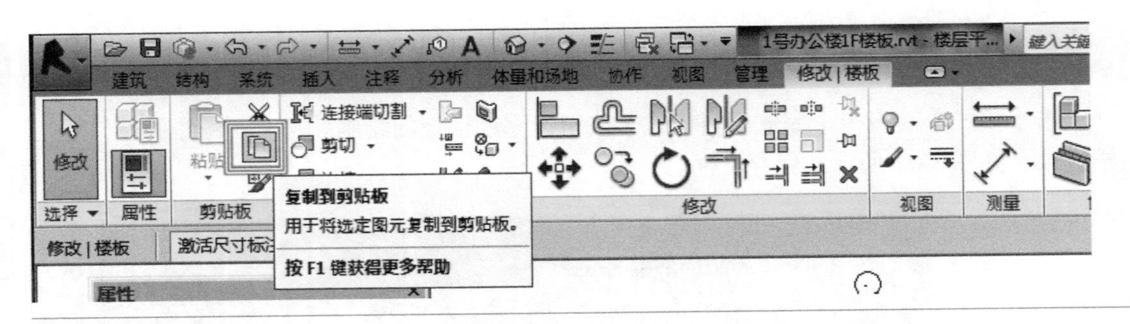

图 3-73　复制到剪贴板

选中需要复制的楼层即可完成楼板的复制。复制后的楼板如需调整，选中需要编辑的楼板，单击【模式】面板的【编辑边界】按钮即可对楼板的边界线进行修改，如图 3-76 所示。

2F ~ 4F 楼板编辑完成后如图 3-77 所示，保存文件。

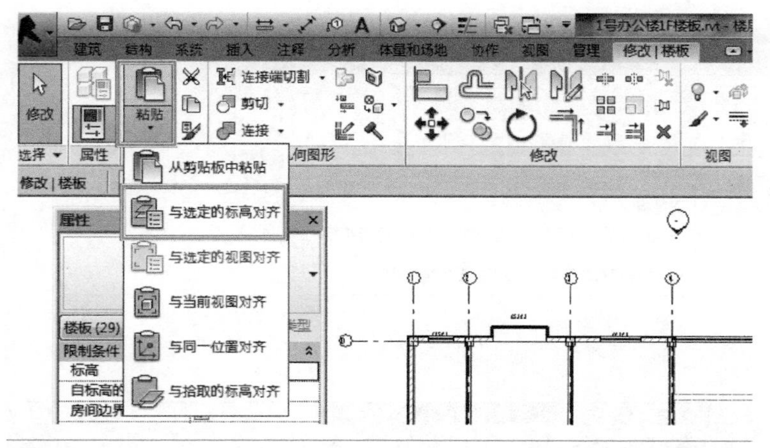

图 3-74　与选定标高对齐

图 3-75 【选择标高】对话框

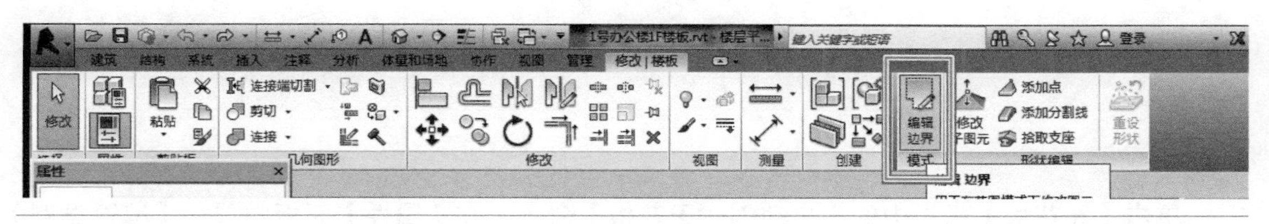

图 3-76　楼板的编辑

图 3-77　2F~4F 楼板三维效果

任务实施 3.3.3　创建天花板

打开上步操作保存的“1 号办公楼”项目文件，打开 F1 楼层平面视图，开始绘制办公室 1 的天花板“吊顶 1”，单击【建筑】选项卡→【构建】面板→【天花板】命令，如图 3-78 所示。

进入绘制天花板界面，Revit 软件提供了两种生成天花板的方法“自动创建天花板”和“绘制天花板”。“自动创建天花板”工具会自动捕捉封闭的区域，设置好天花板后，单击鼠标左键即可放置生成天花板。“绘制天花板”工具需要手动绘制需要生成的天花板的边界线，单击完成即可生成天花板，类似楼板的创建，如图 3-79 所示。

下面分别用两种方法生成天花板。

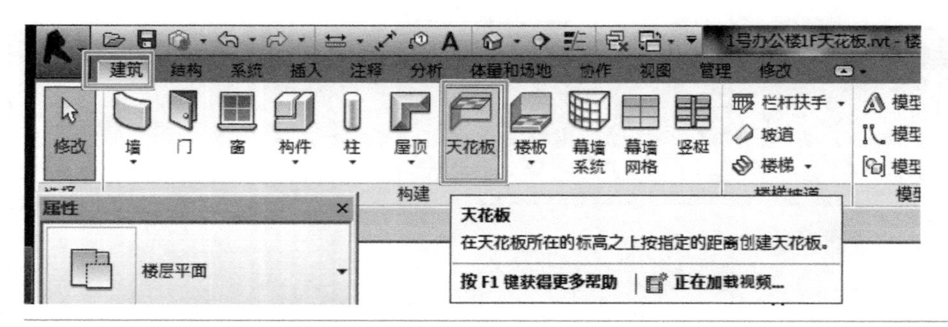

图 3-78　天花板工具

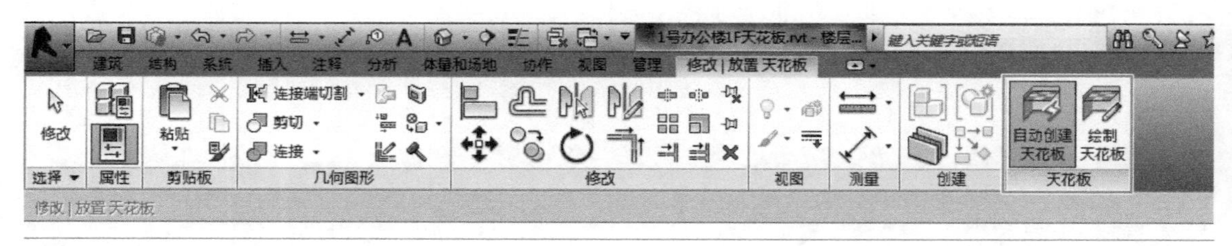

图 3-79　天花板创建方法

单击【天花板】面板中的【自动创建天花板】命令，在【属性】面板中单击【编辑类型】按钮，进入【类型属性】对话框，单击【类型】后的【复制】按钮，在弹出的【名称】对话框中输入新名称“吊顶 1”，单击【确定】按钮，如图 3-80 所示。

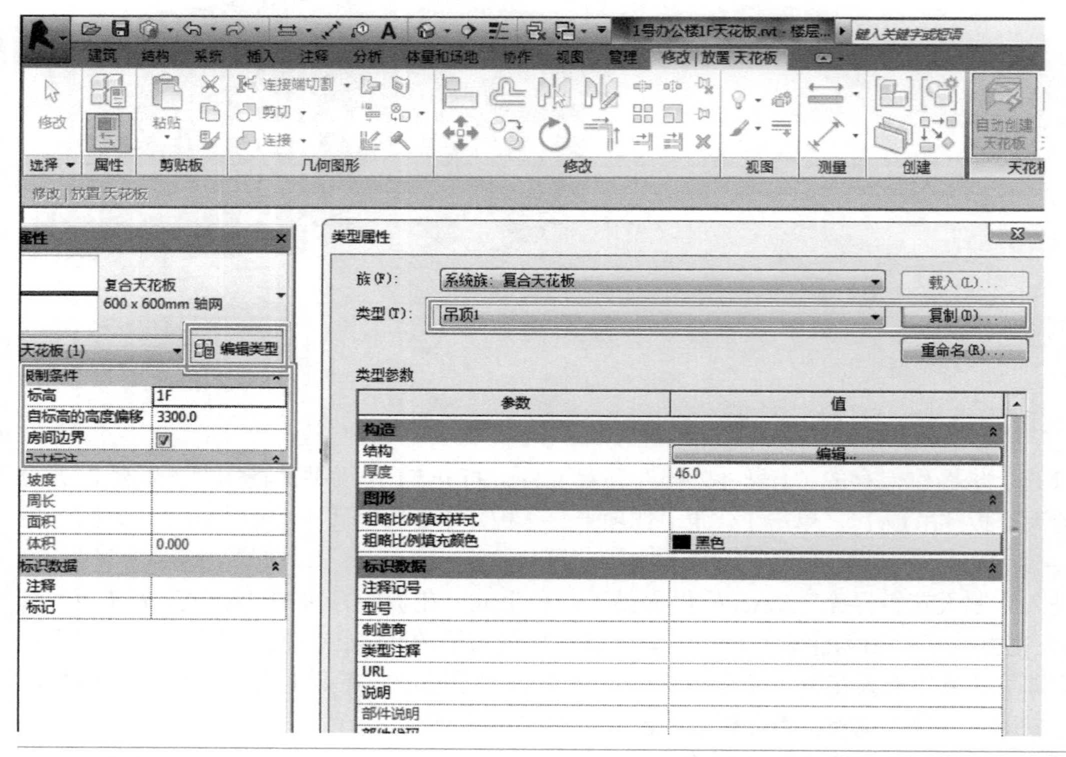

图 3-80　创建“吊顶 1”天花板类型

天花板结构的设计类似于楼板结构设计，在此不再赘述。设置好的天花板结构层如图 3-81 所示。

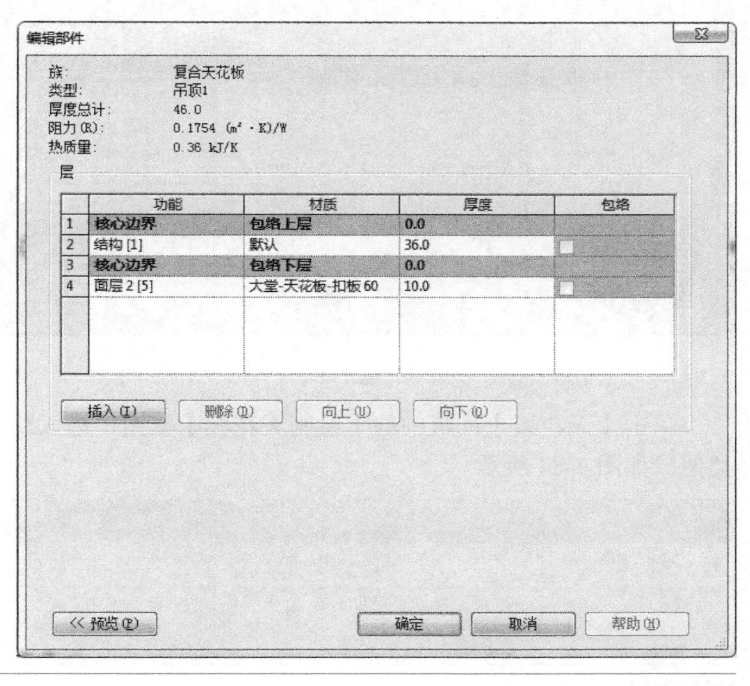

图 3-81 “吊顶 1”结构层设置

在【属性】面板中调整限定条件如图 3-80 所示。设置好参数后，在绘图区域捕捉大堂区域及办公室 1 区域，单击鼠标左键放置天花板“吊顶 1”，如图 3-82、图 3-83 所示。

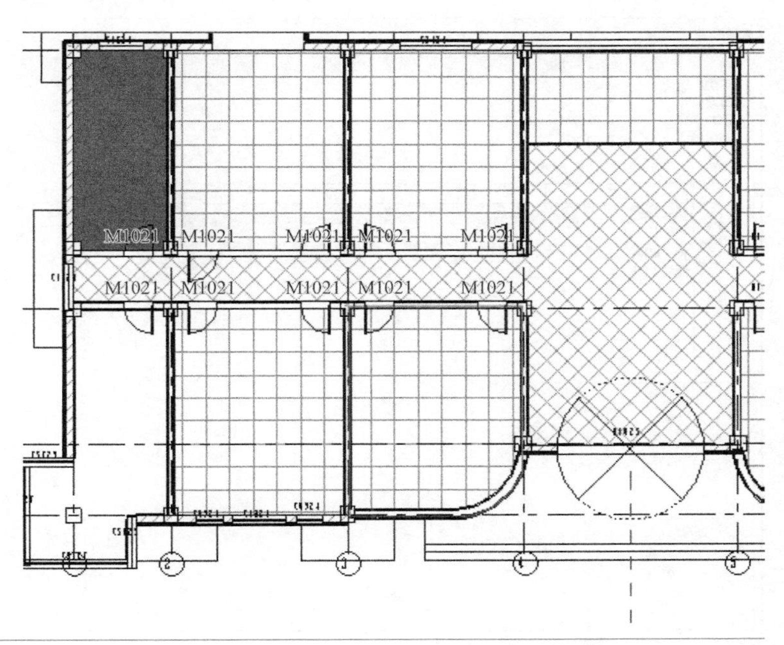

图 3-82 “自动创建天花板”天花板区域捕捉

图 3-83 “自动创建天花板”天花板三维效果

单击【天花板】面板中的【绘制天花板】按钮，进入绘制天花板界面，与楼板绘制界面类似，如图 3-84 所示。

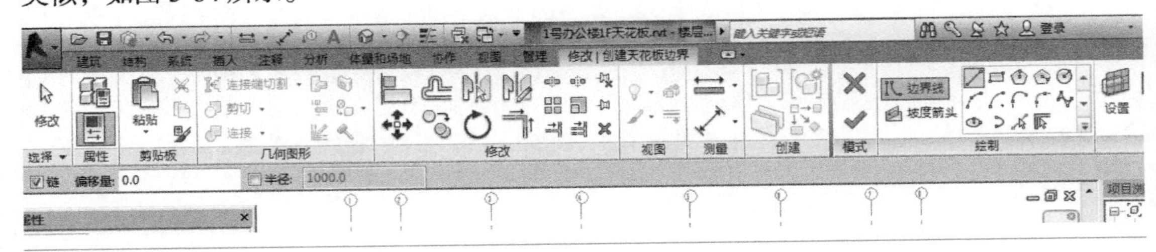

图 3-84 天花板绘制界面

同样方法创建“吊顶 2”，结构层如图 3-85 所示。

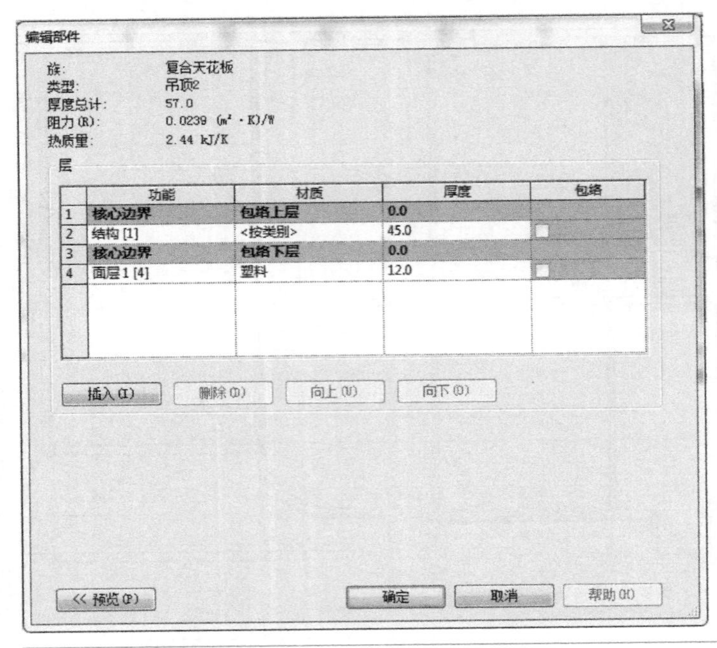

	功能	材质	厚度	包络
1	核心边界	包络上层	0.0	
2	结构 [1]	<按类别>	45.0	☐
3	核心边界	包络下层	0.0	
4	面层 1 [4]	塑料	12.0	☐

图 3-85 “吊顶 2”结构层设置

在【属性】面板中调整限定条件，将“标高”设置为“1F”，“自标高的高度偏移”设置为“3300”，然后在【绘制】面板中单击【边界线】里面的工具在绘图区域绘制卫生间天花板的边界线，如图 3-86 所示。

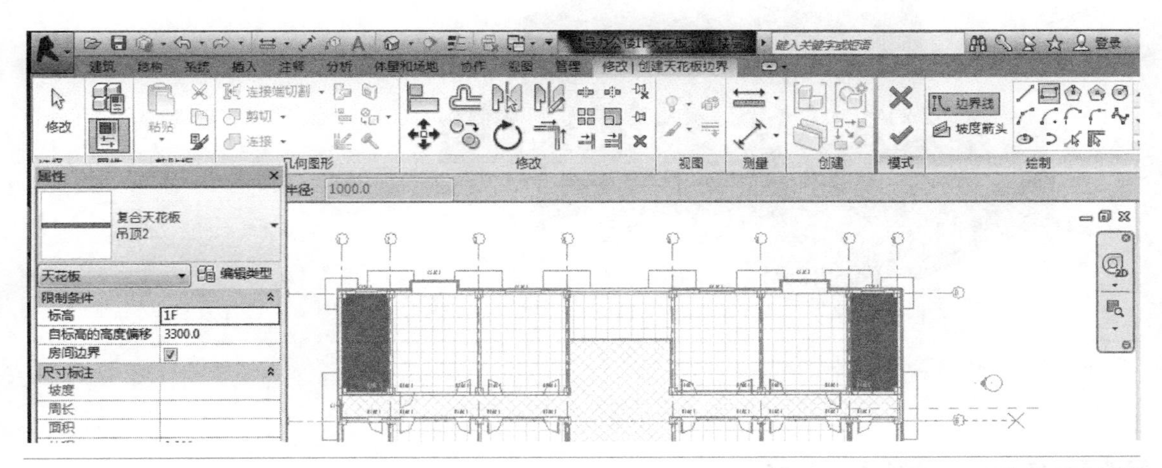

图 3-86 “吊顶 2”边界线

单击【模式】面板→【完成编辑模式】按钮，完成天花板的创建。打开“三维视图”查看三维效果，如图 3-87 所示，保存文件。

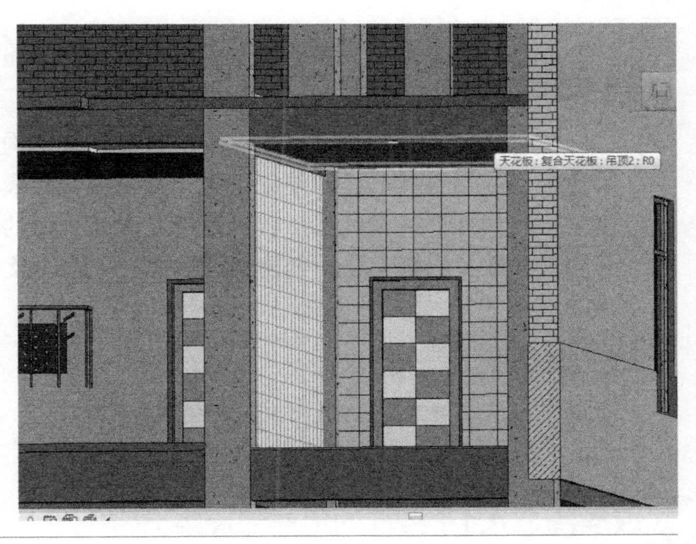

图 3-87 “吊顶 2”三维效果

其他天花板可以采取上述两种方法中的任意一种方法生成，并且可以复制到其他楼层，在此不再赘述。

过关练习 6 ——楼板

参照某小别墅的建筑施工图，完成案例模型中楼板的绘制，装饰装修效果可自定义，完成效果如图 3-88 所示。

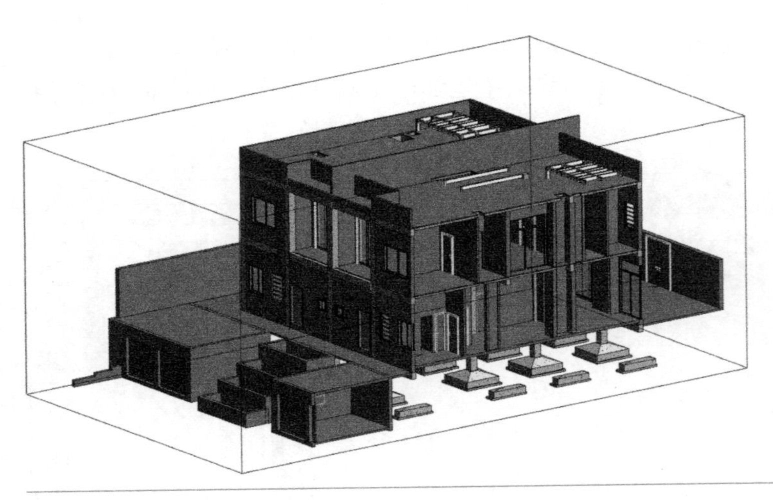

图 3-88　某小别墅楼板效果

任务 3.4　楼梯、坡道

任务发布

■ 任务描述：

楼梯是让人顺利上下两个空间的通道，其结构必须合理。设计师要对楼梯尺寸了解透彻，使得设计的楼梯便于行走，且所占空间最小。此外，从建筑艺术和美学的角度来说，楼梯是视觉的焦点，也是彰显主人个性的一大亮点。本任务主要讲述楼梯构建相关参数及设置方法，创建楼梯的两种方法以及坡道的创建方法。

■ 任务目标：

完成 1 号办公楼楼梯与坡道的绘制与编辑。

知识准备 3.4.1　楼梯的组成和尺度

1. 楼梯的组成

楼梯一般由梯段、平台、栏杆扶手三部分组成，如图 3-89 所示。

2. 楼梯的尺度

楼梯的尺度包括踏步尺度、梯段尺度、平台宽度、梯井宽度、楼梯净空高度和栏杆扶手尺度。

楼梯的坡度在实际应用中均由踏步高宽比确定。踏步的高宽比需要根据人流行走的舒适度、安全性，楼梯间的尺度、面积等因素进行综合权衡。常用的楼梯坡度为 1 : 2 左右。当人流量大时，安全要求高的楼梯坡度应该平缓一些，反之则可陡一些，以减小楼梯水平投影面积。楼梯踏步的高度和宽度尺寸一般根据经验数据确定，具体见表 3-1。

表 3-1 踏步常用高宽尺寸

建筑类型	住宅楼	学校、办公楼	幼儿园	医院	剧院、会堂
踏步高度 /mm	150~175	140~160	120~150	120~150	120~150
踏步宽度 /mm	260~300	280~340	260~280	300~350	300~350

梯段尺度分为梯段宽度和梯段长度。其中，梯段宽度应根据紧急疏散时要求通过的人流股数确定，且每股人流按 550~600mm 宽度考虑，双人通行时梯段宽度一般设为 1100~1200mm，依次类推。此外，还需要满足各类建筑设计规范对梯段宽度的最低限度要求。

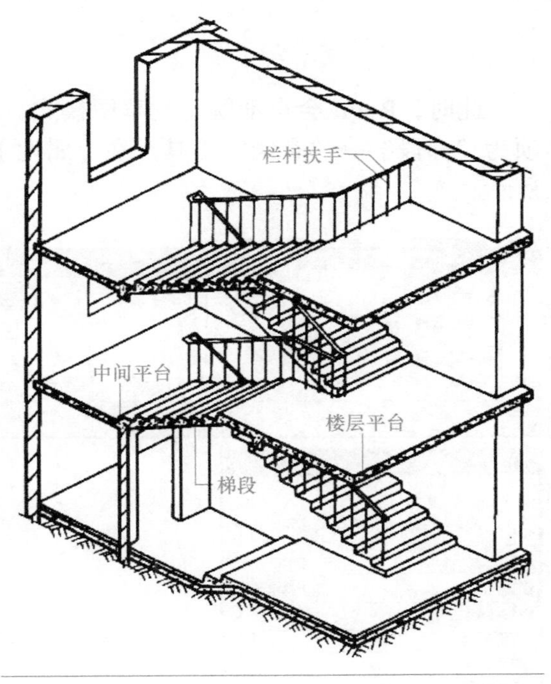

图 3-89 楼梯组成

平台宽度分为中间平台宽度和楼层平台宽度。对于平行和折行多跑等类型的楼梯，其中间平台宽度应不小于梯段宽度，且不得小于 1200mm，以保证通行和梯段同股数的人流，同时应便于家具搬运；医院建筑还应保担架在平台处能转向通行，且其中间平台宽度应不小于 1800mm。对于直行多跑楼梯，其中间平台宽度不宜小于 1200mm，而楼层平台宽度应比中间平台更大一些，以利于人流分配和停留。

所谓梯井，是指梯段之间形成的空当，且该空当从顶层到底层贯通。梯井宽度应较小，以 60~200mm 为宜。

楼梯各部位的净空高度应保证人流通行和家具搬运的便利，一般要求不小于 2000mm，梯段范围内的净空高度应大于 2200mm。

梯段栏杆扶手高度是指踏步前缘线至扶手顶面的垂直距离。其高度根据人体重心高度、楼梯坡度等因素确定。一般不应低于 900mm。供儿童使用的楼梯应在 500~600mm 高度增设扶手。

任务实施 3.4.2 创建楼梯

在 Revit 中，创建楼梯有两种方式，即“按构件”和“按草图”。“按构件”方式是通过编辑“梯段”“平台”和“支座”(梯边梁或斜梁) 来创建楼梯；而“按草图”方式是通过编辑“梯段”“边界”和“踢面”的线条来创建楼梯。在编辑状态下，可以通过修改绿色边界线和黑色梯面线来编辑楼梯样式，形式比较灵活，可以创建很多形状各异的楼梯。

1. “草图”方式创建楼梯

按草图创建楼梯

打开上步操作保存的“1 号办公楼”项目文件，通过项目浏览器中打开 F1 楼层平面视图，开始绘制 1 号办公楼的室内楼梯，单击【建筑】选项卡→【楼梯坡道】面板→【楼梯】→【楼梯（按草图）】命令，如图 3-90 所示。

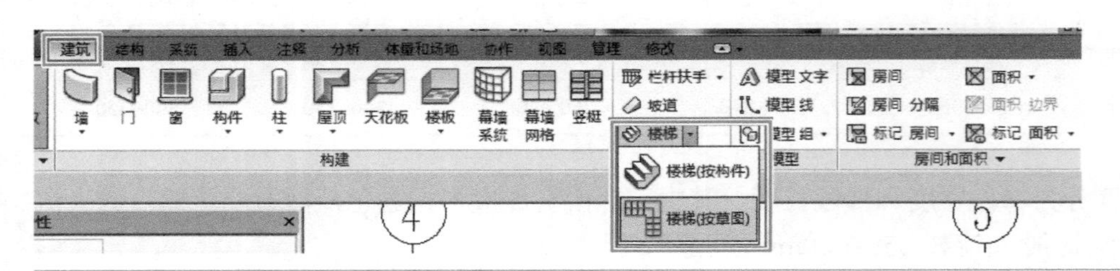

图 3-90　楼梯（按草图）命令

此时，Revit 会自动跳转到草图模式，出现【修改 | 创建楼梯草图】选项卡，默认选项为“梯段”→“直线”工具，在【属性】面板中，单击【编辑类型】按钮，如图 3-91 所示。

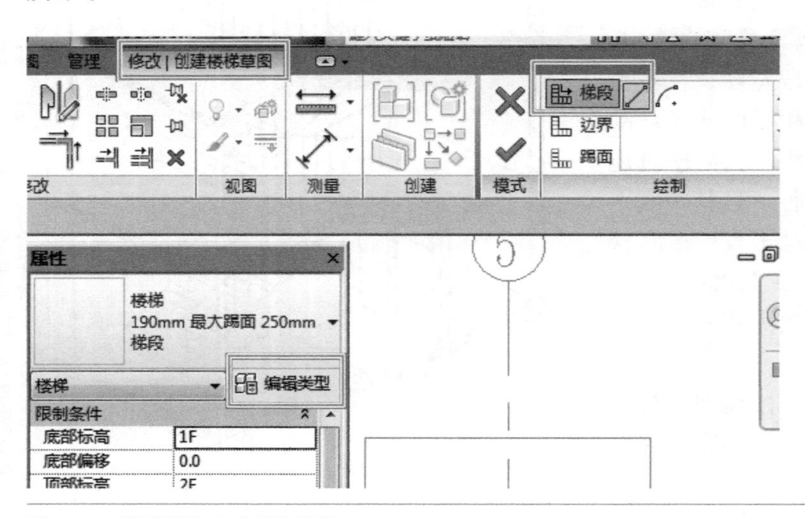

图 3-91　“按草图”方式创建楼梯

在打开的【类型属性】对话框中，单击【复制】按钮，新建名为“1-2F 楼梯”的楼梯类型，如图 3-92 所示，设置好相应的类型属性。

图 3-92 中，“最小踏板深度”和“最大踢面高度”这两个参数是 Revit 用来自动计算踏面个数的。当对楼梯的整体高度修改时，踏面个数也会随之更新。当然，也可以通过直接修改踏面个数来修改楼梯的整体高度，但如果踏面个数太少，则会导致系统报错。

设置好类型参数后单击确定直至关闭【类型属性】对话框，在【属性】面板中，将“底部标高”和“顶部标高”分别设置为“1F”和“2F”，“底部偏移”和“顶部偏移”均设为“0”；将【尺寸标注】选项中的“宽度”设为“1450”，“所需踢面数”设为“26”，“实际踏板深度”设为“300”，此时，其他选项的值均是通过“限制条件”选项组中的选项值自动算出来的，通常情况下不需要改动，如图 3-93 所示。

图 3-92 “按草图”创建楼梯的类型属性设置

图 3-93 “按草图”创建楼梯的属性设置

设置好属性参数后，在轴线④与轴线⑤之间绘制如下草图：绘制参照点位于楼梯梯段中心点，在楼梯起点位置第一次单击鼠标左键，沿着楼梯方向移动光标至中间休息平台第二次单击鼠标左键，在第二跑楼梯起点位置第三次单击鼠标左键，沿着楼梯方向移动光标直至终点，如图 3-94 所示。

楼梯的草图由绿色的边界线、黑色的梯面线和蓝色的梯段线组成，边界线与梯面线可以是直线也可以是弧线，但要保证内、外两条边界线分别连续，且首尾与梯面线闭合。创建平台时，要注意把边界线在梯段与平台相交处打断。在草图方式中边界线不能重合，所以要创建有重叠的多跑楼梯只能采用“按构件”方式。

绘制完成后，单击【模式】面板的【完成编辑模式】按钮，完成楼梯的创建，如图 3-95 所示，系统会默认放置栏杆扶手，可以根据需要自行删除或者更换类型。

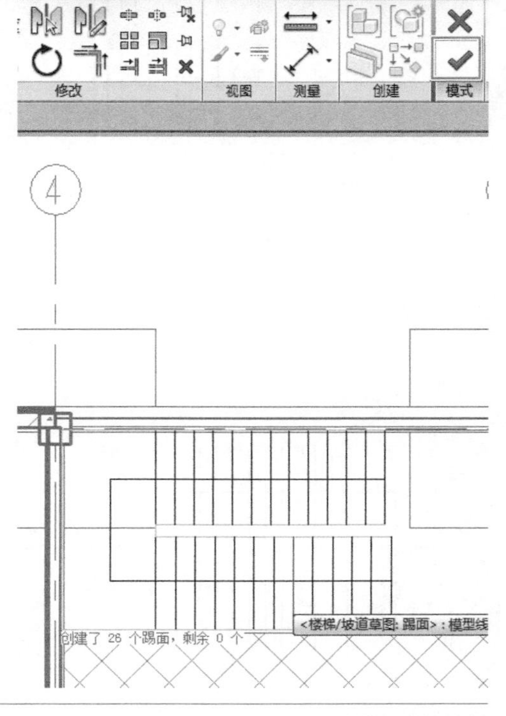

图 3-94 楼梯的草图绘制

2.“草图”方式设计楼梯

若要创建其他形式的楼梯，如休息平台是

弧形的，可以先绘制常规矩形楼梯，然后在草图模式下，删除原来的直线边界，再用【边界】命令中的“起点 - 终点 - 半径弧”工具绘制新的弧形线即可，如图 3-96、图 3-97 所示。

图 3-95 “按草图”方式绘制的楼梯

绘制完成后，单击【模式】面板的【完成编辑模式】按钮，完成弧形休息平台楼梯的创建，切换到三维效果如图 3-98 所示。

如创建弧形踏步的楼梯，也是先绘制常规矩形楼梯，然后在草图模式下，删除原来的直线梯面线，再用【梯面】命令中的“起点 - 终点 - 半径弧”工具绘制新的弧形线即可，如图 3-99、图 3-100 所示。

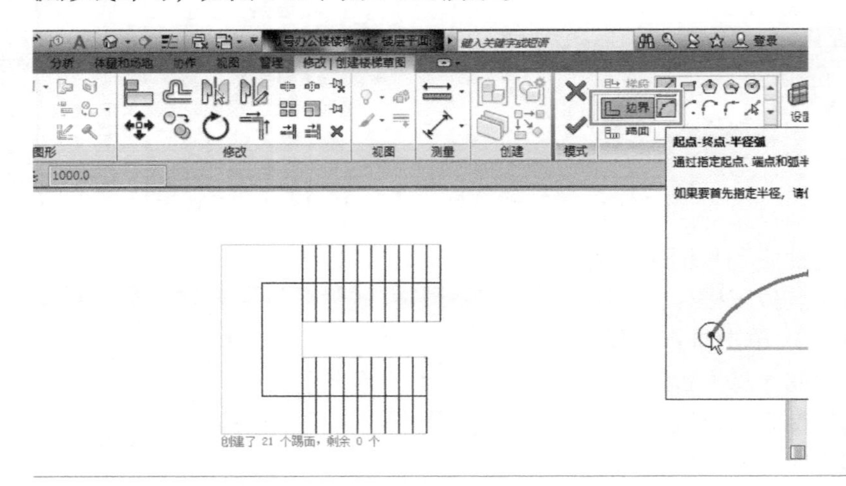

图 3-96 “边界”编辑楼梯边界

按草图设计楼梯

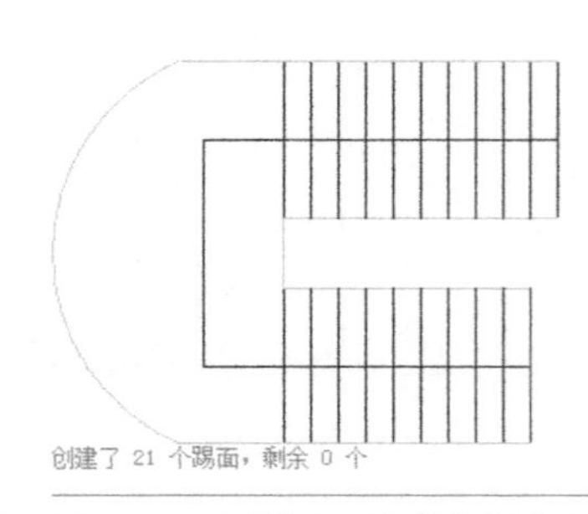

图 3-97 弧形休息平台楼梯创建草图

图 3-98 弧形休息平台楼梯三维效果

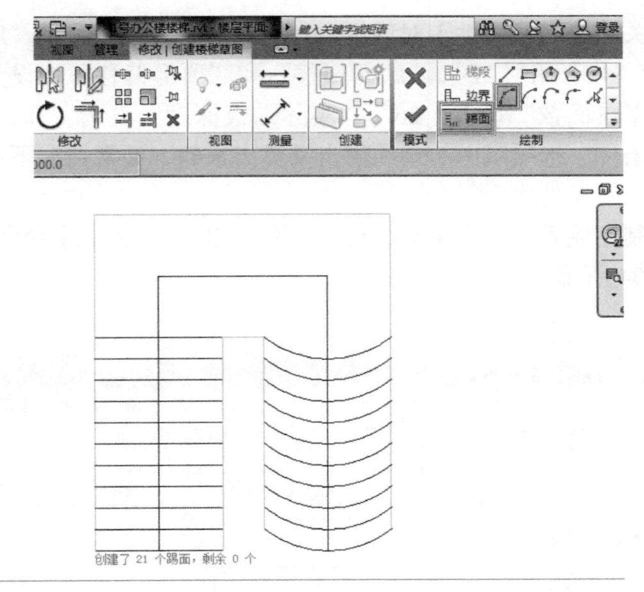

图 3-99　弧形踏步楼梯创建草图

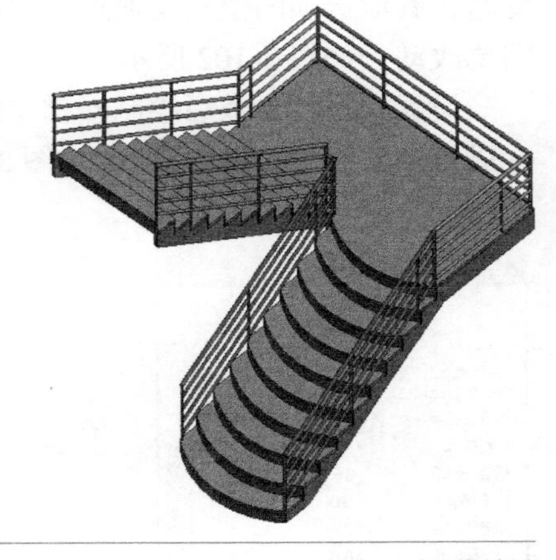

图 3-100　弧形踏步楼梯三维效果

3.“构件”方式创建楼梯

按构件绘制楼梯

单击【建筑】选项卡→【楼梯坡道】面板→【楼梯】→【楼梯（按构件）】命令，Revit 会自动跳转到【修改 | 创建楼梯】选项卡，默认选项为“梯段”→“直梯”工具，在【属性】面板中，将【类型选择器】选择“整体浇筑楼梯”类型，再单击【编辑类型】按钮，如图 3-101 所示。

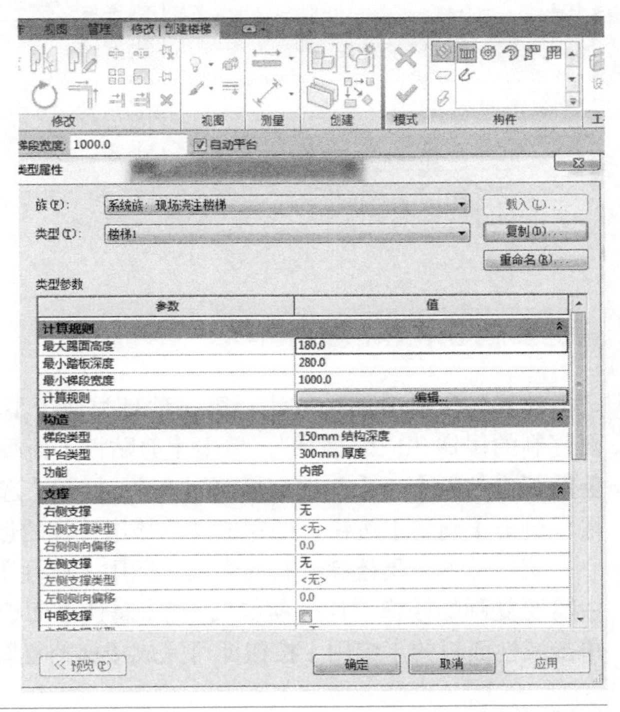

图 3-101　“按构件”创建楼梯的类型属性设置

设置好类型参数后单击确定直至关闭【类型属性】对话框，在【属性】面板中，将“底部标高”和“顶部标高”分别设置为“1F”和“2F”，“底部偏移”和“顶部偏移”均设为“0”，将【尺寸标注】选项中的“所需踢面数”设为“26”，“实际踏板深度”设为“300”，此时，其他选项的值均是通过“限制条件”选项组中的选项值自动算出来的，通常情况下不需要改动，如图 3-102 所示。

设置好属性参数后绘制楼梯，绘制完成后，单击【模式】面板的【完成编辑模式】命令，完成楼梯的创建，如图 3-103、图 3-104 所示。

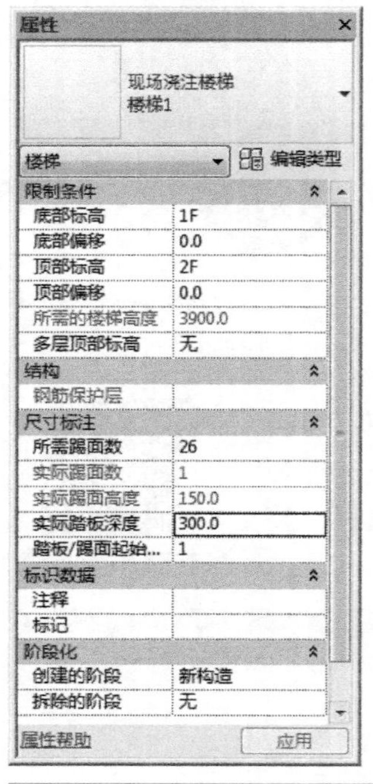

图 3-102 “按构件”创建楼梯的属性设置

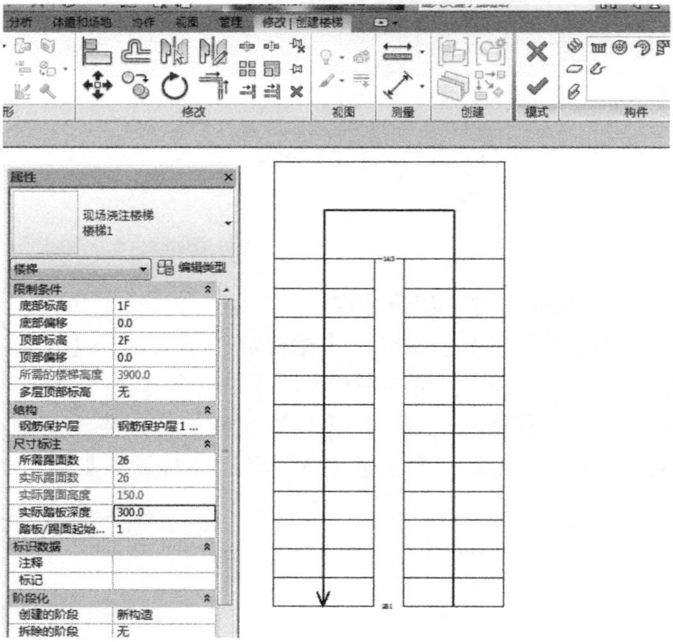

图 3-103 “按构件”绘制楼梯

任务实施 3.4.3 复制楼梯

复制楼梯

楼梯的复制有两种方法。第一种是类似于不同楼层门窗的复制，选中需要复制的楼梯“1-2F 楼梯”，单击【剪贴板】面板→【复制到剪贴板】→【从剪贴板中粘贴】→【与选定标高对齐】，打开【选定标高】对话框，选中需要复制楼梯的楼层，单击【确定】按钮，即完成其他楼层楼梯的创建，如图 3-105、图 3-106 所示。

第二种方法是楼梯特有的方式，运用【属性】面板中的【多层顶部标高】参数实现。选中需要复制的楼梯“1-2F 楼梯”，在【属性】面板中，将“多层顶部标高”设置为“屋面”，单击属性面板的【应用】按钮即可完成楼梯的复制，如图 3-107 所示。

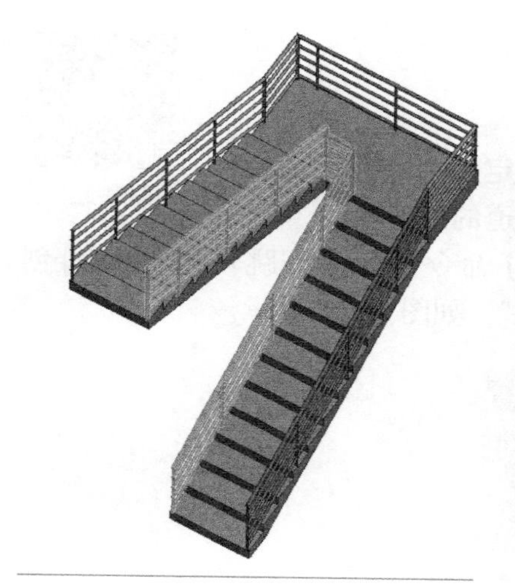
图 3-104　“按构件”创建的楼梯三维效果

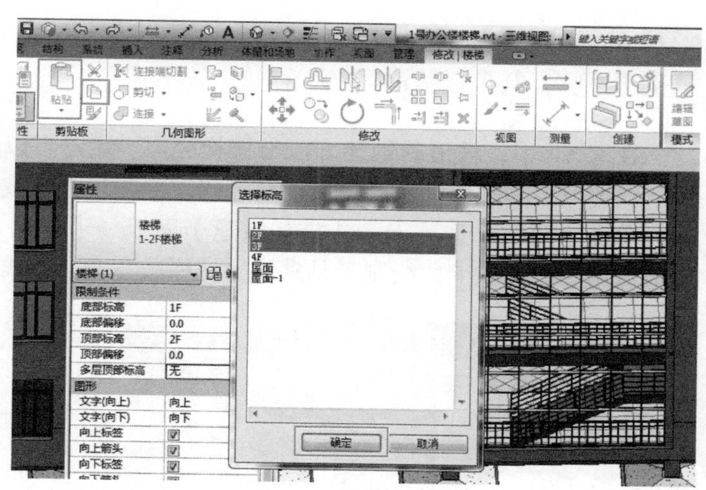

图 3-105 【剪贴板】复制楼梯

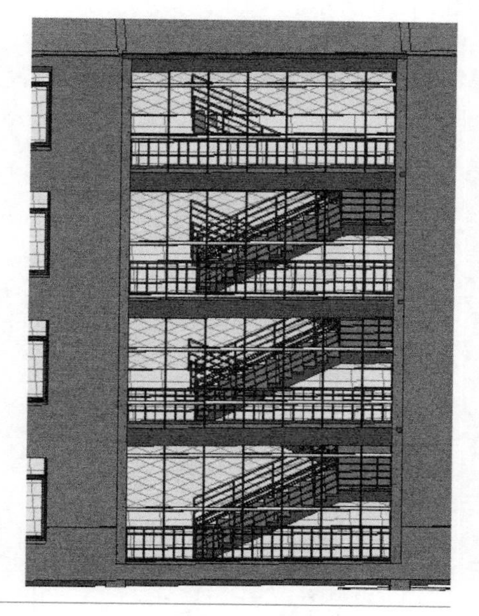
图 3-106 【剪贴板】复制楼梯的三维效果

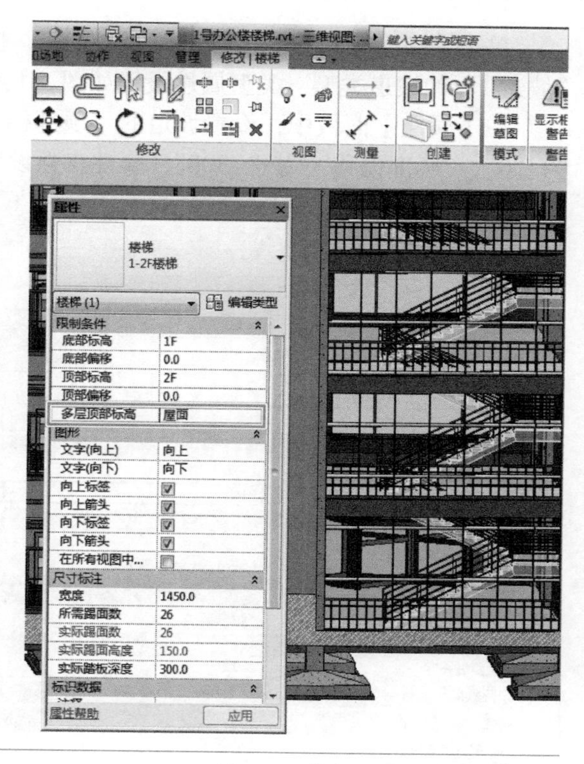

图 3-107 【多层顶部标高】复制楼梯

■ 小提示

“多层顶部标高”方法仅适用于楼层层高一样的楼梯的复制，楼层层高不一致时，楼梯参数设置会不同，无法使用复制完成。本项目“1 号办公楼”由于 1F 与 2F 和 3F 的层高不同，故无法用此方法复制。

任务实施 3.4.4 创建坡道

在 Revit 中，坡道的创建方法与楼梯相似。用户可以定义直梯段、L 形梯段、U 形坡道和螺旋坡道，还可以通过修改草图来更改坡道的外边界。

单击【建筑】选项卡→【楼梯坡道】面板→【坡道】命令，Revit 即跳转到【修改 | 创建坡道草图】选项卡，绘制工具默认为“梯段”→“直线”，如图 3-108 所示。

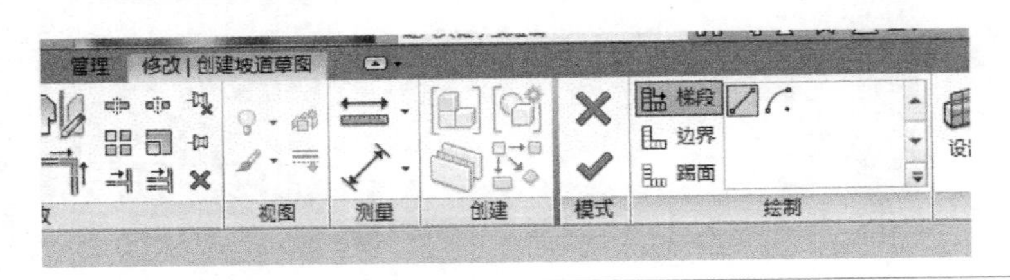

图 3-108 【修改 | 创建坡道草图】选项卡

单击【属性】面板的【编辑类型】按钮，打开【类型属性】对话框，单击复制新建名为“坡道 1”的坡道类型，类型属性设置如图 3-109 所示。

在【属性】面板中，设置坡道的“顶部标高”和“底部标高”均为“1F”，“顶部偏移”为“0”，“底部偏移”为“-300”，属性参数设置如图 3-110 所示。

类型属性

族(F)：系统族：坡道　载入(L)...
类型(T)：坡道 1　复制(D)...
重命名(R)...

类型参数

参数	值
构造	
厚度	150.0
功能	内部
图形	
文字大小	2.5000 mm
文字字体	Microsoft Sans Serif
材质和装饰	
坡道材质	<按类别>
尺寸标注	
最大斜坡长度	12000.0
标识数据	
其他	
坡道最大坡度(1/x)	8.000000
造型	实体

<< 预览(P)　确定　取消　应用

图 3-109 坡道的类型属性设置

属性

坡道
坡道 1

坡道　编辑类型

参数	值
限制条件	
底部标高	1F
底部偏移	-300.0
顶部标高	1F
顶部偏移	0.0
多层顶部标高	无
图形	
文字(向上)	向上
文字(向下)	向下
向上标签	☑
向下标签	☑
在所有视图中显...	☐
尺寸标注	
宽度	1000.0
标识数据	
注释	
标记	
阶段化	
创建的阶段	新构造
拆除的阶段	无

属性帮助　应用

图 3-110 坡道的属性设置

在平面视图中分别单击放置坡道的起点和终点。系统会根据之前设置的最大坡度和坡道

的高度差自动计算斜坡的长度。绘制无误后，单击【修改 | 创建坡道草图】选项卡中的【完成编辑模式】按钮，即完成坡道的创建，如图 3-111、图 3-112 所示。同楼梯一样，系统会默认放置栏杆扶手，设计者可以根据需要自行删除，保存文件。

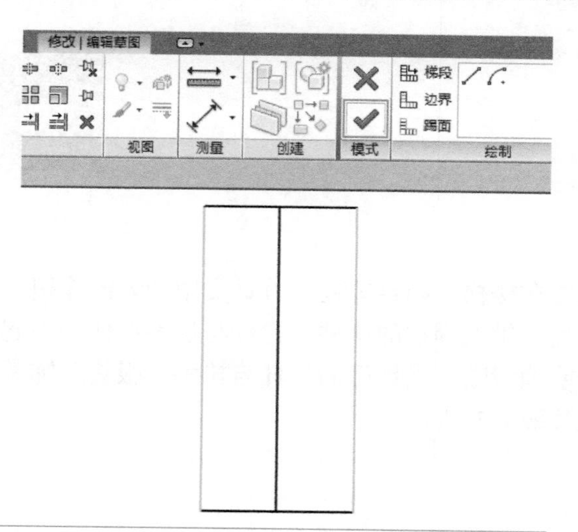

图 3-111　坡道的草图绘制

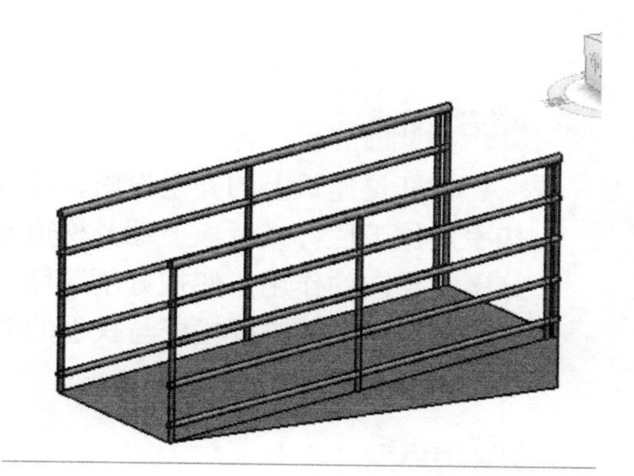

图 3-112　坡道的三维效果

过关练习 7 ——楼梯、坡道

参照某小别墅的建筑施工图，完成案例模型中楼梯及坡道的绘制，完成效果如图 3-113 所示。

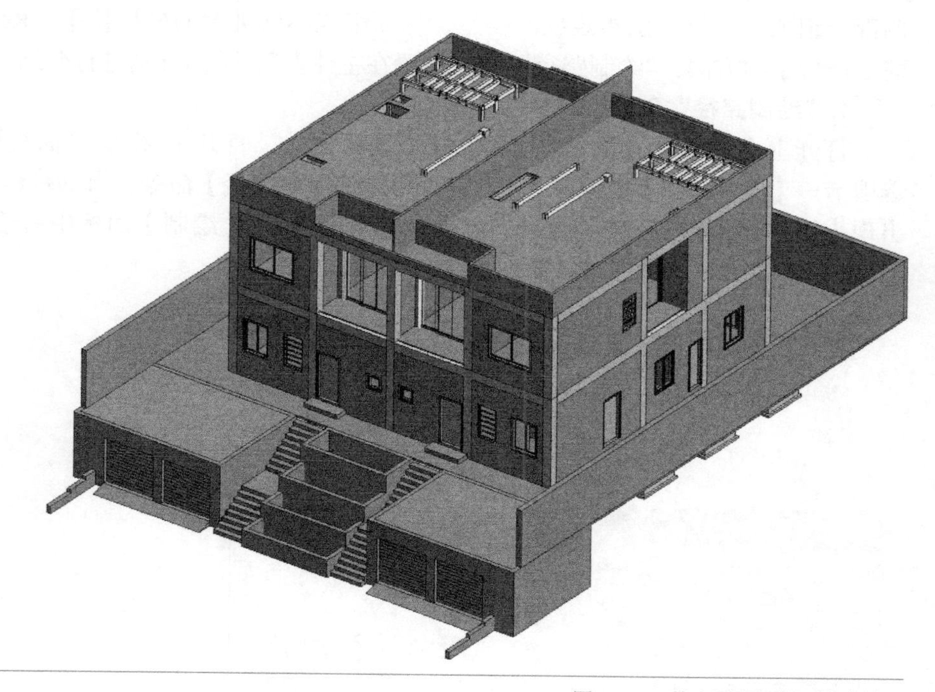

图 3-113　某小别墅楼梯、坡道效果

任务 3.5　栏杆与扶手

任务发布

栏杆与扶手

■ 任务描述：

栏杆是建筑上的安全设施，通常设置在楼梯、阳台等处，兼具实用和装饰作用。扶手是位于栏杆或栏板上端及梯道侧壁处，供人攀扶的构件。栏杆与扶手在使用中起分隔、导向的作用，使被分割区域边界明确清晰，设计好的栏杆与扶手，很具装饰意义。本任务主要讲授栏杆与扶手的创建及编辑方法。

■ 任务目标：

完成 1 号办公楼栏杆与扶手的绘制与编辑。

任务实施 3.5.1　创建栏杆扶手

Revit 提供了专门的栏杆扶手命令，用于绘制栏杆扶手。栏杆扶手由“栏杆”和“扶手”两部分组成，可以分别指定族的类型，从而组成不同类型的栏杆扶手。Revit 提供了两种创建栏杆扶手的方法：“绘制路径”和“放置在主体上”，下面分别进行介绍。

1.“绘制路径”创建栏杆扶手

打开上个任务保存的“1 号办公楼”项目文件，打开 1F 楼层平面视图。单击【建筑】选项卡→【楼梯坡道】面板→【栏杆扶手】→【绘制路径】命令，自动跳转到路径绘制模式，出现【修改 | 创建栏杆扶手路径】上下文关联选项卡，【绘制】面板中有绘制栏杆扶手路径的多种绘制方法，如图 3-114 所示。

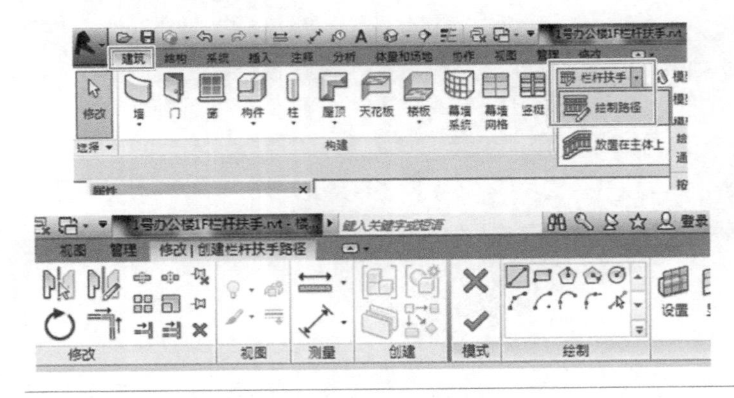

图 3-114 【绘制路径】命令及【修改 | 创建栏杆扶手路径】选项卡

在【属性】面板【类型选择器】中选择“900mm 圆管”类型，单击【编辑类型】按钮，打开【类型属性】对话框，单击【复制】按钮生成“阳台栏杆 -900”的新的栏杆扶手类型，类型属性设置如图 3-115 所示。

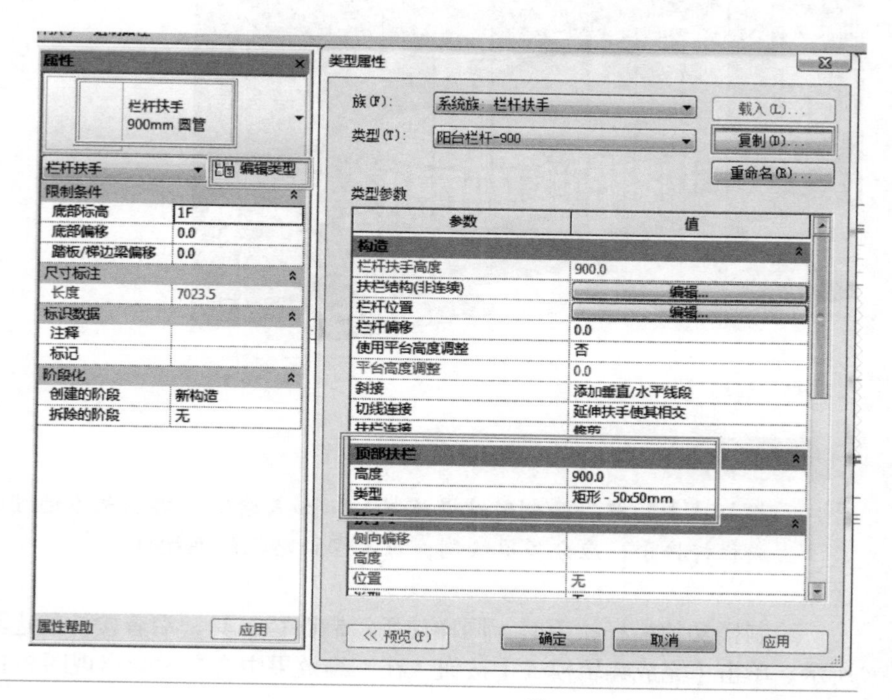

图 3-115　栏杆扶手的类型属性设置

单击【确定】按钮关闭对话框，在Ⓐ轴线上③轴线与④轴线之间绘制如图 3-116 所示的路径，完成后单击【模式】面板的【完成编辑模式】按钮，创建完成栏杆扶手，三维效果如图 3-117 所示。

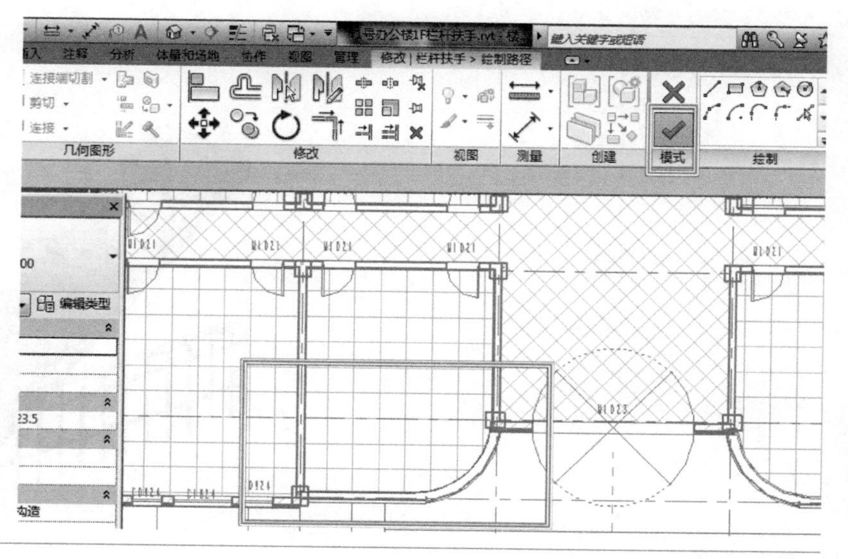

图 3-116　栏杆扶手路径绘制

图 3-117　栏杆扶手三维效果

■ 小提示

栏杆扶手的路径绘制时应是连续的，如果绘制的路径是不连续的线段，Revit 将无法生成栏杆扶手，应分多次绘制，每次保证路径的连续性。

绘制楼梯的栏杆扶手时，同样使用绘制路径工具，沿着楼梯的边界线绘制，如图 3-118 所示。单击【完成编辑模式】按钮，在三维效果中查看时会出现图 3-119 所示的扶手没有落在楼梯上的情况。

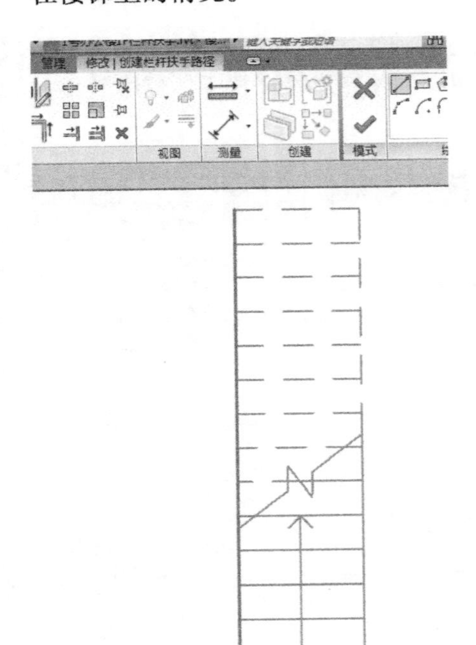

图 3-118　楼梯栏杆扶手路径绘制

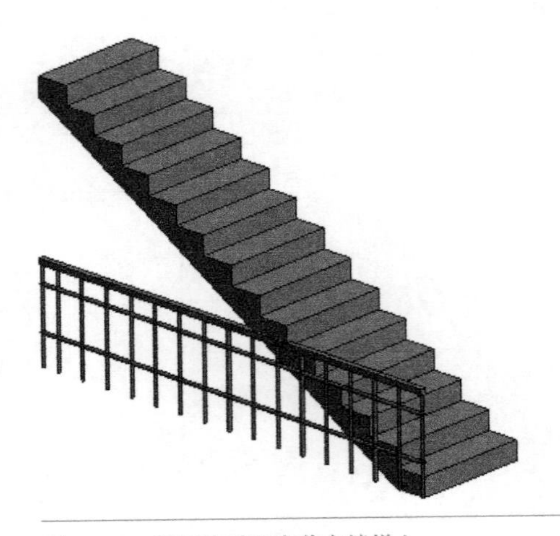

图 3-119　栏杆扶手没有落在楼梯上

这时需要对栏杆扶手做进一步处理。首先选中该栏杆扶手，然后单击【修改 | 栏杆扶手】→【拾取新主体】命令，如图 3-120 所示，再将鼠标光标移动到对应楼梯上，当楼梯高亮显示时单击楼梯，此时发现栏杆扶手已经落在了楼梯上了，如图 3-121 所示。楼道和坡道均可采用该方法。

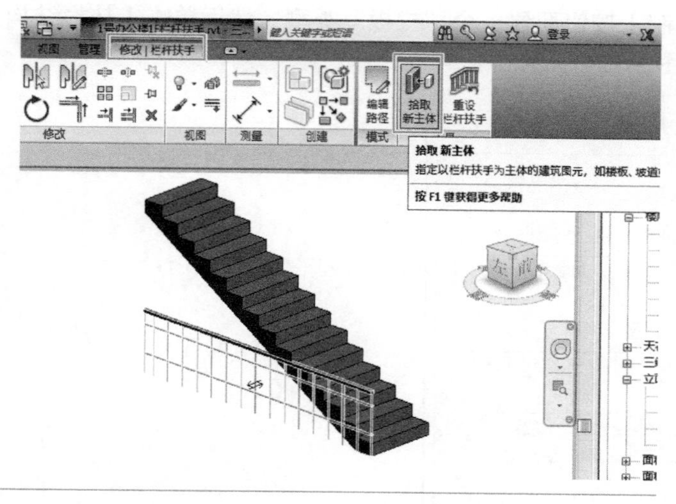

图 3-120 【拾取新主体】命令

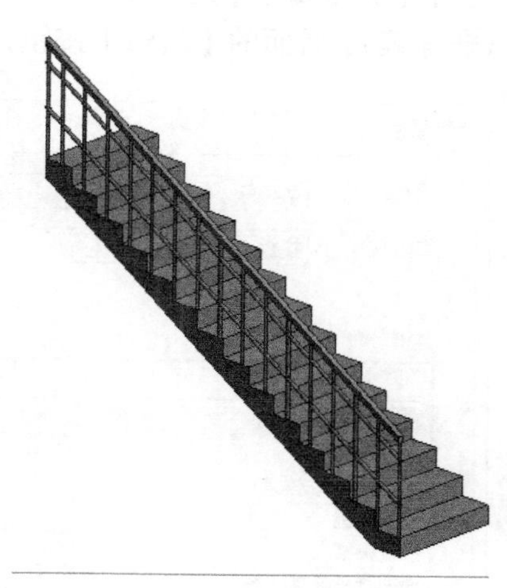

图 3-121 修改后的楼梯栏杆扶手

2.“放置在主体上”创建栏杆扶手

单击【建筑】选项卡→【楼梯坡道】面板→【栏杆扶手】→【放置在主体上】命令，自动跳转到【修改 | 创建主体上的栏杆扶手位置】选项卡，并在【位置】面板中选择【踏板】命令，如图 3-122 所示。将鼠标光标移动到需要放置栏杆扶手的楼梯主体上，待主体高亮显示时单击主体，则主体两边的栏杆扶手就创建成功了，如图 3-123 所示。

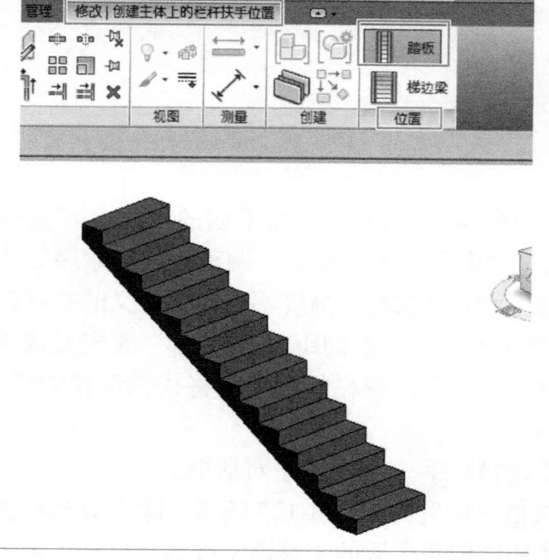

图 3-122 【踏板】命令

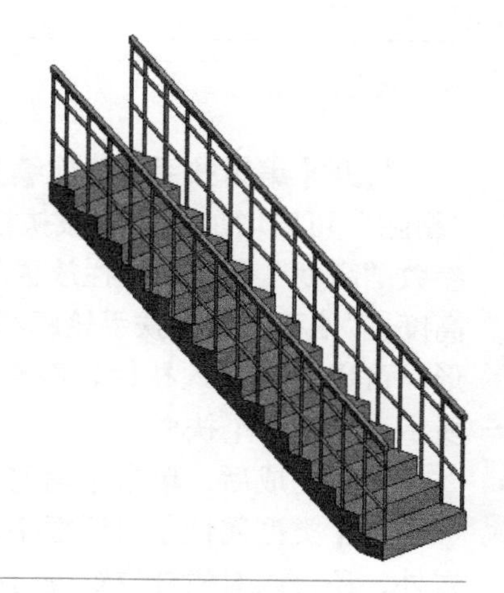

图 3-123 “放置在主体上”创建的楼梯栏杆扶手

任务实施 3.5.2 设计栏杆与扶手

除了可采用系统里的栏杆扶手类型，用户还可以根据需要自定义一个栏杆扶手。在【属性】面板【类型选择器】中选择“900mm 圆管”类型的栏杆扶手，单击【编辑类型】按钮打开【类型属性】对话框，单击【复制】按钮新建一个“栏板”类型，然后单击【扶栏结构(非连续)】后面的【编辑】按钮，如图 3-124 所示。

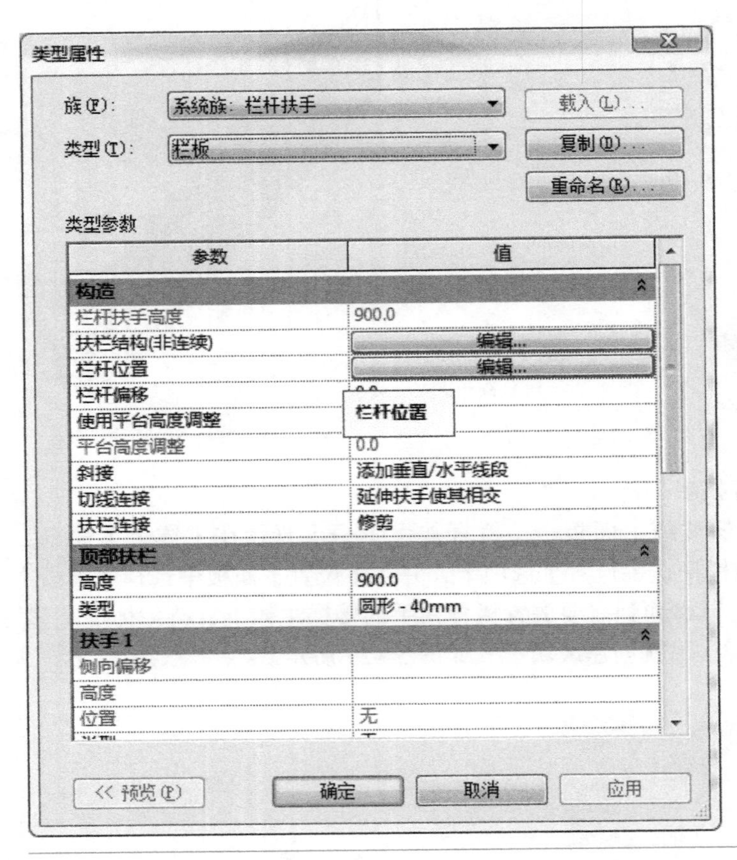

图 3-124 自定义栏杆扶手

打开【编辑扶手（非连续）】对话框，如图 3-125 所示。通过下面的“插入”“复制”和“删除”可以增加或者删减扶栏的数量，通过“向上”或“向下”调整扶栏的顺序。扶栏的参数“高度”是定义扶栏放置的位置，需要注意的是扶栏的高度不能超过定义的栏杆扶手的高度。“偏移”是指扶手轮廓相对于基点偏移中心线左、右的距离，“轮廓”是定义扶栏的外形，可以直接载入扶栏轮廓族来添加。“材质”是定义扶栏的材质。将扶栏设置为图 3-126 所示，只有一个扶栏。

设置完成后，单击【确定】按钮退出【编辑扶手（非连续）】对话框。

在【类型属性】对话框中，将“顶部扶栏”设置为如图 3-127 所示。除了对扶栏进行设置外，还可以对栏杆位置进行编辑，单击【栏杆位置】后的【编辑】按钮，打开【编辑栏杆位置】对话框，如图 3-128 所示。

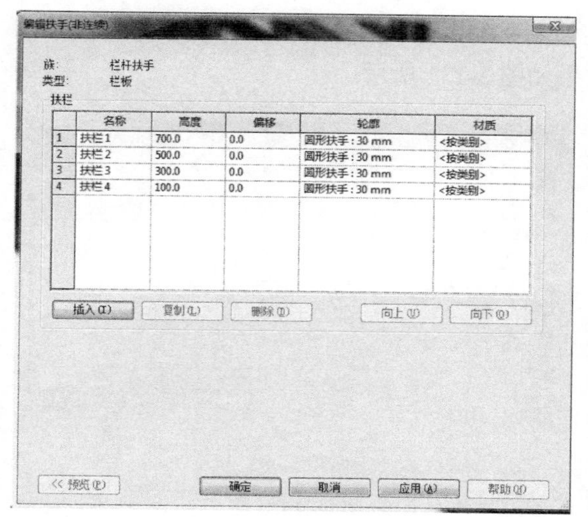

图 3-125 【编辑扶手（非连续）】对话框

图 3-126　扶栏设置

图 3-127　设置栏杆位置

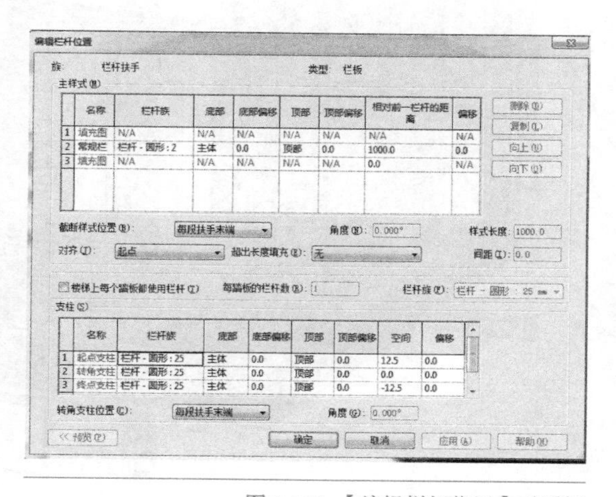

图 3-128 【编辑栏杆位置】对话框

可以通过对话框右侧的“删除”或“复制”来减少或增加栏杆的数量，通过“向上”或“向下”来调整栏杆的顺序。“主样式”的“栏杆族”是定义栏杆的外形，可以直接载入栏杆轮廓族来添加。“底部”和“底部偏移”用来定义栏杆底部所在的位置。“顶部”和“顶部偏移”用来定义栏杆顶部所在的位置。“相对前一栏杆的距离”是定义本栏杆与前一栏杆的距离。“偏移”是指栏杆轮廓相对于基点偏移中心线左、右的距离。“支柱”是定义起点栏杆、终点栏杆和转角栏杆的样式。设置好所需的栏杆参数如图 3-129 所示，所有参数设置好后单击【确定】按钮，完成栏杆扶手类型定义，在如图 3-130 所示位置绘制栏杆扶手的路径，单击【完成编辑模式】完成栏杆扶手的创建，效果如图 3-131 所示。

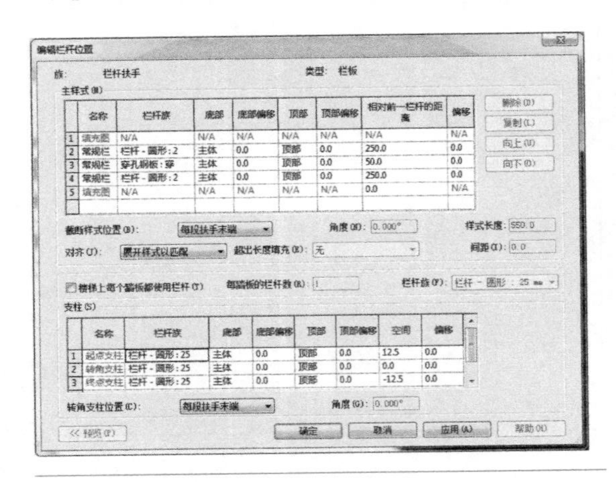

图 3-129 【编辑栏杆位置】参数设置

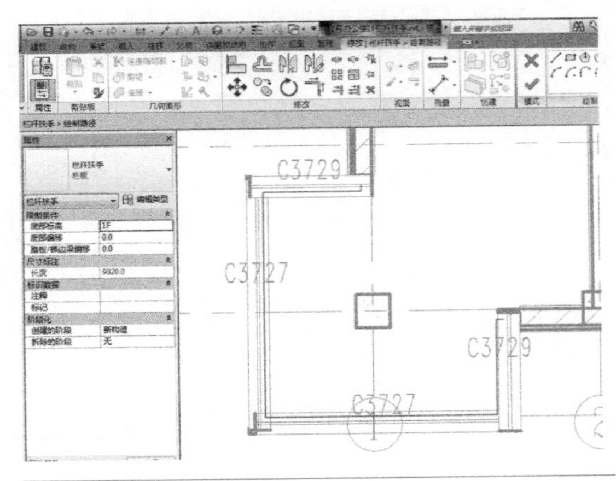

图 3-130 自定义栏杆扶手路径绘制

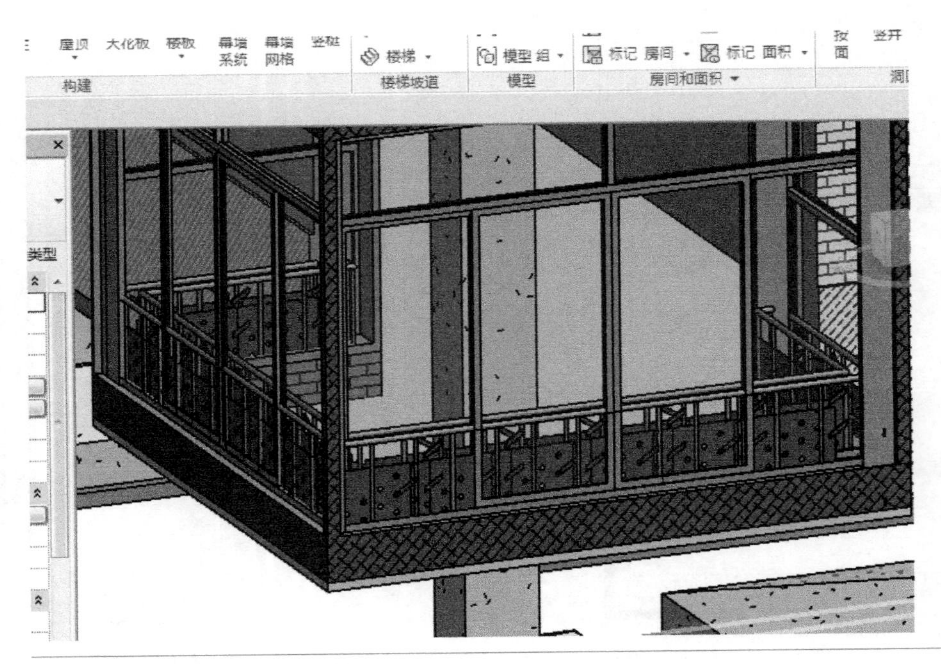

图 3-131 自定义栏杆扶手三维效果

按照同样的方法把“1 号办公楼”其他栏杆扶手绘制完成即可，保存文件。

过关练习 8 ——栏杆与扶手

参照某小别墅的建筑施工图，完成案例模型中栏杆扶手的设计及绘制，完成效果如图 3-132 所示。

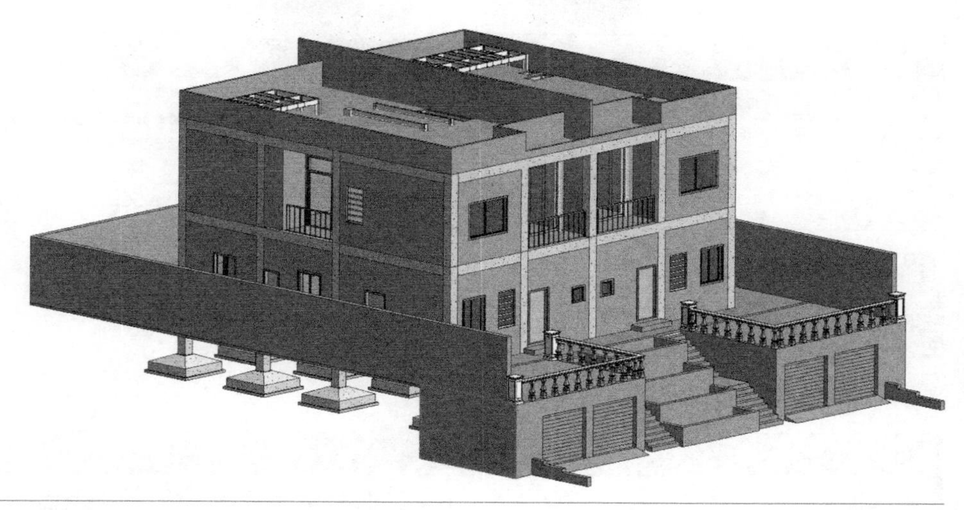

图 3-132　某小别墅栏杆扶手效果

任务 3.6　屋顶

任务发布

■ 任务描述：

屋顶是建筑的重要组成部分。在 Revi 中有 3 种方法创建屋顶：迹线屋顶、拉伸屋顶和面屋顶。本任务主要讲述迹线屋顶与拉伸屋顶的创建方法，面屋顶将在模块五中体量任务中介绍。

■ 任务目标：

完成 1 号办公楼屋顶的绘制与编辑。

任务实施 3.6.1　创建迹线屋顶

创建迹线屋顶

Revit 中迹线屋顶可以生成平屋顶与坡屋顶。下面分别介绍两种屋顶生成的方式。

1. 创建平屋顶

“1 号办公楼”项目的屋顶为平屋顶，可用迹线屋顶生成。打开保存的“1 号办公楼”项目文件，在“项目浏览器”中打开平面视图“屋面”，单击【建筑】选项卡→【屋顶】→【迹线屋顶】命令，Revit 会自动跳转到【修改 | 创建屋顶迹线】选项卡，在【绘制】面板中有各种绘制方式，如直线、矩形、内接多边形、圆弧形等，如图 3-133、图 3-134 所示。

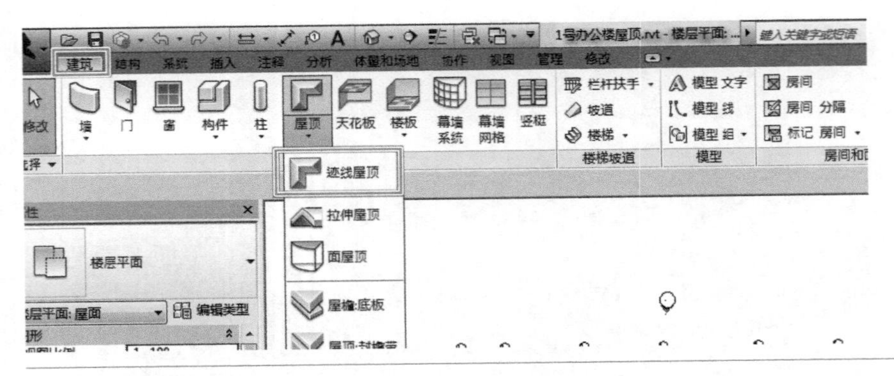

图 3-133 “迹线屋顶”工具

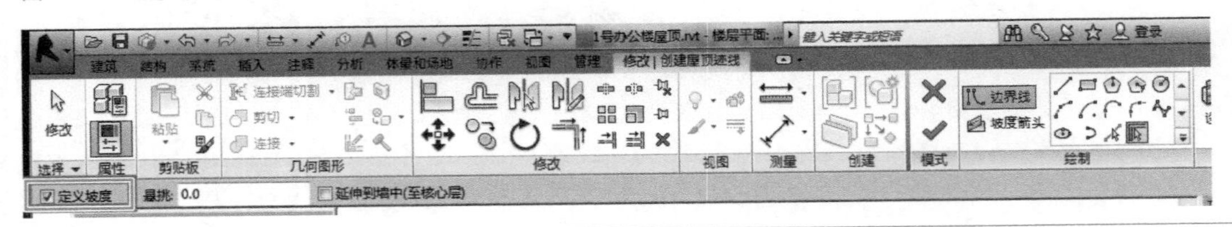

图 3-134 【修改 | 创建屋顶迹线】选项卡

迹线屋顶的创建方式和楼板类似，进入绘制模式后，首先将选项栏的【定义坡度】前面的“√”去掉，然后在【属性】面板中将“底部标高”设置为“屋面”，单击【编辑类型】定义屋顶的类型，如图 3-135 所示，在打开的【类型属性】对话框中单击【复制】按钮新建名为“屋顶-200”的屋顶类型，单击【结构】后面的【编辑】按钮，如图 3-136 所示，在打开的【编辑部件】对话框中可对屋顶的结构层进行设计，与楼板的设计完全相同，在此不再赘述，设置好的屋顶结构如图 3-137 所示。

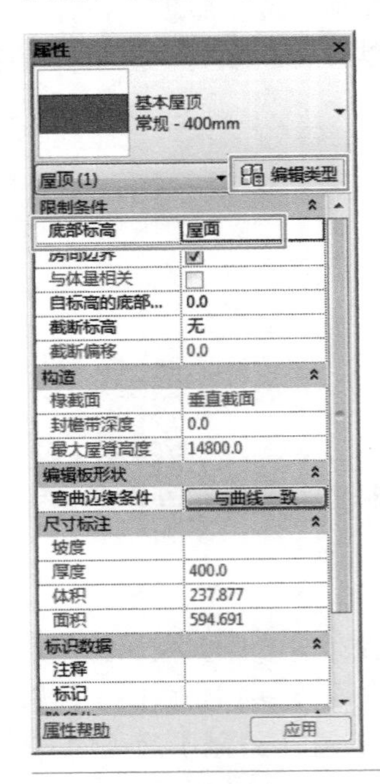

图 3-135 屋顶高度设置

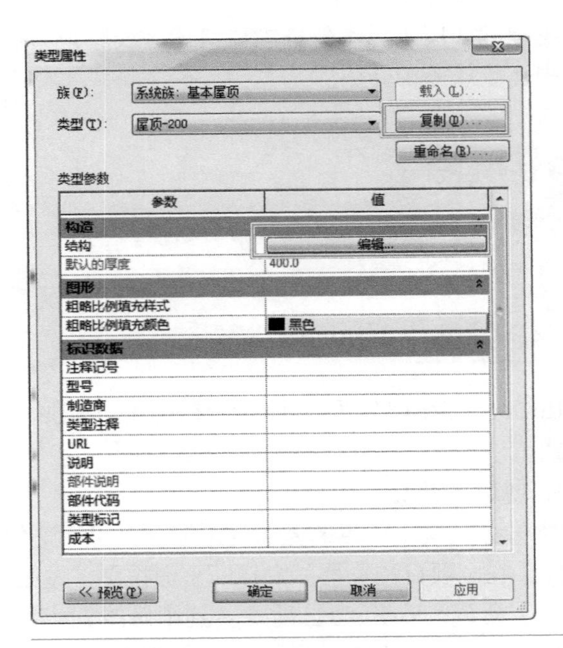

图 3-136 【类型属性】对话框

单击【确定】按钮直至关闭所有对话框，在绘图区域绘制如图 3-138 所示的屋顶边界轮廓，轮廓绘制完成以后，单击【完成编辑模式】按钮，即创建完成了一个平屋顶，如图 3-139 所示，保存文件。

■ 小提示

绘制的迹线屋顶边界线必须是封闭的图形，否则无法创建屋顶。

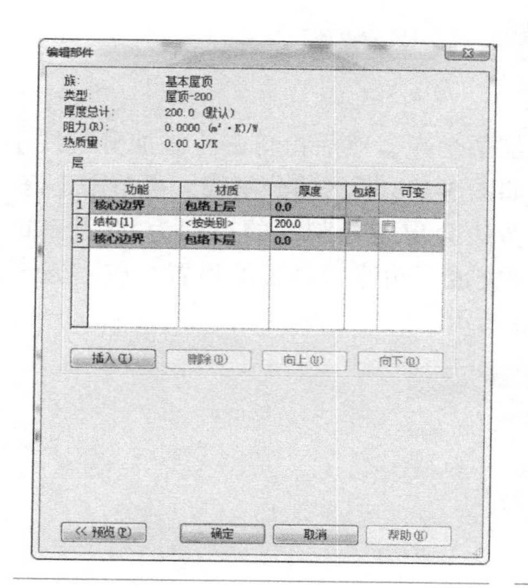

图 3-137 “屋顶 -200”的结构设置

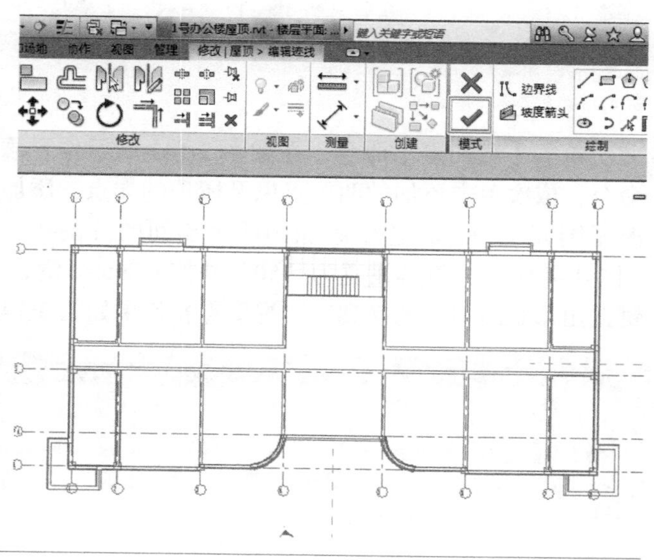

图 3-138 “迹线屋顶”轮廓绘制

如果需要修改屋顶边界线，则要回到平面视图，选中屋项，再单击【编辑迹线】按钮即可修改屋顶边界线，如图 3-140 所示。

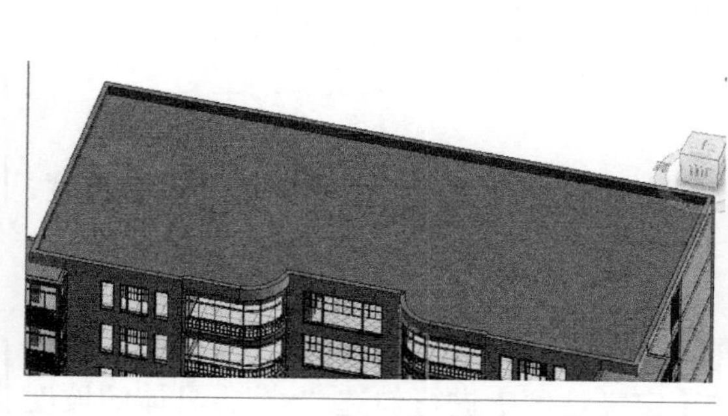

图 3-139 平屋顶三维效果

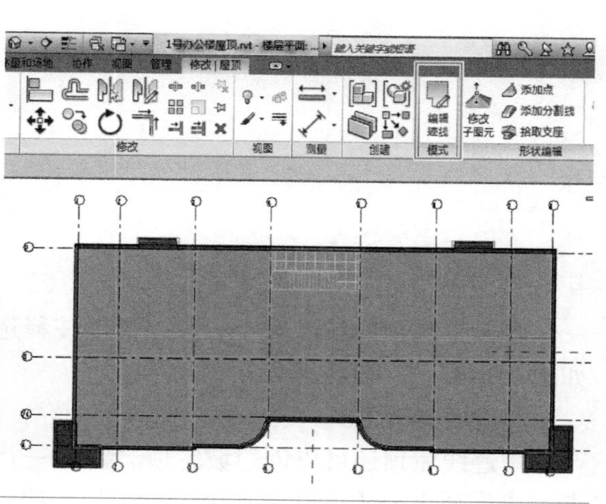

图 3-140 【编辑迹线】命令

平屋顶容易积水，造成漏水。所以通常会对平屋顶进行找坡，Revit 可以对平屋顶进行形状编辑，从而达到找坡的效果。

选中需要找坡的屋顶，Revit 会跳转到【修改 | 屋顶】选项卡，在【形状编辑】面板中有“添加点”“添加分割线”“拾取支座”和“修改子图元”工具，如图 3-141 所示。

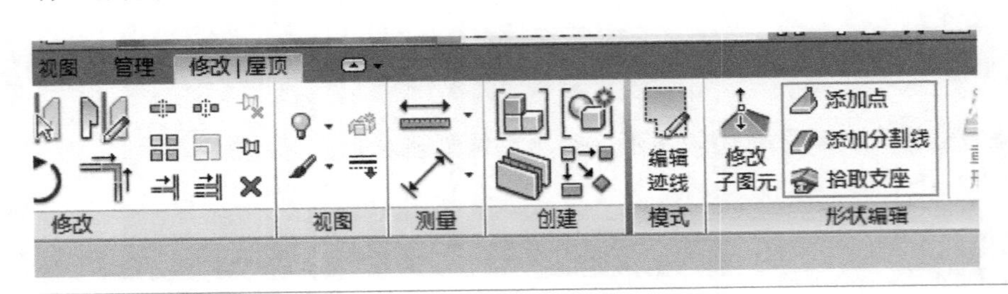

图 3-141 【形状编辑】面板

单击【添加点】命令，在如图 3-142 所示位置添加两个点，然后再单击【添加分割线】命令，依次单击添加的两个点以及屋顶的端点，添加如图 3-143 所示的分割线，再单击【修改子图元】命令，选中添加的两个点间的分割线，旁边会出现分割线的高程为“0”，如图 3-144 所示，将其设置为“50”并按 <Enter> 键，即完成了边缘线高程的设置，按 <Esc> 键退出形状编辑，切换到三维视图查看效果如图 3-145 所示。

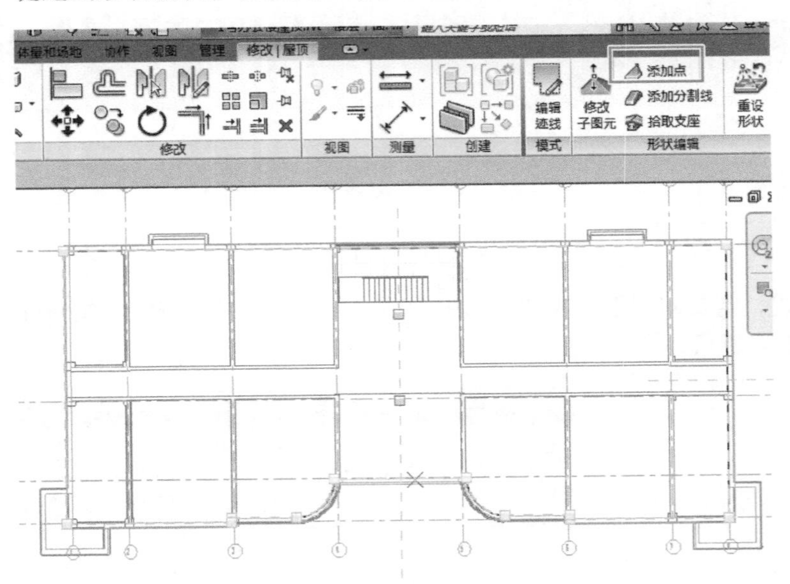

图 3-142 添加点

由于平屋顶的坡度较小，可以借助注释选项卡中“高程点坡度”来确认每个面的坡度，如图 3-146、图 3-147 所示。

2. 创建坡屋顶

用迹线屋顶还可以创建坡屋顶。新建一个项目文件练习创建坡屋顶。单击【建筑】选项卡→【屋顶】→【迹线屋顶】命令，将选项栏的【定义坡度】进行勾选“√”，具体的坡度在属性面板中可以修改，系统默认是“30°”。绘制屋顶的边界线轮廓，此时边界线旁边会有个三角形，表示这条边定义了坡度，如图 3-148 所示。如果某条边不需要坡度，选中该条边，将【定义坡度】的“√”去掉即可。

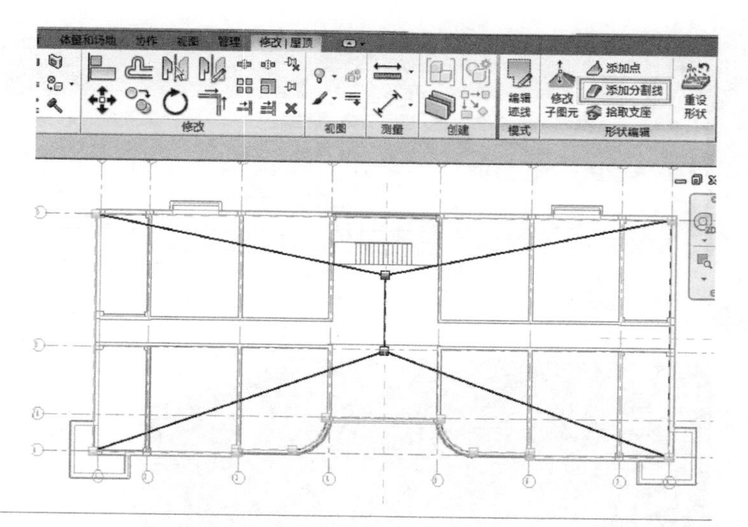

图 3-143　添加分割线

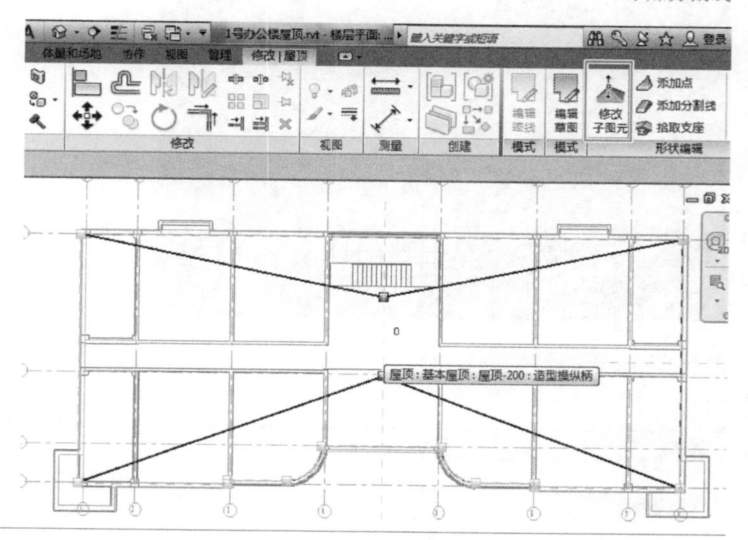

图 3-144　修改子图元

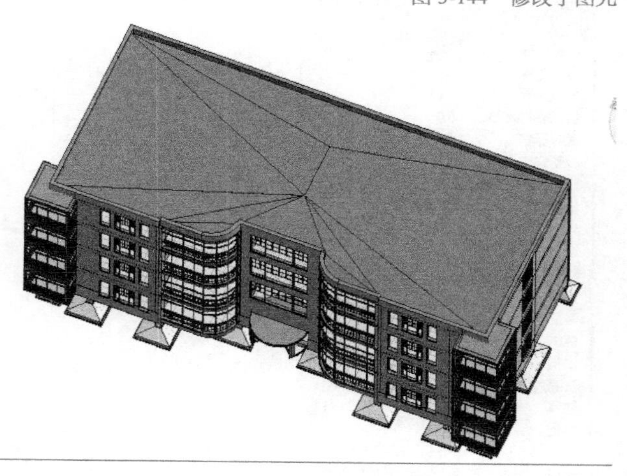

图 3-145　形状编辑后的平屋顶

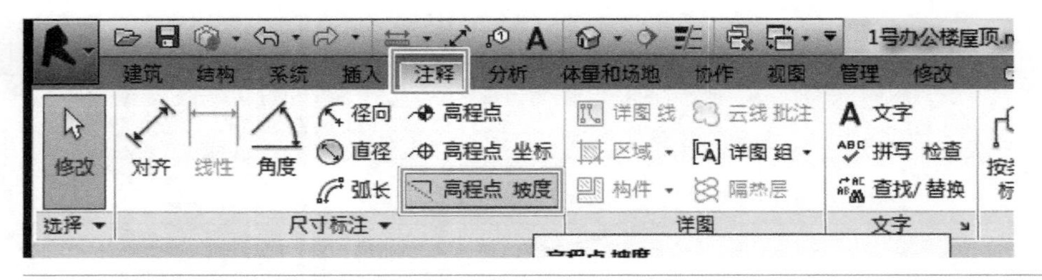

图 3-146 【高程点坡度】命令

图 3-147 平屋顶坡度

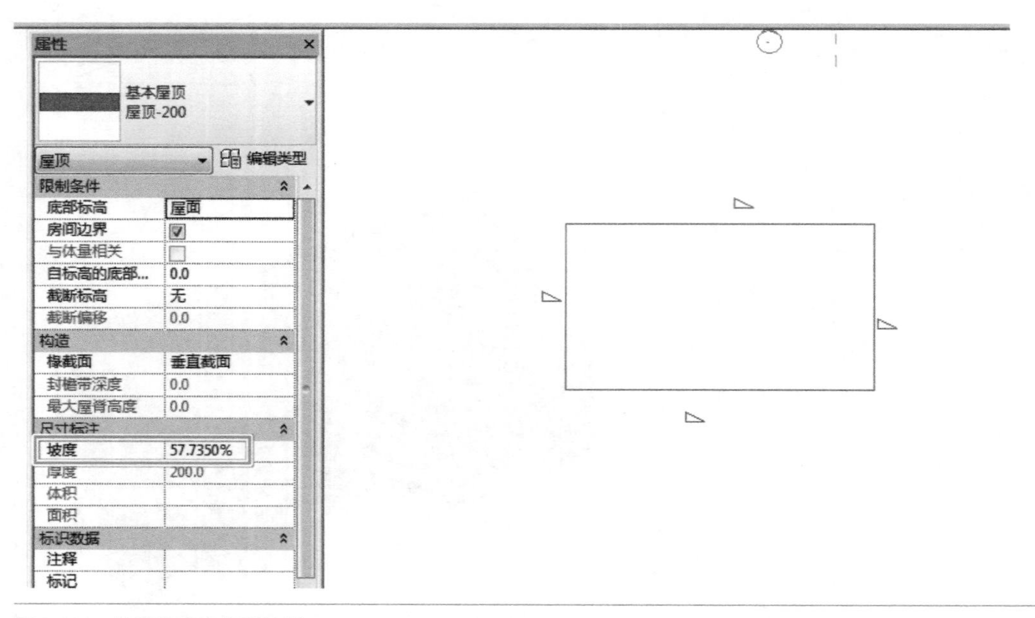

图 3-148 坡屋顶迹线轮廓绘制

单击【完成编辑模式】按钮，查看坡屋顶如图 3-149 所示。

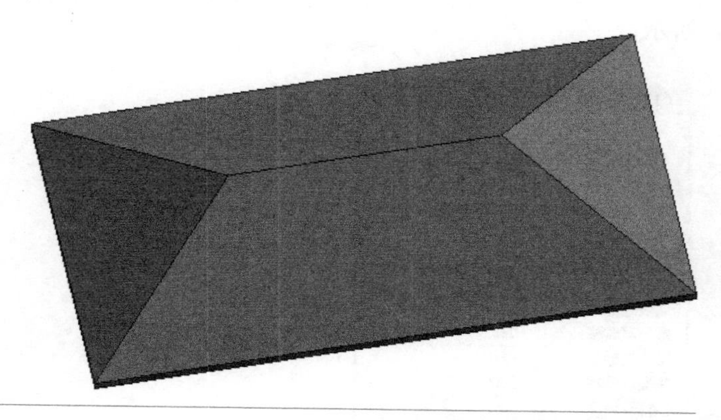

图 3-149 【定义坡度】创建的坡屋顶

创建坡屋顶的方式除了直接定义坡度外，还可以用坡度箭头命令来创建坡屋顶。同样单击【建筑】选项卡→【屋顶】→【迹线屋顶】命令，然后在选项栏中不勾选【定义坡度】选项，再运用绘制工具绘制屋顶轮廓，完成屋顶轮廓的绘制后，在【绘制】面板上单击【坡度箭头】按钮，如图 3-150 所示。

将鼠标移动至右边边界线的中点单击鼠标左键，紧接着单击左边边界线的中点，即放置了一个坡度箭头，如图 3-151 所示。

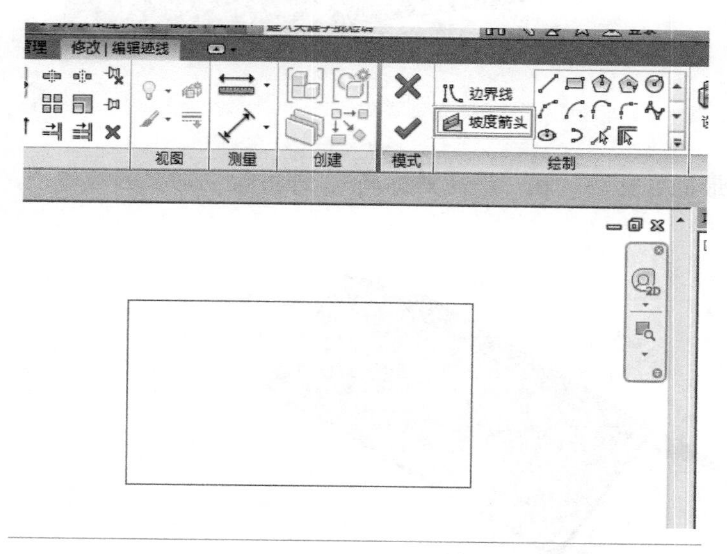

图 3-150 【坡度箭头】命令

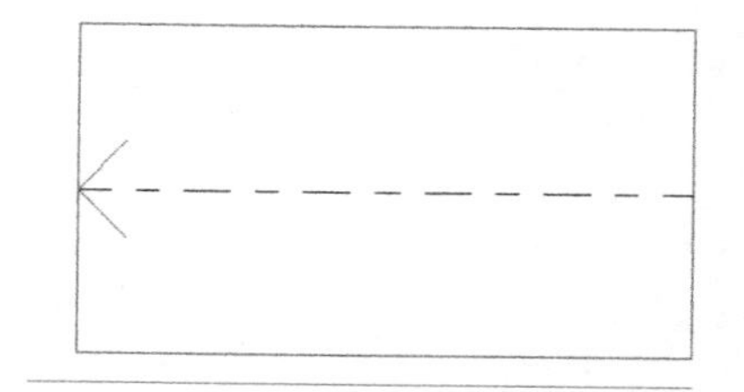

图 3-151 绘制坡度箭头

■ 小提示

坡度箭头所指的方向是由低处到高处，与传统所认为的坡度不太一样。

选中坡度剪头，在【属性】面板中可以通过【指定】设置坡度剪头的“尾高”或者

“坡度”，如图 3-152 所示。单击【完成编辑模式】按钮即可得到需要的坡屋顶，如图 3-153 所示。

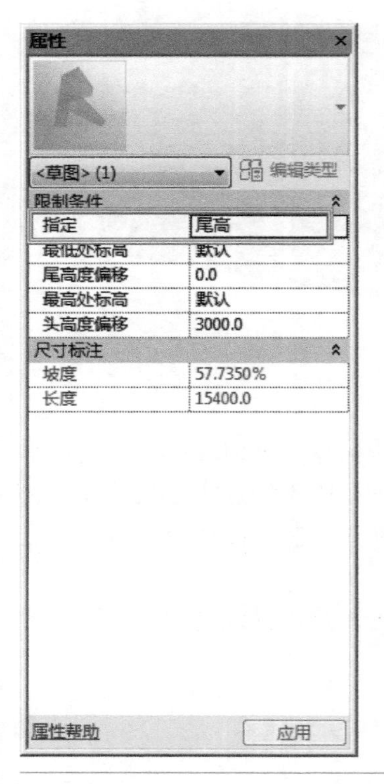

图 3-152 坡度箭头【属性】面板

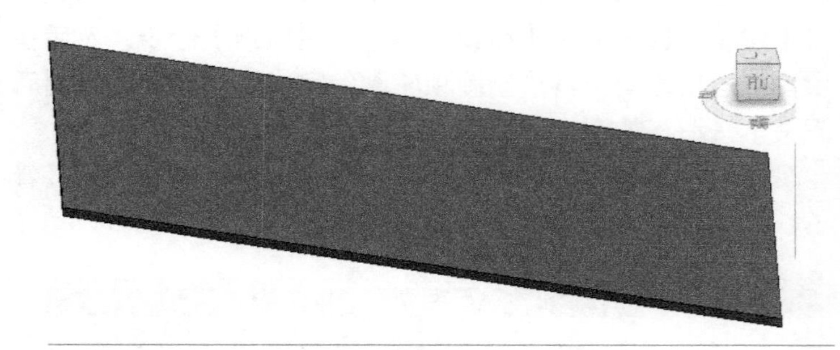

图 3-153 【坡度箭头】创建的坡屋顶

绘制的时候可以自己定义“最低处标高”和“最高处标高”，即可得到需要的坡屋顶，如图 3-154 所示。

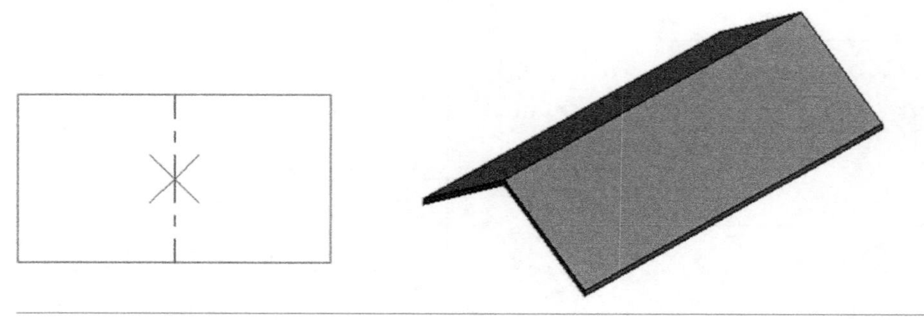

图 3-154 用坡度箭头命令绘制的坡屋顶

任务实施 3.6.2 创建拉伸屋顶

创建拉伸屋顶

Revit 中拉伸屋顶可以生成坡屋顶与曲面屋顶。

新建一个项目文件练习拉伸屋顶。在“项目浏览器”中打开平面视图“标高 2”，绘制如图 3-155 所示的简单的轴网。

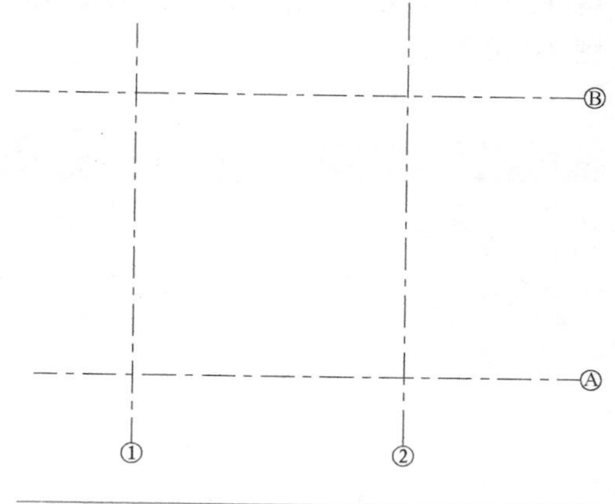

图 3-155 轴网绘制

然后单击【建筑】选项卡→【屋顶】→【拉伸屋顶】命令，Revit 会自动弹出【工作平面】对话框，选中“拾取一个平面（P)”，单击【确定】按钮。然后选择①轴线，弹出【转到视图】对话框，选择“立面：西”选项，再单击【打开视图】按钮，就自动跳转到西立面。又弹出【屋顶参照标高和偏移】对话框，设置屋顶的标高以及偏移量，完成后单击【确定】按钮，如图 3-156 所示。

系统出现绘制拉伸屋顶轮廓模式。单击【修改 | 创建拉伸屋顶轮廓】选项卡→【绘制】面板→【样条曲线】命令，如图 3-157 所示。在绘图区绘制如图 3-158 所示的轮廓，在【属性】面板中的【类型选择器】中选中“屋顶 –125”类型，然后单击【完成编辑模式】按钮，即完成曲面屋顶的绘制，转到三维视图查看效果，如图 3-159 所示。

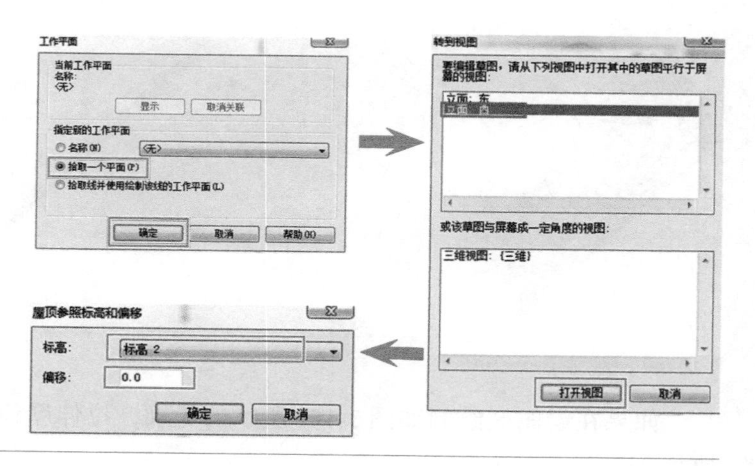

图 3-156 绘制拉伸屋顶过程

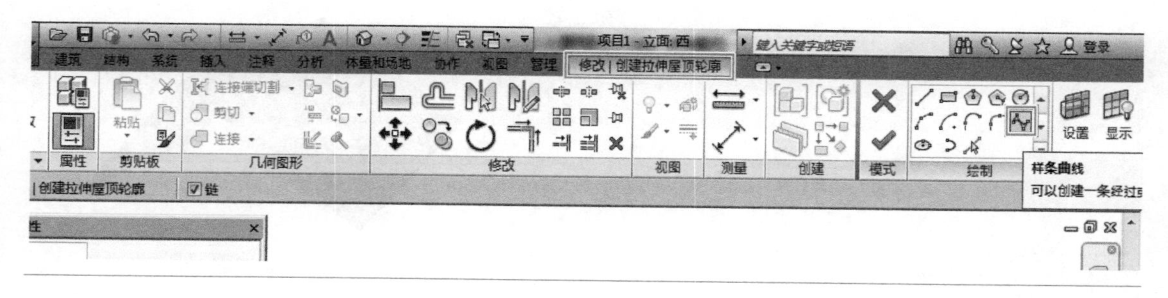

图 3-157 【样条曲线】命令

当然也可以根据需要直接在三维视图中调整拉伸屋顶的长度，方法是选中屋顶，Revit将在层顶上显示蓝色拖动三角图标，用户可以直接拖动该符号使屋顶达到理想的效果，如图 3-160 所示。

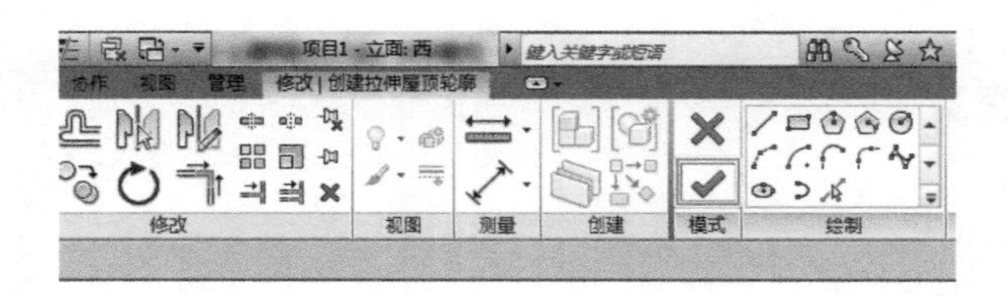

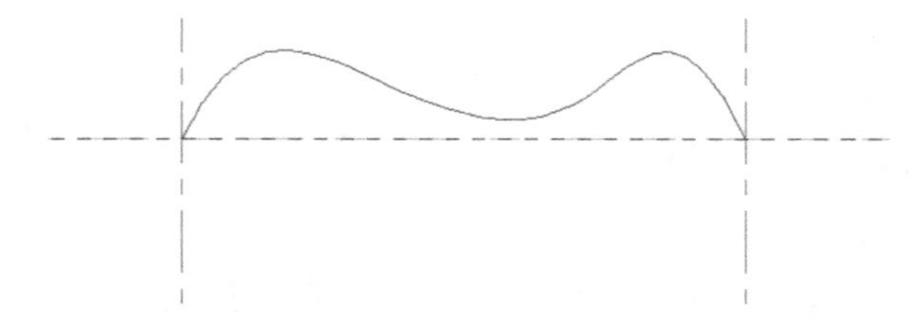

图 3-158　绘制屋顶拉伸曲线

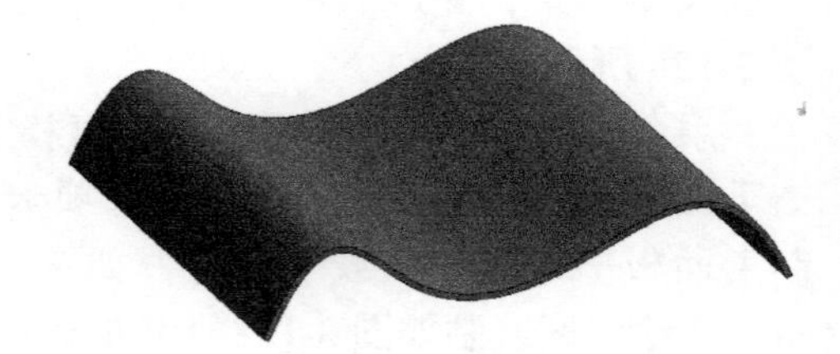

图 3-159　拉伸屋顶效果图

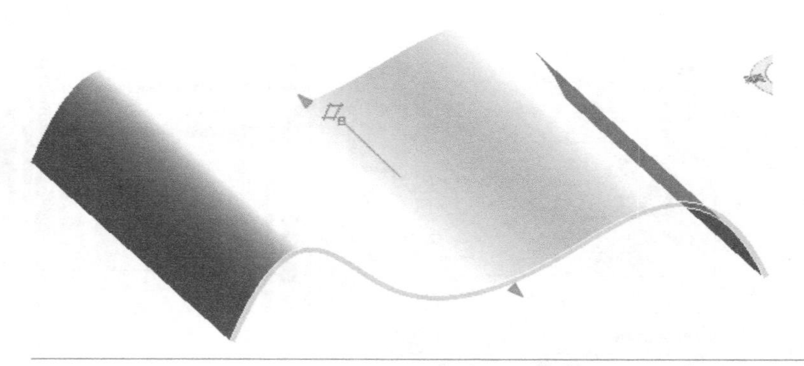

图 3-160　拉伸屋顶操纵柄

如果在绘图区绘制如图 3-161 所示的轮廓，拉伸屋顶将创建一个坡屋顶，如图 3-162 所示。

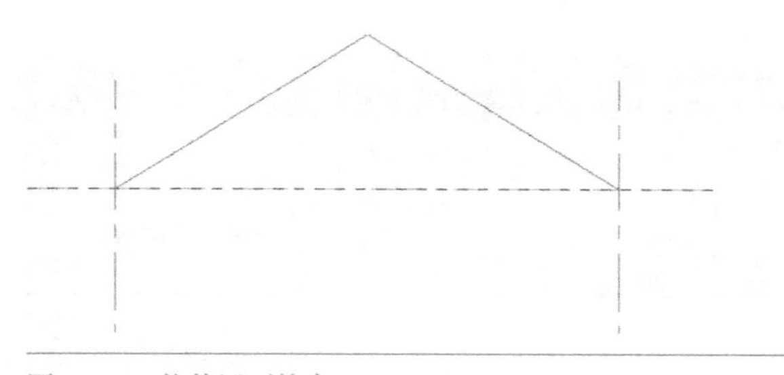

图 3-161　拉伸屋顶轮廓

图 3-162　拉伸坡屋顶三维效果

任务 3.7　洞口

任务发布

■ 任务描述：

根据需要通常需要在楼板、墙、天花板、屋顶等构件上开洞，在 Revit 软件中，我们不仅可以通过编辑楼板、屋顶、墙体的轮廓来实现开洞口，而且软件还提供了专门的“洞口”工具来创建面洞口、垂直洞口、竖井洞口、老虎窗洞口等。本任务主要介绍垂直洞口、竖井洞口的绘制方法。

■ 任务目标：

完成 1 号办公楼洞口的绘制与编辑。

任务实施 3.7.1　创建竖井洞口

创建竖井洞口

打开上个任务保存的“1 号办公楼”项目文件，单击【项目浏览器】中【楼层平面】→【 F2】视图，开始对楼梯间的楼板创建洞口，单击【建筑】选项卡→【洞口】面板→【竖井】命令，如图 3-163 所示。

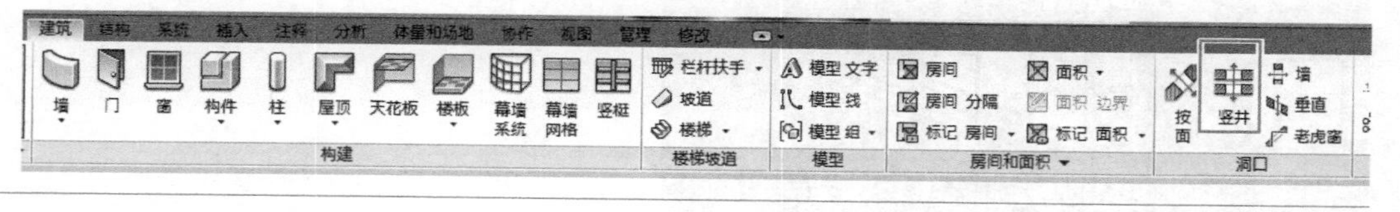

图 3-163 【竖井】命令

进入创建竖井绘制界面中，单击【绘制】面板中的【边界线】中的工具，在楼梯的周围绘制与楼梯形状一致的轮廓线，然后在【属性】面板将“底部限制条件”设置为“2F”，“顶部约束”设置为“直到标高：4F”，“底部偏移”和“顶部偏移”均设置为“ –450”，如图 3-164 所示，单击【完成编辑模式】按钮，即完成了竖井的创建，同时也对 2F、3F 的楼板进行了开洞，如图 3-165 所示。

任务实施 3.7.2　创建垂直洞口

创建垂直洞口

4F 楼板将运用垂直洞口进行开洞。单击【项目浏览器】中【楼层平面】→【F4】视图，单击【视图】选项卡→【创建】面板→【剖面】命令，如图 3-166 所示。在楼梯间位置放置“剖面 1”，如图 3-167 所示，双击剖面“标头”进入“剖面 1”视图。然后开始对楼梯间的楼板创建洞口，单击【建筑】选项卡→【洞口】面板→【垂直洞口】命令，如图 3-168 所示。

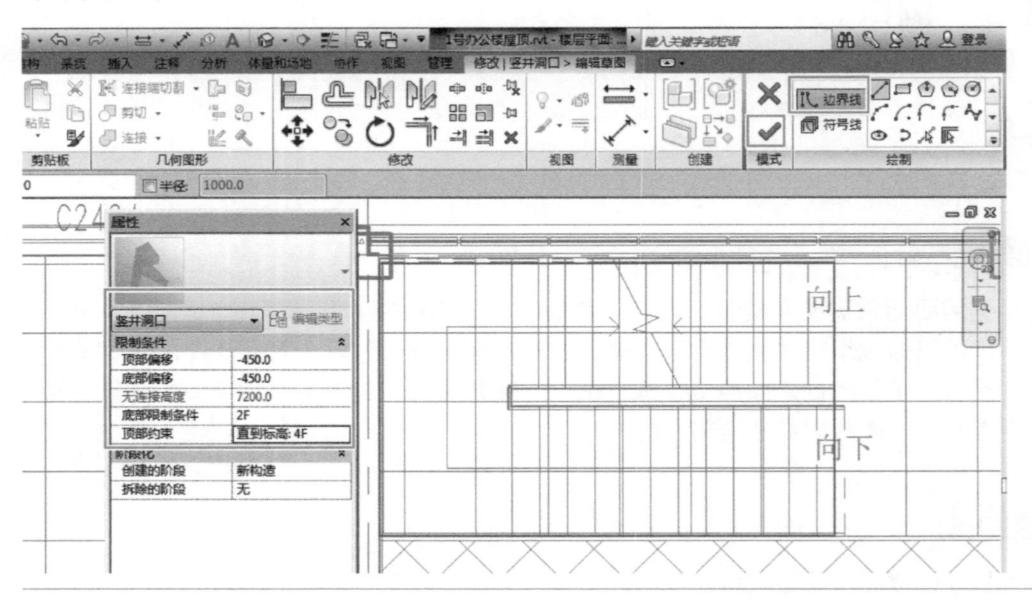

图 3-164　竖井的创建

图 3-165　2F~3F 楼板竖井开洞

图 3-166　【剖面】命令

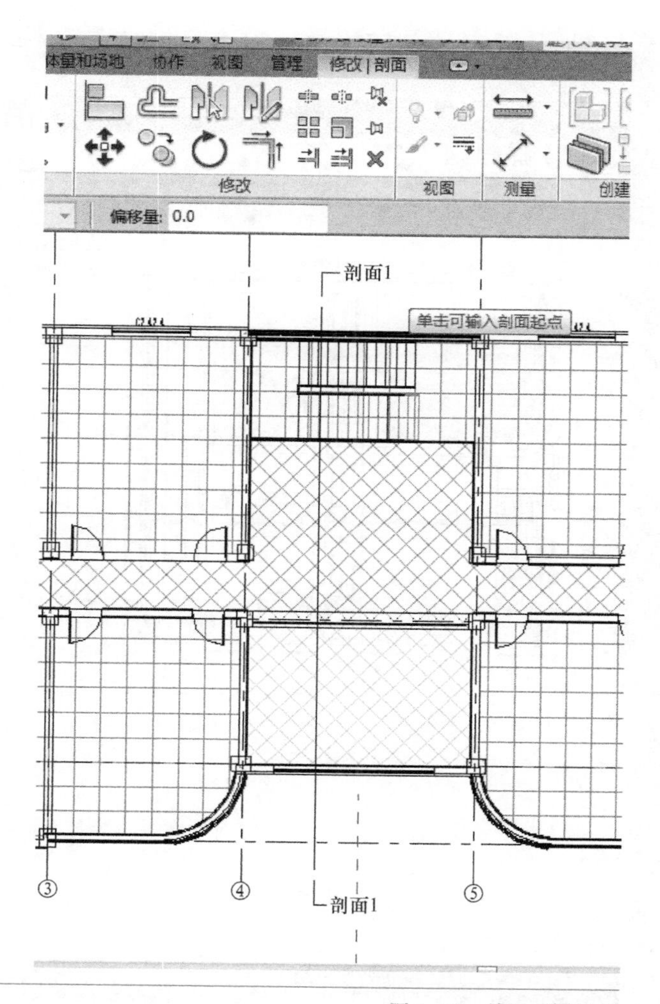

图 3-167　放置“剖面 1”

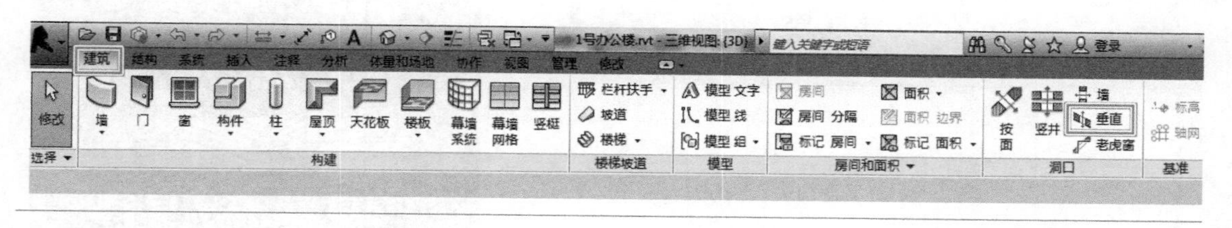

图 3-168　创建洞口

在剖面 1 中单击需要开洞的 4F 楼板，如图 3-169 所示，Revit 软件会弹出【转到视图】对话框，选择“楼层平面：4F”，单击【打开视图】按钮，如图 3-170 所示。

软件会跳转到 4F 楼层平面，进入绘制洞口边界界面，运用【绘制】面板的工具绘制如图 3-171 所示的洞口边界，单击【完成编辑模式】按钮，即完成了垂直洞口的创建，如图 3-172 所示。

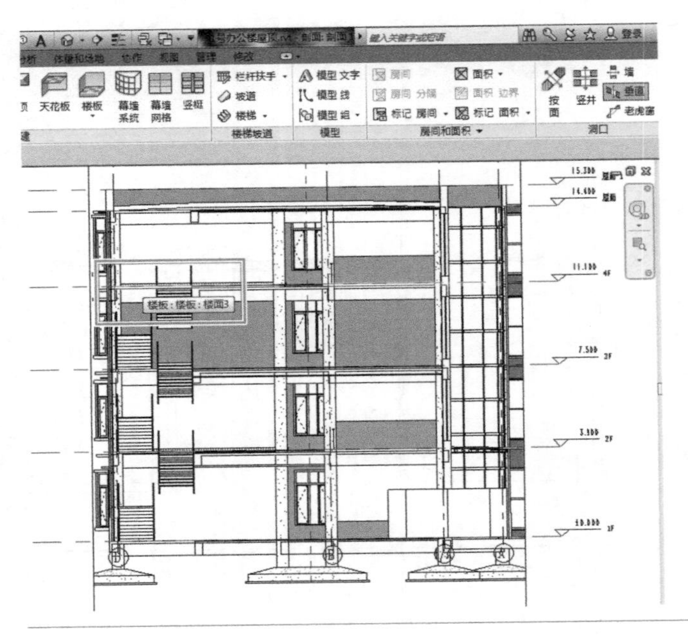

图 3-169　选择开洞楼板

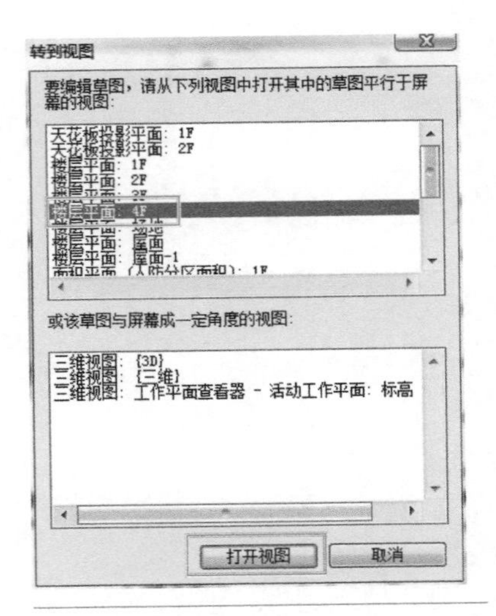

图 3-170　【转到视图】对话框

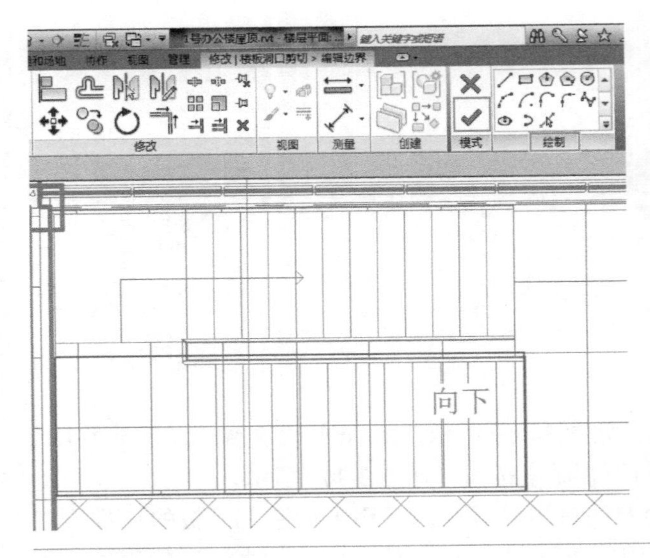

图 3-171　垂直洞口边界绘制

图 3-172　垂直洞口三维效果

任务 3.8　场地

任务发布

■ 任务描述：

场地，是指工程群体所在地，是建造建筑物的地方。Revit 场地工具包括地形表面、建筑地坪、子域面等。“地形表面”工具适用于创建建筑地形。“建筑地坪”工具适用于快速创建水平地面、停车场、水平道路等。“子域面”工具是在现有地形表面中绘制的区域，例如，可以使用子域面在地形表面绘制道路或绘制停车场区域。本任务主要介绍场地、地坪和场地道路的创建方法。

■ 任务目标：

完成 1 号办公楼场地的绘制与编辑。

任务实施 3.8.1　绘制地形表面

绘制地形表面

打开上一个任务保存的“1 号办公楼”项目文件，在【项目浏览器】中双击【场地】视图，打开【场地】平面视图，单击【建筑】选项卡→【工作平面】面板→【参照平面】命令，绘制如图 3-173 所示的四条参照平面，距离最外轴线距离均为 10000mm。

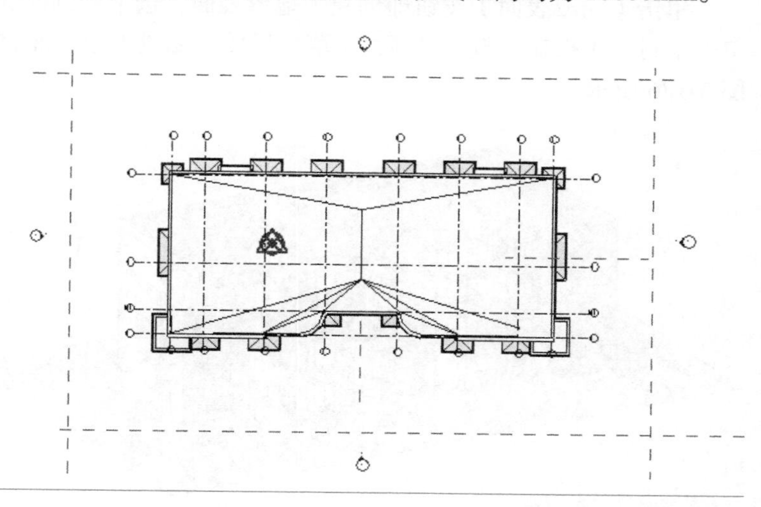

图 3-173　绘制参照平面

单击【体量和场地】选项卡→【场地建模】面板→【地形表面】命令，如图 3-174 所示，Revit 将进入【修改 | 编辑表面】选项卡，单击【放置点】命令，选项栏显示“高程”选项，设置为“ –510.0”，一次单击图 3-175 中四条参照平面的四个交点，即放置了 4 个高程为“–510.0”的点，如图 3-175 所示。

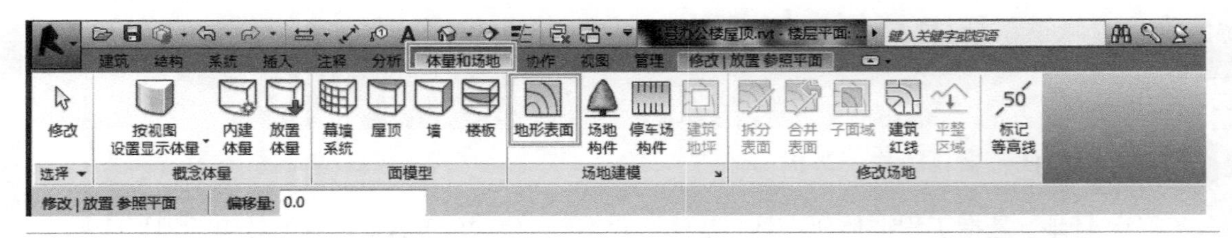

图 3-174 【地形表面】命令

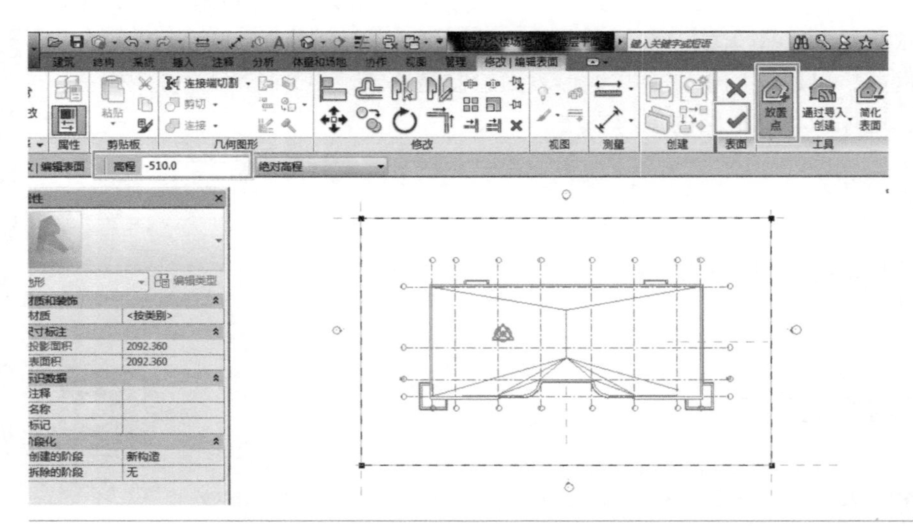

图 3-175 放置点

单击【完成表面】按钮即创建了地形表面，选中刚创建的地形表面，在【属性】面板中单击【材质】按钮，选择“场地 - 草”材质，完成地形表面材质的赋予，保存文件，效果如图 3-176 所示。

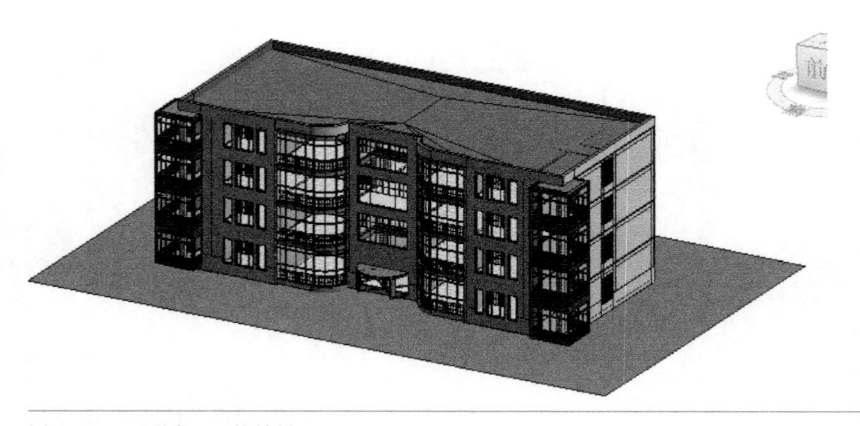

图 3-176 地形表面三维效果

任务实施 3.8.2　绘制建筑地坪

绘制建筑地坪

“建筑地坪”工具适用于快速创建水平地面、停车场、水平道路等。建筑地坪可以在“场地”平面中绘制，为了参照一层外墙，也可以在 1F 平面绘制。打开上步操作保存的“1 号办公楼”项目文件，在【项目浏览器】中双击【1F】视图，打开 1F 楼层平面视图，单击【体量和场地】选项卡→【场地建模】面板→【建筑地坪】命令，如图 3-177 所示。

图 3-177　【建筑地坪】命令

进入建筑地坪的草图绘制模式，单击【绘制】面板的“直线”命令，移动光标到绘图区域，开始顺时针绘制建筑地坪轮廓，如图 3-178 所示，必须保证轮廓线闭合。

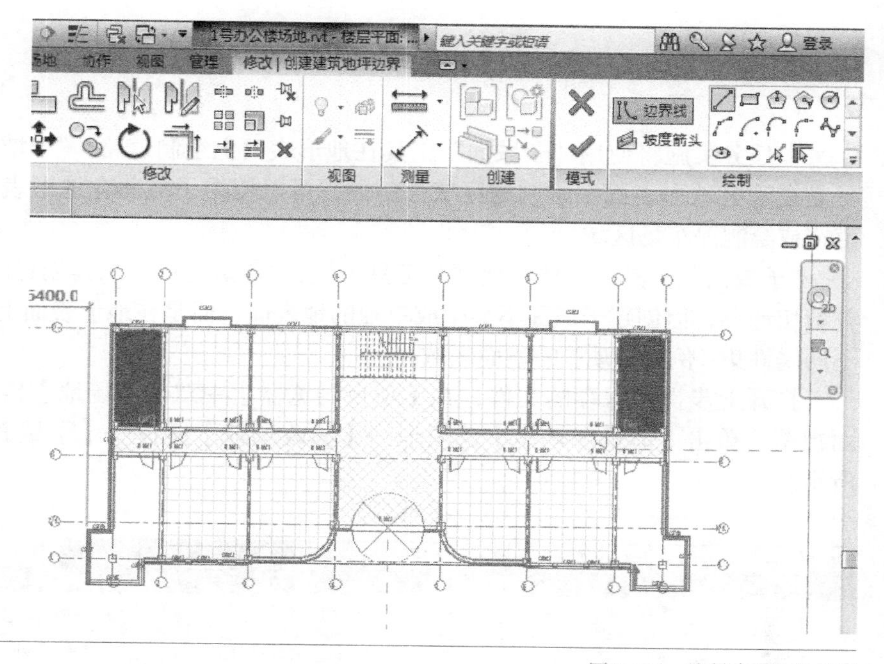

图 3-178　绘制建筑地坪轮廓

在【属性】面板中将“标高”设置为“1F”，单击【编辑类型】按钮，打开【类型属性】

对话框，单击【结构】后面的【编辑】按钮，打开【编辑部件】对话框，将“材质”设置为“场地 - 碎石”，如图 3-179 所示。然后单击【确定】按钮直至关闭所有对话框。

单击【完成建筑地坪】命令即创建了建筑地坪，如图 3-180 所示，保存文件。

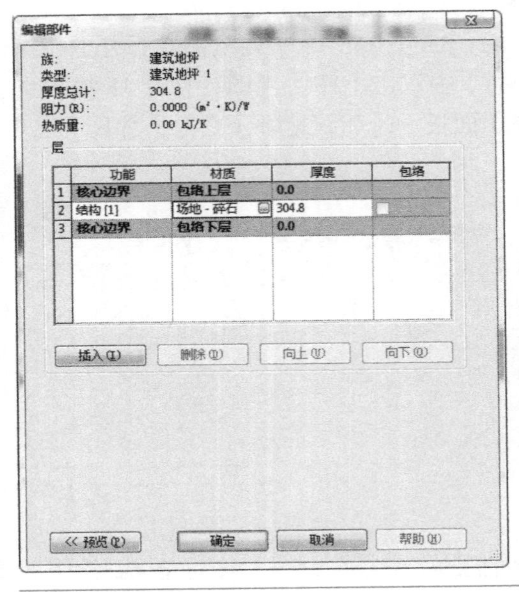

图 3-179 【编辑部件】对话框

图 3-180 建筑地坪三维效果

任务实施 3.8.3 创建地形子域面

创建地形子域面

本任务实施将使用“子域面”工具在地形表面上绘制道路。“子域面”工具是在现有地形表面中绘制的区域，例如，可以使用子域面在地形表面绘制道路或绘制停车场区域。

“子域面”工具和“建筑地坪”工具不同，“建筑地坪”工具创建的是单独的水平表面，并剪切地形；但创建子域面不会生成单独的地表面，而是在地形表面上圈定了某块可以定义不同属性集（例如材质）的表面区域。

打开上步操作保存的文件，在【项目浏览器】中双击【场地】楼层平面，进入场地平面视图。单击【体量和场地】选项卡→【修改场地】面板→【子域面】命令，如图 3-181 所示。

图 3-181 【子域面】命令

进入草图绘制模式，绘制如图 3-182 所示的轮廓。

绘制完轮廓后将【属性】面板的“材质”设置为“场地 - 柏油路”，单击【完成子域面】按钮，即完成了子域面道路的绘制，如图 3-183 所示，保存文件。

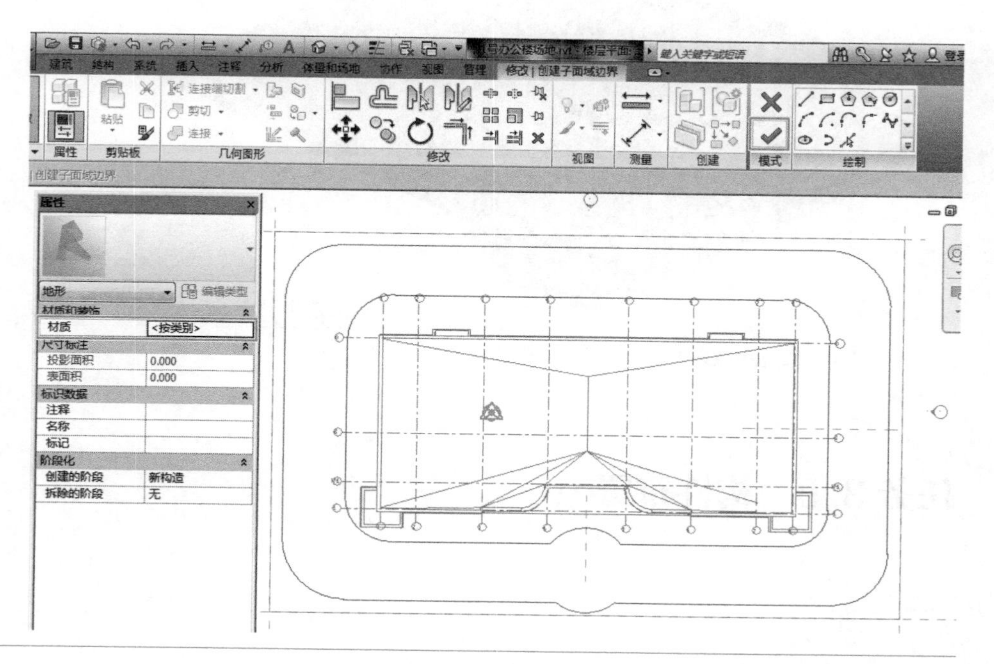

图 3-182　子域面轮廓绘制

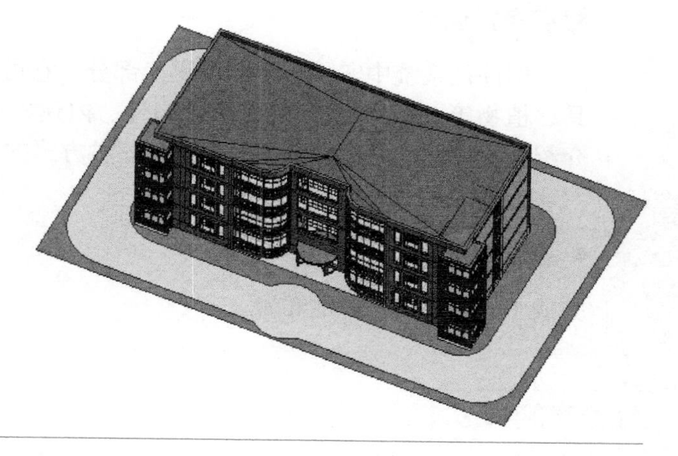

图 3-183　子域面创建的道路

过关练习 9 ——场地

参照某小别墅的建筑施工图，完成案例模型中场地的绘制，创建地形表面和建筑地坪，完成效果如图 3-184 所示。

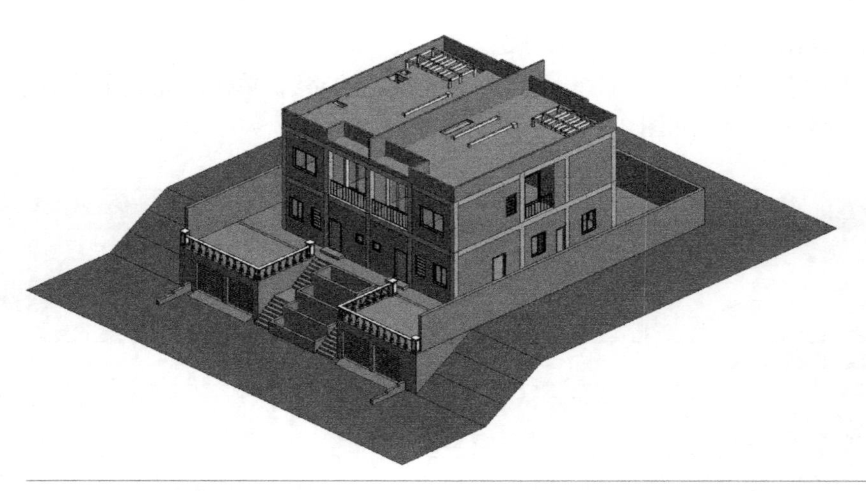

图 3-184　某小别墅地形效果图

任务 3.9　构件布置

任务发布

构件布置

■ 任务描述：

构件是系统中实际存在的可更换部分，它可实现特定的功能，如雨篷、台阶、家具、植物等。Revit 软件中有放置构件、内建模型、场地构件三种类型。本任务主要介绍放置构件、内建模型、场地构件三种方式的布置构建。

■ 任务目标：

完成 1 号办公楼构件的布置。

任务实施 3.9.1　放置构件

项目中需要放置的构建在系统族中或通过族创建已经创建好，可以通过“放置构件”方式放置在项目中。族创建的方法在后续内容中会详细介绍。“1 号办公楼”的雨篷、家具可以通过“放置构件”进行布置。

1. 系统族放置构件

打开上个任务保存的文件，单击【插入】选项卡→【从库中载入】面板→【载入族】命令，如图 3-185 所示，Revit 软件会打开【载入族】对话框，里面有所有的系统族，根据需要选择族即可。如放置家具，可单击【建筑】文件夹→【家具】文件夹→【3D】文件夹，里面包含“床”“沙发”“柜子”和“桌椅”多种家具，如图 3-186 所示，单击【桌椅】文件夹→【桌椅组合】文件夹，选择“风车型办公桌 .rfa”文件，单击【打开】按钮，如图 3-187 所示，即完成了“风车型办公桌 .rfa”族的载入。

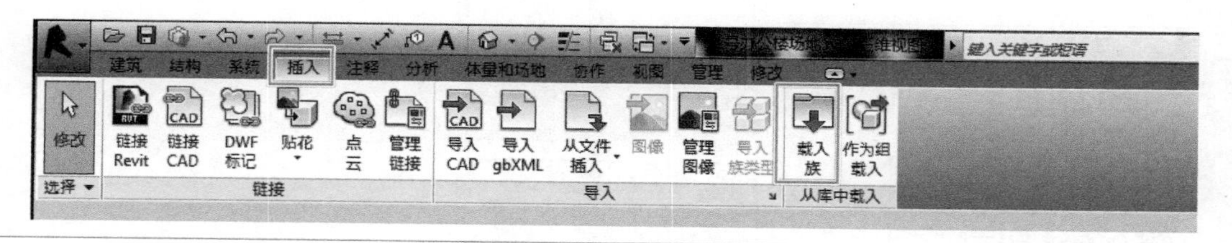

图 3-185 【载入族】命令

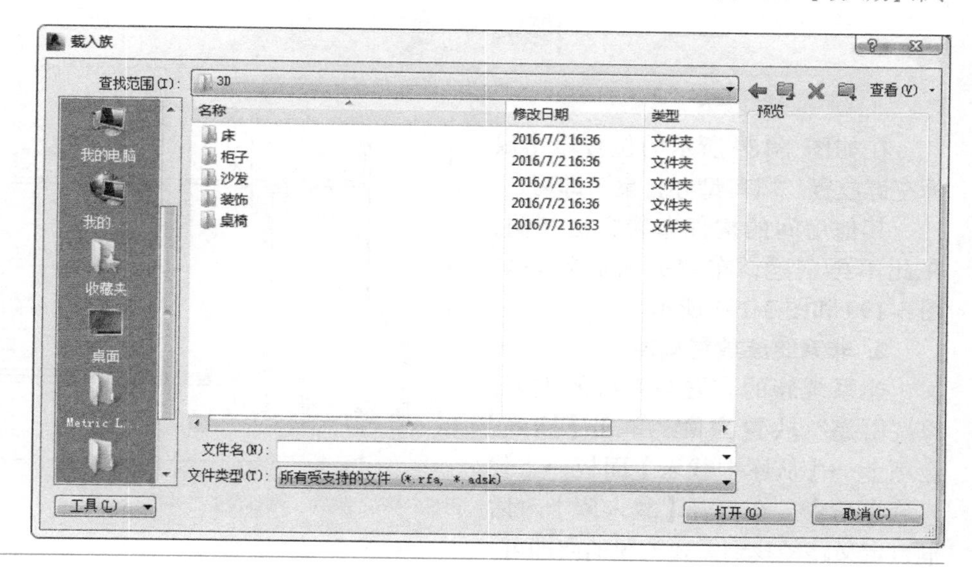

图 3-186　家具族库

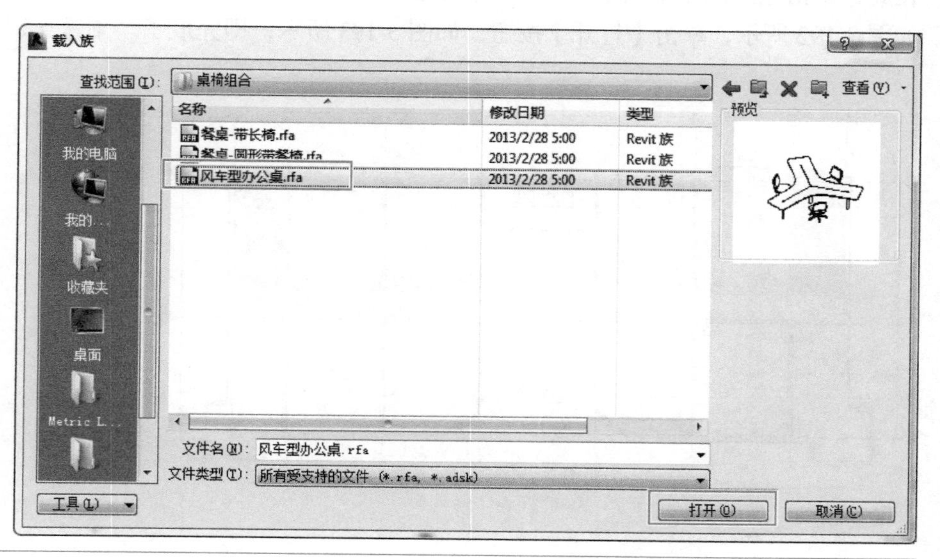

图 3-187　载入“风车型办公桌 .rfa”族

接着打开 1F 楼层平面视图，单击【建筑】选项卡→【构建】面板→【构件】→【放置构件】命令，在【属性】面板的【类型选择器】中选择“风车型办公桌”，如图 3-188 所示。

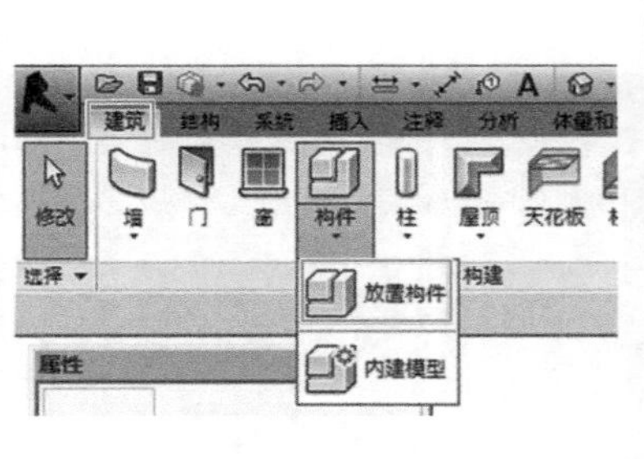

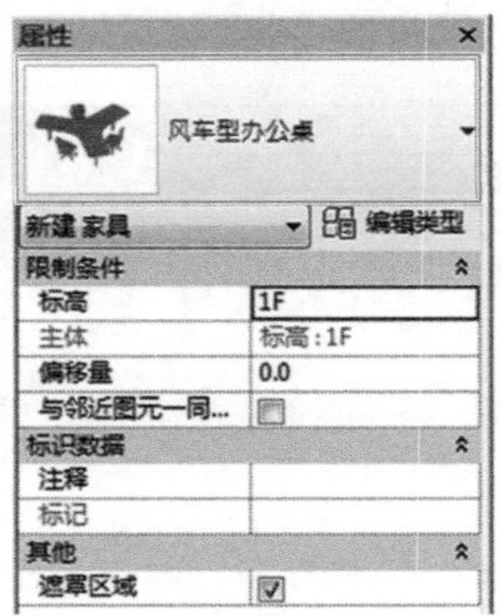

图 3-188 【放置构件】命令

在如图 3-189 所示的位置单击鼠标左键放置“风车型办公桌”即可。

其他房间的构件布置方法相同，在此不再赘述，布置完成后效果如图 3-190 和图 3-191 所示。

2. 非系统族放置构件

非系统族的布置与系统族类似，以“雨篷”放置为例。单击【插入】选项卡→【从库中载入】面板→【载入族】命令，在打开【载入族】对话框自定义路径找到需要放置的族即可。在此，单击左边的【桌面】→“1 号办公楼”文件夹→“族”文件夹→“雨篷 .rfa”文件即可，如图 3-192 所示，单击【打开】按钮，如图 3-193 所示，即完成了“雨篷 .rfa”族的载入。

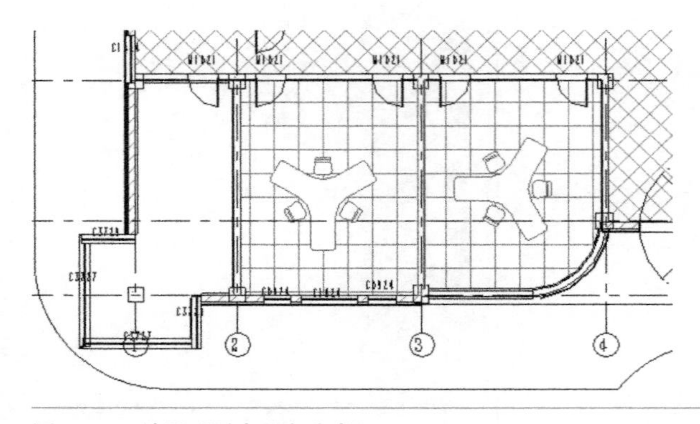

图 3-189 放置“风车型办公桌”

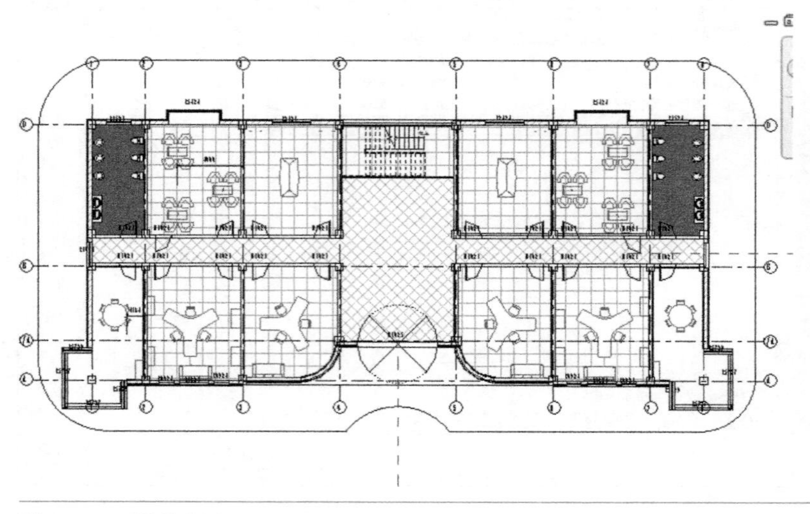

图 3-190 系统族布置

图 3-191 系统族布置后三维效果

图 3-192 自定义载入族路径

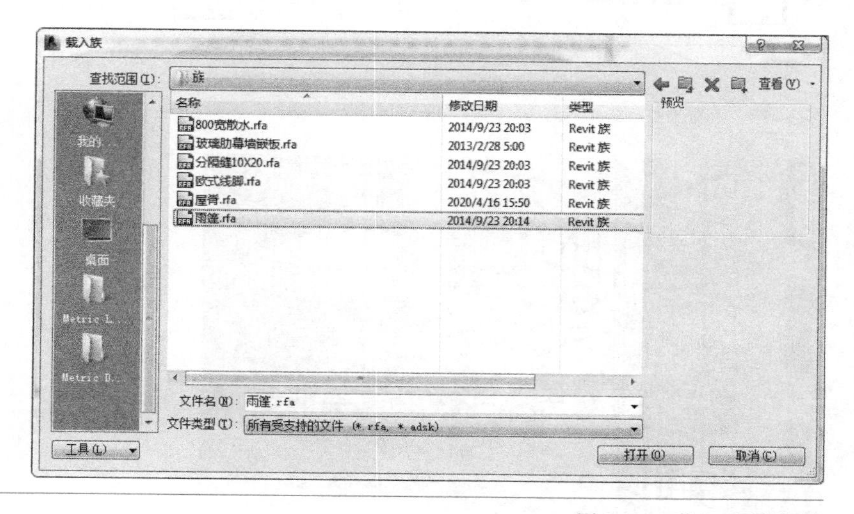

图 3-193 载入“雨篷”族

单击【建筑】选项卡→【构建】面板→【构件】→【放置构件】命令，在【属性】面板的【类型选择器】中选择“雨篷”，将雨篷的【属性】面板的“立面”参数设置为“3600.0”，单击【编辑类型】按钮，Revit 会打开【类型属性】对话框，将各参数设置为如图 3-194 所示内容，单击【确定】按钮直至关闭对话框即可。

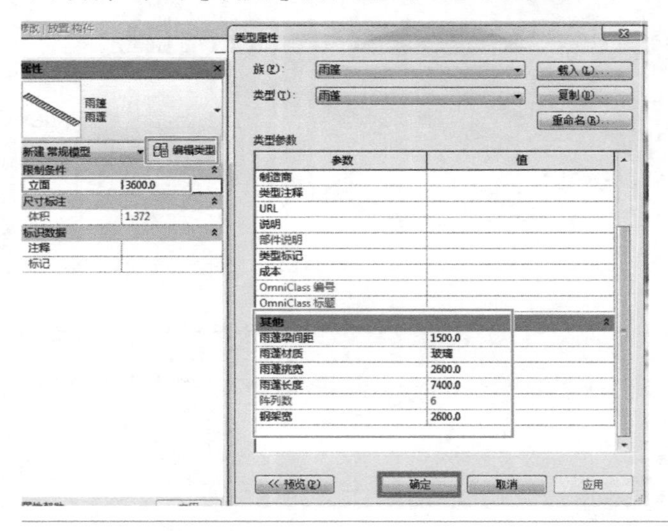

图 3-194　雨篷参数设置

将光标移到绘图区大门正上方合适位置单击鼠标左键，放置雨篷即可，如图 3-195 和图 3-196 所示。

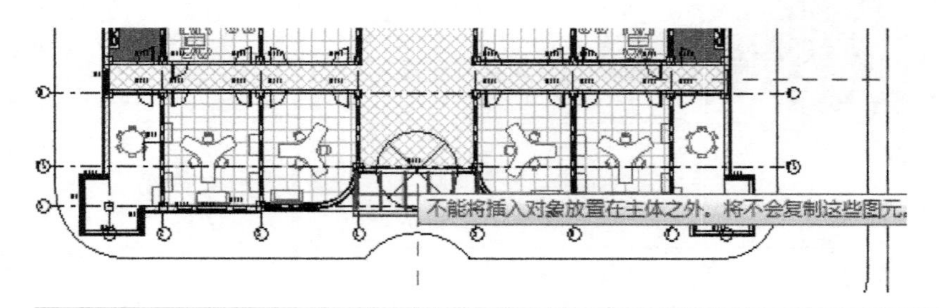

图 3-195　放置雨篷

图 3-196　雨篷三维效果

任务实施 3.9.2 布置内建模型

当项目中需要的构件在系统族中没有，也未提前创建好时，可以通过“内建模型”方式在项目中直接创建所需的构件。现以“1 号办公楼”入口处的台阶为例，介绍采用“内建模型”创建模型的方法。

单击【建筑】选项卡→【构建】面板→【构件】→【内建模型】命令，如图 3-197 所示。Revit 打开【族类别和族参数】对话框，选择“楼板”类别，单击【确定】按钮，如图 3-198 所示。软件弹出【名称】对话框，用于命名新建的族类型，设置为“室外台阶”，如图 3-199 所示。

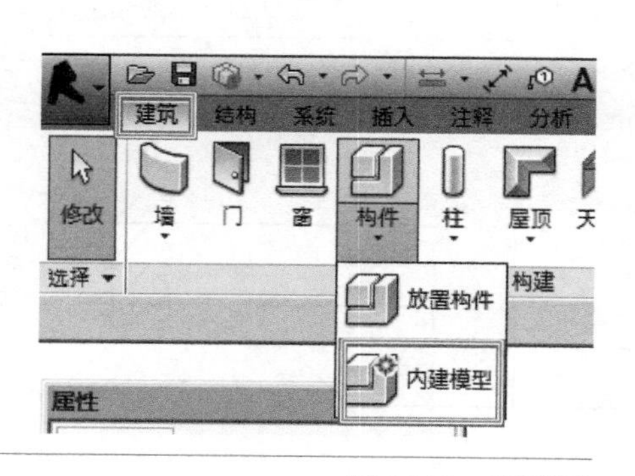

图 3-197　内建模型

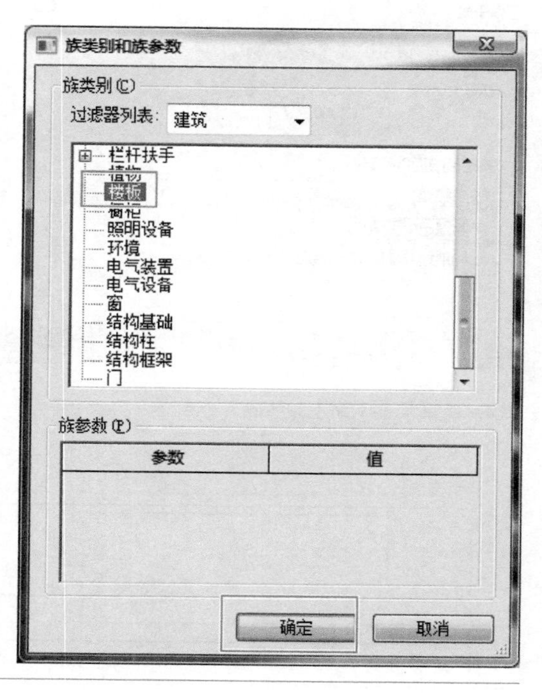

图 3-198 【族类别和族参数】对话框

软件进入族创建界面，双击【项目浏览器】中的 1F 楼层平面，单击【创建】选项卡→【拉伸】命令，单击【设置】命令，如图 3-200 所示，软件会弹出【工作平面】对话框，选择“拾取一个平面（P)”，单击【确定】按钮，如图 3-201 所示。

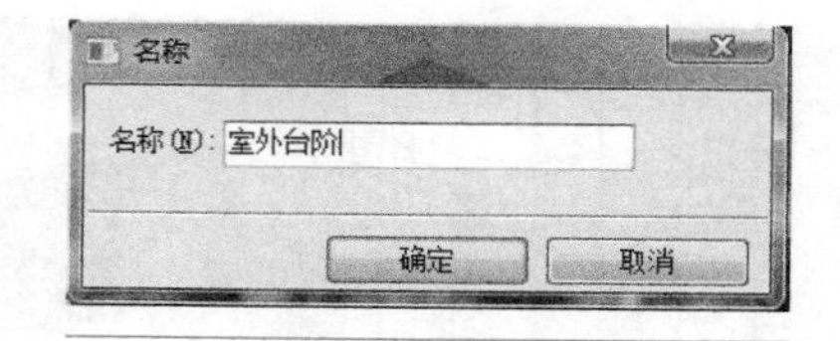

图 3-199 【名称】对话框

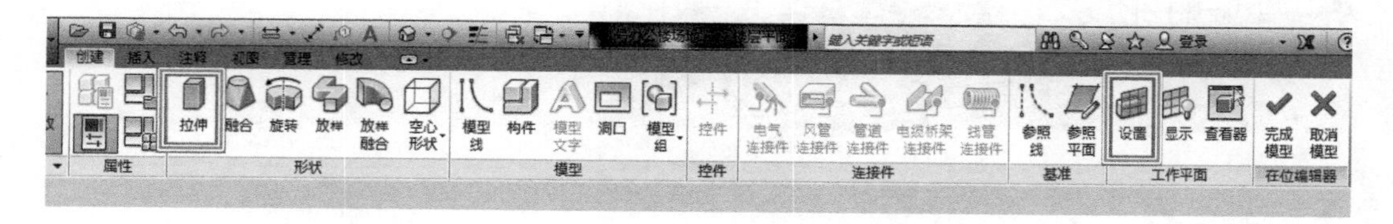

图 3-200 【拉伸】命令

紧接着将光标移动至绘图区的④轴线处单击鼠标左键，软件打开【转到视图】对话框，选择“立面：西”，单击【打开视图】按钮，如图 3-202 所示。软件跳转到西立面图，在绘图区绘制如图 3-203 所示的台阶轮廓，绘制完成后单击【完成创建】按钮，单击【完成模型】按钮，即完成了室外台阶的创建，在三维视图选择创建的台阶，通过蓝色三角形控制柄调整台阶的长度，即完成了室外台阶的绘制，如图 3-204 所示，保存文件。

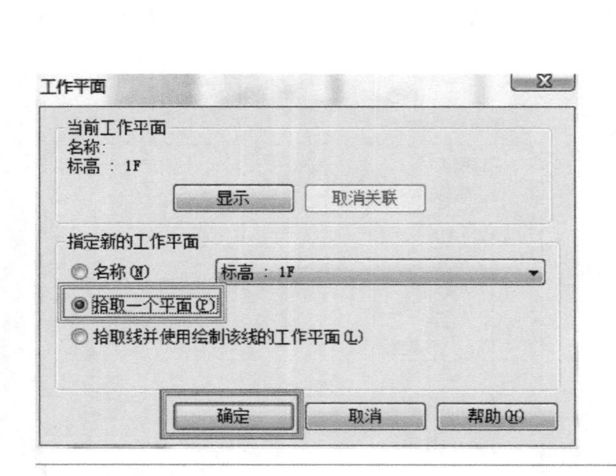

图 3-201 【工作平面】对话框

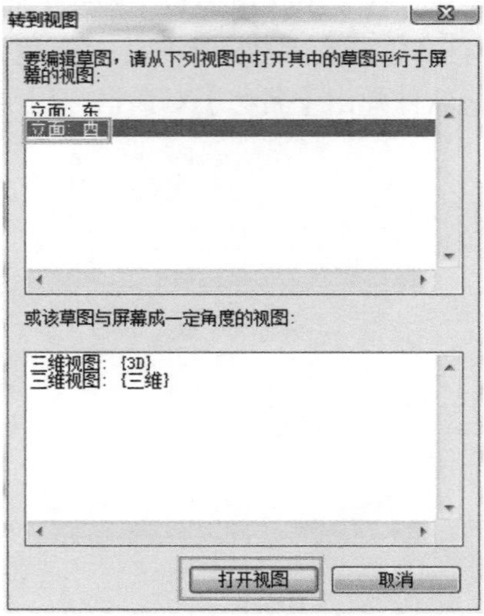

转到视图
要编辑草图，请从下列视图中打开其中的草图平行于屏幕的视图:
立面：东
立面：西
或该草图与屏幕成一定角度的视图:
三维视图: {3D}
三维视图: {三维}
打开视图
取消

图 3-202 【转到视图】对话框

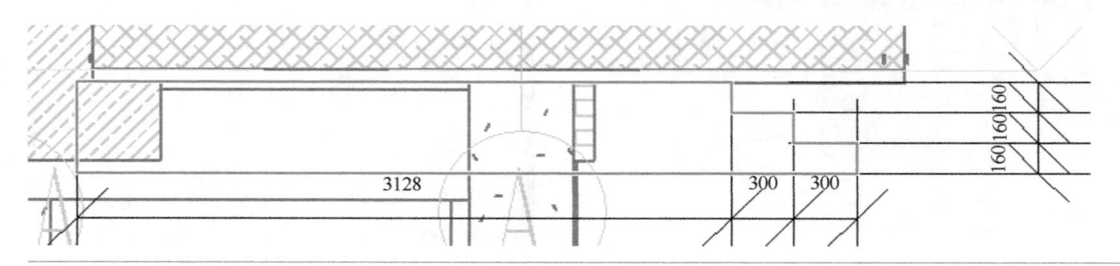

图 3-203 拉伸轮廓绘制

图 3-204 采用“内建模型”创建的室外台阶

任务实施 3.9.3　布置场地构件

场地构件可以在地形表面上添加所需要的一系列族，如树、电线杆和消防栓等。可以从系统族中选择场地专用构件，也可以载入自己需要而样板文件中没有的场地构件族。

打开上步操作保存的文件，单击【体量和场地】选项卡→【场地建模】面板→【场地构件】命令，如图 3-205 所示。

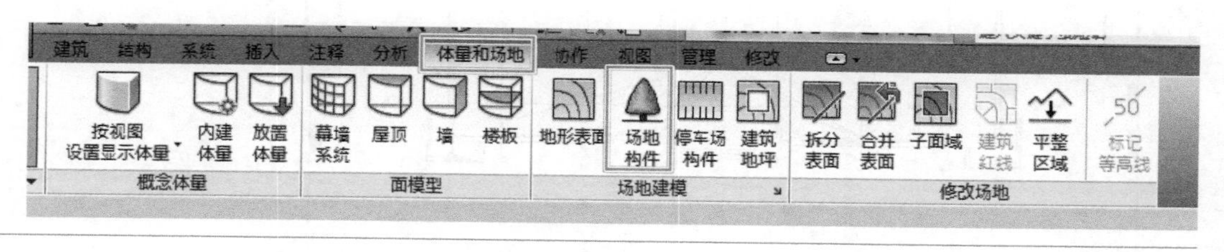

图 3-205　【场地构件】命令

软件跳转到【修改 | 场地构件】选项卡，在【属性】面板中的【类型选择器】中可以选择合适的族，如果没有合适的族可以单击【载入族】，如图 3-206 所示。在弹出的【载入族】对话框中选择需要的场地构件，操作和系统族载入部分完全相同，在此不再赘述。

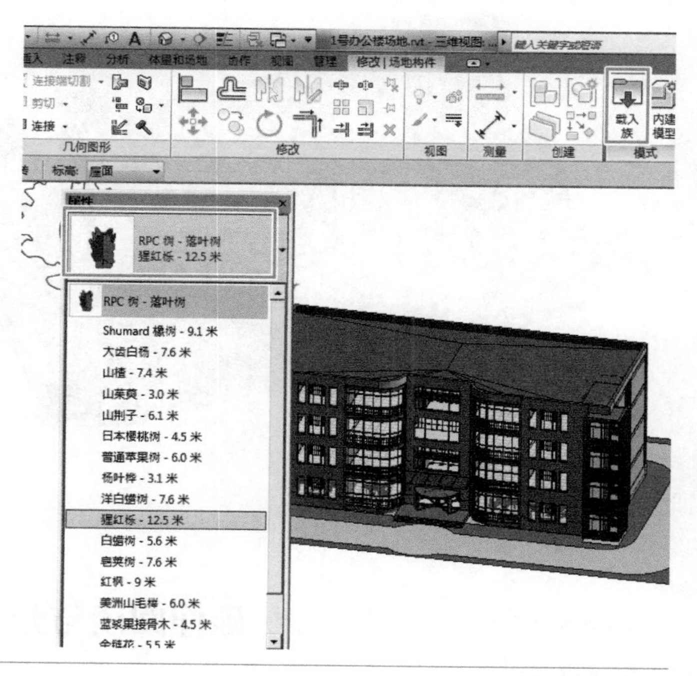

图 3-206　插入场地构件

选择了需要的场地构件后，在合适的位置放置族即可，场地构件布置完成的效果如图 3-207 和图 3-208 所示。

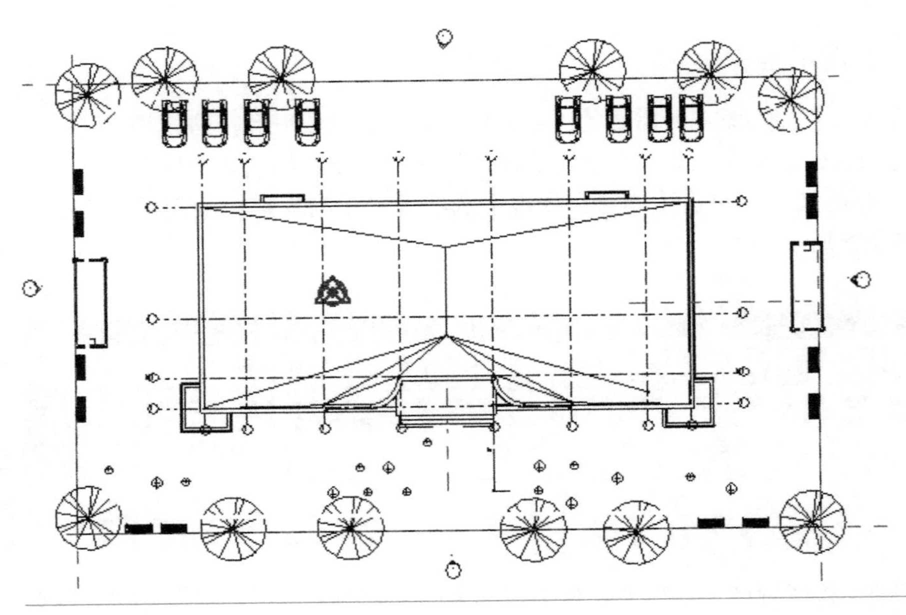

图 3-207 场地构件布置

图 3-208 场地构件真实模式三维效果

延伸阅读与分享

分组搜集最喜欢的一项超级工程，了解项目概况、建筑特点、施工技术难点，并总结项目在攻克难题的过程中，工程师们有什么值得学习的品质，最后以小组为单位制作提交相关 PPT 并进行分享。

BIM

模块四　深化设计

■ 知识目标：

1. 掌握渲染与漫游的创建方法；
2. 掌握文字和尺寸标注的添加方法；
3. 掌握图纸的创建与布置方式；
4. 掌握导出 CAD 文件的操作过程。

■ 技能目标：

1. 能够完成渲染与漫游的创建；
2. 能够完成图纸的创建与布置，成功导出 CAD 文件。

■ 思政目标：

通过介绍著名建筑师梁思成与林徽因保护古建筑的事迹，培养学生艰苦奋斗、甘于奉献的敬业精神。

任务 4.1　渲染与漫游

任务发布

■ 任务描述：

Revit 中渲染与漫游很简单，但是要达到逼真的渲染效果，需要借助外部渲染器，如 V-Ray 渲染器。渲染视图前先对构件材质进行编辑，然后放置相机调节视图，最后渲染视图，漫游是由一个个帧组成的，每一个帧都是一个相机视图，其实质也是对相机视图的调节。本任务主要学习 Revit 的图像渲染功能以及漫游的制作。

■ 任务目标：

完成 1 号办公楼的三维视图的渲染，并制作一个简单的漫游动画。

任务实施 4.1.1 设置日光及阴影

日光路径是用于显示自然光和阴影对建筑和场地产生的影响的交互式工具。我们可以创建静态的日照分析，即创建特定日期和时间阴影的静止图像；也可以创建动态的日照分析，即创建为动画，显示在自定义的一天或者多天时间段内阴影移动的一系列帧。

打开上个任务保存的文件，打开“三维视图”，在绘图区下方的【视图控制栏】单击【日光设置】按钮→【打开日光路径】命令，可以激活视图中的日光路径，如图 4-1 和图 4-2 所示。

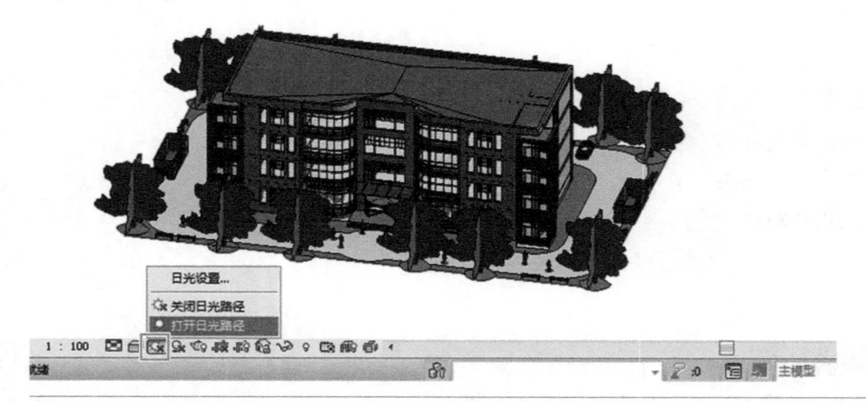

图 4-1 【日光设置】按钮

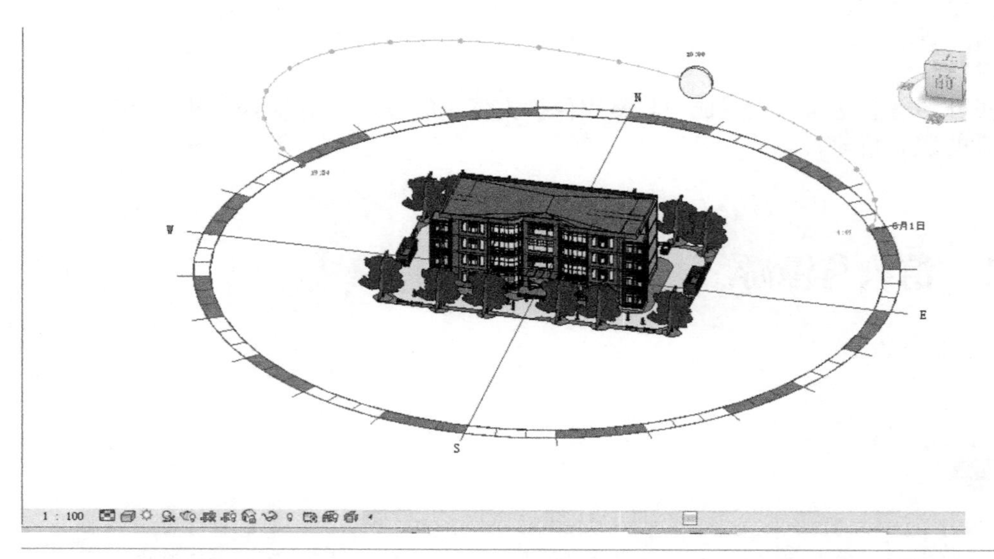

图 4-2 日光路径激活效果

当日光路径被打开后，我们就可以在视图中看到项目样板中预先设置好的默认的日光路径。我们可以通过直接拖拽太阳来模拟不同时间段的光照情况，如图 4-3 所示。

也可以通过修改时间来模拟不同时间段的光照情况，单击日光路径上的时间，即可进入编辑日期状态，输入需要的日期即可模拟最新的日光路径，如图 4-4 所示。

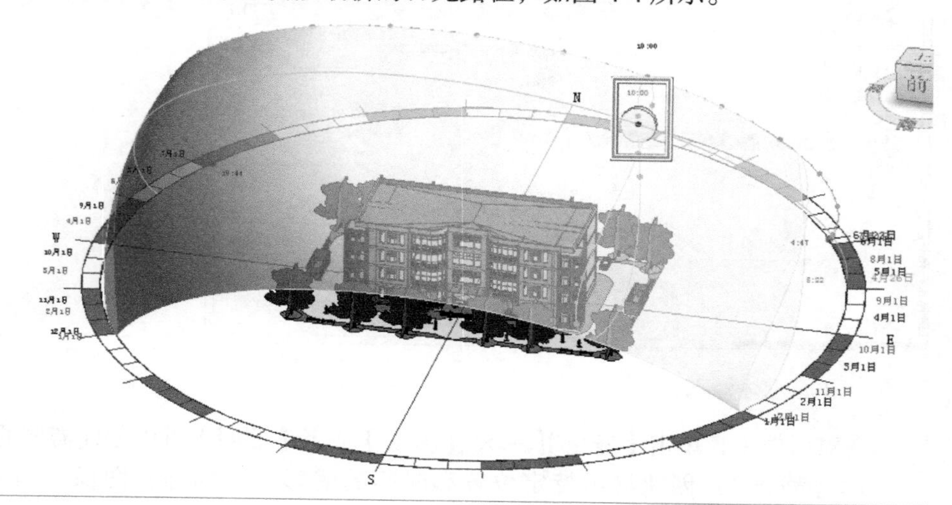

图 4-3 拖拽法

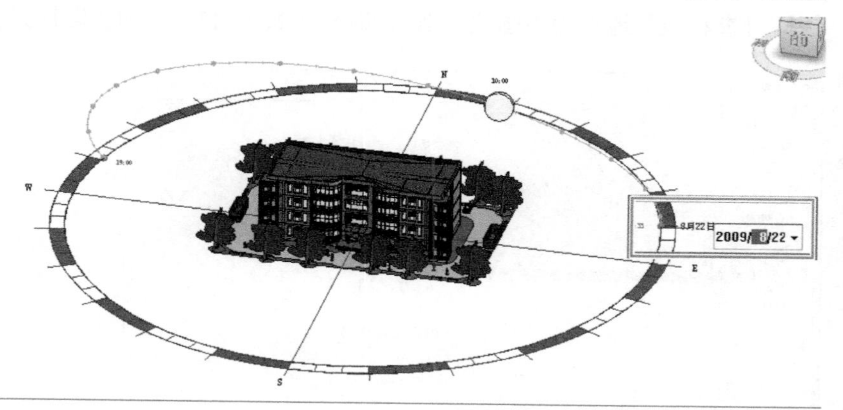

图 4-4 修改时间法

也可以在阳光设置对话框中进行设置并保存，在【视图控制栏】单击【日光设置】按钮→【日光设置】命令，如图 4-5 所示。软件弹出【日光设置】对话框，如图 4-6 所示。

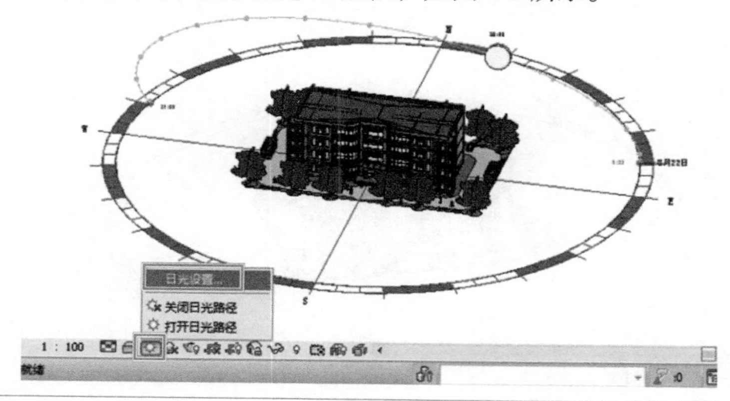

图 4-5 【日光设置】命令

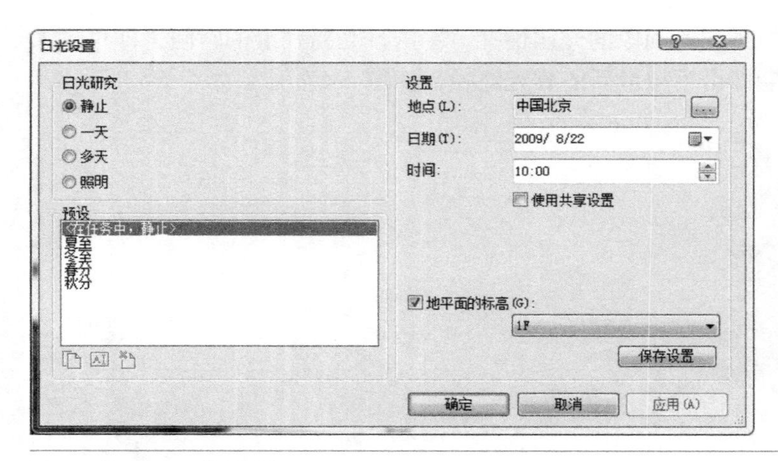

图 4-6 【日光设置】对话框

在对话框中，单击【静止】【一天】【多天】或者【照明】可以创建需要的日照分析类型。

1)【静止】：创建显示特定位置和时间的阴影样式的静止图像。例如，设置“地点(L)”为“中国北京”，“日期(T)”为“2020/6/21”，“时间”为“12:00”，单击【确定】按钮即可查看项目地点为中国北京 2020 年 6 月 21 日 12:00 的阴影样式，如图 4-7 和图 4-8 所示。

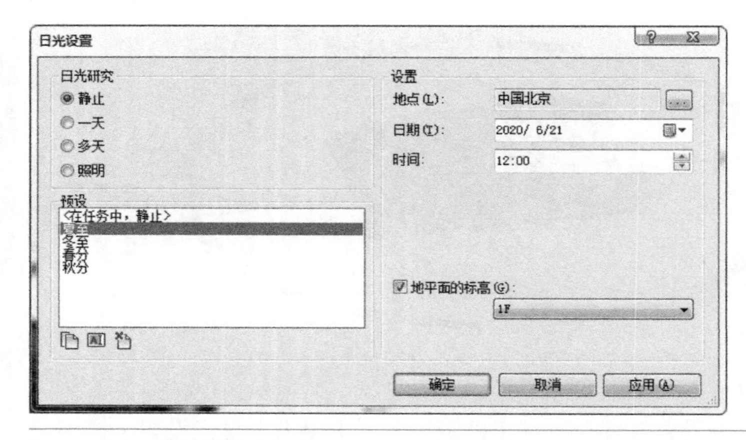

图 4-7 【静止】日照设置

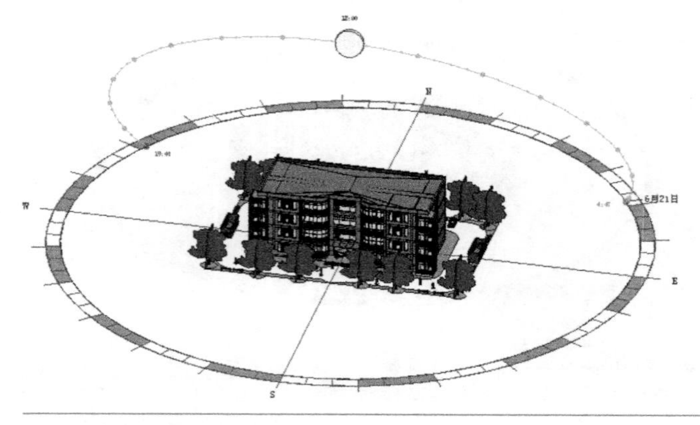

图 4-8 【静止】日照实例

2）【一天】：生成一个动画，该动画可显示在特定一天的自定义时间范围内项目位置处阴影的移动过程。例如，可以追踪 2020 年 6 月 4 日 10 : 00 到 16 : 00 的阴影，如图 4-9 所示。

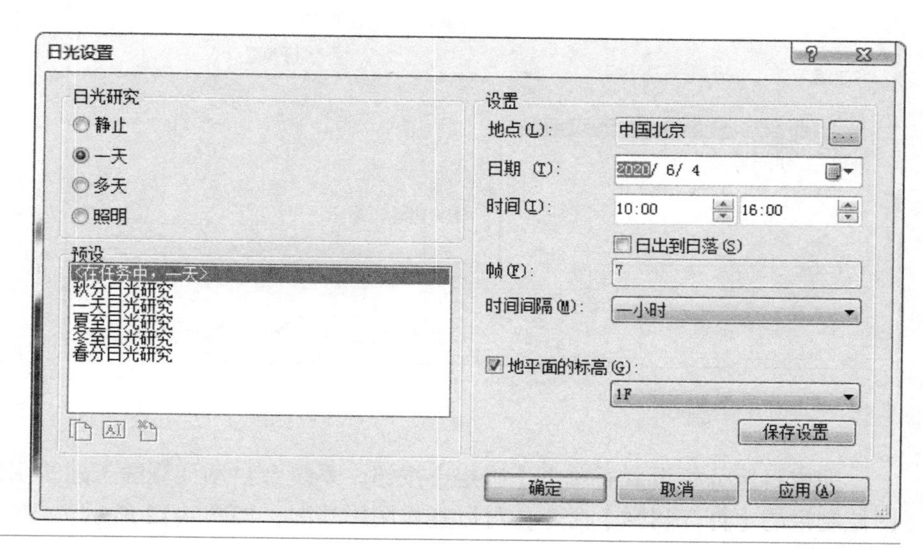

图 4-9 【一天】日照设置

3）【多天】：生成一个动画，该动画可显示在自定义天数范围内的某个特定时间时项目位置处阴影的效果。例如，可以查看从 2020 年 6 月 1 日到 6 月 4 日期间每天 10 : 00 到 16 : 00 的阴影样式，如图 4-10 所示。

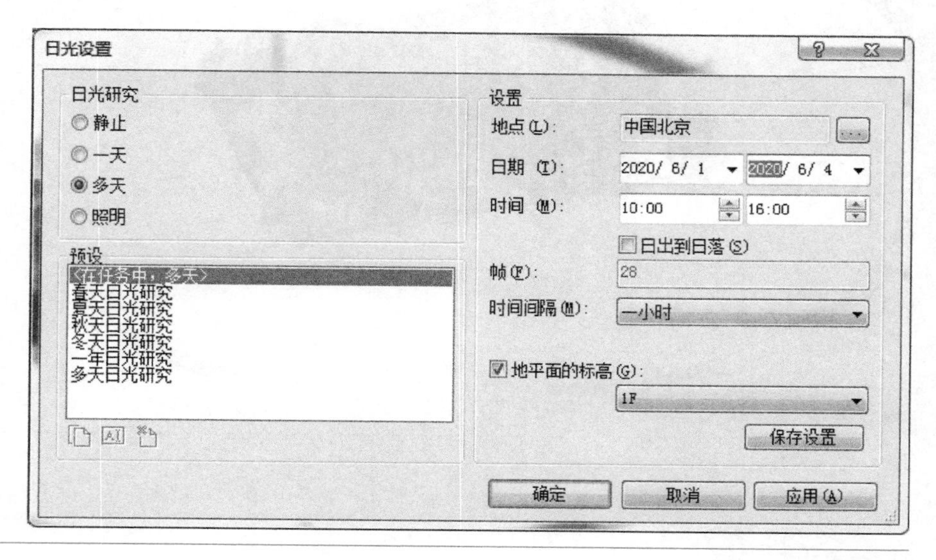

图 4-10 【多天】日照设置

4）【照明】：创建显示特定光源位置的阴影样式的静止图像。例如，可以追踪方位角为 135°、仰角为 35° 时的阴影，如图 4-11 所示。

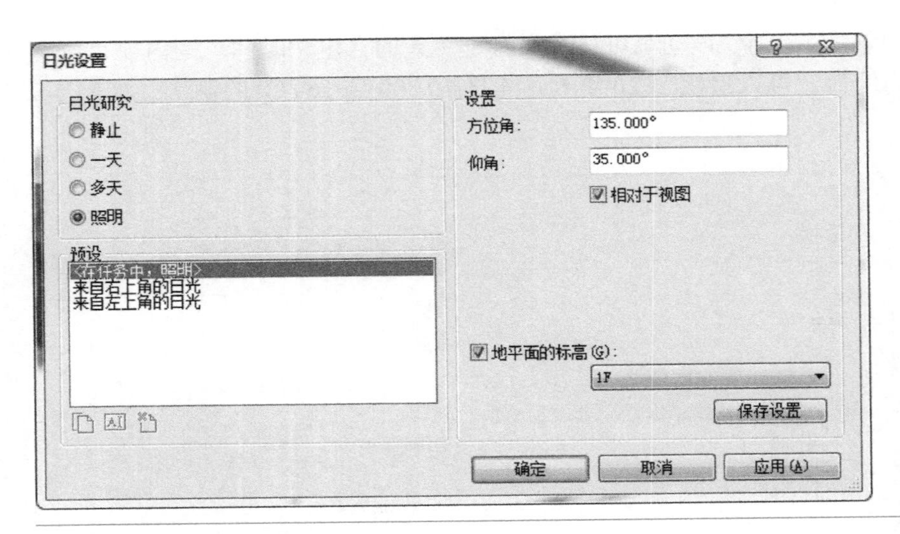

图 4-11 【照明】日照设置

完成日照分析设置后单击【确定】按钮，系统会自动计算静态建筑阴影或动画。单击视图控制栏的【打开阴影】命令，可以查看阴影情况，如图 4-12 所示。

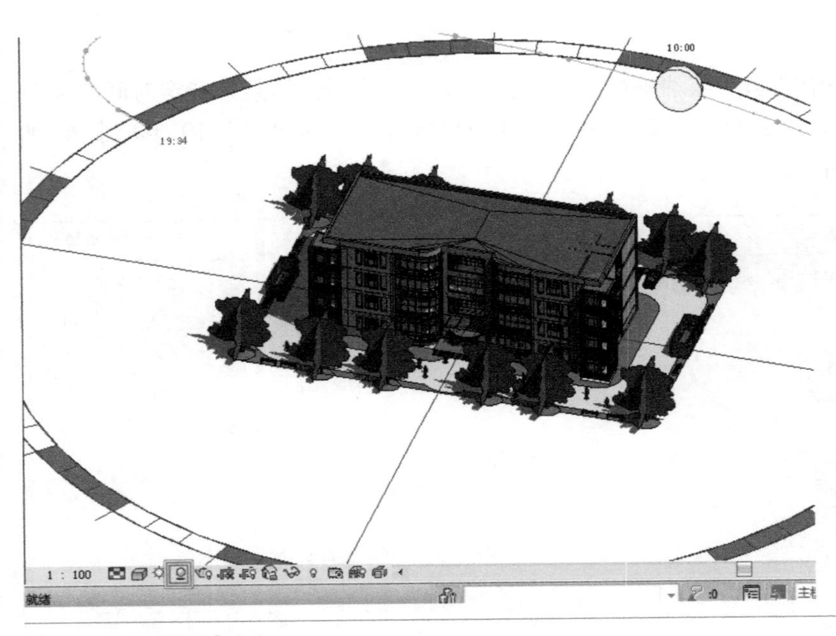

图 4-12 【打开阴影】命令

■注 意

如果日光设置是“一天”或“多天”，生成动画时，“日光设置”按钮会多出“日光研究预览”工具，单击该工具，Revit 会在选项栏弹出播放设置，单击【播放】按钮即可播放日光动态变化时阴影位置的效果，如图 4-13 所示。

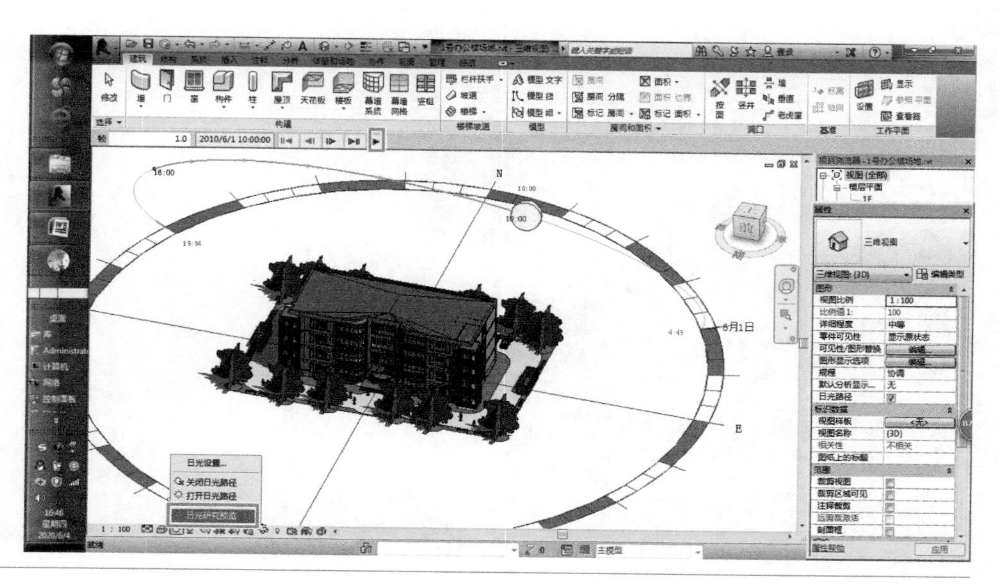

图 4-13 【日光研究预览】命令

任务实施 4.1.2 设置构件材质

在渲染视图之前应该对材质进行编辑设置，现以大理石材质为例进行介绍。

打开上步操作保存的文件，单击【管理】选项卡→【设置】面板→【材质】按钮，进入材质编辑对话框，如图 4-14 所示。从左侧类型选择栏内找到“大理石”并单击鼠标左键，然后单击右侧【外观】选项卡。在对话框中单击【替换命令】进入材质选择面板，从中找到想要创建的大理石材质后单击【确定】按钮，如图 4-15 所示。

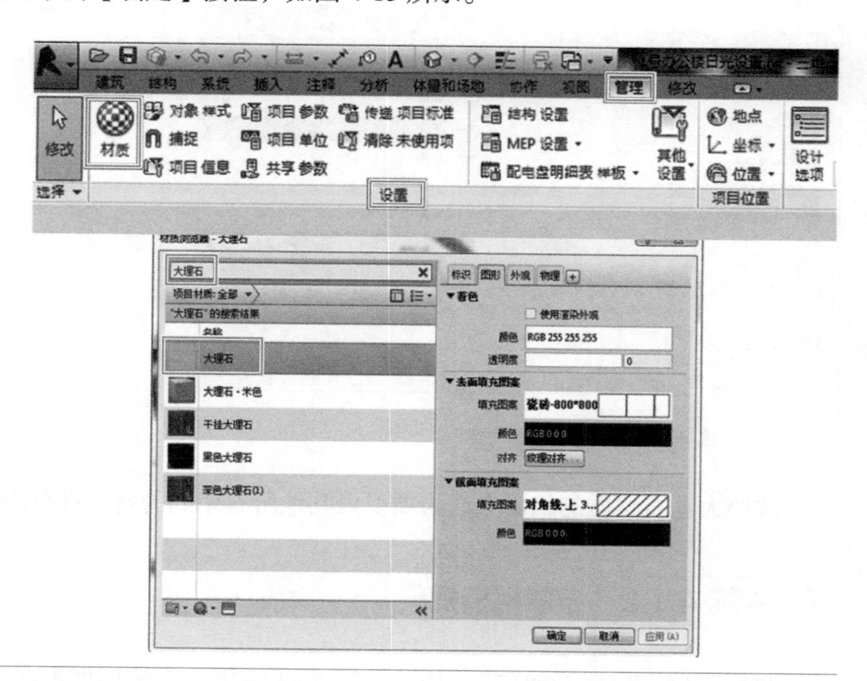

图 4-14 材质工具及材质编辑对话框

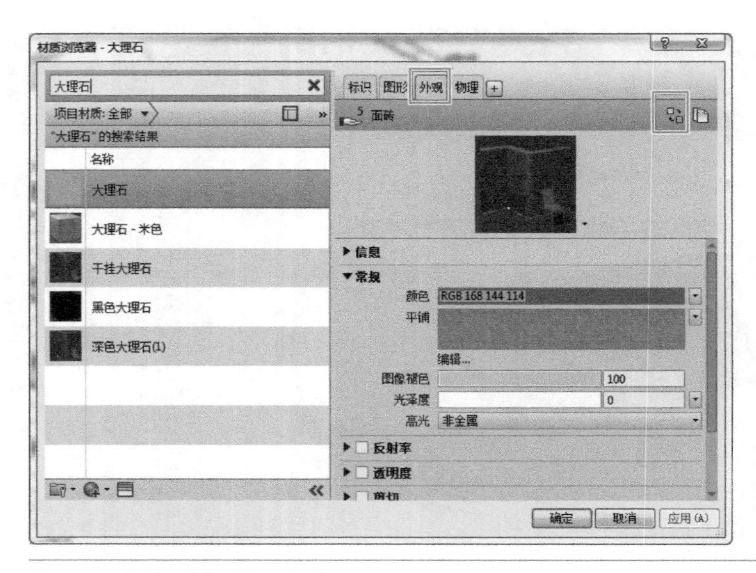

图 4-15　替换木地板材质渲染外观

选择材质编辑对话框右侧【图形】选项卡，在【着色】文本框内勾选【使用渲染外观】复选框，将渲染外观用于着色，如图 4-16 所示，单击【确定】按钮完成对“大理石”材质的设置。

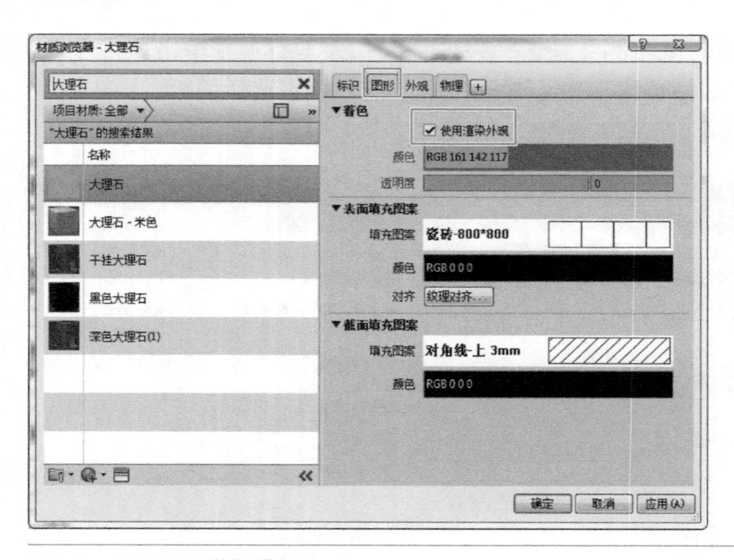

图 4-16　“大理石”的材质设置

按照大理石材质的编辑方法为项目内其他所有用到的材质进行编辑。

任务实施 4.1.3　布置相机视图

布置相机视图

材质设置完成后开始放置相机，创建相机视图，为渲染做准备。打开 1F

楼层平面视图，单击【视图】选项卡→【创建】面板→【三维视图】→【相机】命令，如图 4-17 所示。然后将鼠标放到视点所在的位置，单击鼠标左键，并朝向视野一侧拖动鼠标，再次单击鼠标左键，完成相机的放置。放置完成后当前视图会自动跳转到相机视图，如图 4-18 所示。

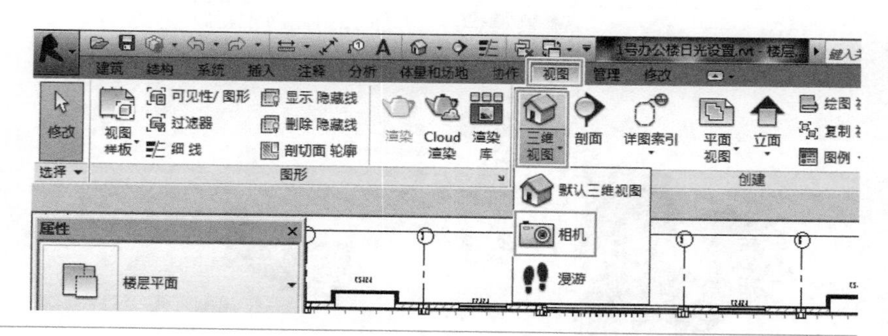

图 4-17　相机工具

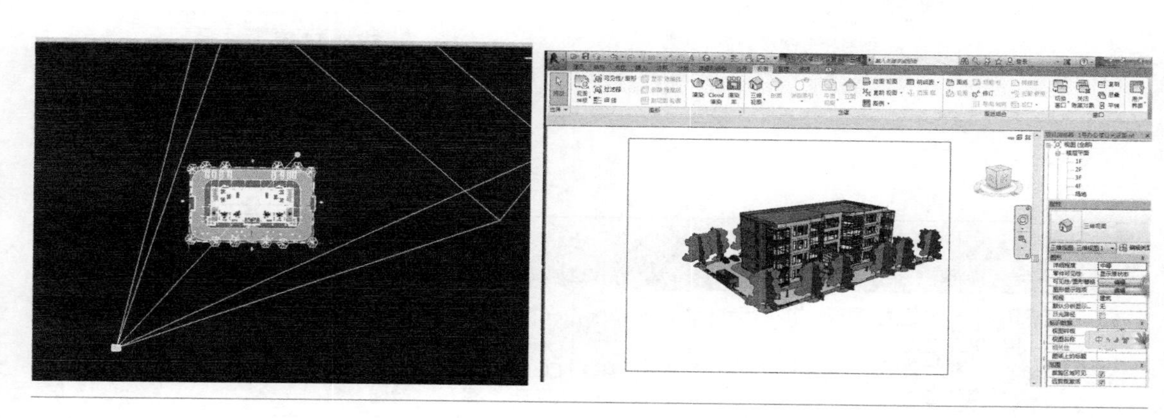

图 4-18　创建相机视图

在相机视图中按住 <Shift> 键，同时按住鼠标滚轮不放，这样即可调节视线的高度与角度。

在项目浏览器的“三维视图”中自动新建了一个名为“三维视图 1”的视图，单击鼠标右键弹出目录，单击目录下方【重命名】按钮，如图 4-19 所示。软件会弹出【重命名视图】对话框，修改新建相机视图的名称为“正面视图”即可，如图 4-20 所示，保存文件。

任务实施 4.1.4　渲染图像

渲染图像

渲染视图前要进入将要渲染的三维视图，打开上步操作保存的文件，单击【项目浏览器】面板→【三维视图】→【正面视图】命令，打开需要渲染的三维视图。单击【视图】选项卡→【图形】面板→【渲染】命令，如图 4-21 所示。

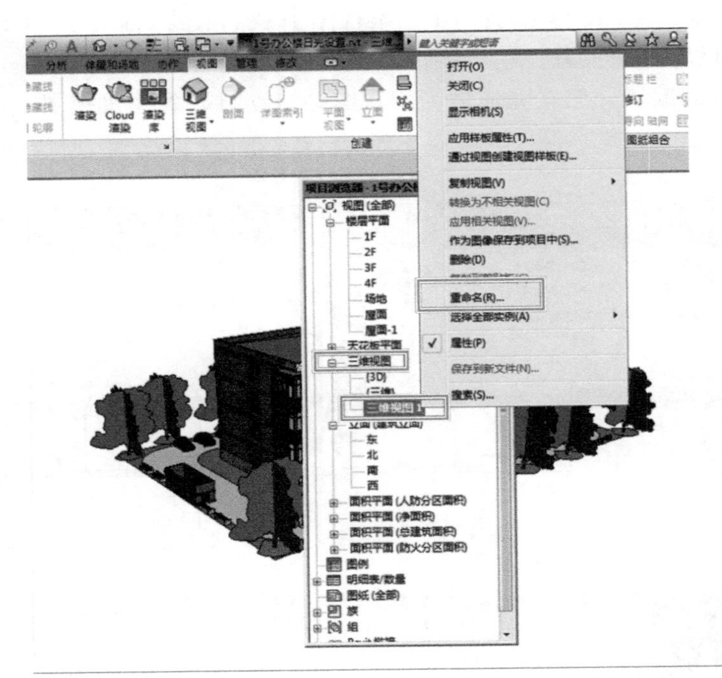

图 4-19 重命名

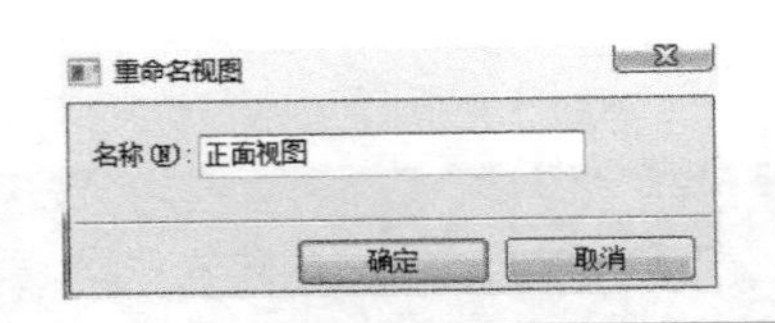

图 4-20 【重命名视图】对话框

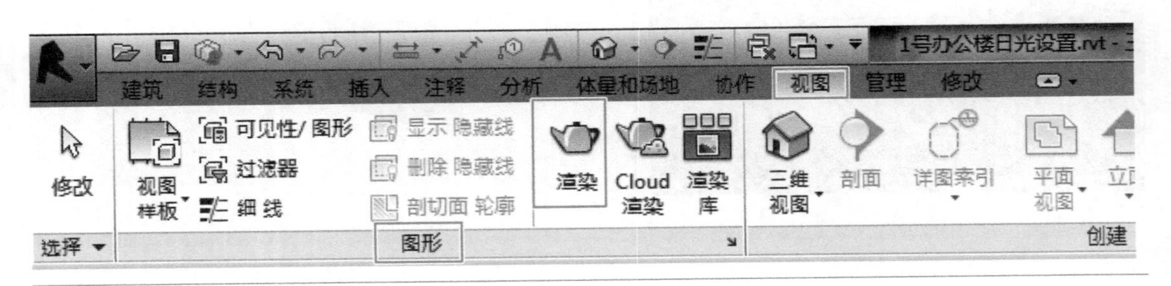

图 4-21 渲染工具

软件会弹出【渲染】对话框，如图 4-22 所示。首先调节渲染出图的质量，单击“质量”栏内【设置】选项框的下拉菜单，从中选择渲染的标准，渲染的质量越好，需要的时间就会越长，所以要根据需要设置不同的渲染质量标准，此处选择“高”，如图 4-23 所示。

在渲染对话框中“输出设置”栏内调节渲染图像的分辨率，“照明”设置栏内将“方案”选项栏设置为“室外：仅日光”。“背景”设置栏内可设置视图中天空的样式。“图像”设置栏内可调节曝光和最后渲染图像的保存格式及位置。所有参数设置完成后，如图 4-24 所示。

单击对话框左上角的【渲染】按钮，开始进入渲染过程，软件自动弹出【渲染进度】对话框，实时显示渲染的进度，如图 4-25 所示。

渲染完成后单击对话框下端【导出】命令，弹出【保存图像路径】对话框，设置图像的保存格式和存放位置，如图 4-26 所示。最后完成图片的渲染，效果如图 4-27 所示。

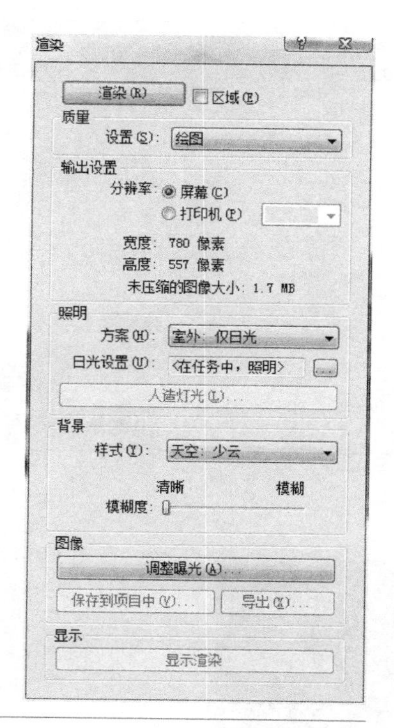

图 4-22 渲染对话框

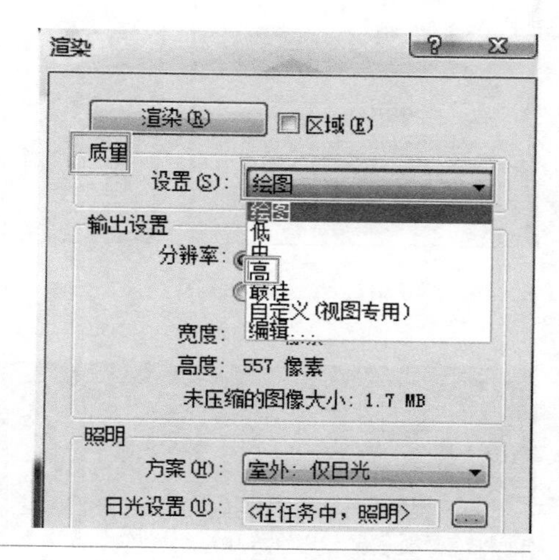

图 4-23 渲染质量设置

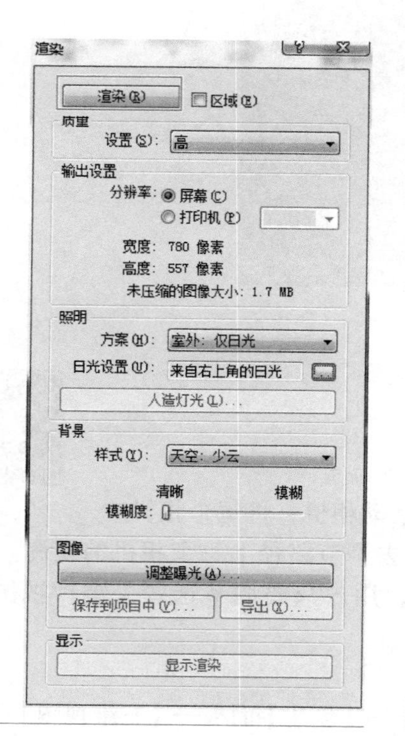

图 4-24 渲染设置

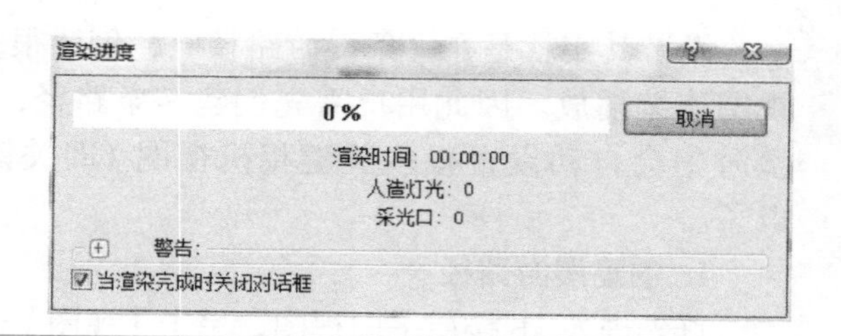

图 4-25 【渲染进度】对话框

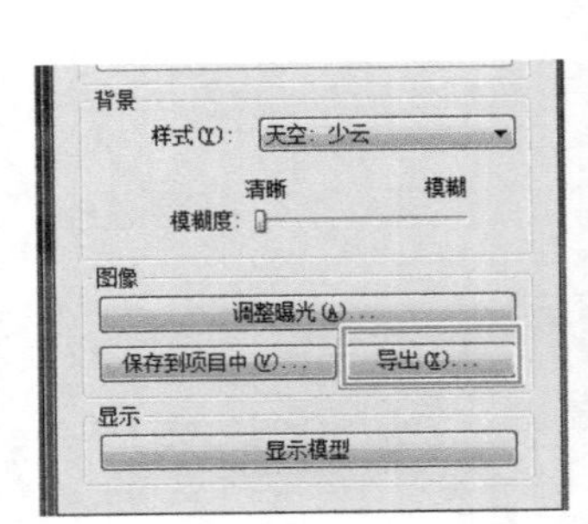

图 4-26　导出渲染

图 4-27　渲染完成后效果图

任务实施 4.1.5　创建漫游

创建漫游

漫游其实就是在一条漫游路径上，创建很多个活动相机，将每个相机的视图连续播放。因此用户需先创建一条路径，然后去调节路径上每个相机的视图。Revit 漫游中会自动设置很多关键相机视图（即关键帧），用户只要调节这些关键帧视图就可以了。

1. 创建漫游路径

首先进入 1F 楼层平面视图，单击【视图】选项卡→【创建】面板→【三维视图】→【漫游】命令，进入漫游路径绘制状态，如图 4-28 所示。将光标放在入口处开始绘制漫游路径，单击鼠标左键插入一个关键点，隔一段距离再单击鼠标左键插入另一个关键点，绘制如图 4-29 所示的一条路径。

图 4-28 【漫游】命令

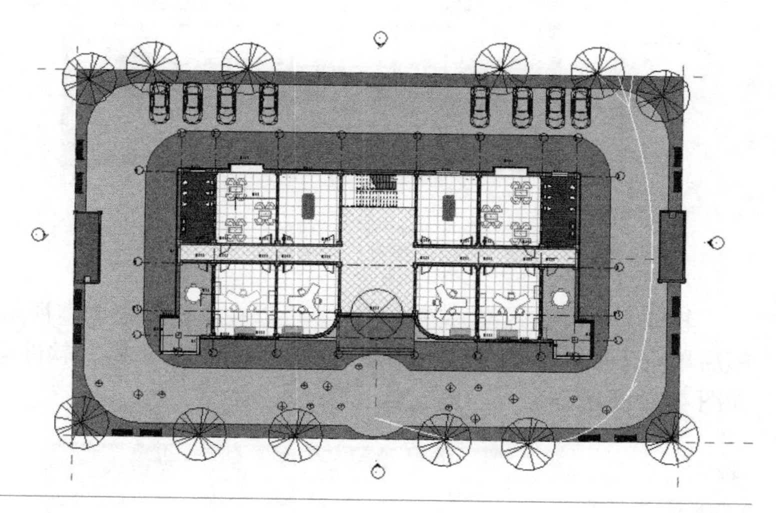

图 4-29 漫游路径创建

绘制完漫游路径后单击【修改】面板→【编辑漫游】按钮，进入编辑关键帧视图状态，如图 4-30 所示。

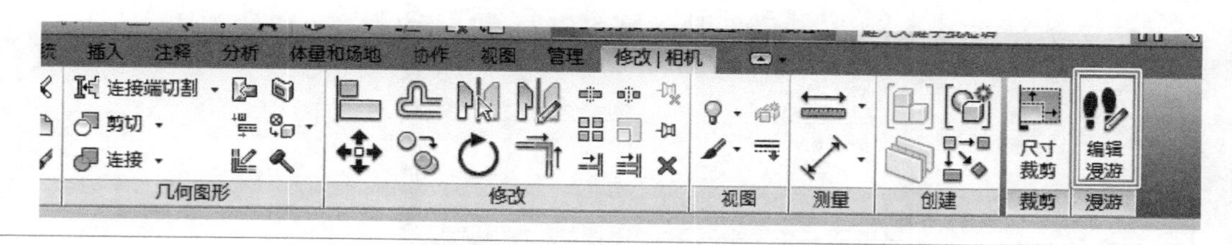

图 4-30 【编辑漫游】命令

关键帧视图其实就是一个相机视图，可采用调整相机（在平面视图中调整相机的视线方向和焦距等）的方法将视图调整为所需要的样子。当进行【编辑漫游】命令时系统会默认从最后一个关键帧开始编辑，编辑完成后，用鼠标左键拖拽相机至前一关键帧的位置再进行编辑，直至所有关键帧均编辑完成。然后单击【编辑漫游】面板中的【打开漫游】命令，如图 4-31 所示。

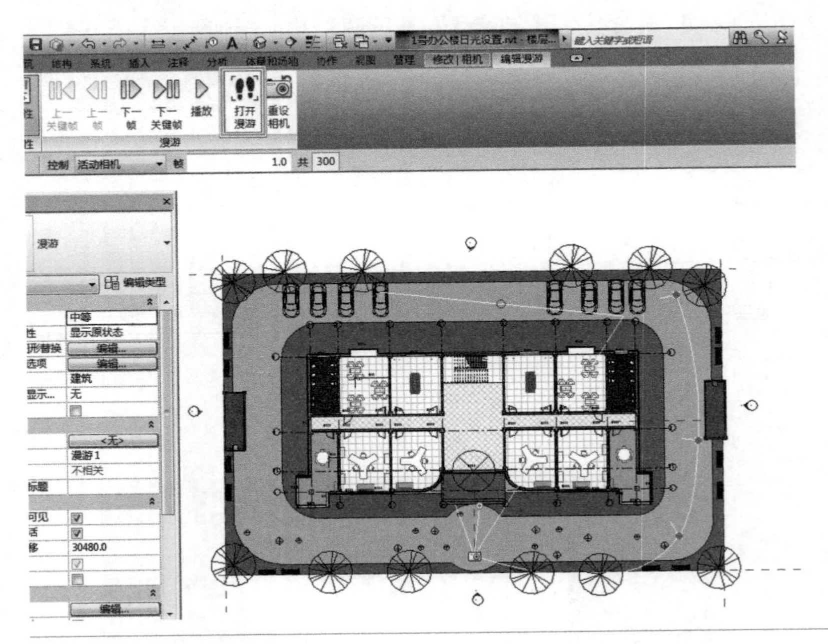

图 4-31 【打开漫游】命令

软件会跳转进入漫游三维视图，可以在本视图中调整视角和视图范围。编辑完所有关键帧后单击【属性】面板中的【漫游帧】后面的编辑框，软件会自动打开【漫游帧】对话框，如图 4-32 所示。

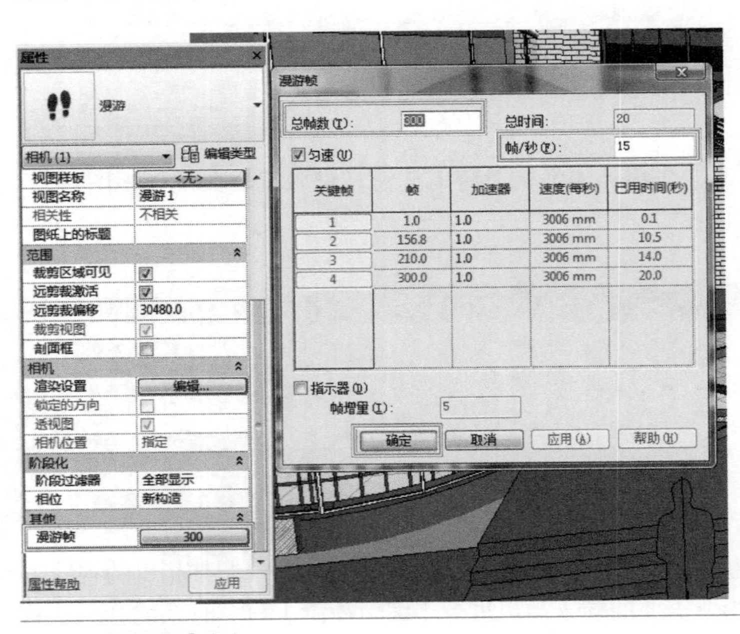

图 4-32 【漫游帧】命令

通过调节“总帧数”等数据来调节漫游的快慢，单击【确定】按钮退出【漫游帧】对话框。

调整完成后，从“项目浏览器”中打开刚刚创建的漫游，用鼠标选定第一张视图的视图框，单击上方【修改|相机】选项卡中的【编辑漫游】命令，如图 4-33 所示。然后单击【编辑漫游】选项卡中的【播放】按钮，开始播放漫游，如图 4-34 所示。

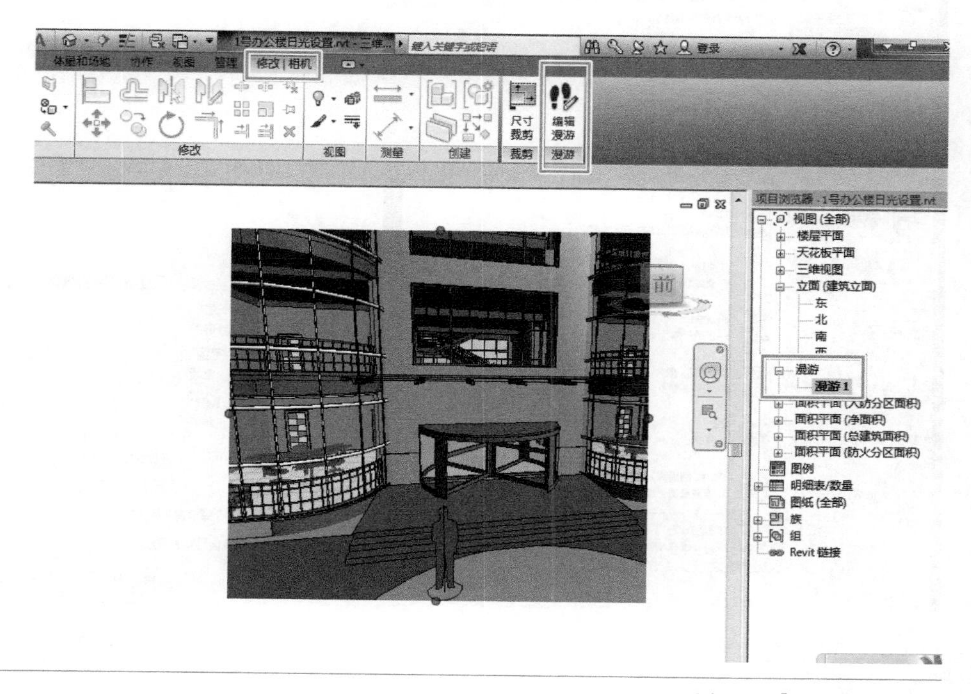

图 4-33 【编辑漫游】命令

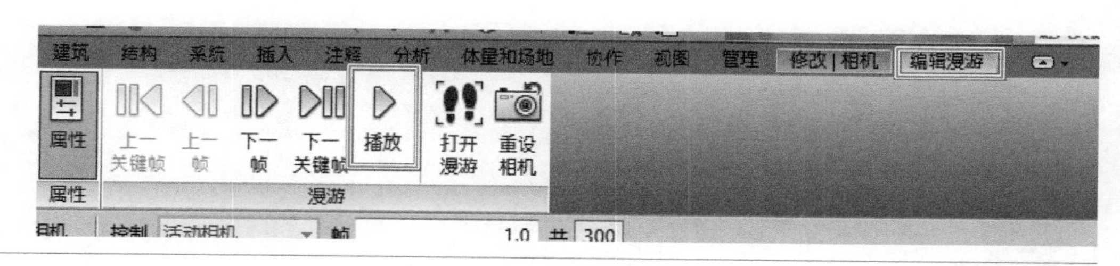

图 4-34 【播放】命令

2. 导出漫游

编辑完漫游后可导出漫游动画，单击【应用程序菜单】按钮，从下拉选项栏中单击【导出】→【图像和动画】→【漫游】选项，如图 4-35 所示。

软件弹出【长度/格式】对话框，如图 4-36 所示，调整对话框中各项参数，如漫游的播放速度、图像显示样式、图像尺寸等，以达到控制导出漫游文件大小的目的。根据需要调整漫游的清晰程度。

设置完成后单击【确定】按钮后弹出【导出漫游】对话框，如图 4-37 所示，确定漫游文件的保存位置和导出格式，设置完成后单击【保存】按钮，会弹出一个【视频压缩】对话框，选择漫游视频文件压缩的形式，如图 4-38 所示，选择完压缩的形式后单击【确定】按钮，完成漫游动画文件的导出。

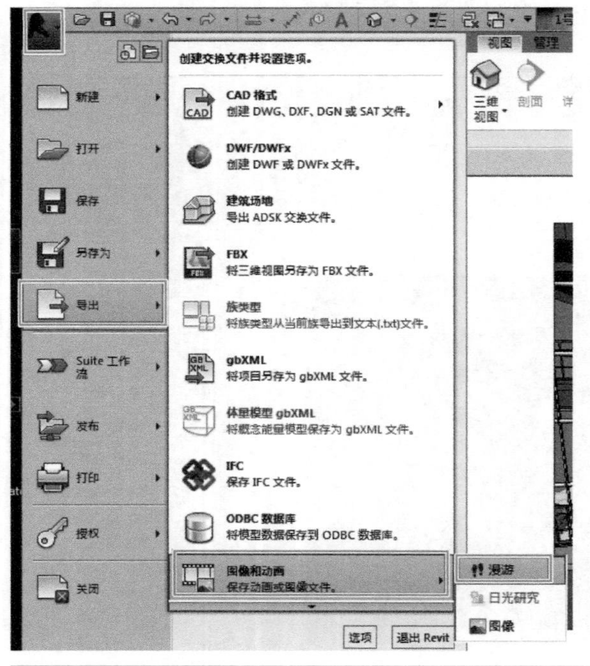

图 4-35　导出漫游

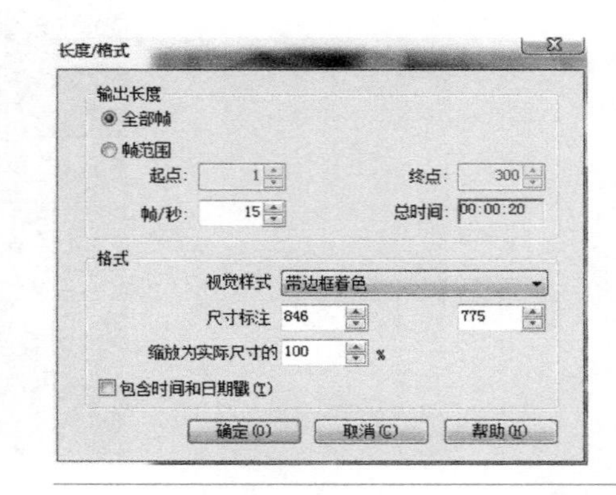

图 4-36　漫游数据设置

图 4-37 【导出漫游】对话框

图 4-38　漫游视频文件压缩形式设置

任务 4.2　文字和尺寸标注

任务发布

■ 任务描述：

在图形中使用文字可标明图形的各个部分，或是给图形添加必要的注解。使用尺寸标注可以显示对象的测量值，例如基础的长度、柱的直径或建筑物的面积等。通过向图形添加文字和尺寸标注，为施工人员提供足够的图形尺寸信息，帮助其准确理解设计者的整体构思，还可以由此得到工程效果的有关信息。本任务主要学习文字和尺寸标注的添加方法。

■ 任务目标：

完成 1 号办公楼相关视图的文字和尺寸标注的添加。

任务实施 4.2.1　添加文字

在 Revit 软件中，若要记录设计注释信息，可利用文字注释功能，将文字注释添加到图形中；同时，还有另一种表达形式是“模型文字”，使用模型文字可在三维建筑模型体量或墙上创建标志或字母。

1. 文字注释

通过“文字注释”功能将说明、技术或其他文字注释添加到工程图中，可以插入换行或非换行文字注释，这些注释在图纸空间中显示而且自动随视图一起缩放。

打开上个任务保存的文件，进入 1F 楼层平面视图，单击【注释】选项卡→【文字】面板→【文字】命令，添加文字注释，如图 4-39 所示。

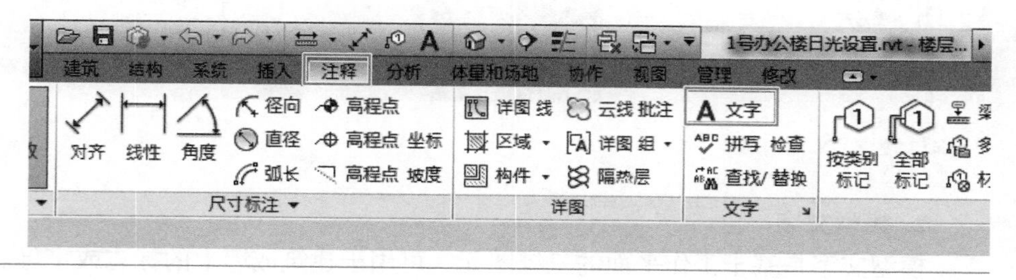

图 4-39　【文字】命令

此时，Revit 将会自动切换至【修改 | 放置文字】选项卡，可以在【格式】面板中选择合适的引线形式及合适的对齐方式，在视图中选择文字注释的位置，并且输入文字名称，例

如“轴线”，如图 4-40 所示。

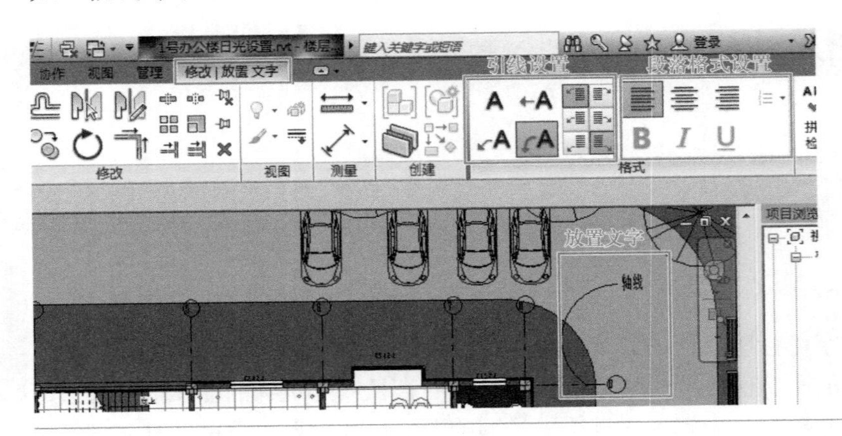

图 4-40　文字注释格式设置

在添加文字注释后，可对其进行编辑以更改其位置或做出其他修改。单击创建完成的文字，Revit 将会自动切换至【修改 | 放置文字】选项卡，可以在【格式】面板中选择合适的引线及合适的对齐方式，在【属性】面板可以对文字大小、左右附着方式等参数进行设置，如图 4-41 所示，保存文件。

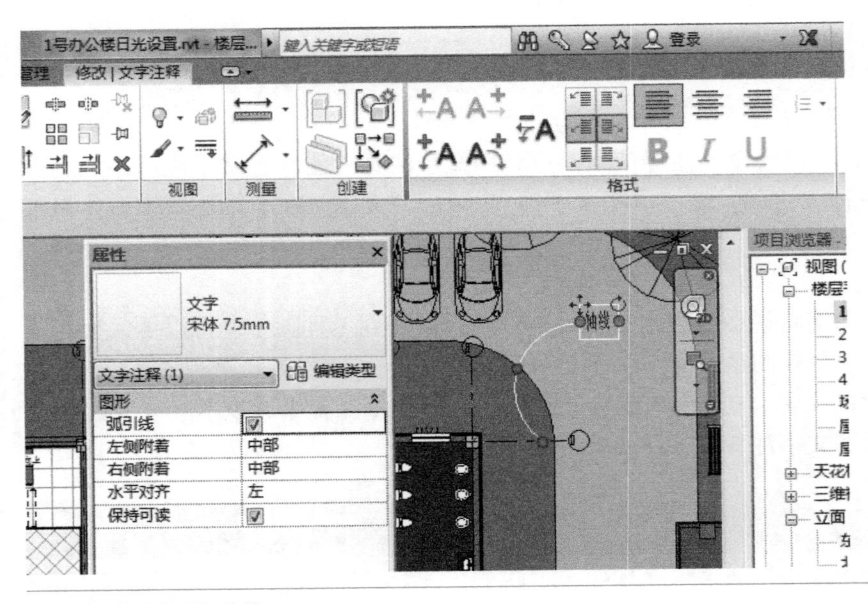

图 4-41　文字注释的编辑

2. 模型文字

模型文字是基于工作平面的三维图元，可用于建筑或墙上的标志或字母。对于能以三维方式显示的族（如墙、门、窗和家具族），可以在项目视图和族编辑器中添加模型文字。模型文字不可用于只能以二维方式表示的族，如注释、详图构件和轮廓族。可以指定模型文字的多个属性，包括字体、大小和材质。

单击【建筑】选项卡→【模型】面板→【模型文字】命令，Revit 会自动弹出【编辑文字】对话框，输入“会议桌”，如图 4-42 所示。单击【确定】按钮，在绘图区合适位置单击鼠标左键即可添加模型文字。

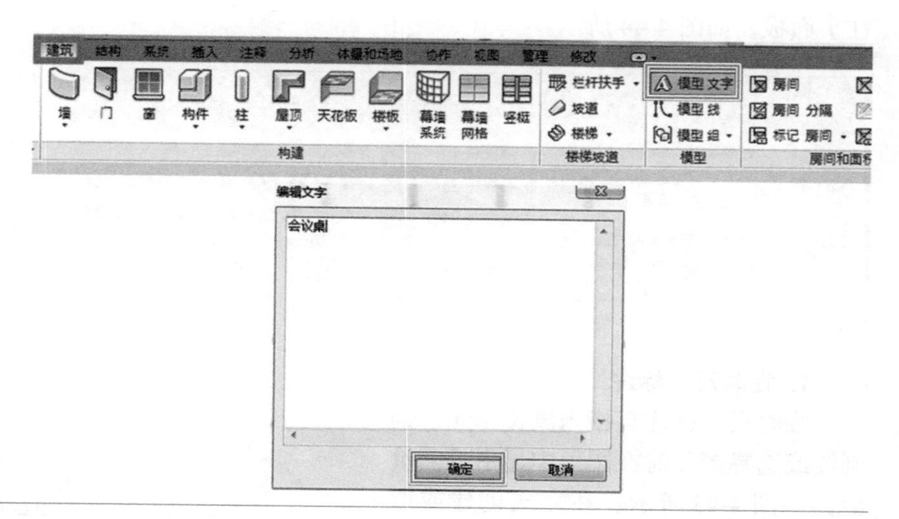

图 4-42　模型文字添加

在添加模型文字后，可对其进行编辑以更改其位置或做出其他修改。单击创建完成的模型文字，Revit 将会自动切换至【修改 | 常规模型】选项卡，可以在【属性】面板中对文字及其大小、对齐方式、深度等参数进行设置（图 4-43），随后保存文件。

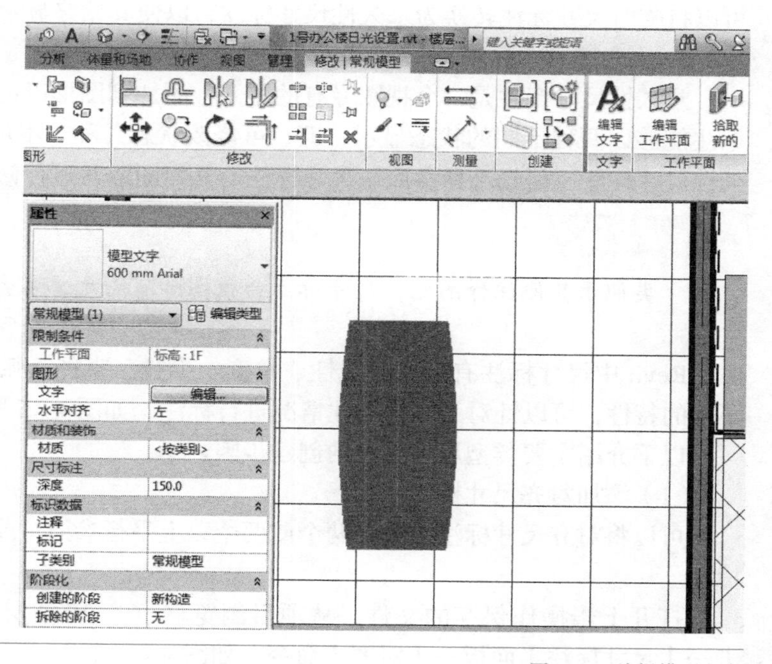

图 4-43　编辑模型文字

任务实施 4.2.2 添加尺寸标注

尺寸标注是在项目中显示的测量值，一般情况下，选择在【注释】选项卡中的【尺寸标注】面板，如图 4-44 所示。

图 4-44 选择【尺寸标注】面板

1. 临时尺寸标注

临时尺寸标注是指当放置图元、绘制线或选择图元时在图形中显示的测量值，如图 4-45 所示。在完成创建或取消选择图元后，这些尺寸标注会消失。在 Revit 中当选择了多个图元，则不会显示临时尺寸标注和限制条件。

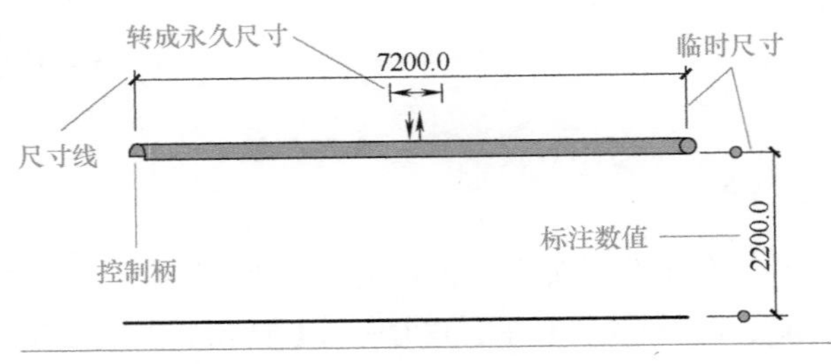

图 4-45 临时尺寸标注说明

在 Revit 软件中，通过修改临时尺寸标注的数值可以改变构件的位置。也可以将临时尺寸标注转换为永久性尺寸标注，以便其始终显示在图形中。

2. 永久性尺寸标注

永久性尺寸标注是一个视图专有的图元，添加到图形以记录设计的测量值。永久性尺寸标注能够以两种不同的状态显示，即“可修改状态”和“不可修改状态”。若要修改某个永久性尺寸标注，请先选择参照该尺寸标注的几何图形并进行修改。

■ 小提示

类似于其他注释图元，尺寸标注为视图专有图元，不会自动显示在其他视图中。

Revit 中尺寸标注有对齐、线性、角度、半径、直径、弧长等，每一个尺寸标注都具有不同的特性，可以针对不同的标注情况进行标注，如图 4-46 所示。

以下介绍主要类型尺寸标注的创建步骤。

（1）添加对齐尺寸标注

可以将对齐尺寸标注放置在两个或两个以上平行参照，或者两个或两个以上点之间进行标注。

打开上步操作保存的文件，从项目浏览器打开 2F 楼层平面视图，单击【注释】选项卡→【尺寸标注】面板→【对齐】命令，如图 4-47 所示。

Revit 软件将会切换至【修改 | 放置尺寸标注】选项卡，选择【尺寸标注】面板中的【对

齐】命令，在选项栏中将“拾取”设置为“单个参照点”，在如图 4-48 所示的①轴线、②轴线、③轴线、④轴线、⑤轴线的位置，依次单击鼠标左键进行标注，然后在合适的位置单击鼠标左键放置尺寸标注。

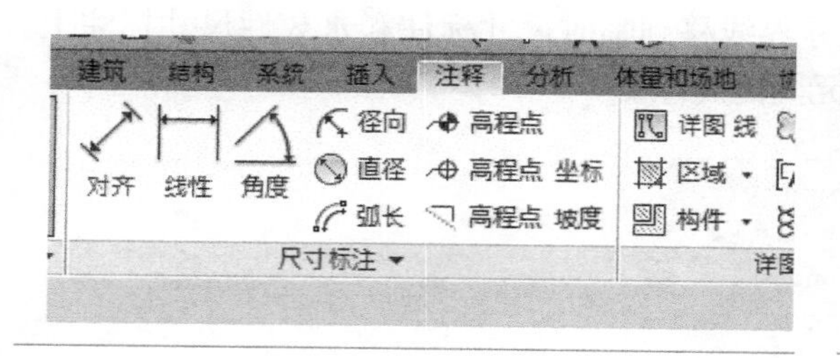

图 4-46 【尺寸标注】面板

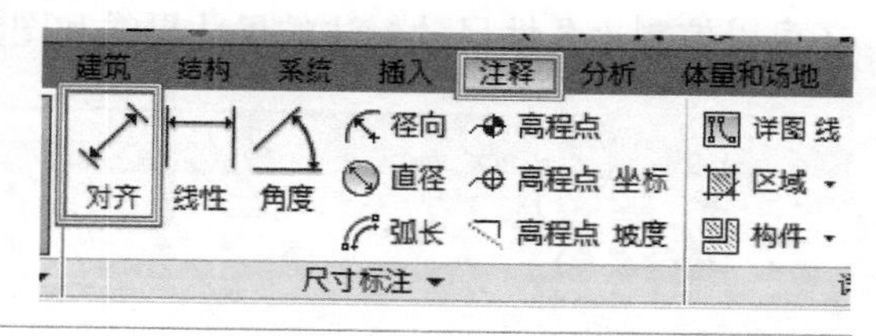

图 4-47 【对齐】命令

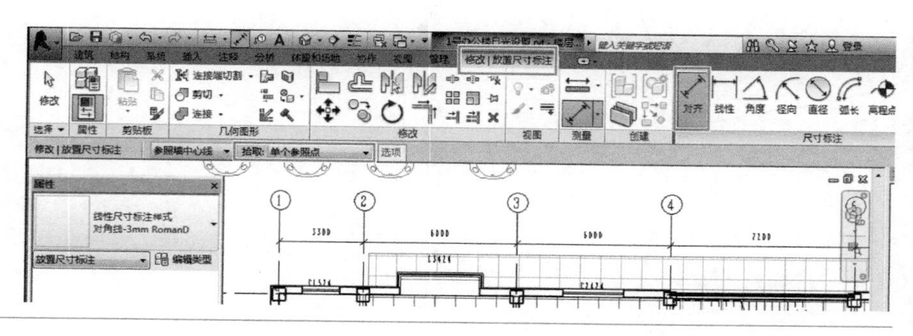

图 4-48 添加【对齐】尺寸标注

（2）添加线性尺寸标注

线性尺寸标注主要放置于选定的点之间以测量两点之间的水平或者垂直距离，尺寸标注与视图的水平轴或垂直轴对齐，选定的点是图元的端点或参照的交点，在放置线性标注时，可以使用弧端点作为参照。

■ 小提示

只有在项目环境中才可用水平标注或垂直标注，无法在族编辑器中创建它们。

线性尺寸标注的创建与对齐尺寸标注完全相同，在此不再赘述。

（3）添加角度尺寸标注

角度尺寸标注主要用以测量共享同一公共交点的多个参照点之间的角度。单击【注释】选项卡→【尺寸标注】面板→【角度】命令，如图 4-49 所示。

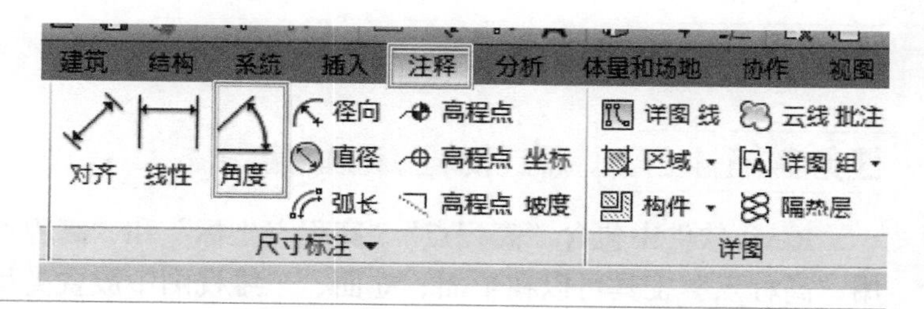

图 4-49 【角度】尺寸标注

Revit 软件将会切换至【修改 | 放置尺寸标注】选项卡，选择【尺寸标注】面板中的【角度】命令，在如图 4-50 所示的位置依次单击鼠标左键进行标注。

3. 尺寸标注的尺寸界线

通过调整尺寸标注的尺寸界限可以将尺寸界线移到临时尺寸标注和永久性尺寸标注上，还可以控制永久性尺寸标注的尺寸界线和图元间的间隙。

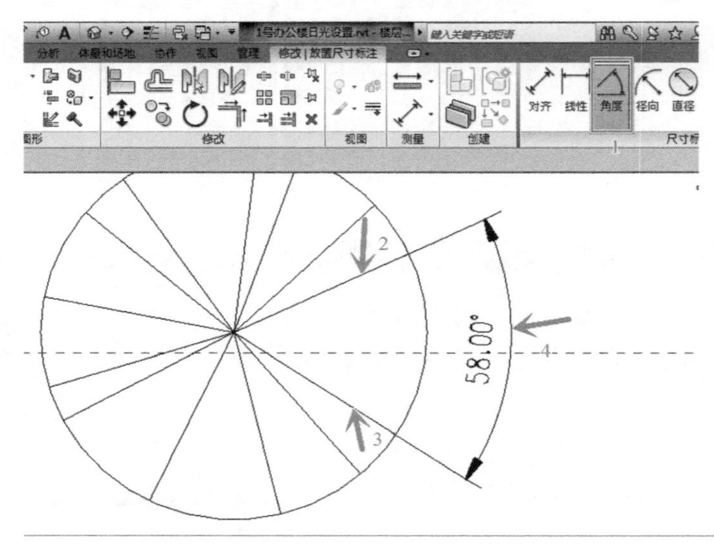

图 4-50　添加角度尺寸标注

1）移动临时尺寸标注的尺寸界线：选择一个窗图元，临时尺寸标注将会显示，如图 4-51 所示的蓝色圆点，即尺寸界线的控制柄，将其拖拽至新的参照上，即可实现不同参照之间的尺寸标注。

2）移动永久性尺寸标注的尺寸界线：选择一个永久性尺寸标注，在尺寸界线中点处的蓝色圆形控制点，可以进行移动尺寸界限的操作，用末端的蓝色控制点可调整尺寸线的长度，如图 4-52 所示。

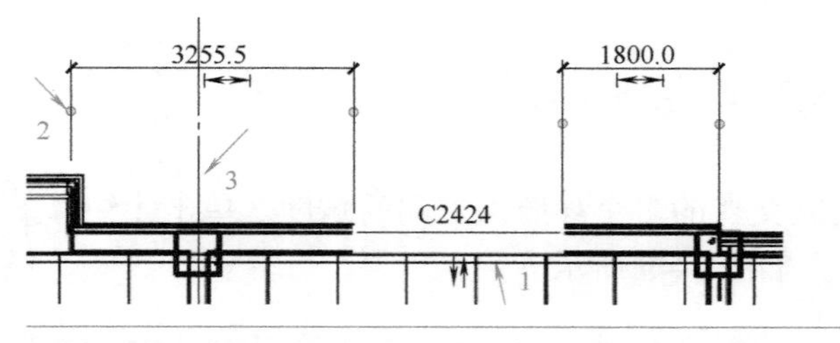

图 4-51　调整临时尺寸标注

图 4-52　永久性尺寸标注控制点

任务实施 4.2.3　添加高程点和坡度

Revit 软件中包含“高程点”“高程点坐标”和“高程点坡度”三种工具显示高程点。使用“高程点”工具可以在平面、立面、三维视图中放置高程点，还可以显示选定点的高程或图元的顶部（和底部）高程，可以获取坡道、道路、地形表面和楼梯平台的高程点。“高程点坐标”工具会显示选定点的“北/南”和“东/西”坐标，还会显示选定点的实际高程。“高程点坡度”工具可以在模型的面或边上的特定的点处显示坡度。

1. 高程点

打开上步操作保存的文件，通过项目浏览器打开【南立面视图】。单击【注释】选项卡→【尺寸标注】面板→【高程点】命令，如图4-53所示。

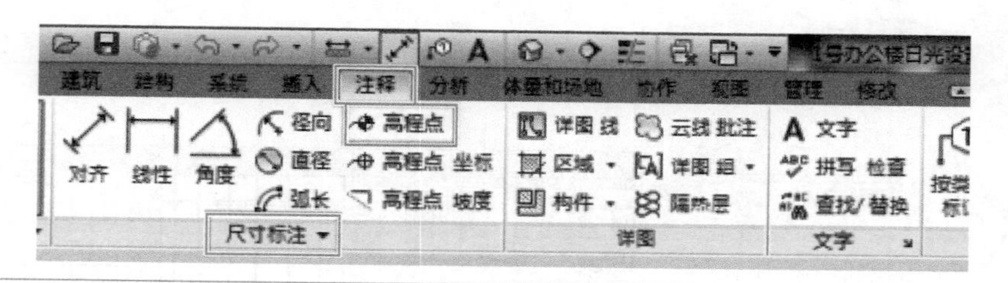

图4-53 【高程点】命令

Revit将会切换至【修改|放置尺寸标注】选项卡，在【属性】面板的【类型选择器】中选择要放置的高程点的类型，在选项栏中勾选（或取消勾选）“引线”“水平段”，移动光标至视图中，在需要标注的高程点位置单击鼠标左键即完成高程点标注，如图4-54所示。

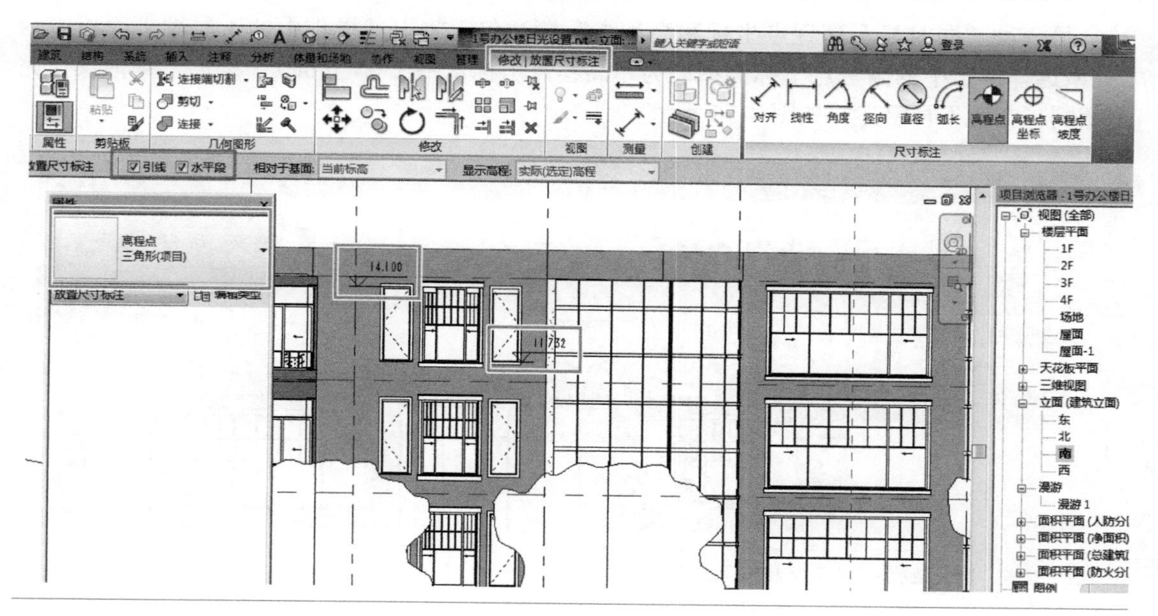

图4-54 创建【高程点】标注

2. 高程点坐标

“高程点坐标”可以显示项目中点的“北/南”和“东/西”坐标，可以在楼板、墙、地形表面和边界线上添加高程点坐标，将高程点坐标位置放置在非水平表面和非平面边缘上。除坐标外，还可以将高程点坐标与高程点放置在同一位置上显示。

单击【注释】选项卡→【尺寸标注】面板→【高程点坐标】命令。Revit将会切换至【修改|放置尺寸标注】选项卡，在【属性】面板的【类型选择器】中选择要放置的高程点的类型即“高程点坐标水平”，在选项栏中勾选（或取消勾选）“引线”“水平段”，移动光标至视

图中，在需要标注的高程点位置处单击鼠标左键即完成高程点标注，如图 4-55 所示。完成上述操作，按 <Esc> 键两次退出操作。

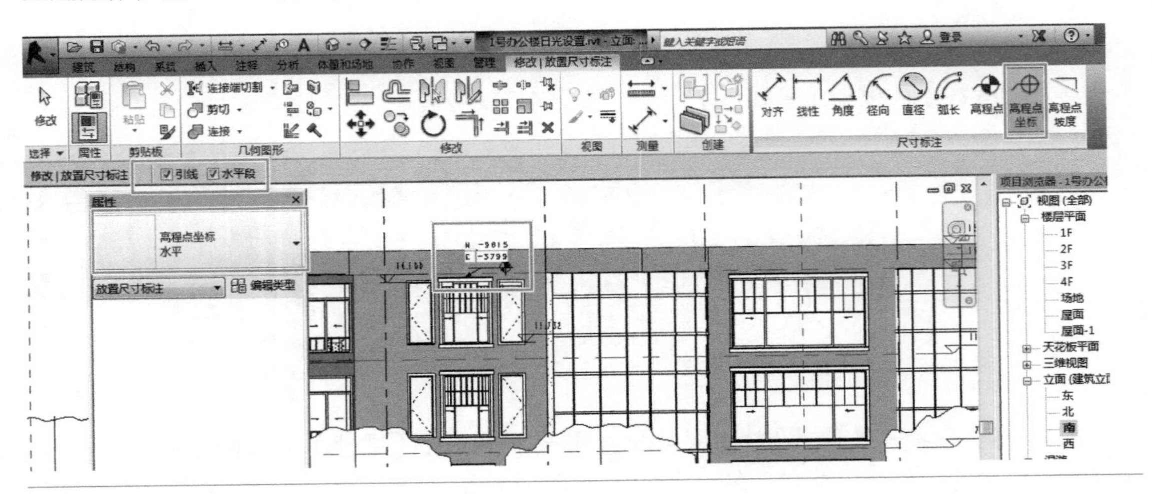

图 4-55　创建【高程点坐标】标注

另一种“同时显示高程点坐标和高程点”标注仅需将上述操作中的【属性】面板中的【类型选择器】中的高程点坐标类型设为“高程点坐标水平（W- 立面）”类型，其他操作完全相同，在此不再赘述，如图 4-56 所示。

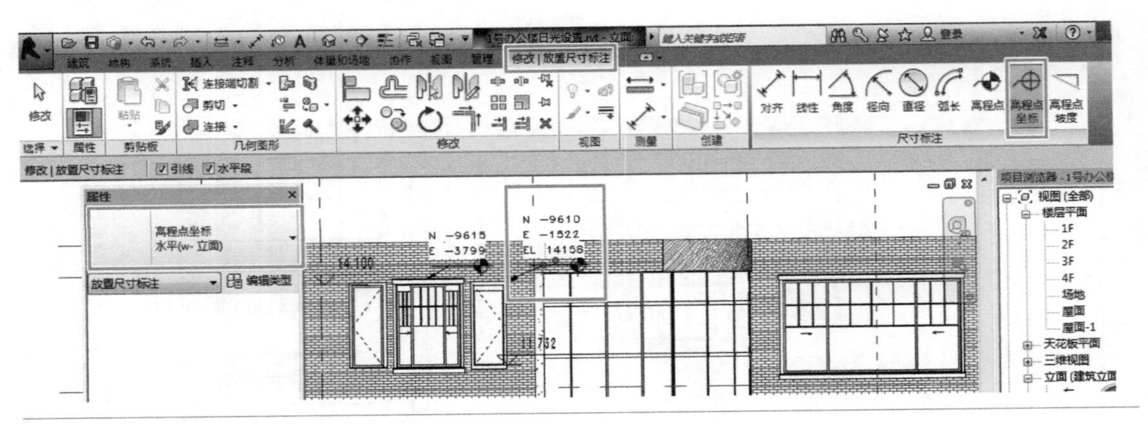

图 4-56　创建“同时显示高程点坐标和高程点”标注

3. 高程点坡度

“高程点坡度”可以显示图元的面或边上的特定点处的坡度，高程点坡度的对象通常包括屋顶、梁和管道，可以在平面视图、立面视图和剖面视图中放置高程点坡度。

打开【屋面】楼层平面视图，单击【注释】选项卡→【尺寸标注】面板→【高程点坡度】命令，Revit 将会切换至【修改 | 放置尺寸标注】选项卡，修改选项栏中的“坡度表示”为“箭头”，设置合适的“相对参照的偏移”量值，在【属性】面板的【类型选择器】中选择高程点坡度类型为“坡度”类型，将光标移动至视图需要标注的位置，单击鼠标左键即完成标注的创建，如图 4-57 所示。

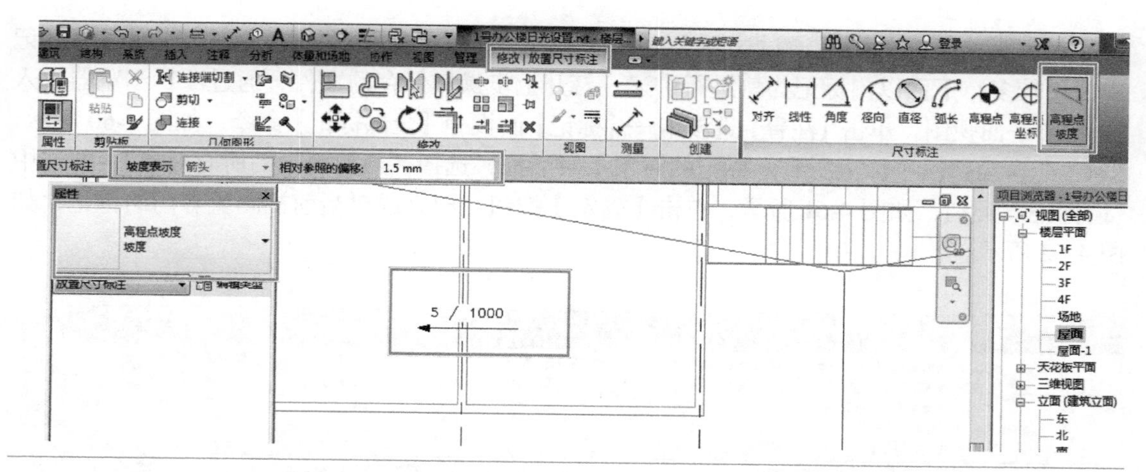

图 4-57 创建【高程点坡度】标注

任务实施 4.2.4 添加符号

符号是注释图元或其他对象的图形表示，在视图和图例中使用注释符号来传达详细设计信息，使用“符号”工具可以直接在项目视图中放置二维注释符号。单击【注释】选项卡→【符号】面板，面板中有多种符号工具，根据需要进行选用，在【属性】面板选择需要放置的符号类型，然后在绘图区单击即可放置，如图 4-58 所示。

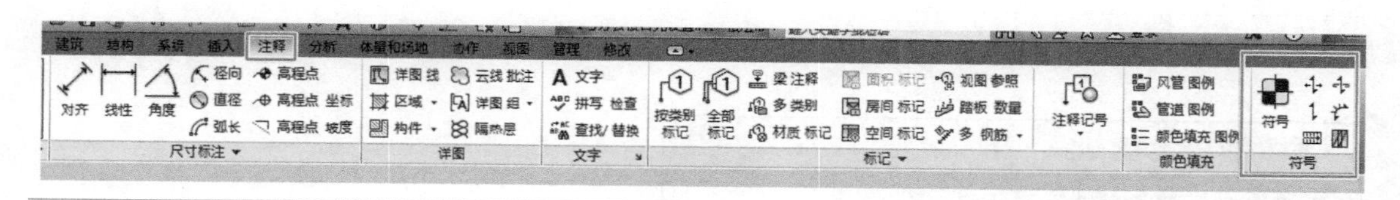

图 4-58 【符号】面板

任务实施 4.2.5 添加标记

标记是用于在图纸中识别图元的注释，使用“标记”工具将标记附着到选定图元，标记相关联的属性会显示在明细表中。在项目中，标记通常有两种，它们分别为“按类别标记”和“全部标记”，可在【注释】选项卡中的【标记】面板中进行选择，如图 4-59 所示。

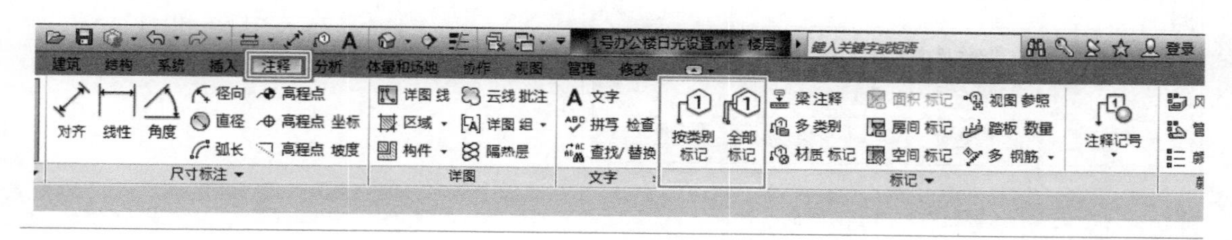

图 4-59 【标记】命令

对于尚未标记的图元通过这两个工具标记后，即可出现图元标记，该功能在门窗标记中使用较多，下面以门标记为例进行讲述。打开上步操作保存的文件，通过项目浏览器进入2F 楼层平面视图，单击【注释】选项卡→【标记】面板→【全部标记】命令，如图 4-60 所示，Revit 会自动弹出【标记所有未标记的对象】对话框，选择“当前视图的所有对象”，并选中“门标记”类别，如图 4-61 所示，单击【确定】按钮，即完成对当前视图所有门的标记，如图 4-62 所示。

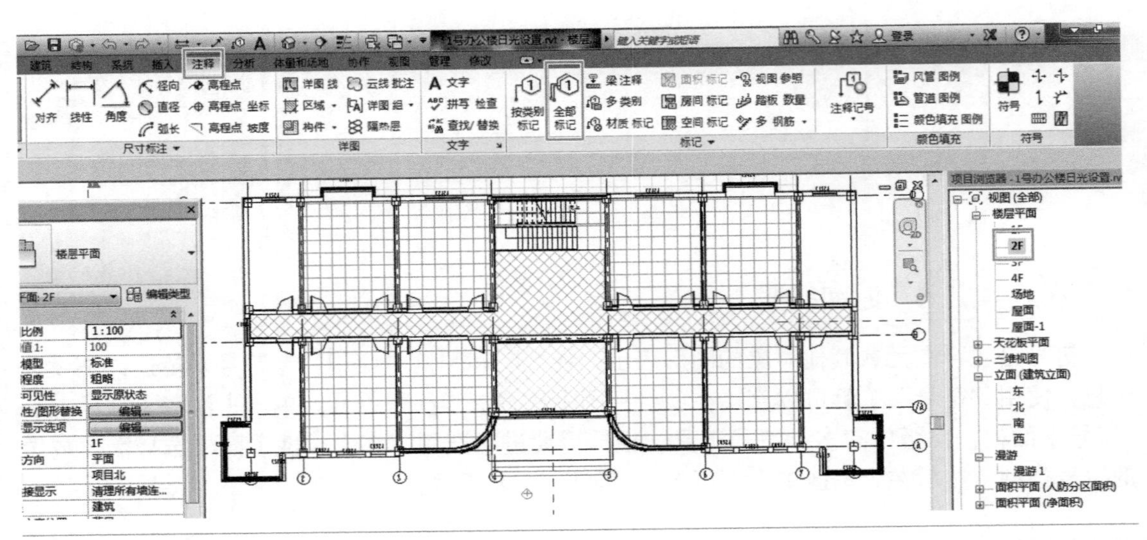

图 4-60 【全部标记】命令

图 4-61 【标记所有未标记的对象】对话框

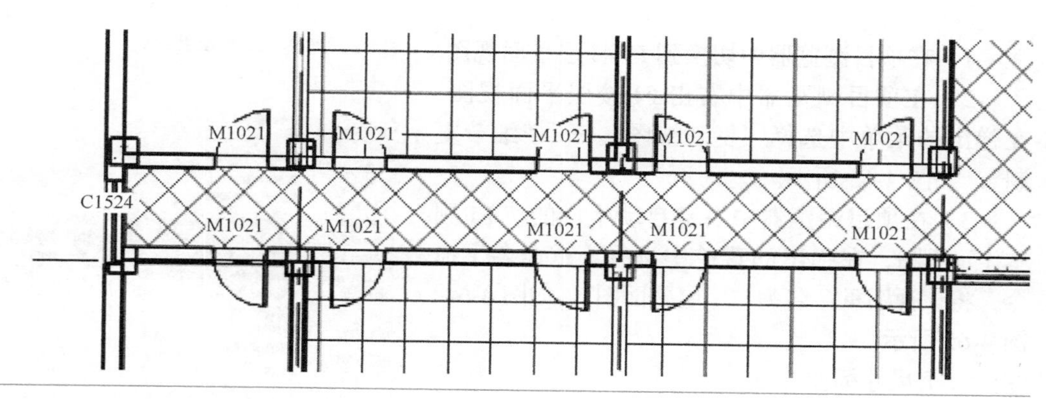

图 4-62　添加门类型标记

任务 4.3　图纸生成和输出

任务发布

■ 任务描述：

在Revit平台中，所搭建的建筑信息模型可以创建不同的视图，模型中每一个平面、立面、剖面、三维视图等都是一个视图。在建筑模型中，所有的图纸、二维视图和三维视图以及明细表都是同一个基本建筑模型数据库的信息表现形式。修改某个视图的建筑模型时，Revit 会在整个项目中同步这些修改。

Revit 是一款参数化的三维设计软件，本任务将以某样板房工程为例，详细讲解在 Revit 创建样板房三维模型后，如何对模型进行相关的平面图、立面图、剖面图等二维图纸的生成和输出。样板房模型在本书配套资源中下载。

■ 任务目标：

完成某样板房工程相关图纸的生成与输出。

任务实施 4.3.1　生成平面图、立面图、剖面图

1. 生成平面图

（1）创建视图

在进行施工图阶段的图纸绘制时，建议在含有三维模型的平面视图进行复制，将二维图元（含房间标注、尺寸标注、注释等）的信息绘制在新的平面视图中，便于进行统一性的管理。具体操作如下：

1）在项目浏览器中切换到 F1 楼层平面视图。

2）在项目浏览器中右击 F1 楼层平面视图，在弹出的菜单中选择“复制视图”→“带细节复制”，如图 4-63 所示。

3）在项目浏览器中右键自动生成的“F1 副本 1”视图，在弹出的菜单中选择【重命名】命令，将该视图重命名为“一层平面图”，如图 4-64、图 4-65 所示。

（2）尺寸标注

1）轴线标注：在新创建的一层平面图中，选择【注释】→【尺寸标注】→【对齐】命令，依次选择相关轴线，进行标注，标注完成结果如图 4-66 所示。

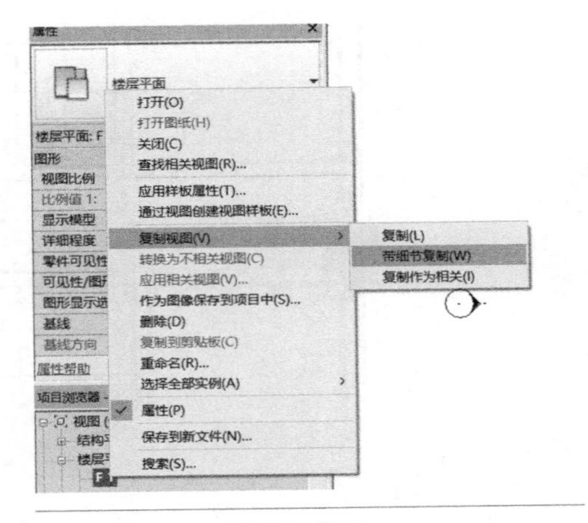

图 4-63　复制 F1 楼层平面视图

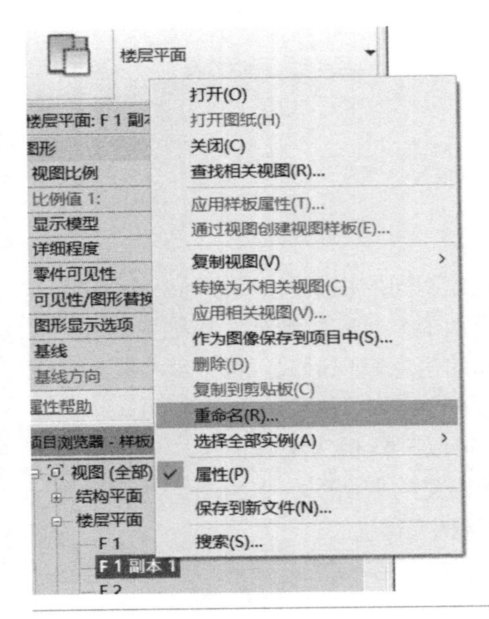

图 4-64　视图重命名

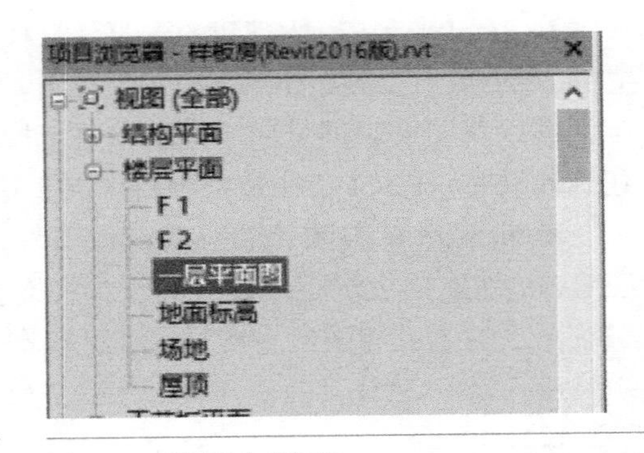

图 4-65　视图重命名结果

2）门窗尺寸标注。

① 在新创建的一层平面图中，选择【注释】→【尺寸标注】→【对齐】命令，依次对一层平面视图上方墙体窗户进行尺寸标注，标注完成结果如图 4-67 所示。

② 图 4-67 中窗户尺寸标注数值有相互遮挡，选择数值为 355 的尺寸标注文字，用鼠标左键拖动数值下方蓝色圆点，调整该尺寸标注的位置，如图 4-68 所示。同理，可调整数值为 245 的尺寸标注文字的位置。

③在新创建的一层平面图中，选择【注释】→【尺寸标注】→【对齐】命令，完成一层其他门窗的尺寸标注，如图 4-69 所示。

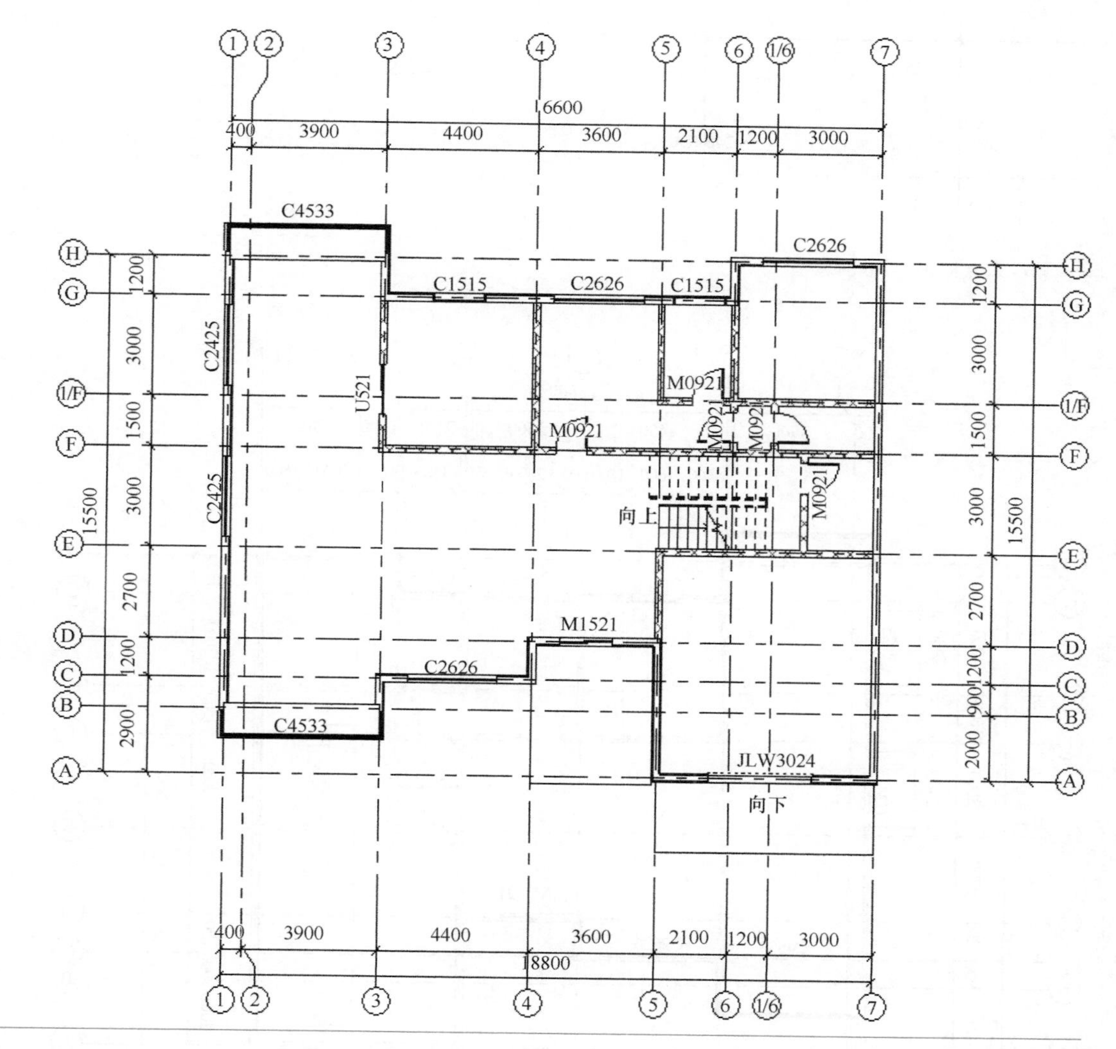

图 4-66　轴线尺寸标注

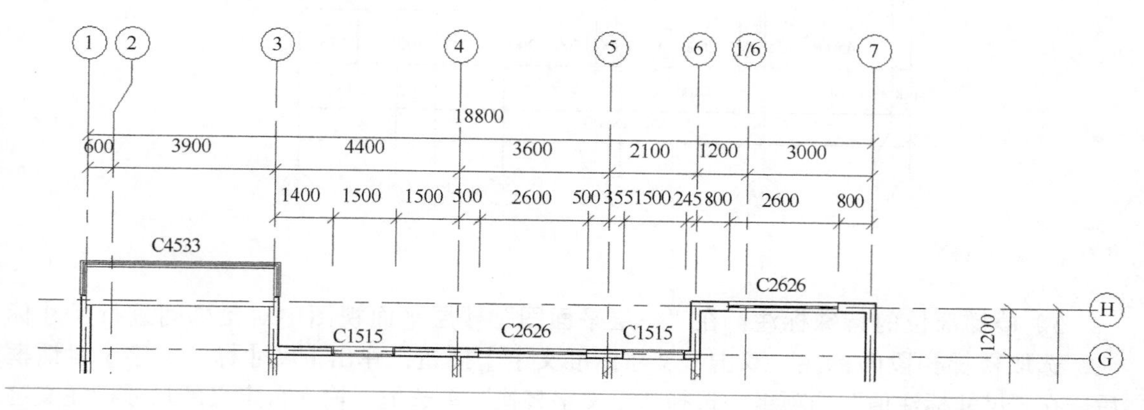

图 4-67　门窗尺寸标注

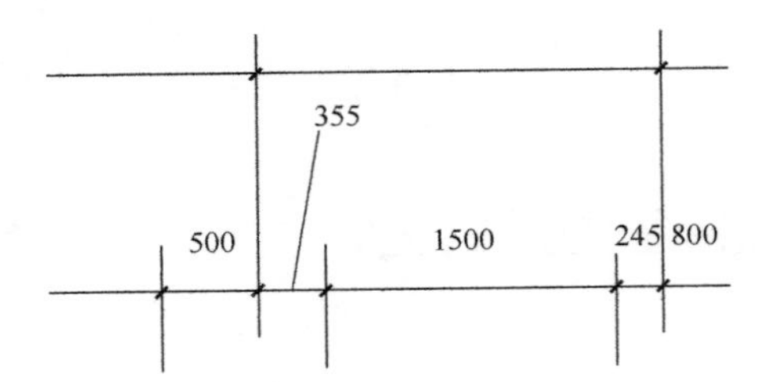

图 4-68　尺寸标注文字位置调整

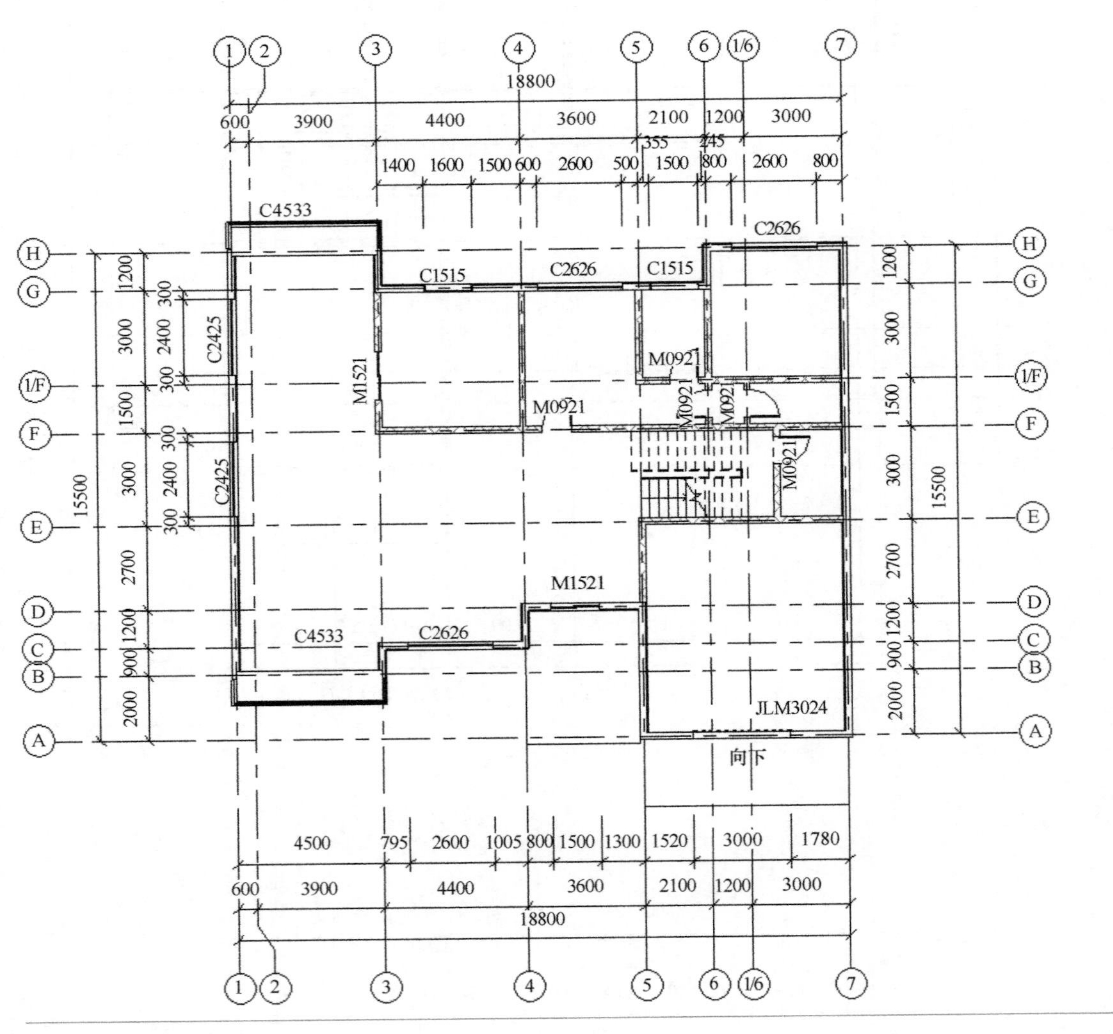

图 4-69　一层门窗尺寸标注

3）楼梯部位的特殊标注：在“一层平面图”楼层平面视图中对楼梯间进行尺寸标注，选取楼梯梯段的标注，双击【尺寸标准文字】按钮，弹出【尺寸标注文字】对话框后，在“尺寸标注值”选项组中选择“以文字替换”单选框，输入自定义的尺寸标注文字“280*11=3080”，单击【确定】按钮保存，如图 4-70 和图 4-71 所示。

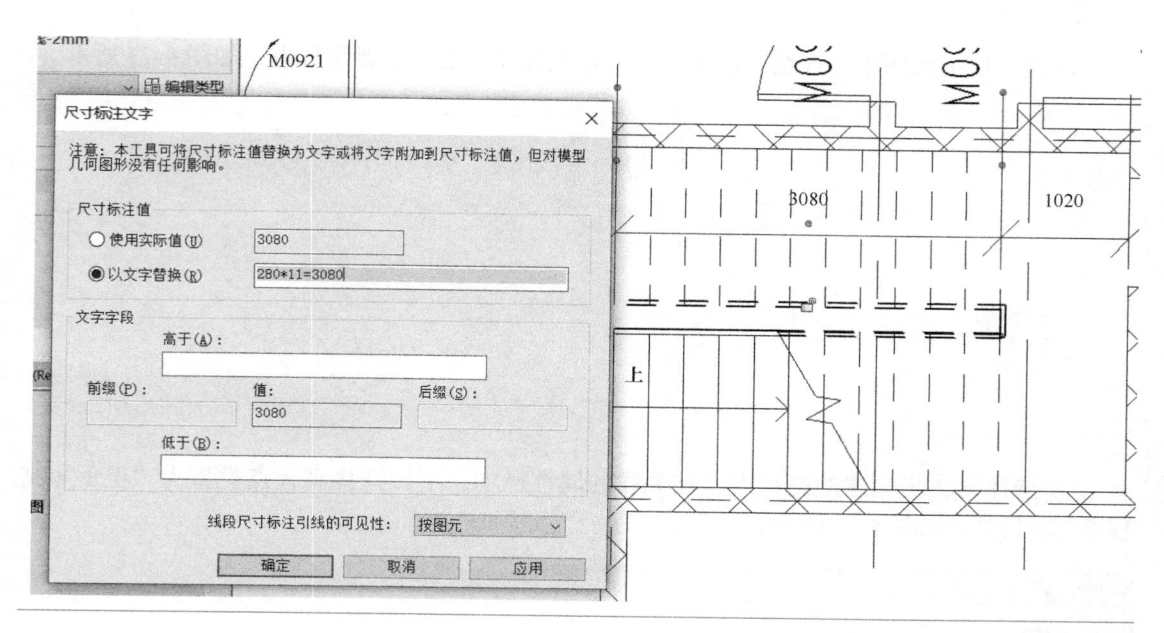

图 4-70 文字替换

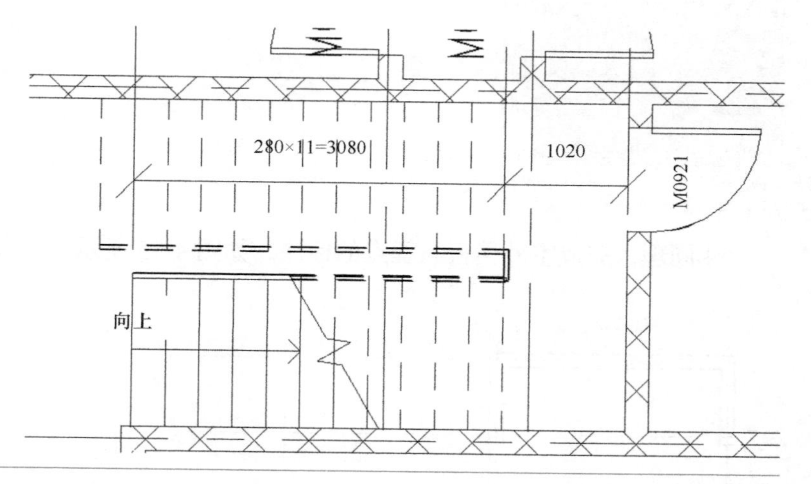

图 4-71 楼梯部位标注

4）高程点（标高）标注。

① 在一层平面图中，选择【注释】→【尺寸标注】→【高程点】命令，如图 4-72 所示。

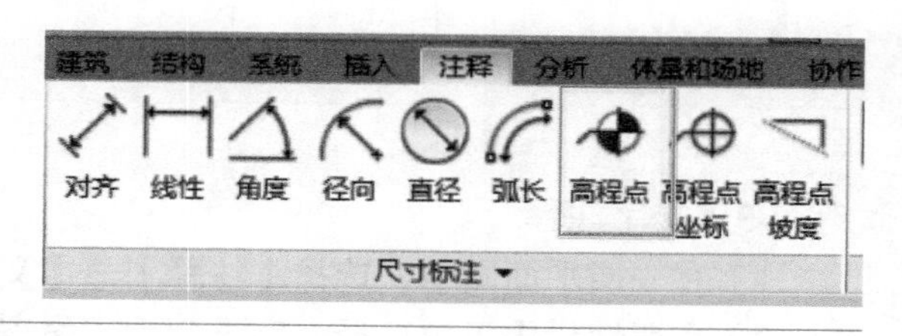

图 4-72 【高程点】命令

②在一层平面图中，连续三次单击室内楼板任意一点，放置高程点，如图 4-73 所示。

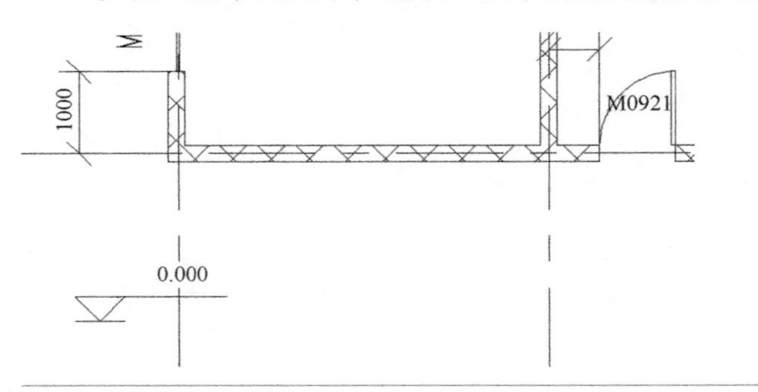

图 4-73　放置高程点

③ 选择第②步创建的高程点，在关联的属性栏中，下拉选择高程点类型为“正负零高程点（项目)”，如图 4-74 所示。

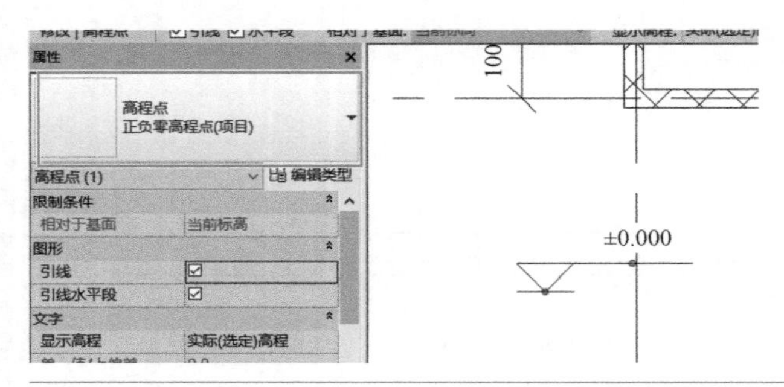

图 4-74　修改高程点

④同理，完成室外楼板高程点的标注，如图 4-75 所示。

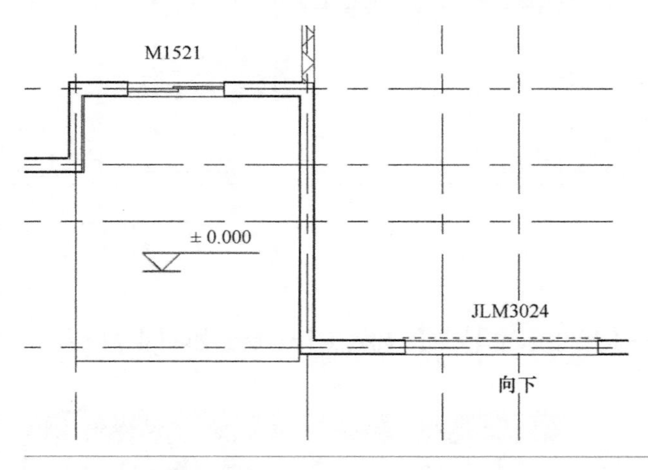

图 4-75　室外楼板高程点标注

（3）文字注释

1）在一层平面图中，选择【注释】→【文字】→【文字】命令，如图 4-76 所示。

2）在属性栏中下拉选择文字类型为“仿宋 5mm”，如图 4-77 所示。

3）在一层平面图中客厅区域内放置文字框，输入文字“客厅”，单击绘图区其他位置退出当前文字编辑，如图 4-78 所示。

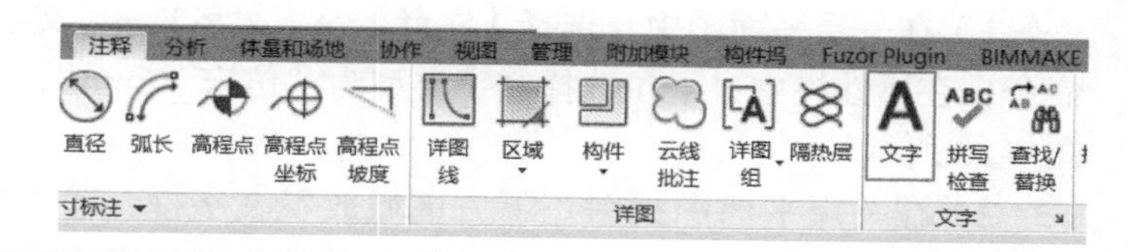

图 4-76 文字注释菜单

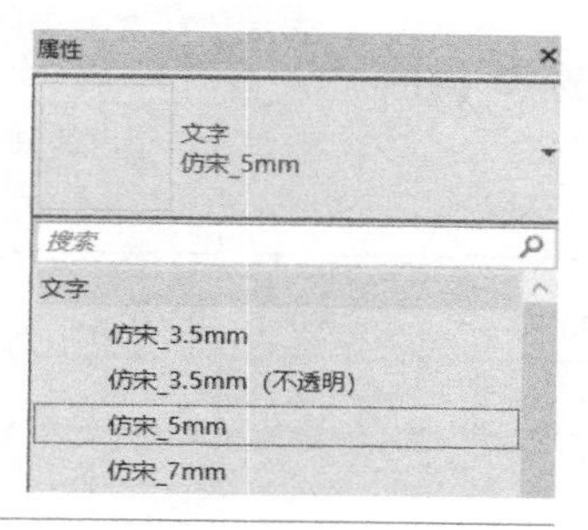

图 4-77 文字类型选择

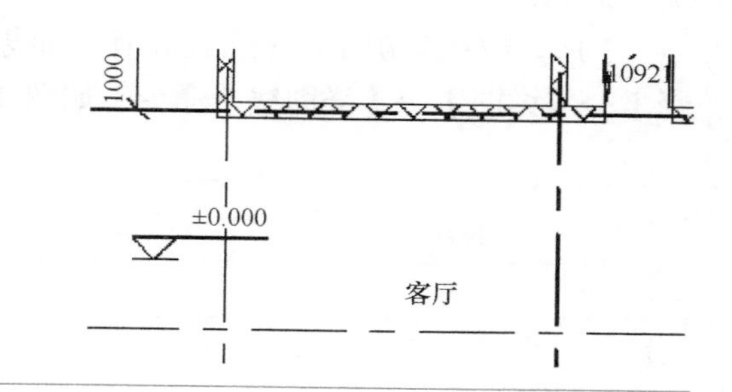

图 4-78 放置文字注释

4）同理，完成一层其他房间的文字注释，如图 4-79 所示。

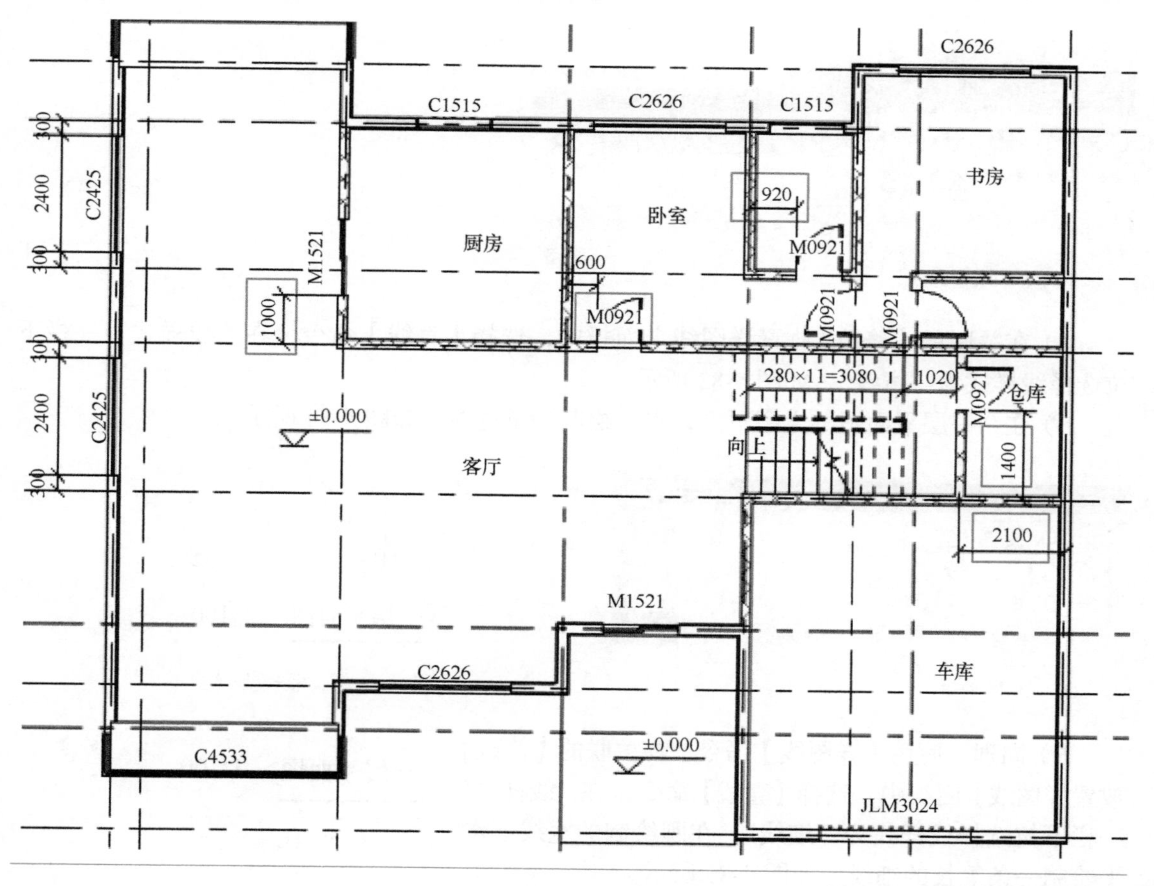

图 4-79 一层其他房间文字注释

（4）名称注释

1）在一层平面图中，选择【注释】→【文字】→【文字】命令，在属性栏中，下拉选择文字类型为“仿宋 _7mm”，如图 4-80 所示。

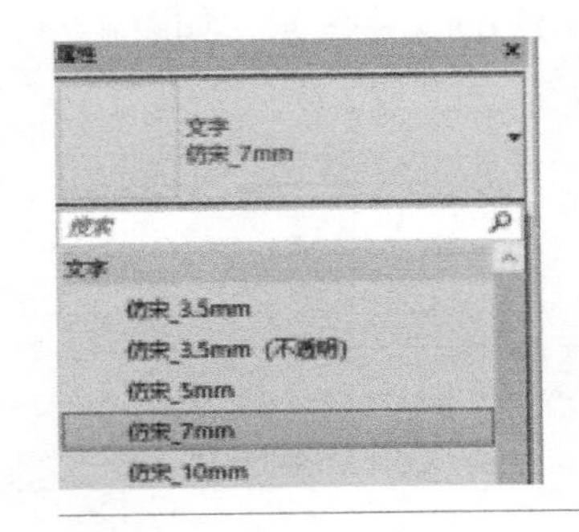

图 4-80　文字类型选择

2）在一层平面图视图正下方区域放置文字框，输入文字“一层平面图 1：100”，单击绘图区其他位置，退出当前文字编辑，如图 4-81 所示。

3）单击快速访问工具栏取消“细线”模式，选择【注释】→【详图】→【详图线】命令，如图 4-82 所示。

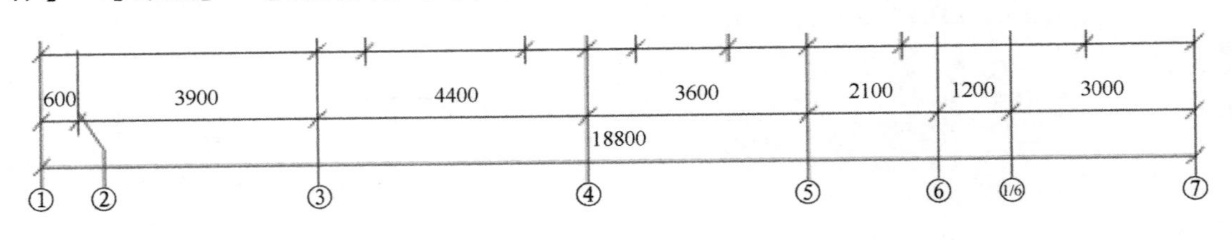

图 4-81　文字注释放置

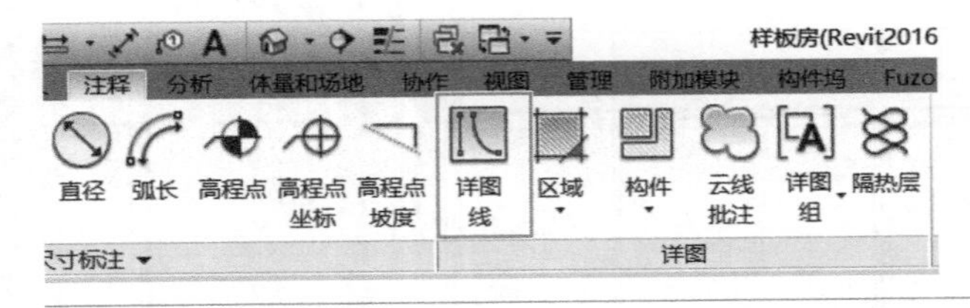

图 4-82 【详图线】命令

4）在关联的【修改 | 放置详图线】面板中，选择【直线】命令，在“线样式”一栏下拉选择线样式为“宽线”，如图 4-83 所示。

5）在“一层平面图”文字下方，水平绘制一条宽线，如图 4-84 所示。

图 4-83　详图线样式选择

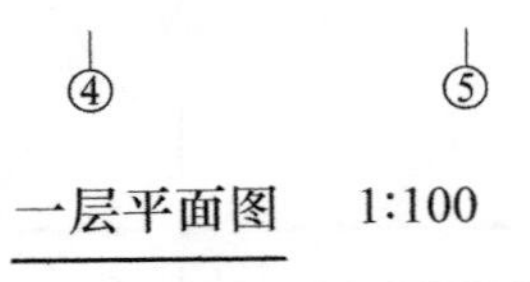

图 4-84　详图线宽线绘制

6）同理，使用【详图线】命令，在关联的【修改 | 放置详图线】面板中，选择【直线】命令，在“线样式”一栏下拉选择线样式为“细线”，在刚绘制的宽线下水平绘制一条等长的细线，如图 4-85 所示。

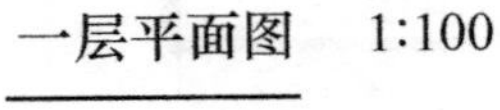

一层平面图　1:100

图 4-85　详图线细线绘制

（5）立面符号处理

在一层平面图中，有东西南北四个立面符号，而在施工图中无须立面符号，因此，需将这四个立面符号隐藏。具体操作步骤如下：

1）单击选中任意一个符号，使用快捷键 SA 全选所有立面符号，如图 4-86 所示。

2）单击鼠标右键，在弹出的菜单栏中选择【在视图中隐藏】→【图元】，即可隐藏一层平面图中所有立面符号，如图 4-87 所示。

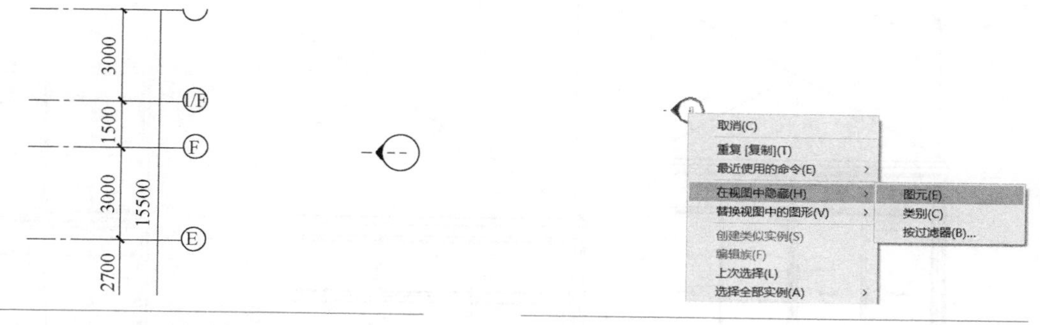

图 4-86 选择立面符号

图 4-87 隐藏立面符号

2. 生成立面图

Revit 可以自动生成建筑立面视图，在此基础上进行尺寸标注、文字注释、高程点注释等操作后即可完成立面施工图。

（1）标高标头处理

1）切换至南立面视图，选择屋顶标高，勾选标高左侧的复选框，如图 4-88 所示。

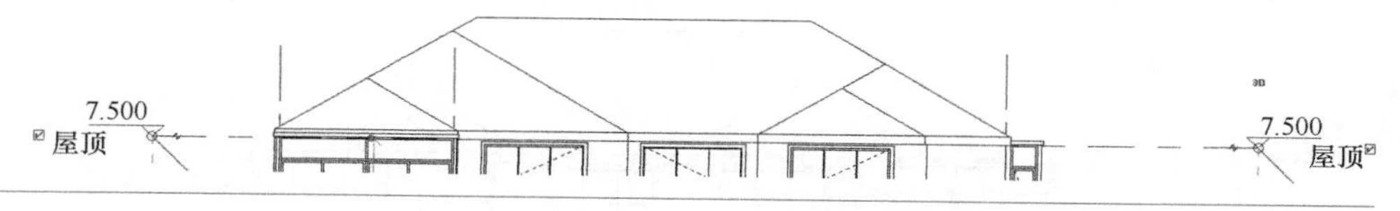

图 4-88 复选屋顶标高

2）同理，对其他标高勾选标高左侧的复选框，结果如图 4-89 所示。

图 4-89 复选其他楼层标高

（2）处理立面轴线

1）在南立面视图中选择轴线，单击轴线旁的“3D”字样，将轴线切换为“2D”，如图 4-90 所示。

2）用鼠标左键拖拽轴线上蓝色小圆点，将其拖至与地面标高平齐，如图 4-91 所示。

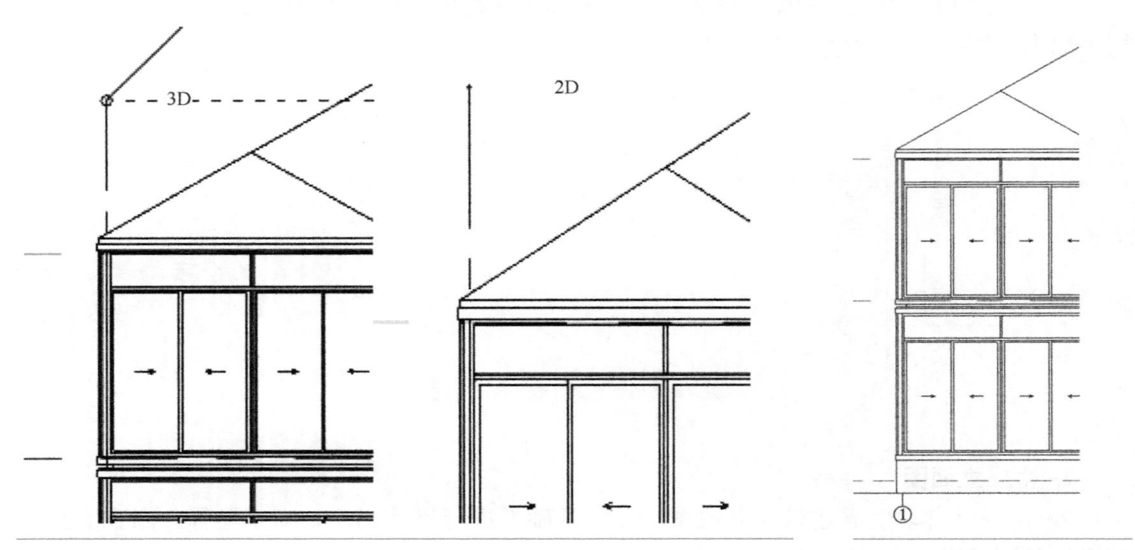

图 4-90 切换轴线为“2D”样式

图 4-91 调整①轴线位置

3）使用上述方法，将所有轴线拖至与地面标高平齐，如图 4-92 所示。

图 4-92 调整所有轴线位置

（3）尺寸标注

在南立面中，选择【注释】→【尺寸标注】→【对齐】命令，完成标高的尺寸标注，如图 4-93 所示。

（4）高程点注释

在南立面图中，选择【注释】→【尺寸标注】→【高程点】命令（高程点放置方法在前文已经讲述，不再赘述），完成南立面各高程点的注释，如图 4-94 所示。

图 4-93 标高尺寸标注

图 4-94 立面高程点注释

（5）立面名称注释

立面名称注释的方法与 4.3.1 任务实施中平面视图名称注释的方法相同，不再赘述。注释完成后，如图 4-95 所示。

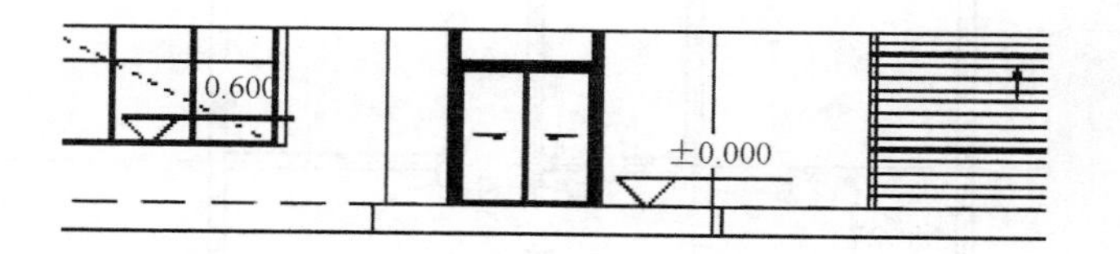

南立面图 1:100

图 4-95 立面名称注释

3. 生成剖面图

剖面图是项目表现设计的一个重要手段，Revit 软件中剖面视图不需要一一绘制，只需要绘制剖面线就能自动生成，并可以根据需要任意剖切。

（1）创建剖面图

1）在项目浏览器中切换至 1F 平面视图，选择【视图】选项卡→【创建】面板→【剖面】命令，如图 4-96 所示。

图 4-96 【剖面】命令

2）Revit 会自动切换至【修改 | 剖面】选项卡，在楼梯间楼梯处，将光标放置在剖面的起点处单击鼠标左键，并拖拽光标穿过楼梯，再次单击左键确定剖面的终点，如图 4-97 所示。

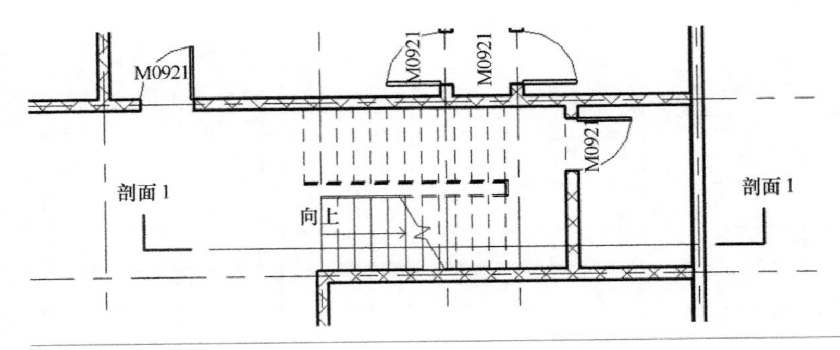

图 4-97 创建剖面

3）这时，单击刚绘制的剖面线将出现裁剪区域，如图 4-98 所示。

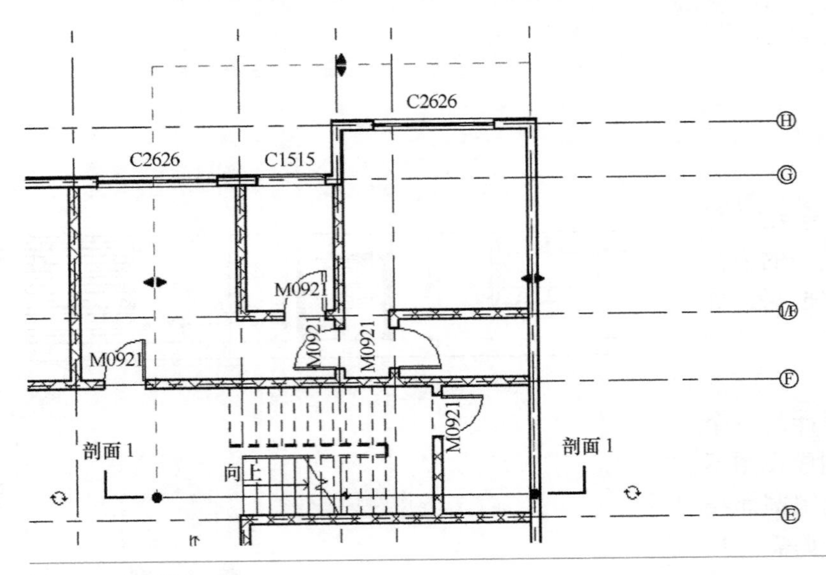

图 4-98 剖面裁剪区域

4）如果需要，可通过拖拽蓝色控制柄来调整裁剪区域的大小，剖面视图的深度也会做出相应的变化。

5）如果需要，可以单击【翻转剖面】图标修改剖面视图方向，如图 4-99 所示。

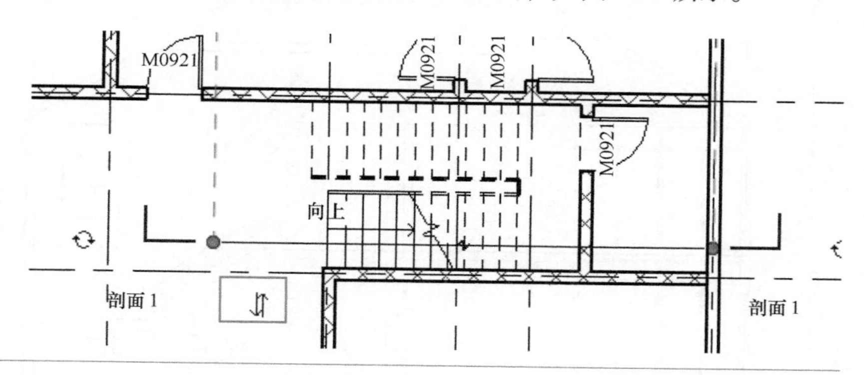

图 4-99 翻转剖面

6）在项目浏览器中，双击【剖面 1】切换至剖面 1 视图，如图 4-100 所示。

7）单击选择剖面框，剖面框四条边都会出现蓝色小圆点，如图 4-101 所示。

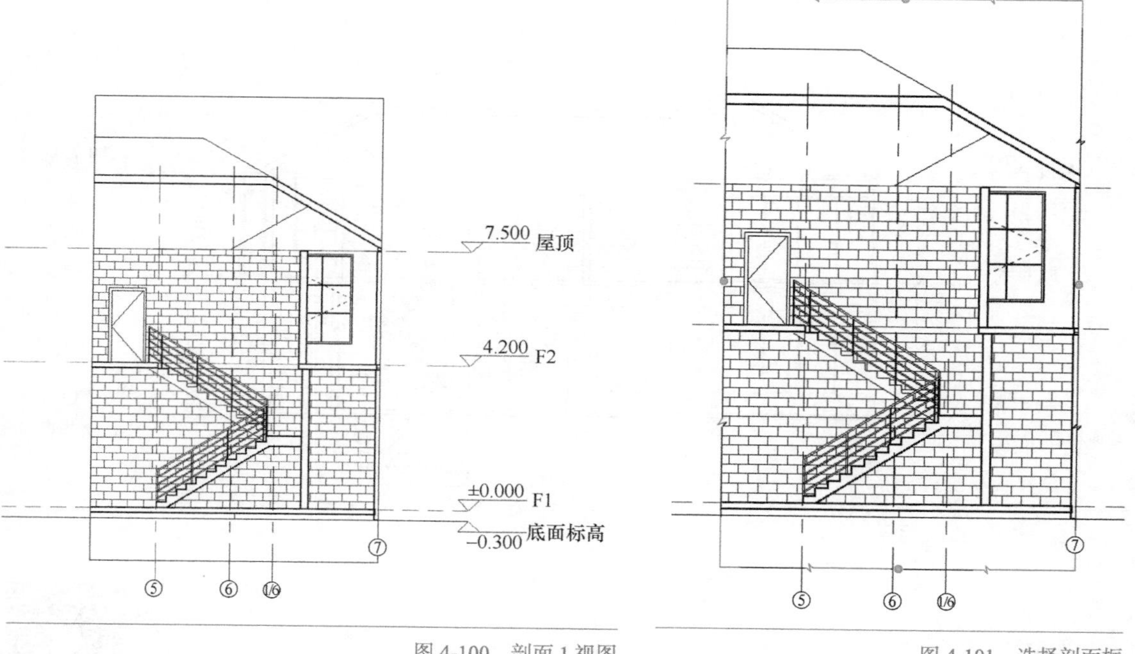

图 4-100 剖面 1 视图

图 4-101 选择剖面框

8）拖拽这些蓝色小圆点，可以调整剖面图的视图范围，如图 4-102 所示。

9）调整完成后，选中剖面框，单击鼠标右键，在弹出的菜单中，选择“在视图中隐藏”→“图元”，隐藏剖面框。

（2）剖面图标注注释

对剖面视图进行尺寸标注、高程点注释、视图名称命名等操作，操作方法在 4.3.1 任务实施中生成平面图部分已详细讲述，此处不再赘述，操作完成后结果如图 4-103 所示。

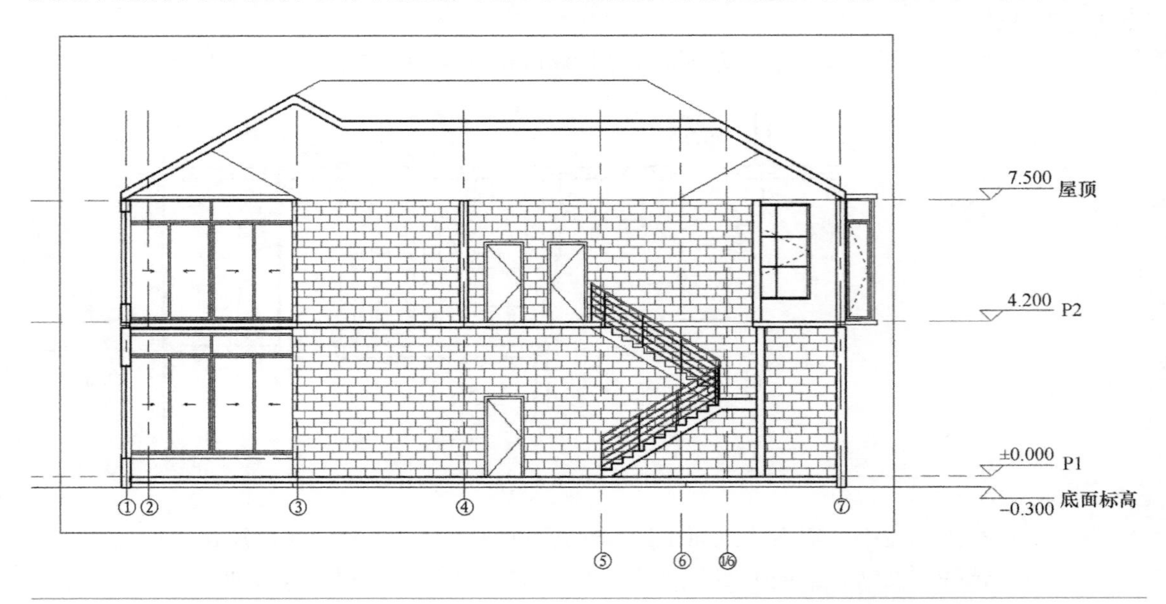

图 4-102　调整剖面图的视图范围

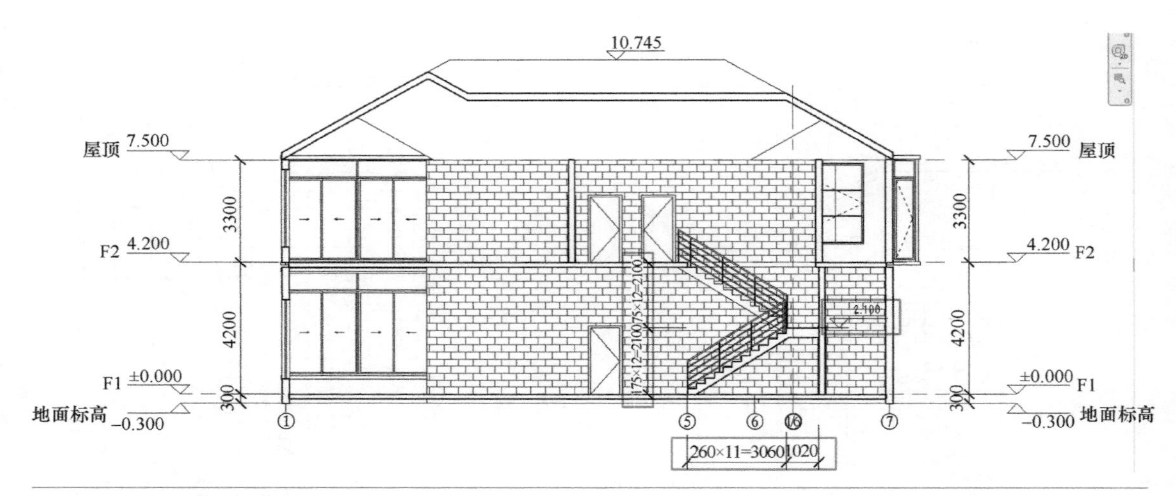

图 4-103　剖面图标注注释

任务实施 4.3.2　创建明细表

创建明细表

1. 明细表的基本概念

（1）基本定义

明细表是通过表格的形式展现模型图元的参数信息，对于项目的任何修改，明细表都将自动更新来反映这些修改，同时，还可以将明细表添加到图纸中。

选择【视图】→【创建】→【明细表】命令，可以看到所有明细表类型，常用的明细表类型有两种，具体如下：

1）明细表 / 数量。针对建筑构件按类别创建的明细表，如门、窗等明细表。可以列出项目中所有门窗的个数、类型等常用信息，如图 4-104 所示。

2）材质明细表。除了具有“明细表 / 数量”的所有功能外，还能针对建筑构件的子构件的材质进行统计，如图 4-105 所示。

<门明细表>

A 类型标记	B 宽度	C 高度	D 合计
M0921	900	2100	5
M1022	1000	2200	5
M2525	2500	2500	1
TLM2222	2200	2200	1
TLM3822	3800	2200	3

图 4-104　门明细表

<楼板材质提取>

A 族与类型	B 结构材质	C 材质: 体积
楼板: 卫生间楼板	<按类别>	1.62
楼板: 台阶楼板	<按类别>	1.99
楼板: 封檐板	混凝土 - 钢筋混凝土 - 结构构件	2.96
楼板: 常规 - 150mm	<按类别>	109.97
楼板: 悬挑板	<按类别>	1.36
楼板: 棋牌室楼板	<按类别>	5.23
楼板: 雨棚板	<按类别>	0.97

图 4-105　材质明细表

（2）明细表提取的数据来源

明细表可以提取的参数主要有：项目参数、共享参数、族系统定义的参数。

■ 小提示

在创建可载入族的时候，用户自定义的参数不能在明细表中被读取，必须以共享参数的形式创建，才能在明细表中读取。

2. 明细表创建的基本流程

下面以样板楼门明细表为例讲解明细表创建的基本流程，具体操作步骤如下：

1）选择【视图】→【创建】→【明细表】→【明细表 / 数量】命令，如图 4-106 所示。

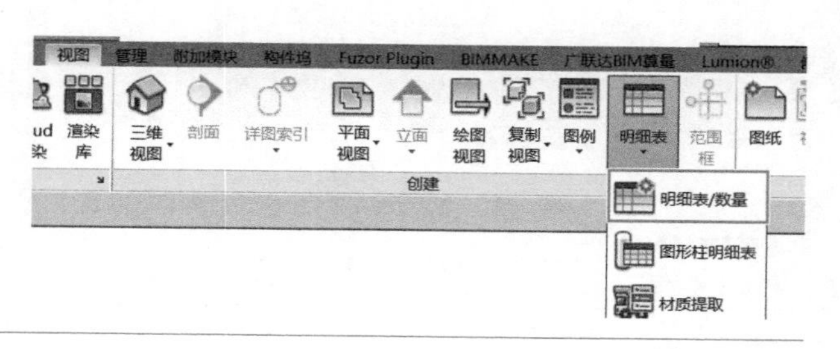

图 4-106　明细表菜单

2）在弹出的【新建明细表】对话框中，“过滤器列表”选择“建筑”，“类别”选择“门”，单击【确定】按钮，如图 4-107 所示。

3）在【明细表属性】对话框【字段】选项卡中，从“可用的字段”栏中依次选择类型、类型标记、宽度、高度、标高、底高度、合计等字段，单击【添加参数】按钮将字段添加至“明细表字段（按顺序排列）”栏中，同时可以通过【上移】和【下移】按钮对字段进行排序，排序完成后如图 4-108 所示。

4）在【明细表属性】对话框【排序 / 成组】选项卡中，“排序方式”一栏选择“类型”，“否则按”一栏选择“标高”，单击【逐项列举每个实例】左侧复选框，让其处于不勾选的状态，如图 4-109 所示。

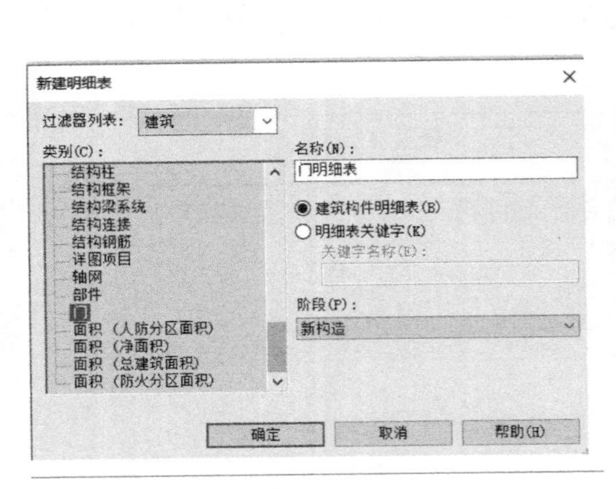

图 4-107　新建门明细表

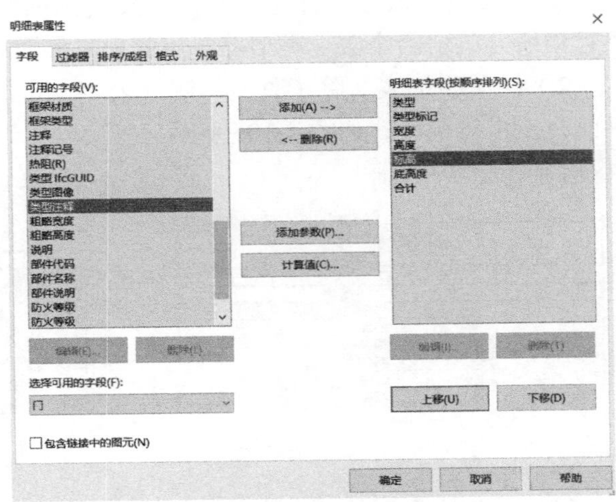

图 4-108　明细表字段添加与排序

5）在【明细表属性】对话框【格式】选项卡中，“字段”栏选择“高度”，单击【条件格式】按钮，设置凡是高度等于 2100mm 的都在明细表中标为红色，如图 4-110 所示。

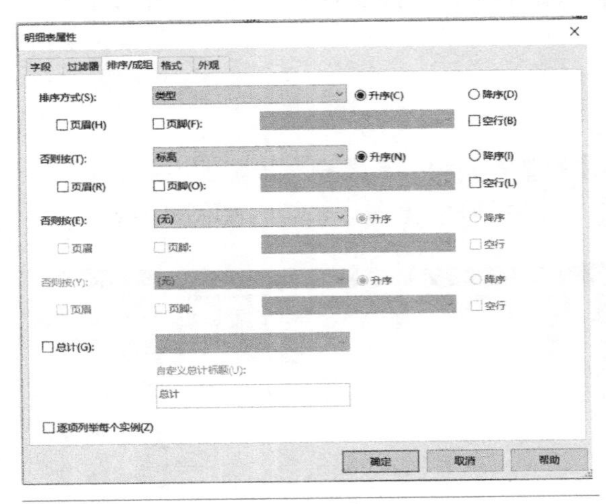

图 4-109 【排序 / 成组】选项卡

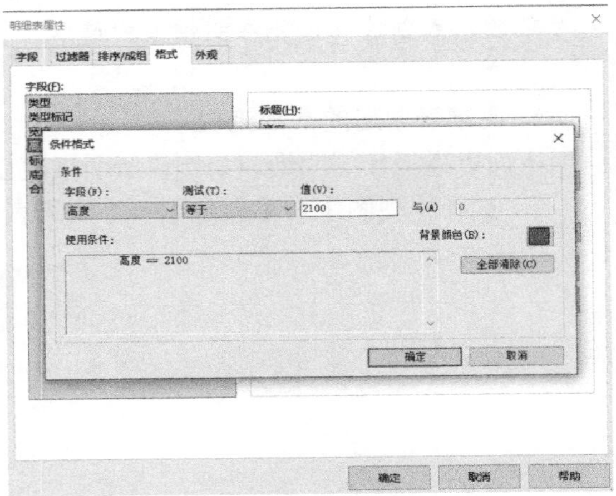

图 4-110　明细表条件格式设置

6）在【明细表属性】对话框【过滤器】选项卡和【外观】选项卡中，采用系统默认设置，最后单击【明细表属性】对话框中的【确定】按钮，完成门明细表的编制，如图 4-111 所示。

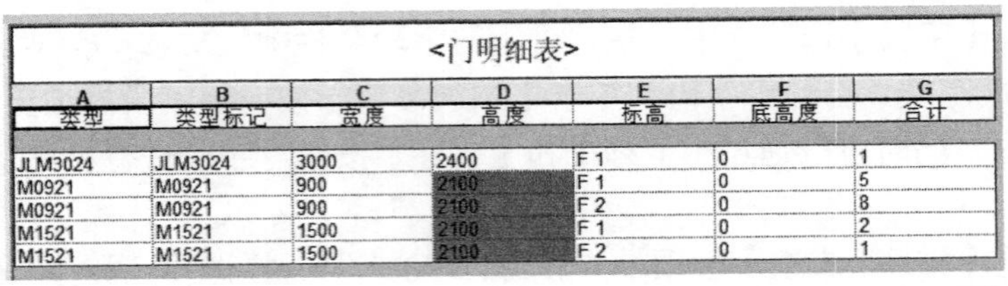

<门明细表>

A	B	C	D	E	F	G
类型	类型标记	宽度	高度	标高	底高度	合计
JLM3024	JLM3024	3000	2400	F 1	0	1
M0921	M0921	900	2100	F 1	0	5
M0921	M0921	900	2100	F 2	0	8
M1521	M1521	1500	2100	F 1	0	2
M1521	M1521	1500	2100	F 2	0	1

图 4-111　门明细表

任务实施 4.3.3 设置布图和出图样式

设置布图和出图样式

1. 创建图纸

下面以样板楼模型为例讲解图纸的创建过程，具体操作步骤如下：

1）选择【视图】→【图纸组合】面板→【图纸】命令，如图 4-112 所示。

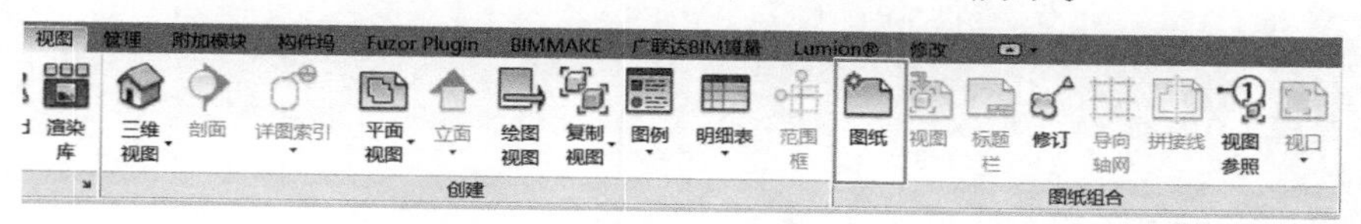

图 4-112 新建图纸菜单

2）Revit 将会自动弹出【新建图纸】对话框，在【标题栏】选择“A1 公制”，单击【确定】按钮，如图 4-113 所示。

3）Revit 在视图中创建了一张图纸视图，在项目浏览器中“图纸”下拉列表中自动添加了图纸“J0-3- 未命名”，如图 4-114 所示。

2. 设置项目信息

1）切换至【管理】选项卡→【设置】面板→【项目信息】工具，如图 4-115 所示。

2）在弹出的【项目信息】对话框中，可以对项目信息的对应参数进行设置，将项目信息录入其中，单击【确定】按钮完成项目信息的录入，如图 4-116 所示。

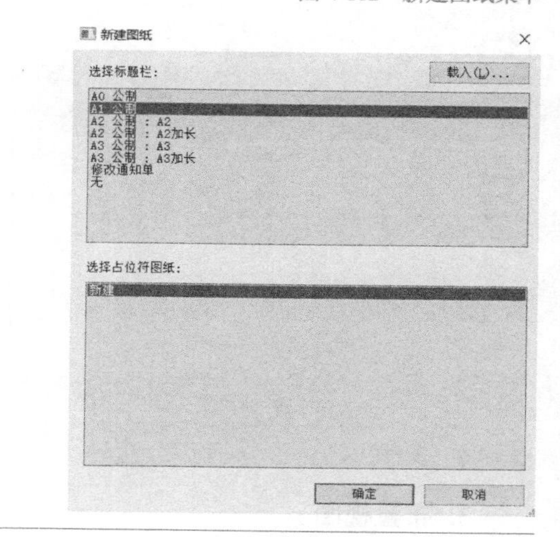

图 4-113 新建图纸对话框

图 4-114 图纸视图

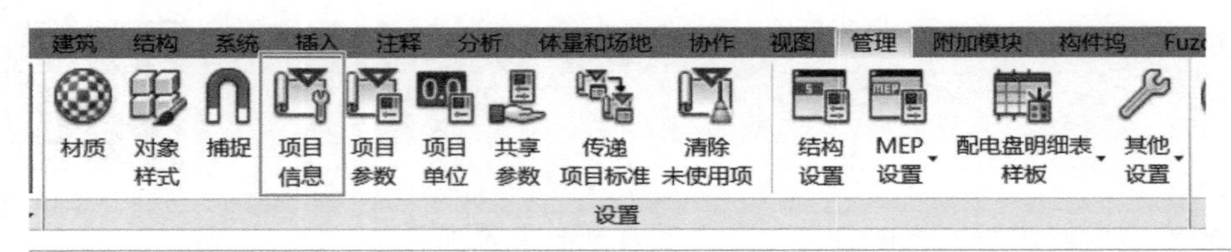

图 4-115　项目信息对话框

项目属性

族(F)：系统族：项目信息　　载入(L)...

类型(T)：　　编辑类型(E)...

实例参数 - 控制所选或要生成的实例

参数	值
标识数据	
组织名称	
组织描述	
建筑名称	样板楼
作者	XX设计院
能量分析	
能量设置	编辑...
其他	
项目发布日期	2019年11月23日
项目状态	项目状态
客户姓名	XX建设公司
项目地址	XX省XX市XX街道
项目名称	样板楼
项目编号	2019001-1
审定	张三

确定　取消

图 4-116　项目信息录入

3. 布置视图

1）在项目浏览器中“图纸”下拉列表中选中图纸“J0-3-未命名”，单击鼠标右键，在关联菜单中选择“重命名”，将图纸重命名为“建施-01-一层平面图”，如图 4-117 所示。

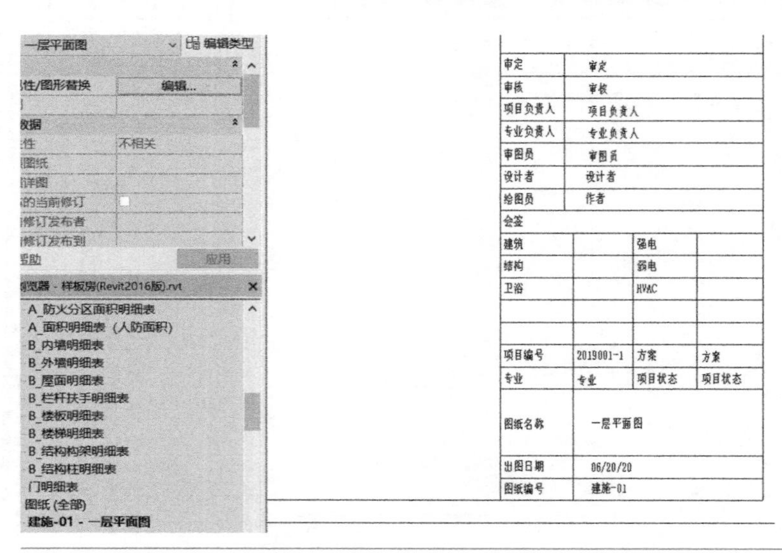

图 4-117　图纸重命名

2）选择【视图】选项卡→【图纸组合】面板→【视图】命令，如图 4-118 所示。

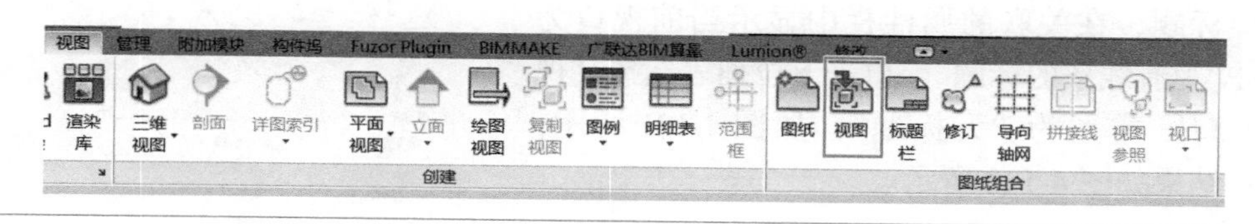

图 4-118　【视图】命令

3）在弹出的【视图】对话框中，选择“楼层平面图：一层平面图”，然后单击【在图纸中添加视图】按钮，如图 4-119 所示。

4）在图框中移动光标时，所选视图的视口会跟随一起移动，单击鼠标左键将视口放置在所需的位置上，如图 4-120 所示。

5）同理，可以通过创建新的图纸和“视图”工具，创建二层平面图、东立面图、西立面图等图纸，不再赘述。

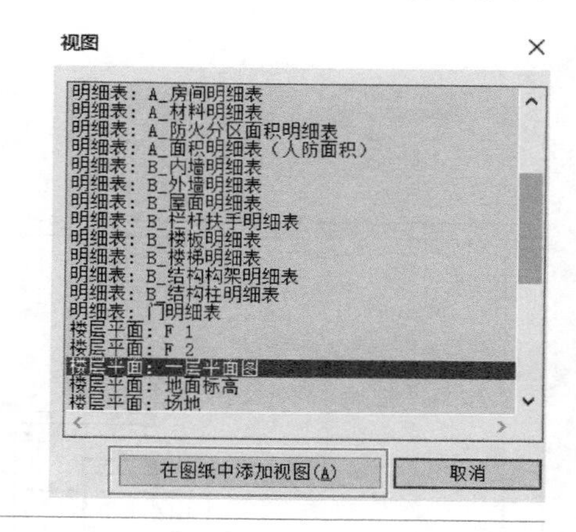

图 4-119　添加视图

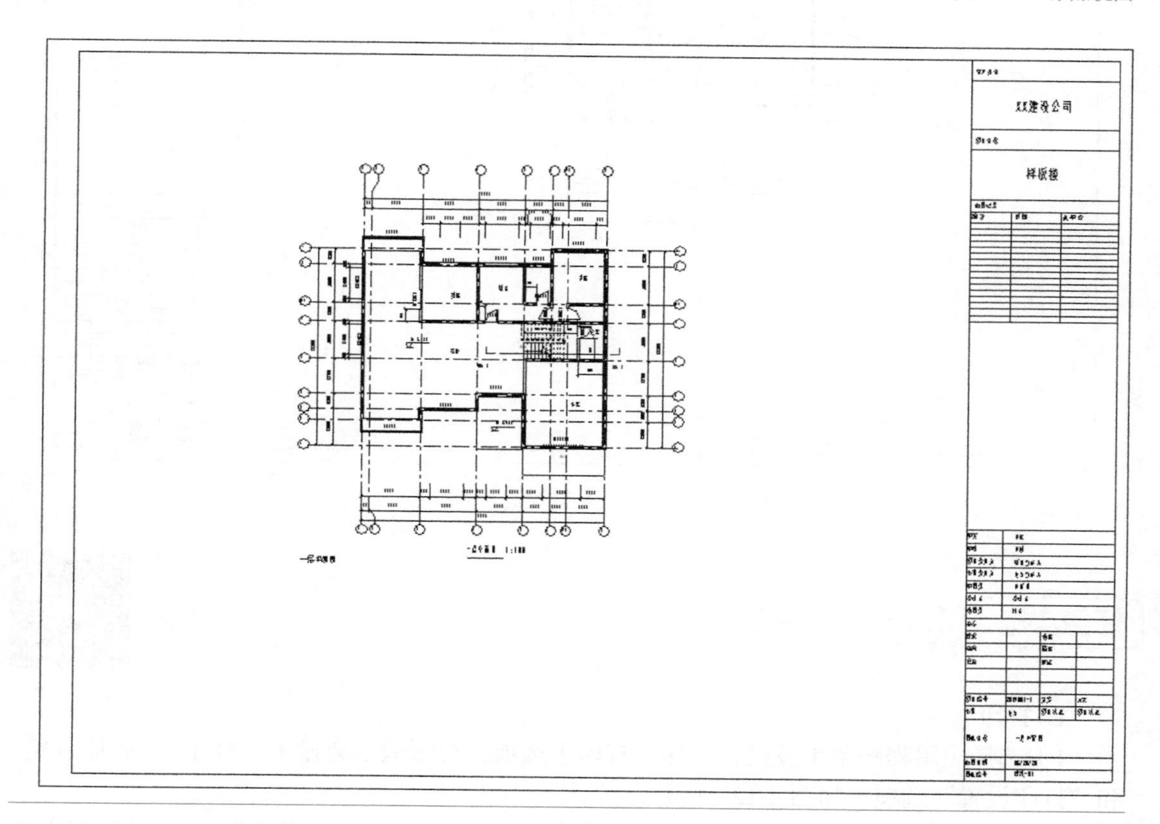

图 4-120　放置图纸

6）选中图纸视口中的“一层平面图”标题，在关联的属性栏中显示当前视口为“视有线条的标题”，单击下拉列表选择“视口”类型为“无标题”，如图 4-121 所示，结果如图 4-122 所示。

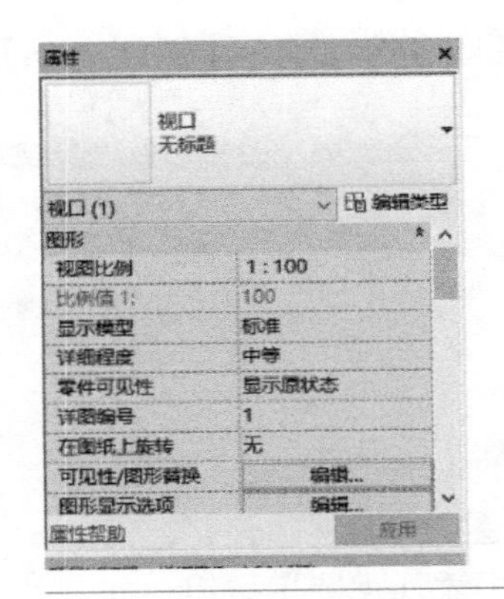

图 4-121　视口类型的选择

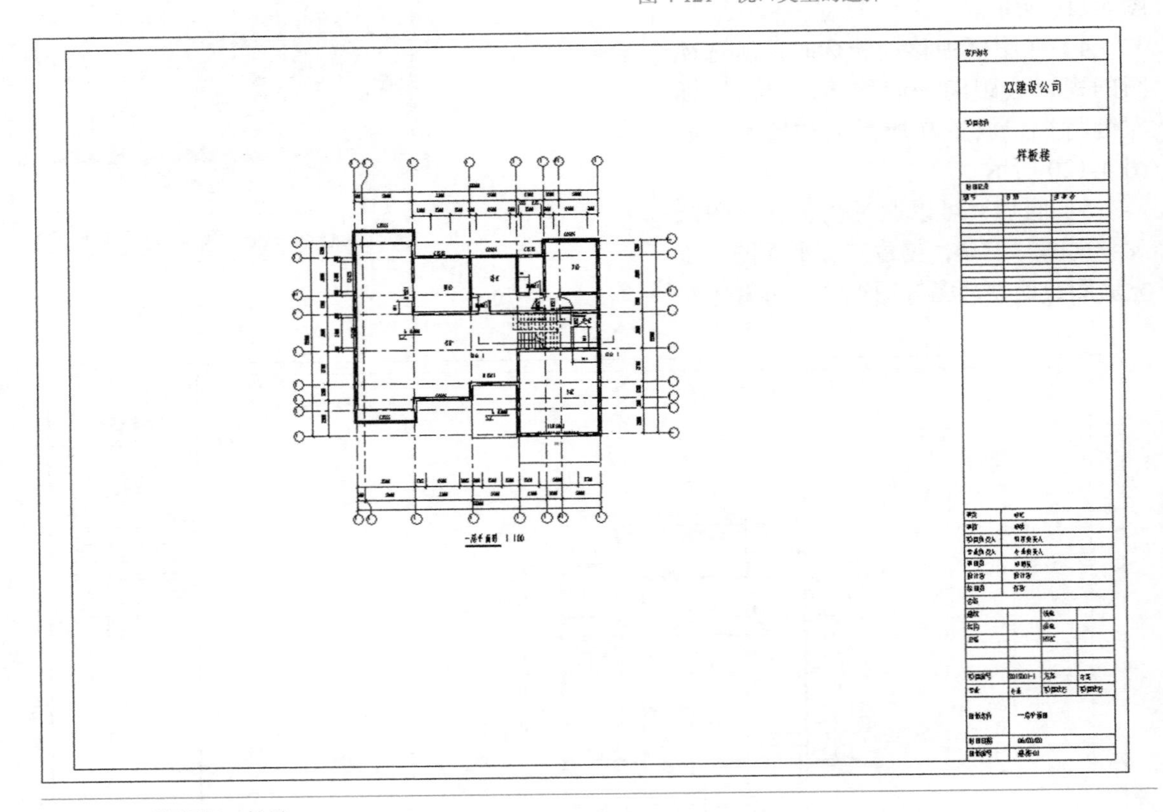

图 4-122　无标题视口结果

任务实施 4.3.4　打印输出

打印输出

1. 打印

1）选择应用程序菜单按钮，选择【打印】选项，视图框中会显示“打印”“打印预览”和“打印设置”选项，如图 4-123 所示。

2）单击【打印】按钮，选择打印机名称为“ Microsoft Print to PDF”，单击【确定】按钮，在弹出的【将打印输出另存为】对话框中，保存文件名为“建施-01-一层平面图”，如图 4-124 和图 4-125 所示。

2. 导出 DWG 与导出设置

1）选择应用程序菜单按钮，选择【导出】选项→【CAD 格式】→【DWG】，如图 4-126 所示。

2）在弹出的【DWG 导出】对话框中选择【修改导出设置】按钮，如图 4-127 所示，Revit 将自动弹出【修改 DWG/DXF 导出设置】对话框，如图 4-128 所示。

3）选择【修改 DWG/DXF 导出设置】对话框中【层】选项卡，此处的“层”相对应的是导出 AutoCAD 中的图层名称，用户可以对各类别的图层与颜色进行修改，也可以通过“根据标准加载图层”菜单的“从以下文件加载设置”导入标准，如图 4-129 所示。

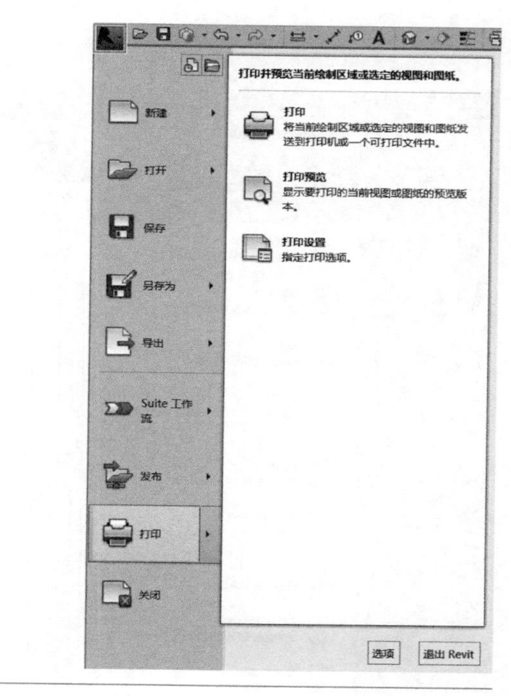

图 4-123 打印菜单

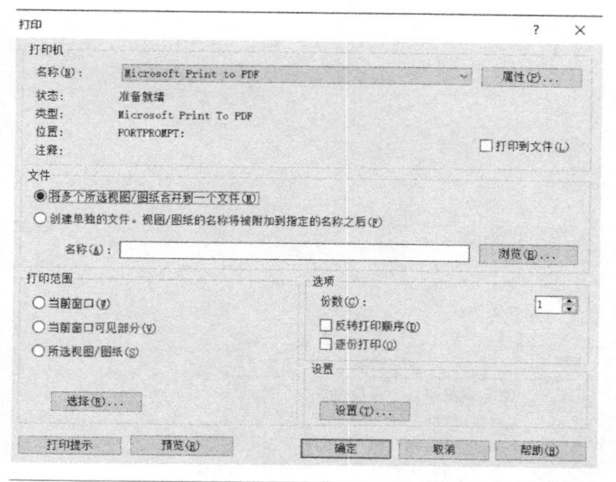

图 4-124 打印选项设置

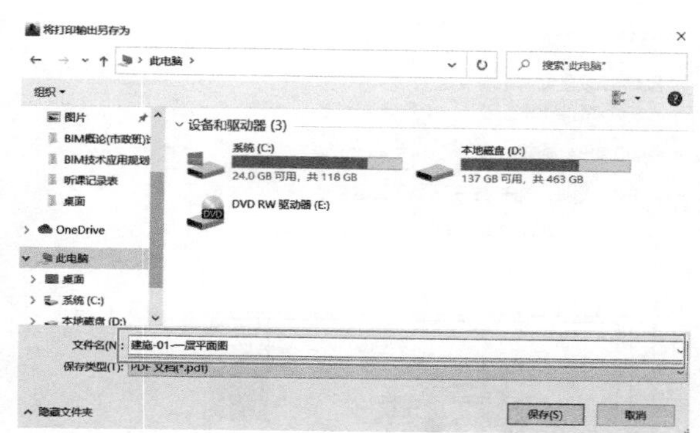

图 4-125 文件保存

4）修改导出颜色：选择【颜色】选项卡，颜色有两种，分别为“索引颜色”和“真彩色”，用户可根据需求进行选择，如图 4-130 所示。

5）完成“修改 DWG/DXF 导出设置”后，单击【确定】按钮，在【DWG 导出】对话框中单击【下一步】按钮，如图 4-131 所示。在弹出的【导出 CAD 格式 - 保存到目标文件夹】对话框，修改“文件名 / 前缀”的名称，在“文件类型”中修改需要保存的 CAD 版本，去掉“将图纸上的视图和链接作为外部参照导出”左侧复选框的“√”，单击【确定】按钮，完成 DWG 图纸的导出，如图 4-132 所示。

图 4-126　导出菜单

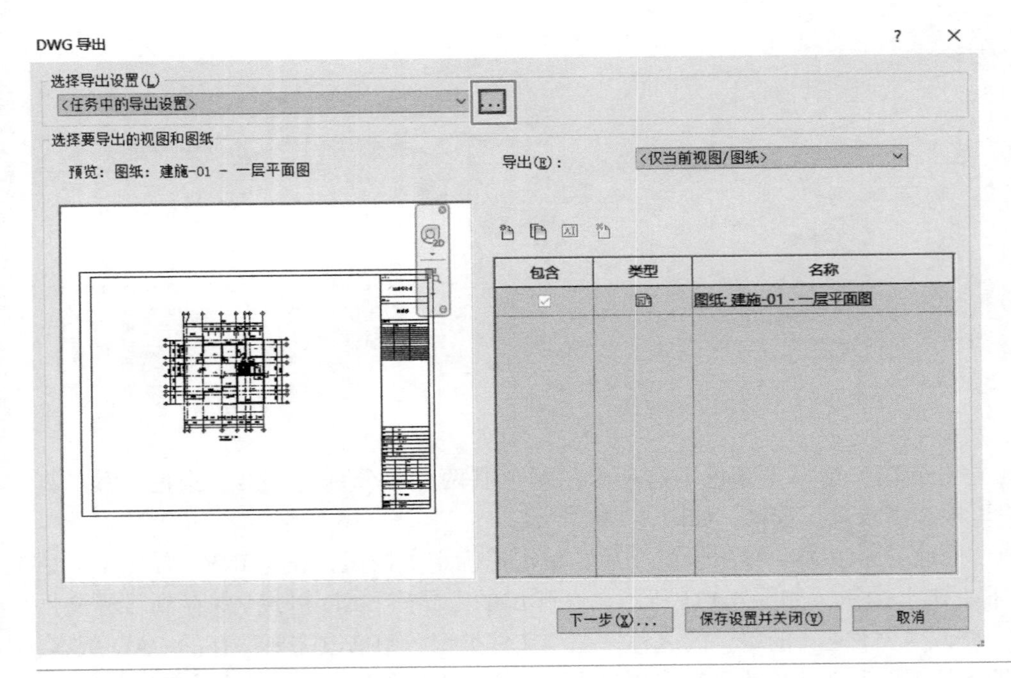

图 4-127　导出设置

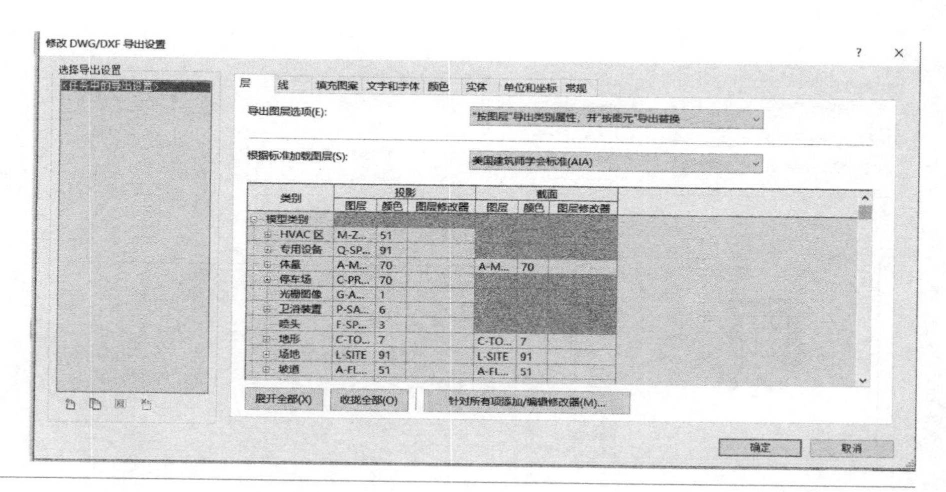

图 4-128　修改 DWG/DXF 导出设置

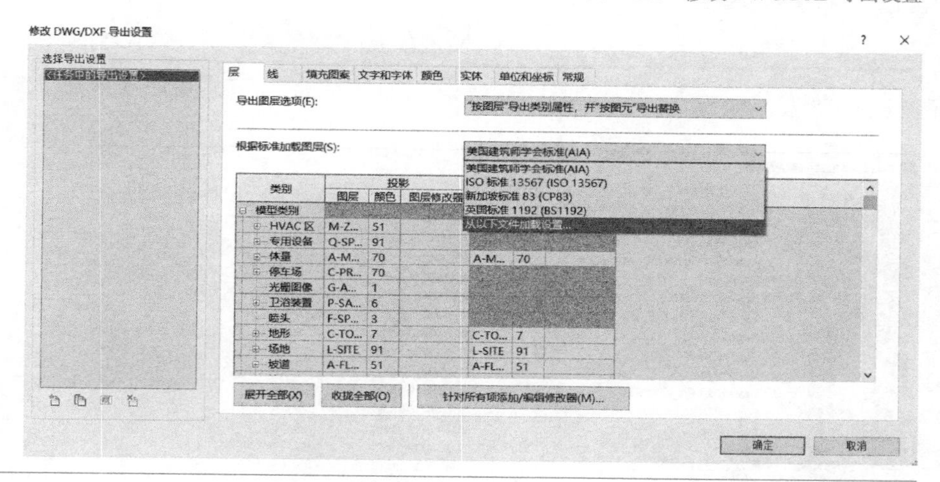

图 4-129　修改 DWG 导出图层

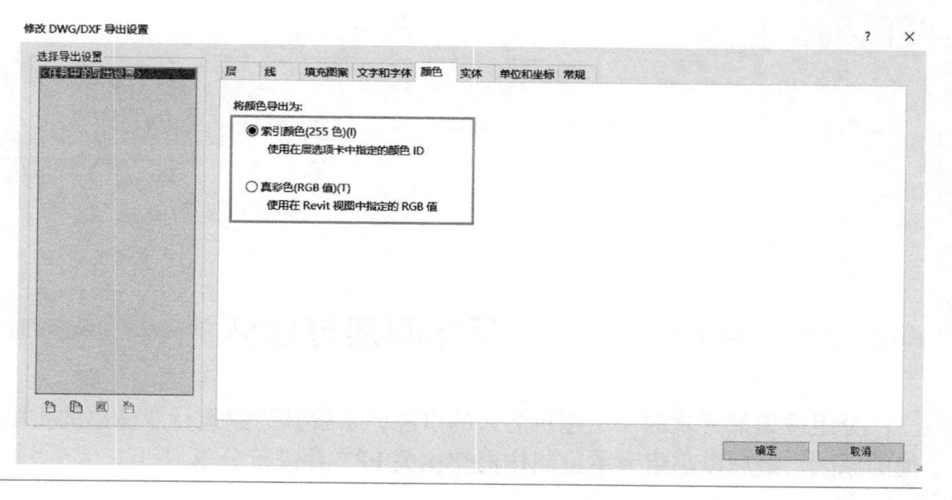

图 4-130　修改导出颜色

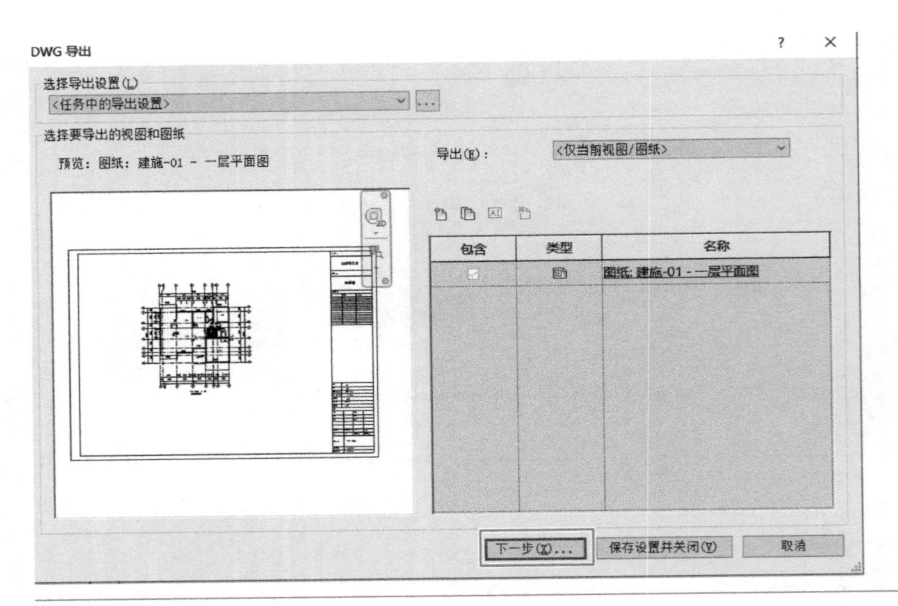

图 4-131 完成导出设置

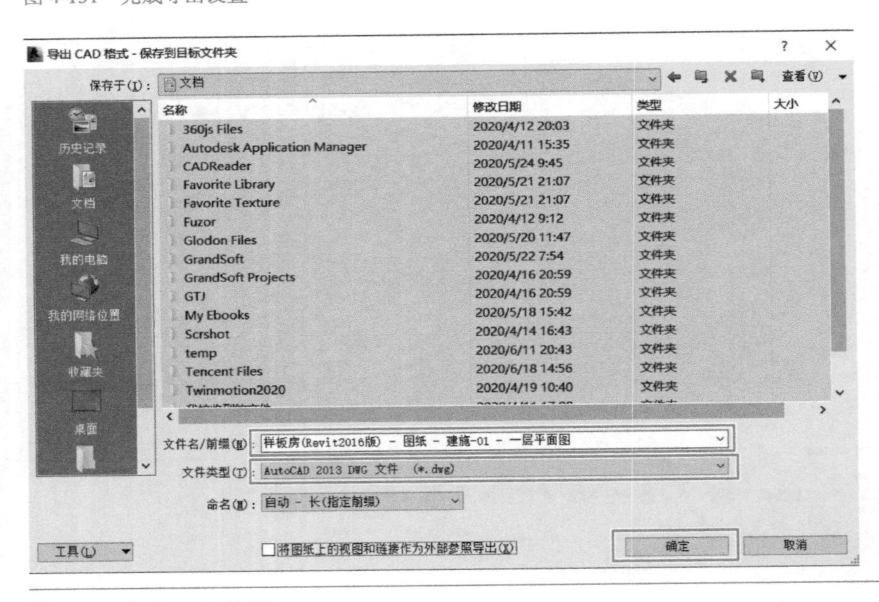

图 4-132 导出 DWG 图纸

延伸阅读与分享

分组搜集最喜欢的一位建筑名人的事迹，了解其为建筑行业做出的贡献，并说明最喜欢他的原因，最后以小组为单位制作提交相关 PPT 并进行分享。

模块五　体量与族

■ 知识目标：

1. 了解体量设计的流程及参数化设计的思路；
2. 掌握体量创建的方法；
3. 掌握族创建的基本方法，并会创建二维族、三维族及嵌套族。

■ 技能目标：

1. 能够完成概念体量设计；
2. 能够完成常见的二维族、三维族及嵌套族的创建。

■ 思政目标：

通过介绍建筑学家崔愷院士，培养学生勤奋努力、不追名逐利、为人正直的价值观。

任务 5.1　体量

任务发布

■ 任务描述：

体量是一种特殊的族，是在建筑模型的初始设计中使用的三维形状。通过体量研究，可以使用造型形成建筑模型概念，从而探究设计的理念。概念设计完成后，可以直接将建筑图元添加到这些形状中。本任务主要讲述体量创建的基本原理及方法。

■ **任务目标：**

完成相关体量实例的创建。

知识准备 5.1.1 体量简介

Revit 提供了两种创建体量的方式。一是内建体量，二是创建体量族后载入项目中使用，二者创建形体的方式一致。当需在一个项目中放置多个相同体量，或者在多个项目中使用同一体量族时，通常使用可载入体量族。

内建体量可直接单击【体量和场地】选项卡中的【内建体量】命令进入，如图 5-1 所示；要创建体量族，应选择“公制体量”样板文件创建，如图 5-2 所示。

图 5-1　内建体量菜单

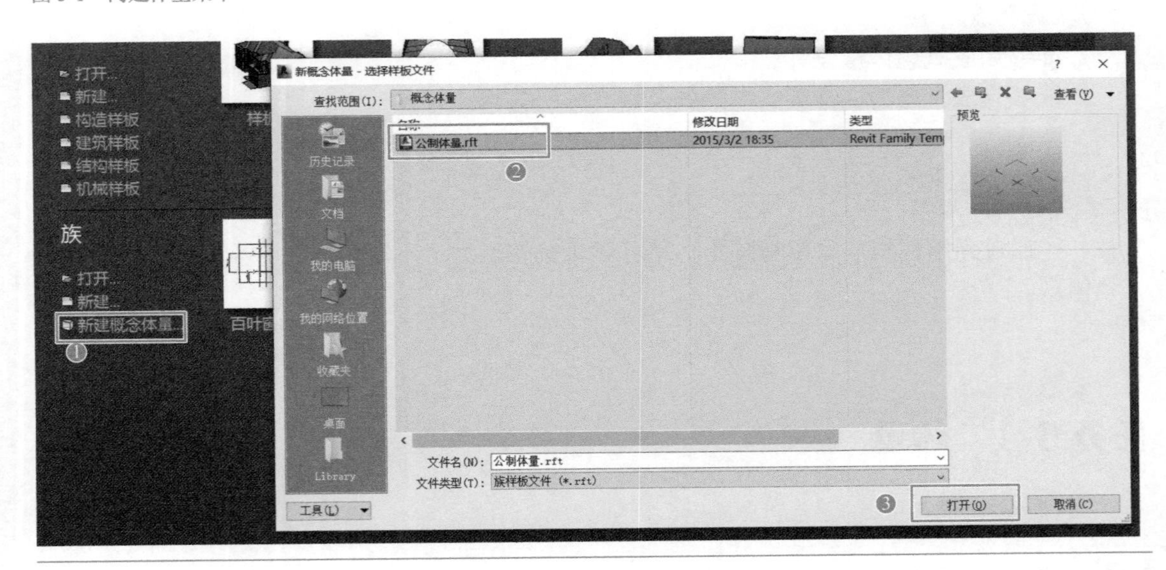

图 5-2　新建概念体量菜单

任务实施 5.1.2 内建体量实例

按照给定尺寸在项目中应用内建体量功能建立楼板，如图 5-3 所示。

尺寸条件如下：

1）共三层标高，高程分别为 ±0.000m、4.000m 和 8.000m。

2）三层轮廓均为正方形，边长由下到上分别为 10000mm、12000mm 和 16000mm。

在项目中应用内建体量功能建立墙（尺寸同上），如图 5-4 所示。

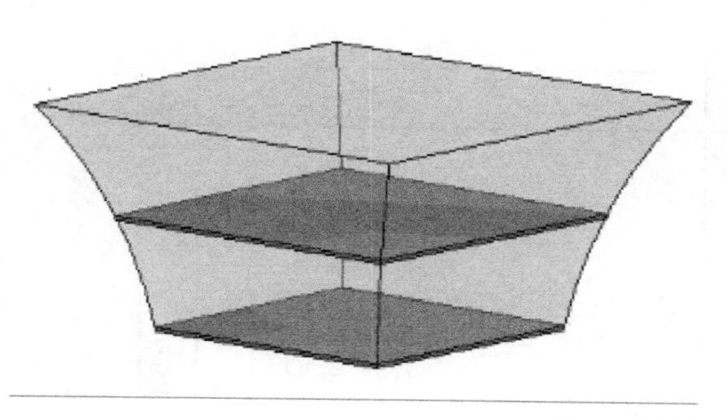

图 5-3　楼板

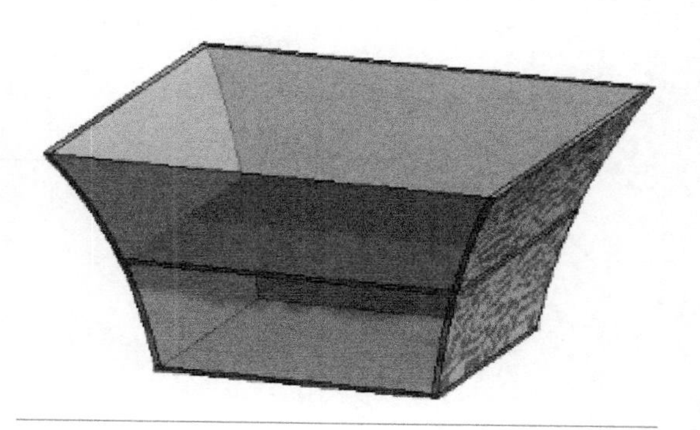

图 5-4　墙

在项目中应用内建体量功能建立屋顶（尺寸同上），如图 5-5 所示。
该内建体量实例具体创建步骤如下。

内建体量实例

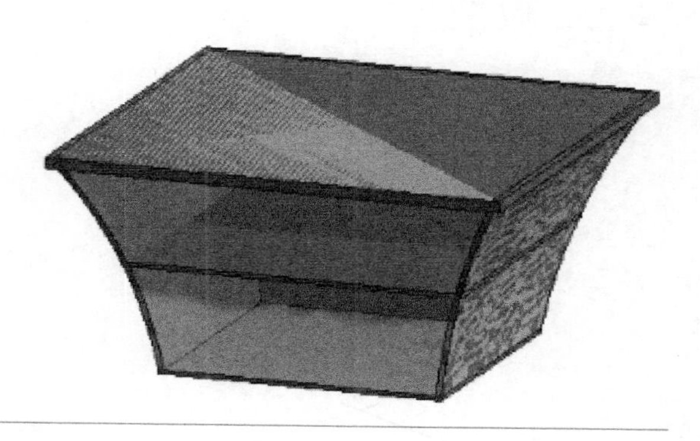

图 5-5　屋顶

1）打开建筑样板，根据给定条件建立标高，如图 5-6 所示。
2）单击【内建体量】按钮并重命名，进入编辑模式，如图 5-7 所示。

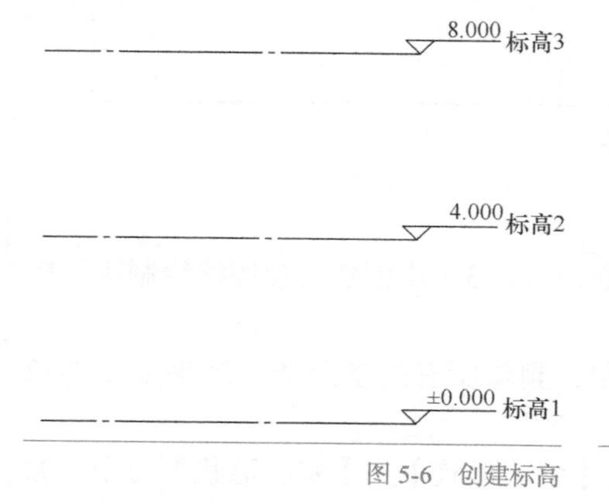

图 5-6　创建标高

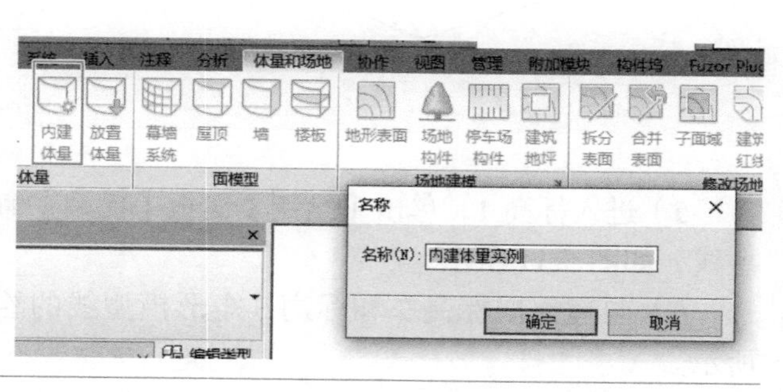

图 5-7　内建体量重命名

3）进入标高 1 并按照给定尺寸绘制参照线，如图 5-8 和图 5-9 所示。
4）进入标高 2 和标高 3 处，保持图形中心不变按照边长 12000mm、16000mm 同样绘制参照线，完成效果如图 5-10 所示。

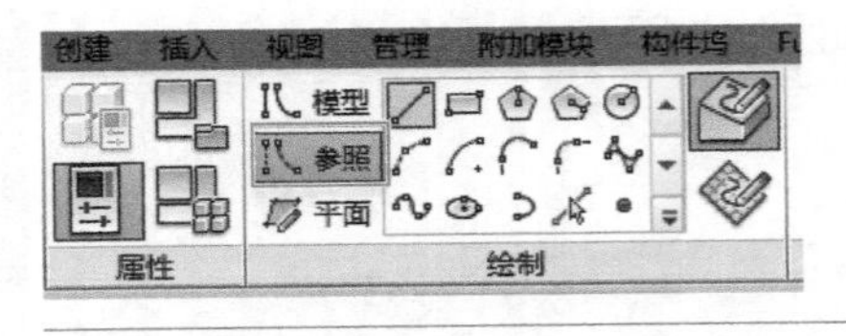

图 5-8　参照线菜单

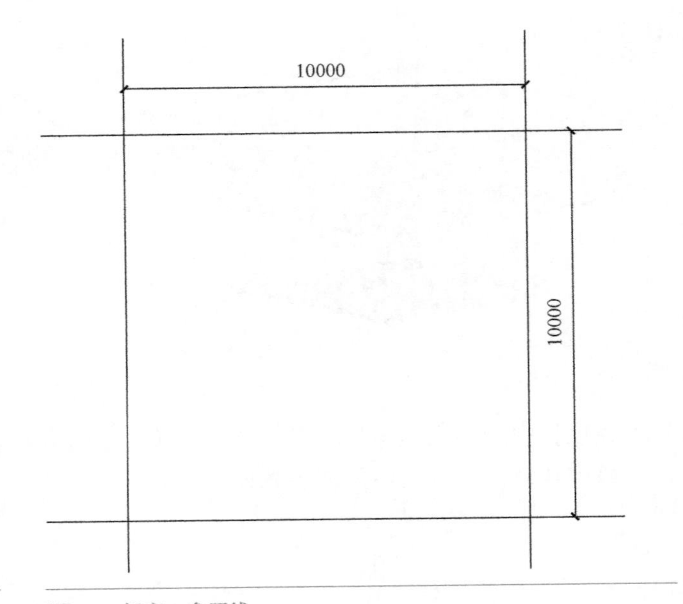

图 5-9　标高 1 参照线

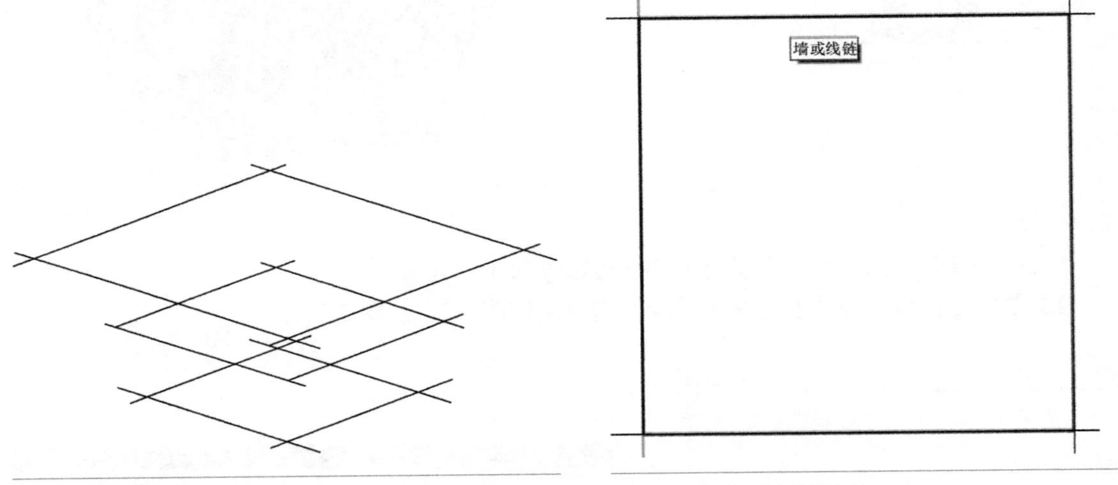

图 5-10　参照线三维视图

图 5-11　标高 1 矩形模型线

5）进入标高 1，单击【绘制】面板【模型】命令，沿第 3）步创建的参照线绘制矩形模型线，如图 5-11 所示。

6）同理完成标高 2 和标高 3 矩形模型线的绘制，删除所有的参照线，结果如图 5-12 所示。

7）在三维视图中，框选所有矩形模型线，单击【创建形状】→【实心形状】命令，如图 5-13 所示。

8）单击【完成体量】按钮退出编辑状态。

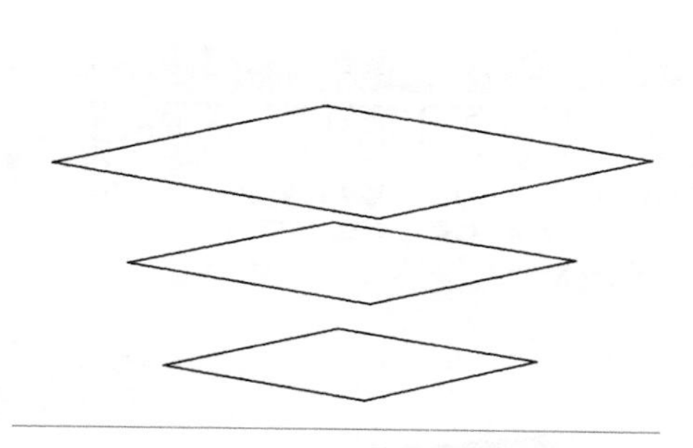

图 5-12　矩形模型线三维视图

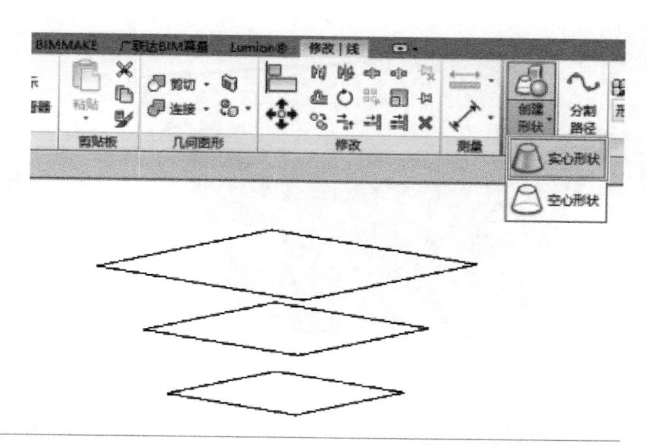

图 5-13　创建实心形状

9）单击选择完成的体量并在关联选项卡处单击【体量楼层】按钮，在弹出的对话框中勾选“标高 1”“标高 2”“标高 3”，单击【确定】按钮完成，效果如图 5-14 所示。

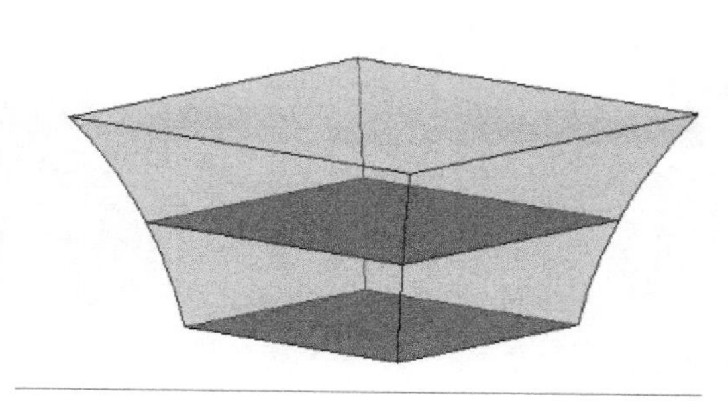

图 5-14　体量三维视图

10）单击【体量和场地】选项卡下的【楼板】按钮，框选楼层部分并单击关联选项卡下的【创建楼板】按钮（楼板设置部分在此处不详述），如图 5-15 和图 5-16 所示，楼板效果图如图 5-17 所示。

11）单击【体量和场地】选项卡下的【墙】命令，单击体量的侧面生成墙体（墙体设置部分在此处不详述），如图 5-18 所示，墙体效果图如图 5-19 所示。

12）单击【体量和场地】选项卡下的【屋顶】命令，选择体量顶部部分并关联选项卡下的【创建屋顶】按钮（屋顶设置部分在此处不详述），如图 5-20 和图 5-21 所示，屋顶效果图如图 5-22 所示。

图 5-15　楼板选项

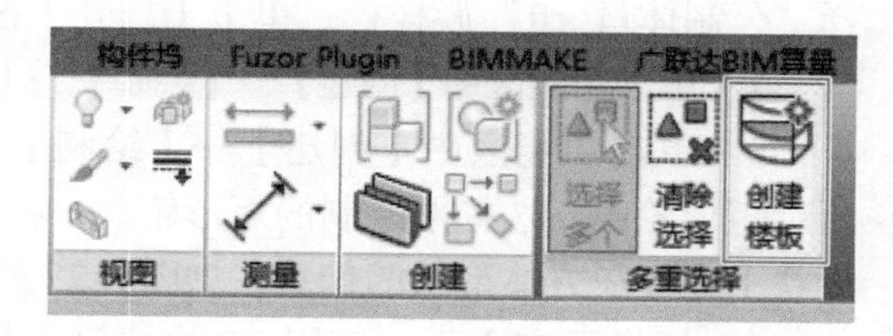

图 5-16　创建楼板

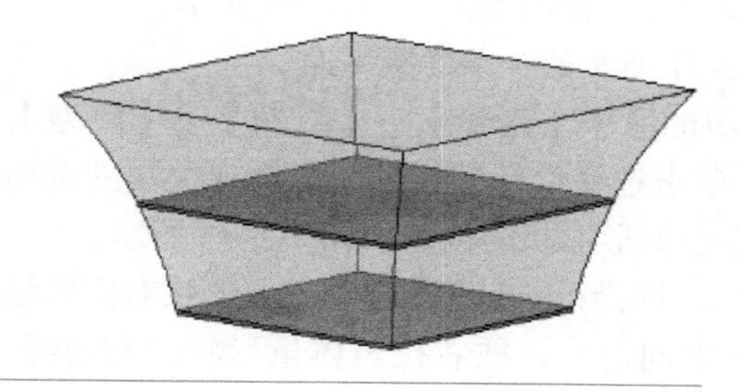

图 5-17　楼板三维视图

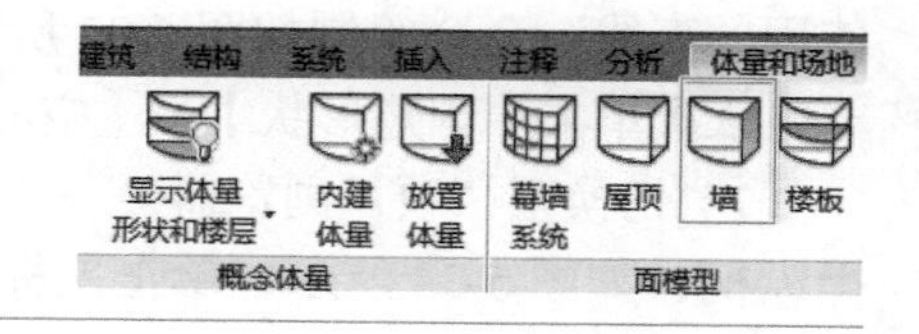

图 5-18　墙选项

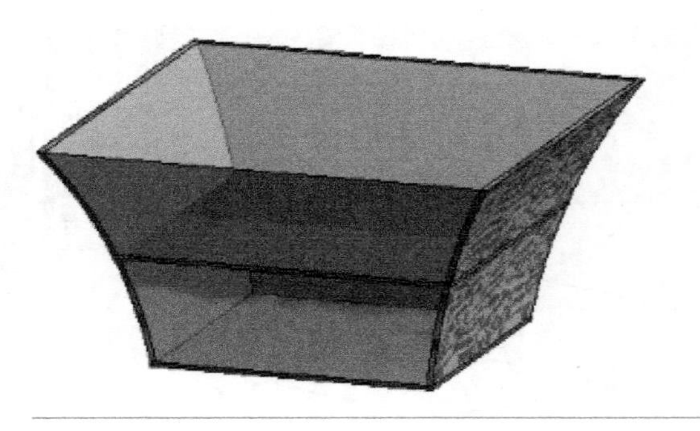

图 5-19　墙三维视图

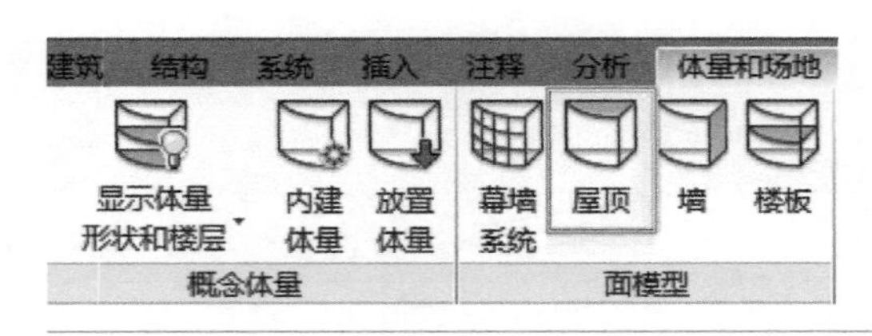

图 5-20　屋顶选项

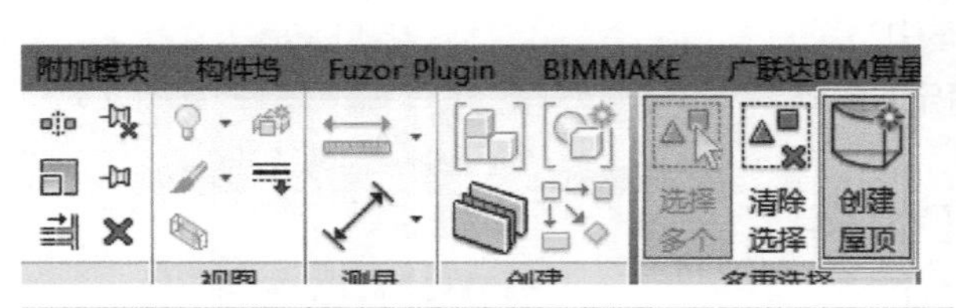

图 5-21　创建屋顶

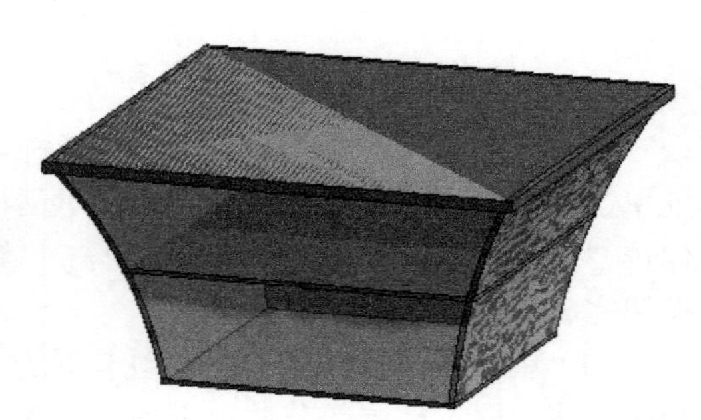

图 5-22　屋顶三维视图

任务实施 5.1.3　创建体量族实例

根据图 5-23 中给定的投影尺寸，创建形体体量模型，基础底标高为 –2.100m，设置该模型材质为混凝土。请将模型文件以“杯形基础”为文件名保存。

该杯口基础体量族实例具体创建步骤如下。

1）单击 Revit 界面左上角的（应用程序菜单）按钮→【新建】→【概念体量】→选择“公制体量 .rft”族样板，单击【打开】按钮，如图 5-24 所示。

2）单击功能区中【创建】→【绘制】→【平面】命令，绘制如图 5-25 所示的 4 条参照平面。

3）单击功能区中【创建】→【绘制】→【模型】命令，单击【矩形】，绘制如图 5-26 所示矩形轮廓。选择刚绘制的矩形轮廓，在关联的选项卡中依次单击【创建形状】→【实心形状】完成长方体形状的创建，如图 5-27 所示。

4）切换至东立面，使用 RP 快捷键在标高 1 上方 1600mm 的位置创建参照平面，使用对齐命令将长方体形状上部与所绘制的参照平面对齐，如图 5-28 ~ 图 5-30 所示。

5）切换至南立面，使用 RP 快捷键绘制如图 5-31 所示的 3 条参照平面。

6）将视图样式切换至“线框”模式，单击功能区中【创建】→【绘制】→【模型】，使用“直线”命令绘制如图 5-32 所示梯形轮廓。单击选择绘制的梯形轮廓，在关联的选项卡中依次单击【创建形状】→【空心形状】完成空心梯形形状的创建，如图 5-33 所示。

7）切换至“项目浏览器”→“立面”→“西”，选择第 6）步绘制的空心形状右侧造型操纵柄，如图 5-34 所示，单击鼠标左键按住水平方向箭头，往右拉至体量形状的右边缘，效果如图 5-35 所示。

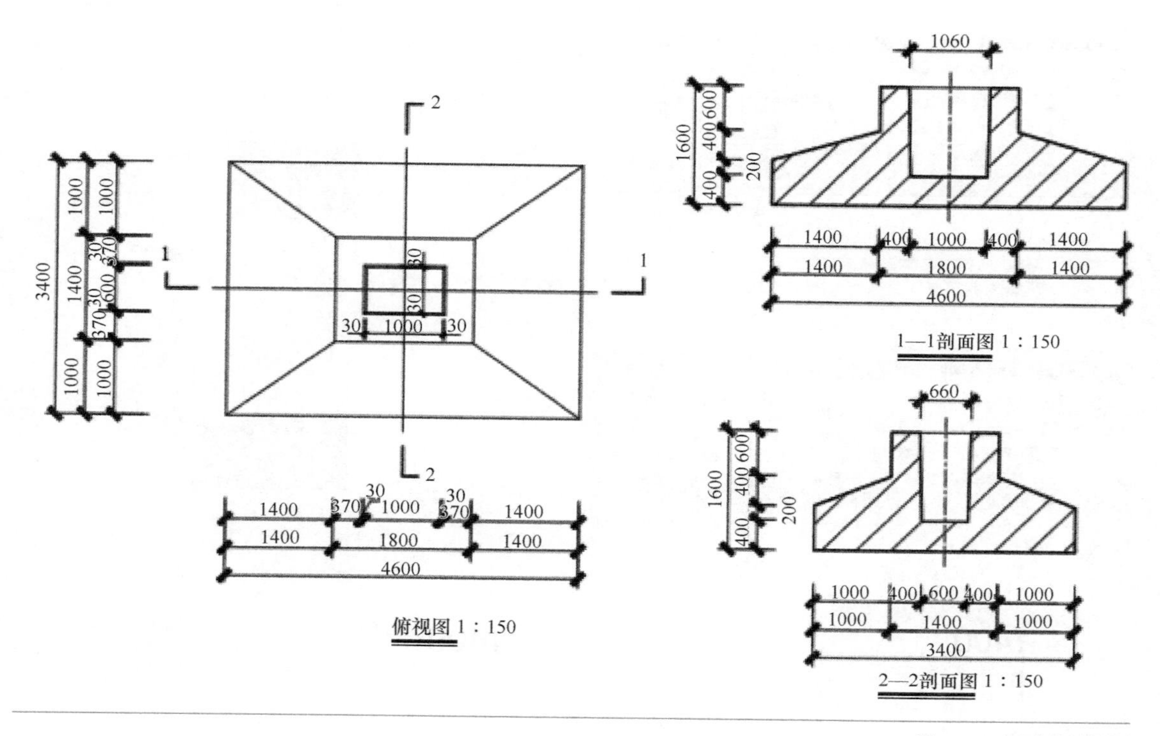

图 5-23　杯形基础图纸

杯口基础绘制

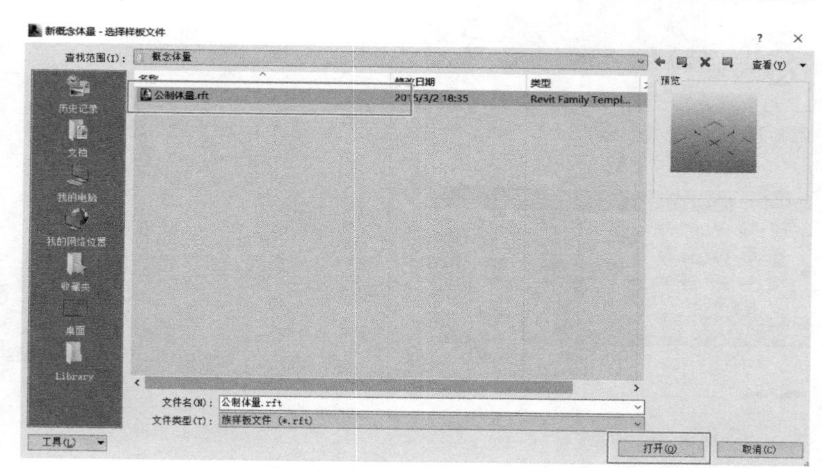

图 5-24　新建公制体量

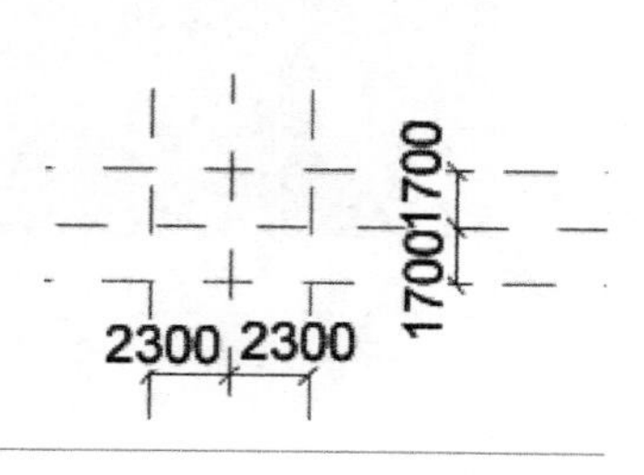

图 5-25　绘制参照平面

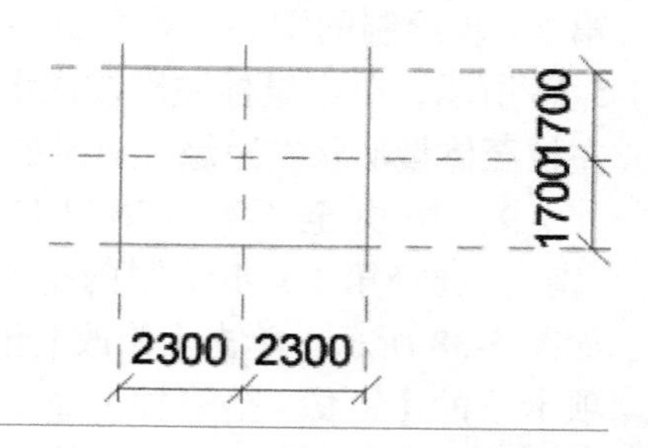

图 5-26　绘制矩形轮廓

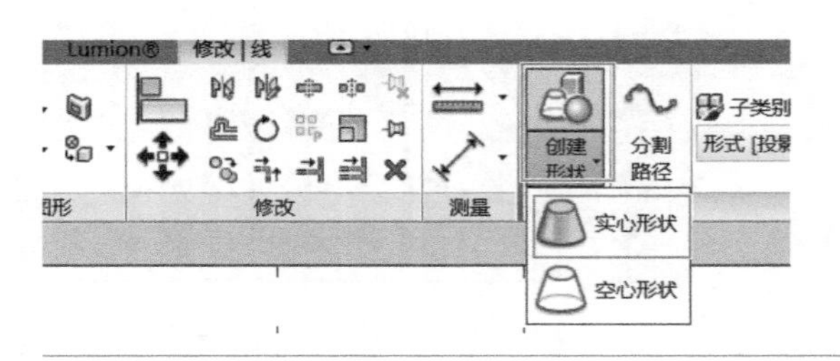

图 5-27　创建实心形状

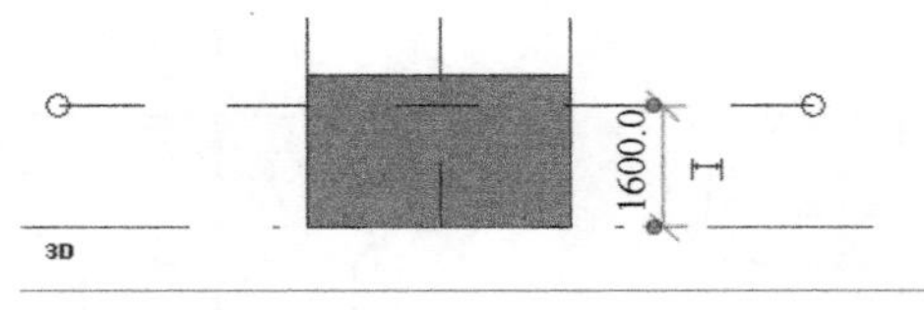

图 5-28　东立面视图

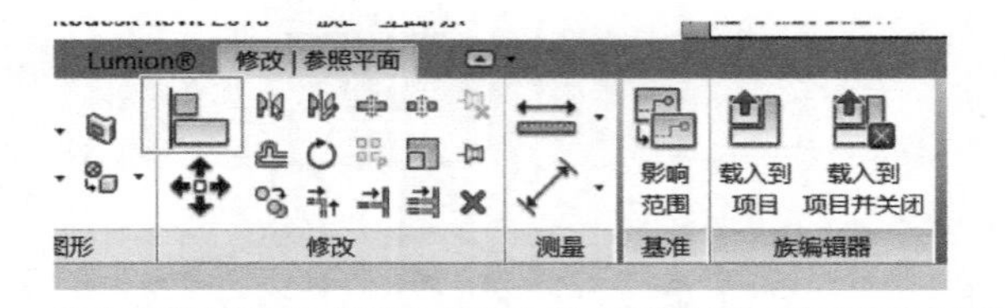

图 5-29　对齐工具

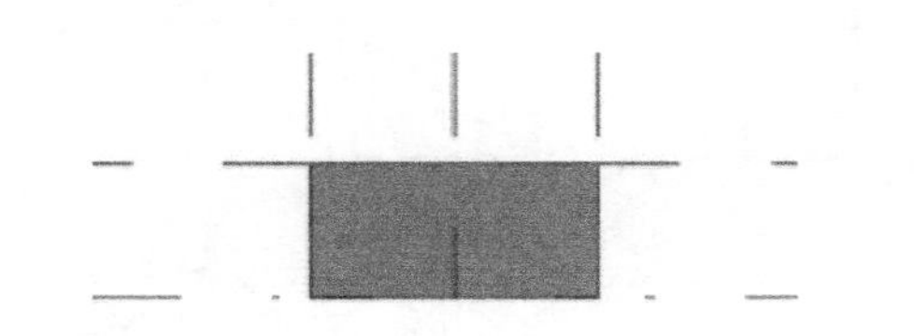

图 5-30　对齐

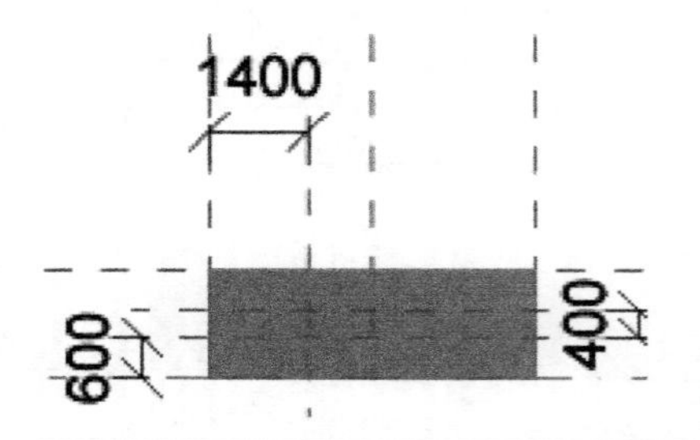

图 5-31　绘制参照平面

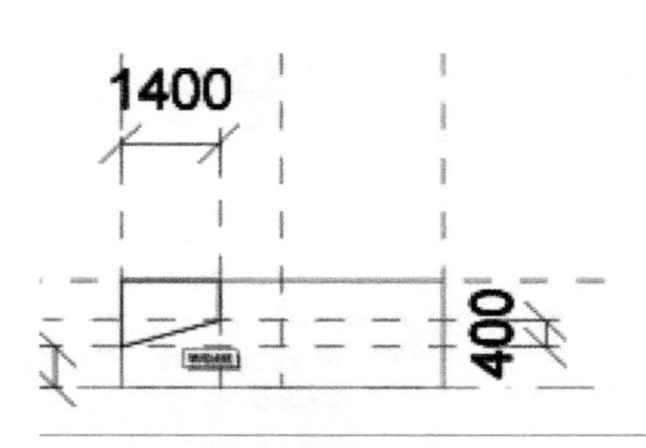

图 5-32　绘制梯形轮廓

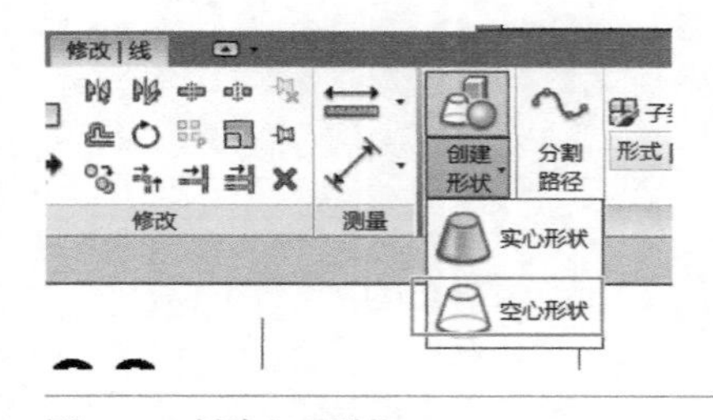

图 5-33　创建空心形状

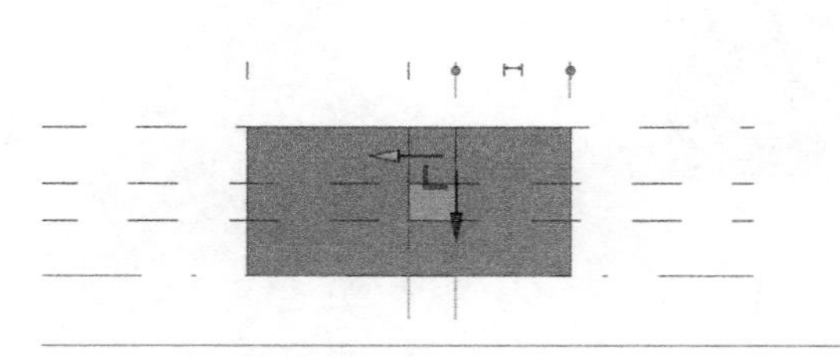

图 5-34　造型操纵柄

8）在西立面中，使用 <Tab> 键切换选中第 7）步绘制的空心形状左侧造型操纵柄，如图 5-36 所示，单击鼠标左键按住水平方向箭头，往左拉至体量形状左边缘，效果如图 5-37 所示。

9）切换至“项目浏览器”→“立面”→“南”，选择第 6）步绘制的空心形状梯形轮廓，如图 5-38 所示，单击【修改 | 空心形状图元】选项卡下的【镜像 - 拾取轴】命令，拾取垂直中心参照线，完成梯形空心形状的镜像，如图 5-39 所示。

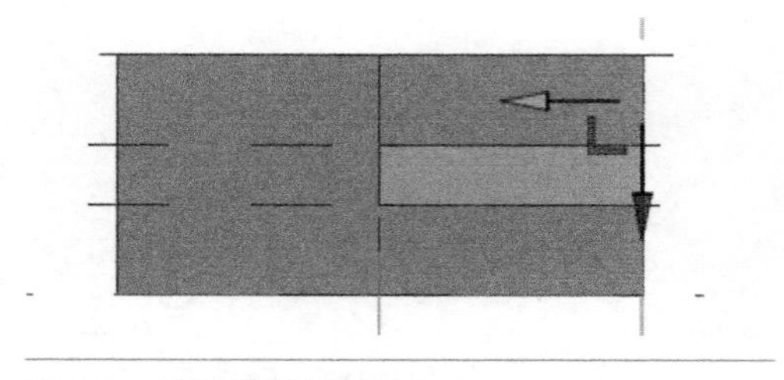

图 5-35　拉伸造型操纵柄

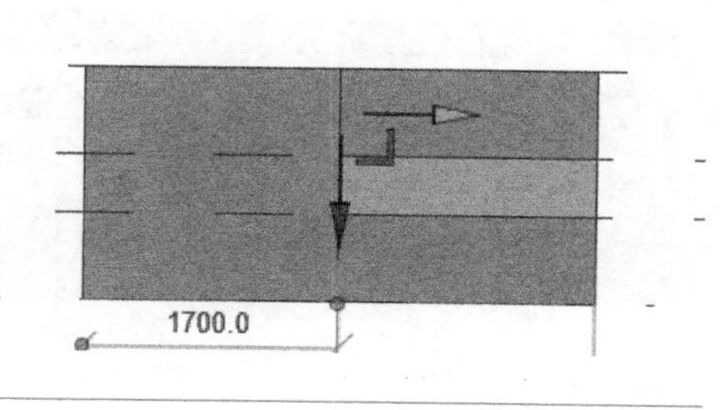

图 5-36 造型操纵柄

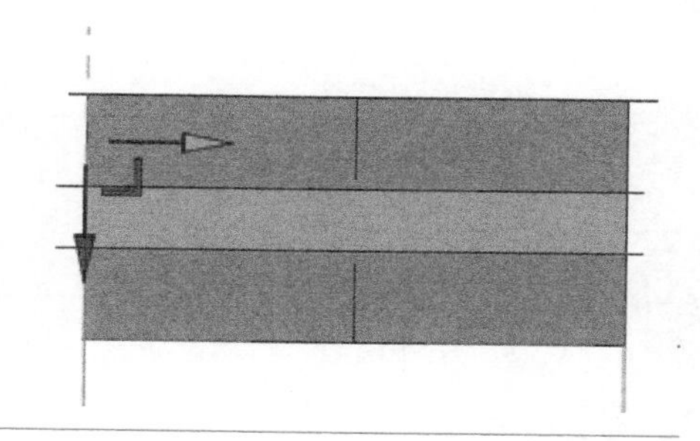

图 5-37 拉伸造型操纵柄

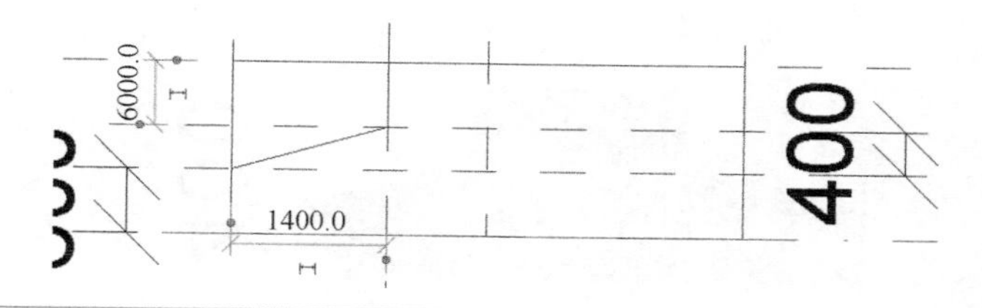

图 5-38 空心形状梯形轮廓

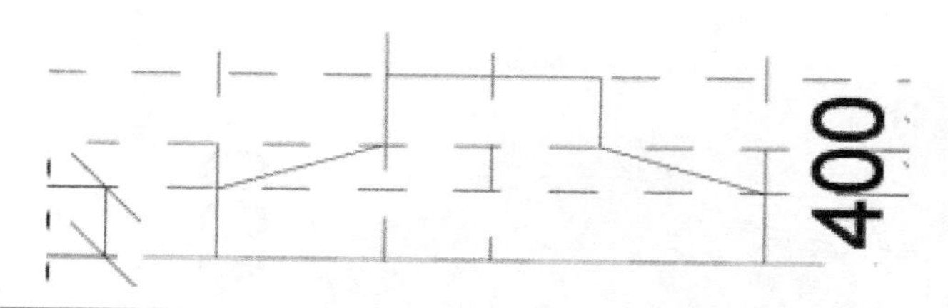

图 5-39 空心形状梯形的镜像

10）切换至东立面，使用 RP 快捷键绘制如图 5-40 所示的 1 个参照平面。

11）将视图样式切换至“线框”模式，单击功能区中【创建】→【绘制】→【模型】命令，使用【直线】命令绘制如图 5-41 所示梯形轮廓。单击选择绘制梯形轮廓，在关联的选项卡中依次单击【创建形状】→【空心形状】完成空心梯形形状的创建，如图 5-42 所示。

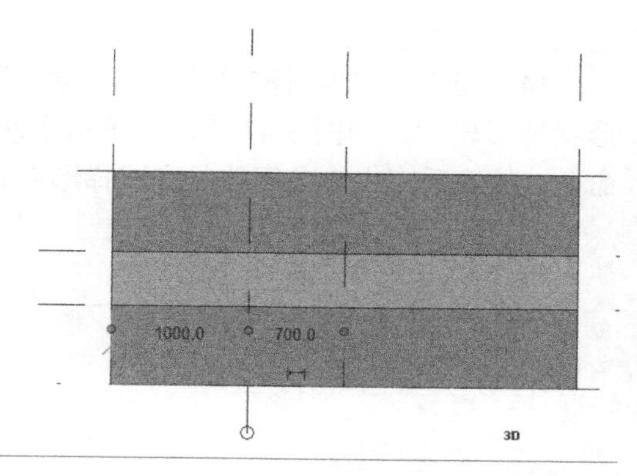

图 5-40 绘制参照平面

12）切换至“项目浏览器”→“立面”→“南”，将视觉样式修改为“带边框着色”模式，选择第 11）步绘制的空心形状左侧造型操纵柄，如图 5-43 所示，单击鼠标左键拖住水平方向箭头，往左拉至体量形状左边缘，效果如图 5-44 所示。

13）在南立面中，使用 Tab 键切换选中第 11）步绘制的空心形状右侧造型操纵柄，如图 5-45 所示，单击鼠标左键按住水平方向箭头，往右拉至体量形状右边缘，效果如图 5-46 所示。

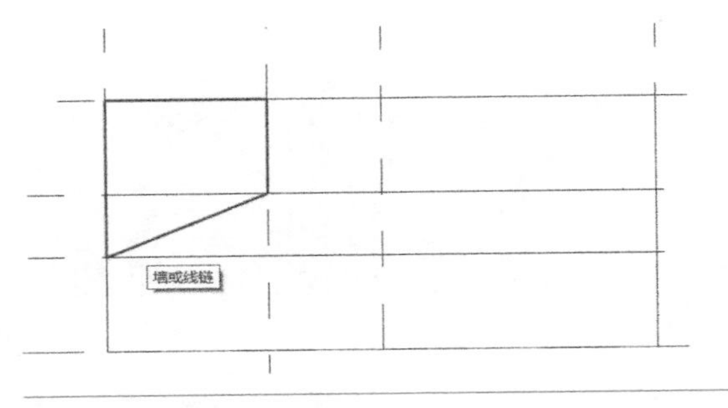

图 5-41　空心形状梯形轮廓

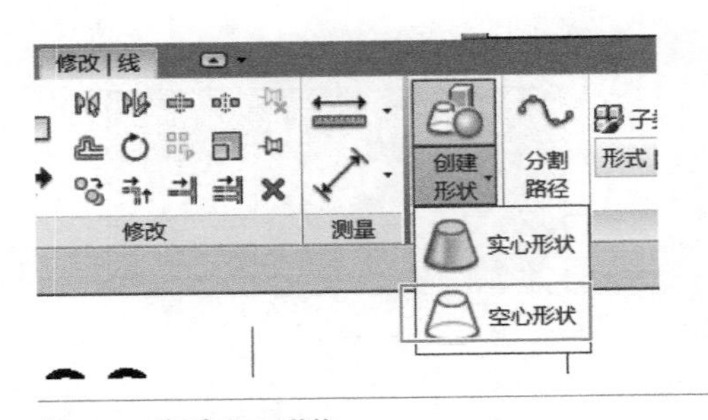

图 5-42　创建空心形状

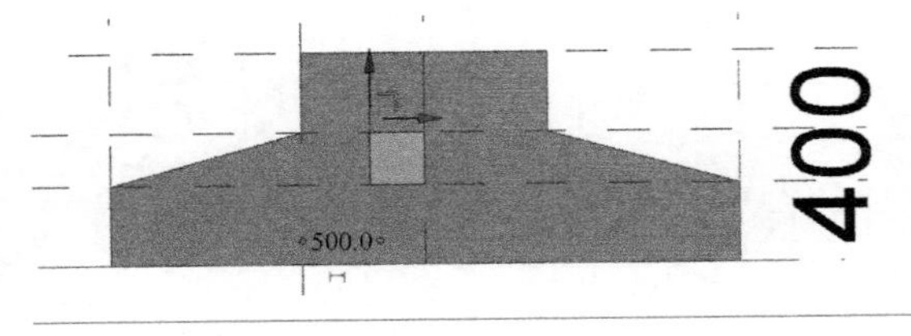

图 5-43　造型操纵柄

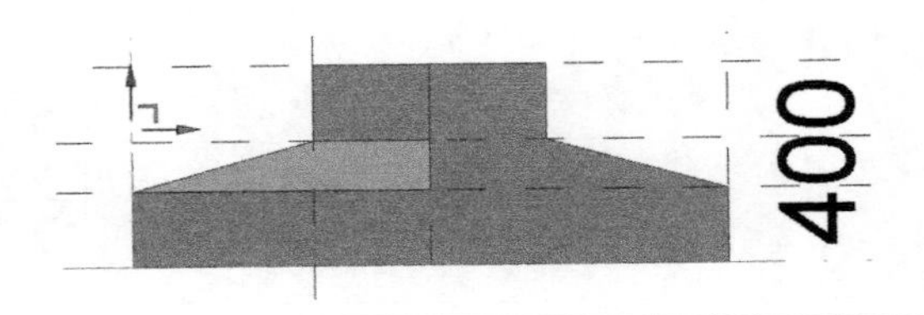

图 5-44　拉伸造型操纵柄

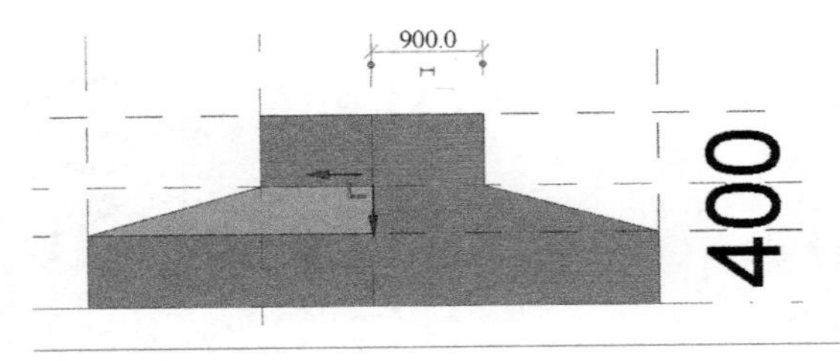

图 5-45　造型操纵柄

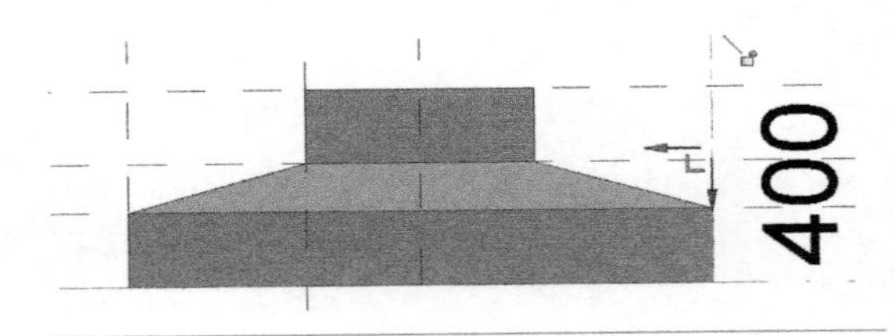

图 5-46　拉伸造型操纵柄

14）切换至“项目浏览器”→“立面”→“东”，使用 Tab 键选择第 11）步绘制的空心形状梯形轮廓，如图 5-47 所示，单击【修改 | 空心形状图元】选项卡下的【镜像 - 拾取轴】命令，拾取垂直中心参照线，完成梯形空心形状的镜像，如图 5-48 所示。

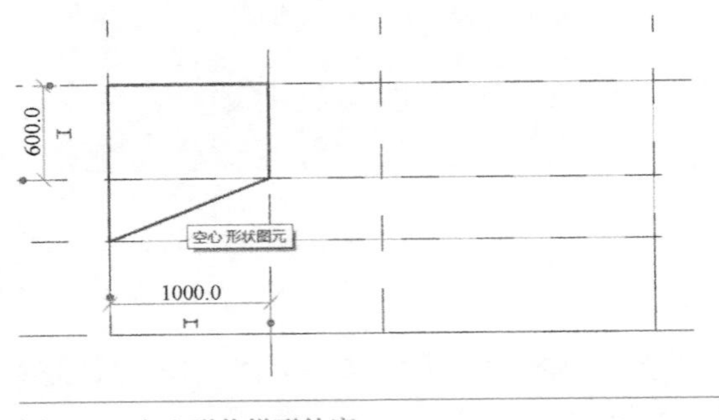

图 5-47　空心形状梯形轮廓

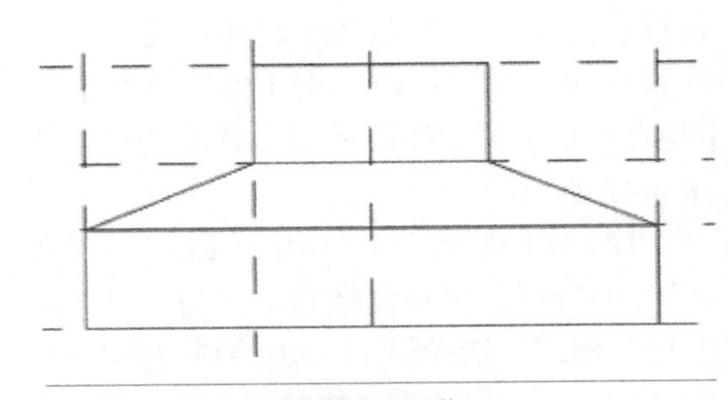

图 5-48　空心形状梯形的镜像

15）在东立面中，使用 RP 快捷键在标高 1 上方 400mm 位置绘制一个参照平面，如图 5-49 所示。

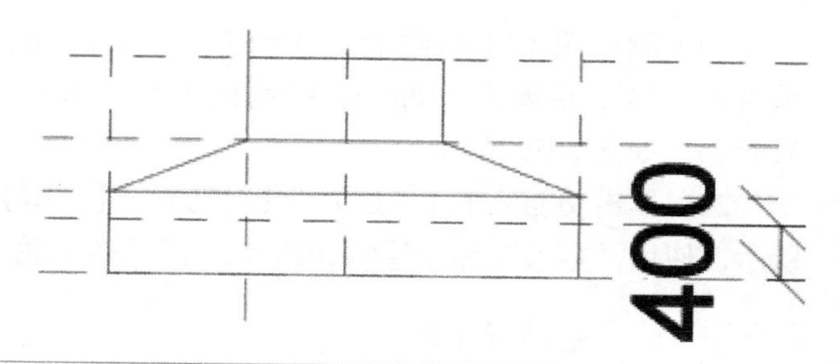

图 5-49 绘制参照平面

16）单击【工作平面】面板【设置】选项，选择“拾取一个平面”，如图 5-50 所示，单击第 15）步绘制的参照平面，在弹出的【转到视图】对话框中，选择“楼层平面：标高 1”，单击【打开视图】按钮，如图 5-51 所示。

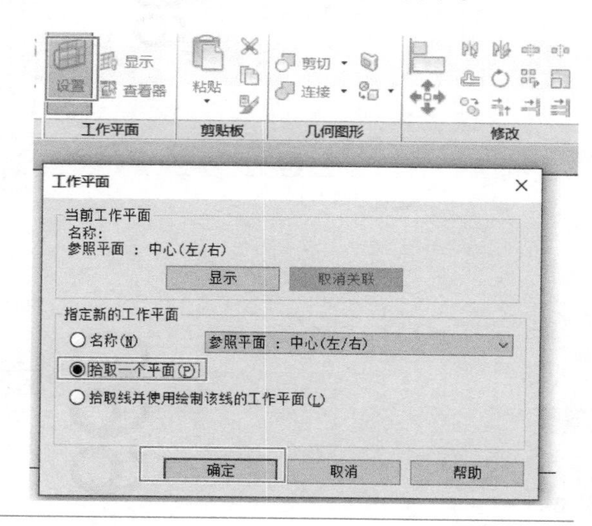

图 5-50 工作平面设置

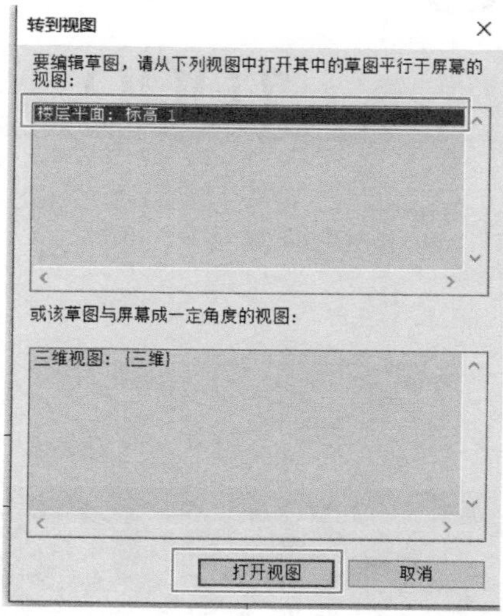

图 5-51 转到视图

17）在标高 1 中，使用 RP 快捷键绘制如图 5-52 所示的 4 个参照平面。

18）单击功能区中【创建】→【绘制】→【模型】命令，单击（在工作平面上绘制），如图 5-53 所示，使用“矩形”命令绘制如图 5-54 所示矩形轮廓。

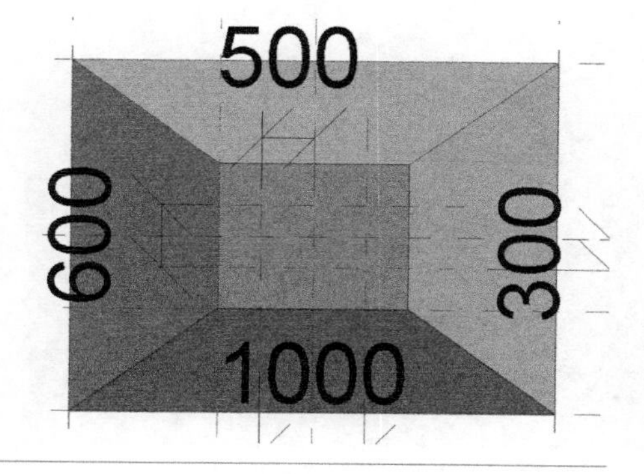

图 5-52 绘制参照平面

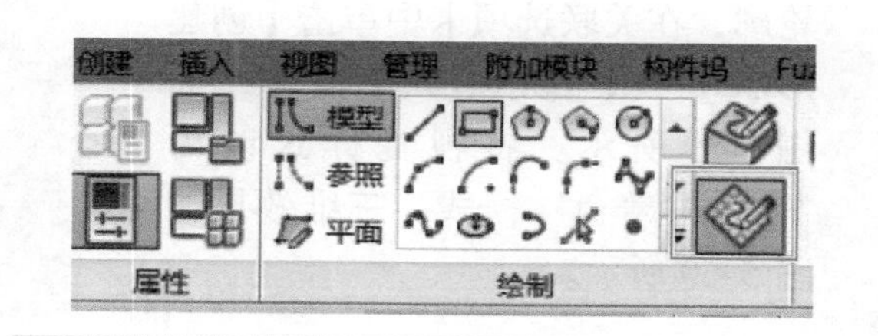

图 5-53 【模型】命令

19）删除第 17）步绘制的 4 个垂直参照平面，绘制两个垂直参照平面，调整其距离垂直中心线的距离为 530mm，绘制两个水平参照平面，调整其距离水平中心线的距离为 330mm，如图 5-55 所示。

20）单击功能区中【创建】→【绘制】→【模型】命令，单击 （在面上绘制），如图 5-56 所示，使用“矩形”命令绘制如图 5-57 所示矩形轮廓。

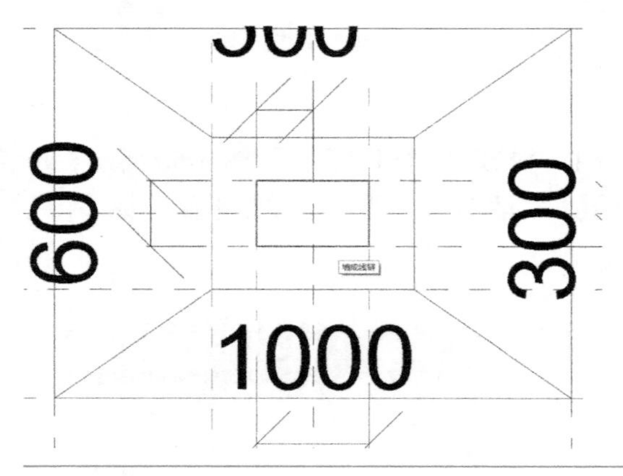

图 5-54　绘制矩形轮廓

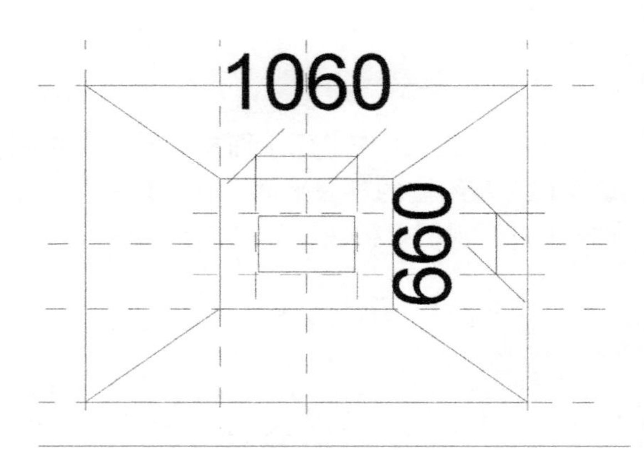

图 5-55　绘制参照平面

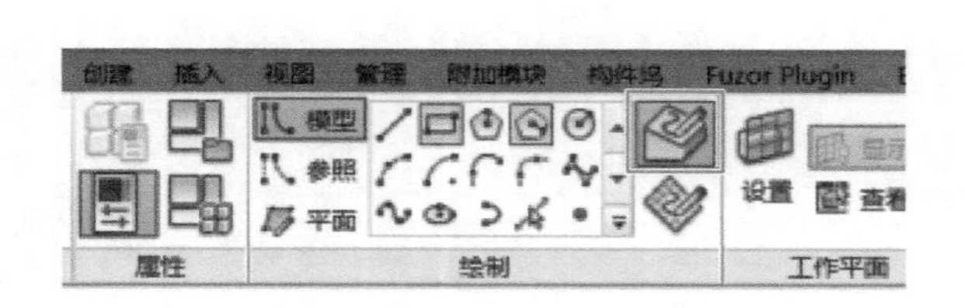

图 5-56 【模型】命令

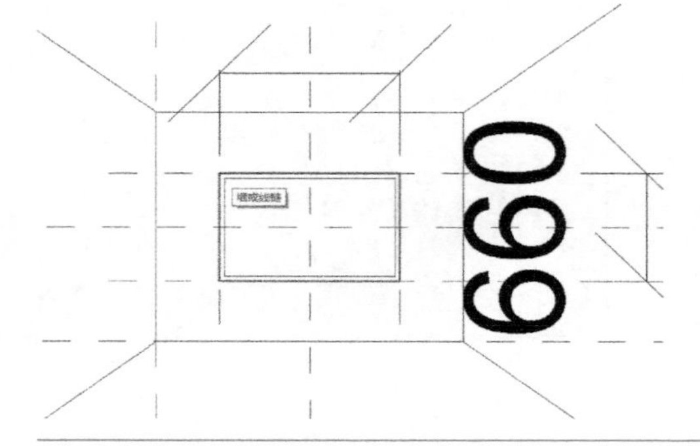

图 5-57　绘制矩形轮廓

21）切换至三维视图，将视觉样式改为“线框”模式，如图 5-58 所示。

22）在三维视图中，按 <Ctrl> 键选中前面步骤绘制的两个矩形轮廓，在关联选项卡中单击【创建形状】→【空心形状】命令，如图 5-59 所示。将视觉样式改为“带边框着色”模式，三维效果如图 5-60 所示。

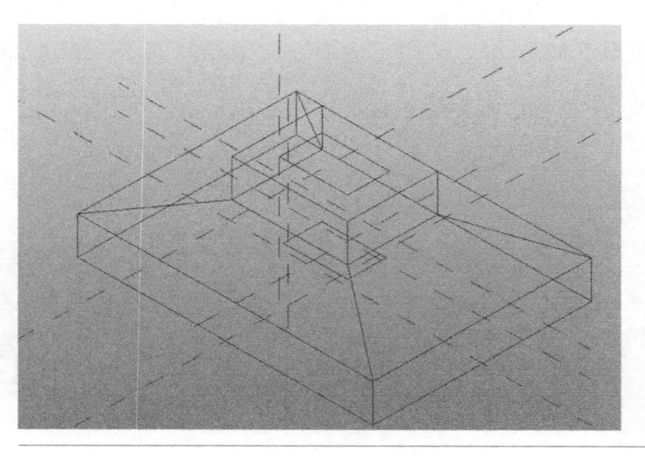

图 5-58　“线框”模式

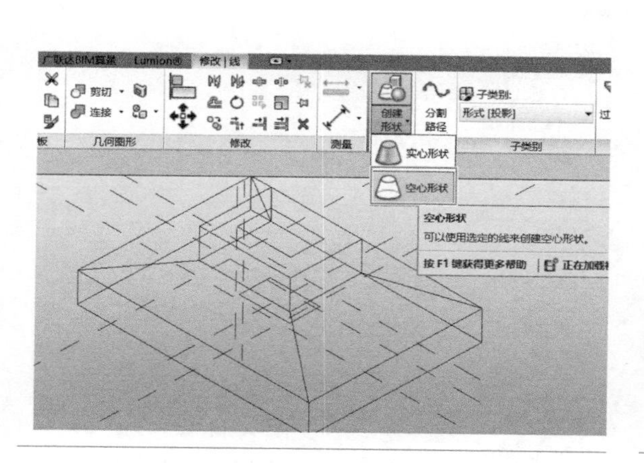

图 5-59 选择轮廓

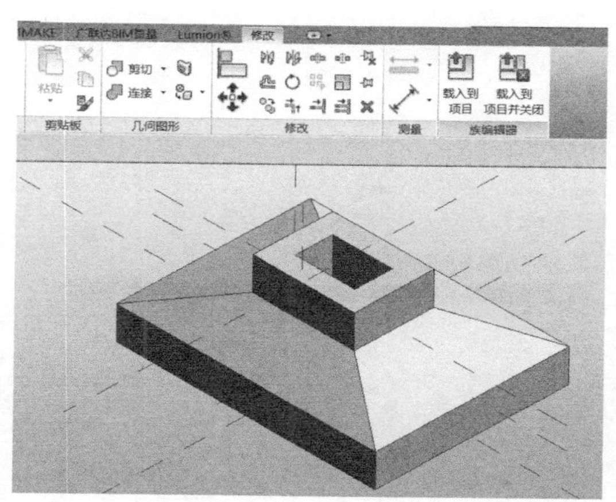

图 5-60 创建空心形状

23）在三维视图中，按 <Tab> 键选中杯型基础，在属性面板中单击材质一栏右侧的按钮，如图 5-61 所示。

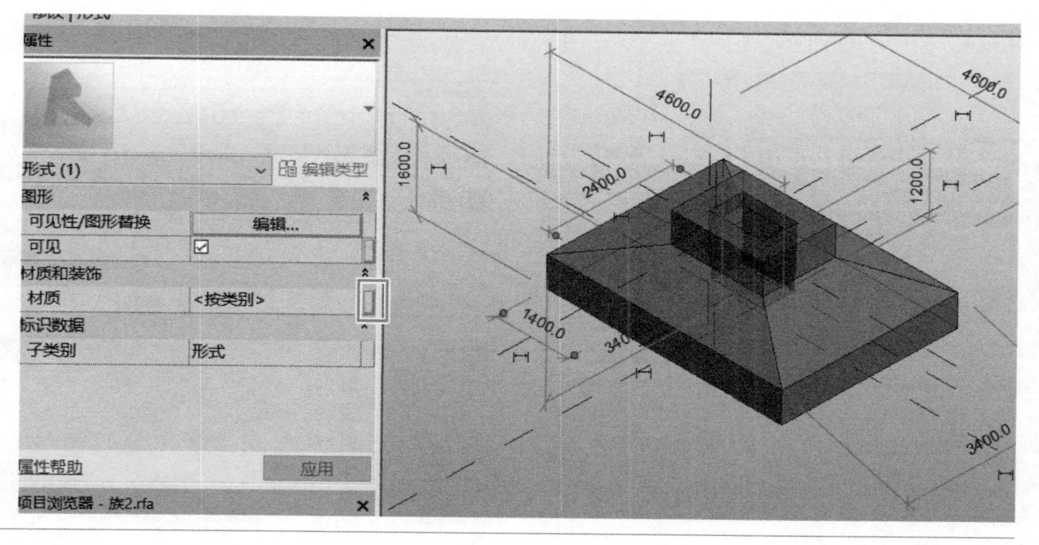

图 5-61 属性面板

24）在弹出的【关联族参数】对话框中，单击【添加参数】按钮，如图 5-62 所示。将【参数属性】对话框中“名称”一栏设置为“杯型基础材质”，依次单击【确定】按钮保存参数设置，如图 5-63 所示。

25）单击【族类型】按钮，在弹出的【族类型】对话框中，设置杯型基础材质为混凝土，如图 5-64 和图 5-65 所示。

26）由于基础底标高为 –2.1m，现在绘制的基础底标高为 0m，故需将绘制的杯型基础整体向下移动 2100mm。具体操作步骤：切换至东立面视图，框选杯型基础，如图 5-66 所示，单击【修改】选项卡→【移动】命令，将杯型基础垂直向下移动 2100mm，如图 5-67 所示，结果如图 5-68 所示。

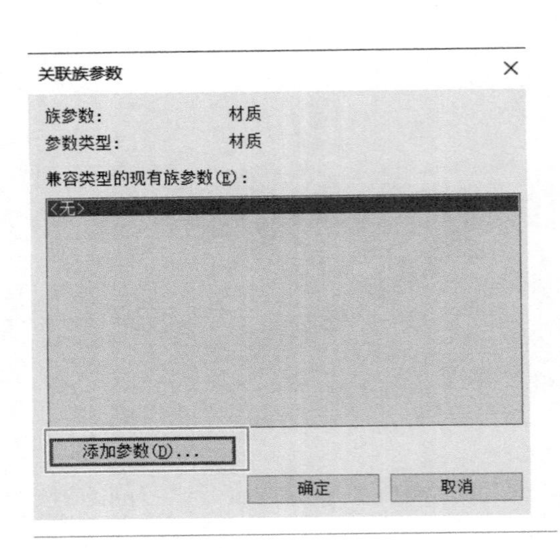

图 5-62　关联族参数

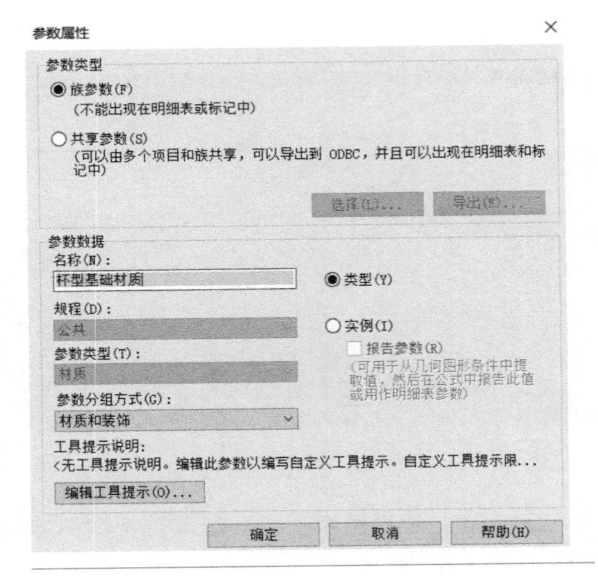

图 5-63　参数属性设置

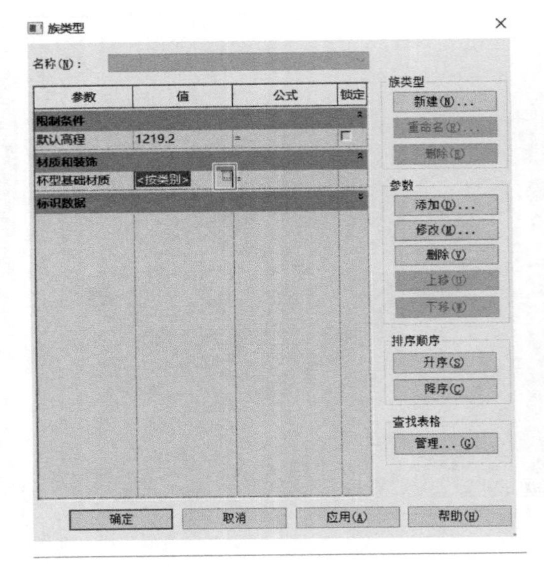

图 5-64　族类型

图 5-65　选择材质

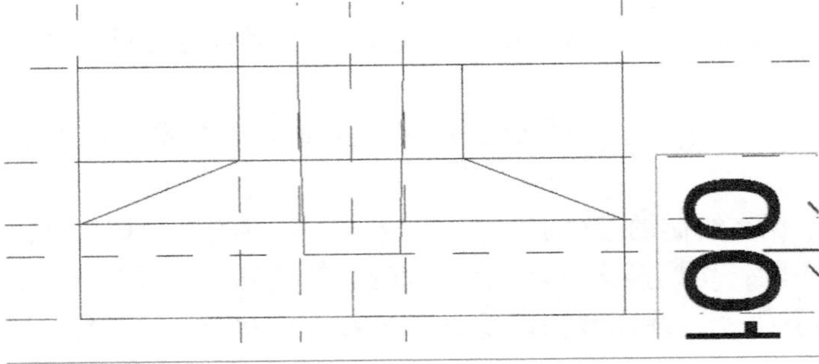

图 5-66　框选杯型基础

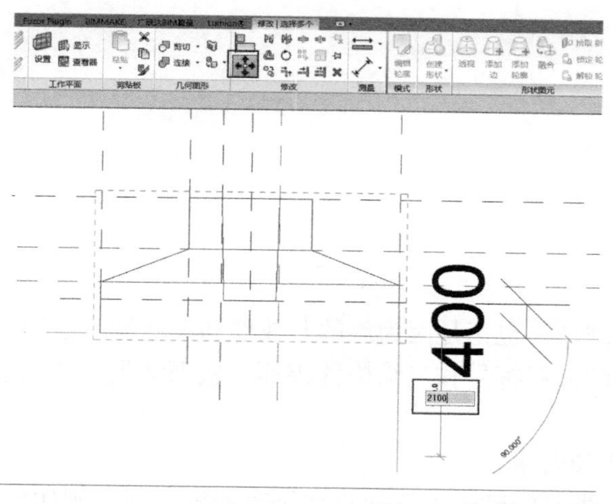

图 5-67　移动杯型基础

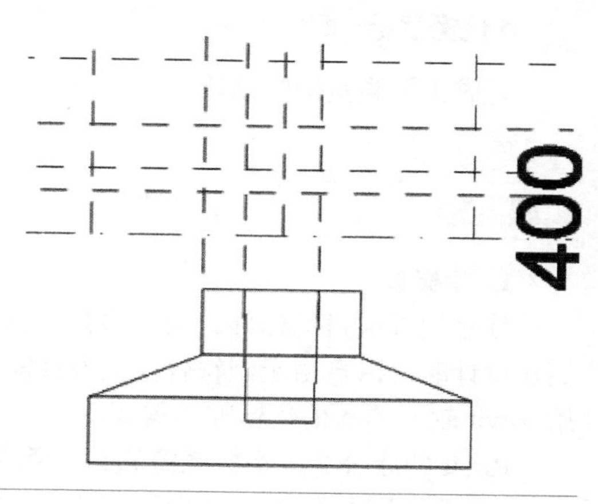

图 5-68　杯型基础位置

27）切换至三维视图，按 <Ctrl+S> 快捷键保存文件名为“杯型基础”，如图 5-69 所示。

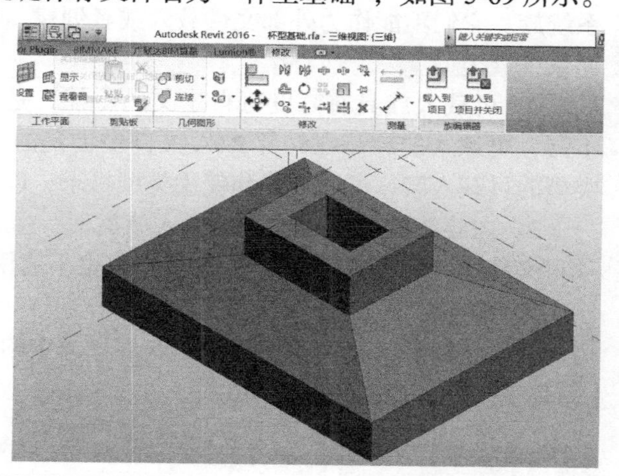

图 5-69　杯型基础三维视图

任务 5.2　族

任务发布

■ 任务描述：

Revit 软件中的“族”是构成模型中图元的重要元素。Revit 中的所有图元都是基于族的。用户可以根据具体项目的需求设置不同的尺寸、形状、材质、可见性或其他参数变量，使得族具有不同的属性。同时，用户可以根据自己的需要在族编辑器中修改各种参数变量，以使得族适用于各个不同的项目。所以族的创建是建模的基础，本任务详细介绍了族创建的方法。

■ 任务目标：

完成相关族实例的创建。

知识准备 5.2.1 Revit 族简介

1. 族概述

族是组成项目的构件，也是参数信息的载体。也正是因为族的开放性和灵活性，使得我们在设计时可以自由定制符合我们设计需求的注释符号和三维构件族等，从而满足建筑师应用 Revit 软件的本地化标准的需要。

Revit 的族分为 3 类：系统族、可载入族和内建族。

1）系统族是在 Revit 中预定义的并且只能在项目中进行创建和修改的族类型，例如墙、楼板、尺寸标准等。能够影响项目环境且包含标高、轴网、图纸和视口类型的系统设置也是系统族。它们不能作为外部文件载入或者创建，但可以在项目和样板之间复制、粘贴或者传递系统族类型。

2）可载入族具有高度可自定义的特征，是在 Revit 中经常创建和修改的族。与系统族不同，可载入的族是在外部 RFA 文件中创建的，并可导入或载入到项目中。对于包含许多类型的可载入族，可以创建和使用类型目录，以便用户仅载入项目所需的类型。

3）内建族的创建方式与可载入族类似，但它是在项目内部创建的，只能存储在当前的项目文件里，不能单独存成 RFA 文件，也不能用在别人的项目文件中。

2. 族样板

要制作可载入族，可直接单击欢迎界面中的【新建】→【族】或单击应用程序菜单中的【新建】按钮，如图 5-70 所示。

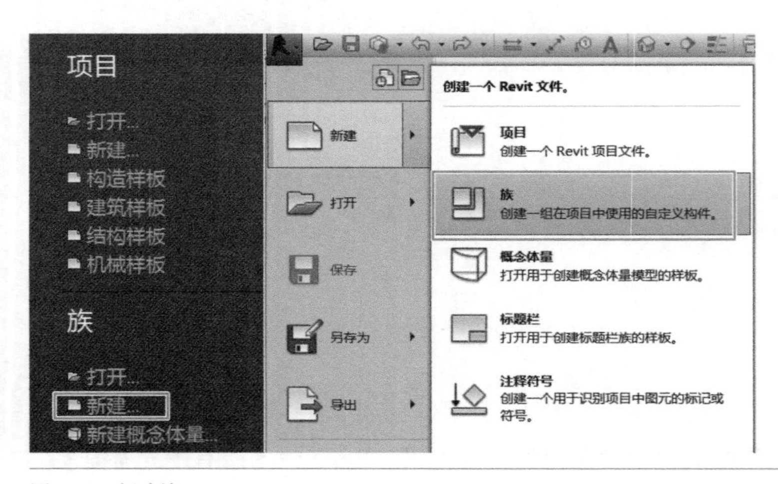

图 5-70　新建族

单击【新建】按钮后，软件会弹出选择样板文件对话框，如图 5-71 所示。样板文件的扩展名均为“.rft”，但不同的样板文件的用途及其编辑界面差别很大，用户应根据所需创建的族文件类型选择正确合适的样板制作族文件。

图 5-71 选择样板文件

总体而言，样板文件主要分为二维样板和三维样板两类，二维样板中只有一个平面，用于绘制详图、轮廓、注释等非模型图元。三维样板种类众多，应根据需求进行选择，如果构件与建筑主体有非常明确的关系（例如门窗是墙内的，橱柜悬挂于墙体表面），应选择基于该类主体的族样板。独立的三维族不需要依赖于主体而存在，载入项目后，单击任意一点即可放置独立的三维族。基于线的族需要在项目中单击两点创建。自适应族可以自定义放置条件，基于标高的族可以像墙体一样修改它与上下标高的约束关系。除此常规的三维族之外，栏杆、钢筋与基于填充图案的常规模型属于专用样板。

3. 族编辑器基础知识

（1）族类别和族参数

1）族类别：单击 Revit 界面左上角的【应用程序菜单】按钮→【新建】→【族】→选择“公制常规模型 .rft”族样板，单击【打开】按钮。用户即可进入到“公制常规模型”族编辑器的界面，如图 5-72 所示。（这里以“常规模型”族类别为例。）

进入族编辑器界面后，首先需设置“族类别和族参数”。单击功能区【常用】→【属性】→（族类别和族参数）按钮，打开【族类别和族参数】对话框，如图 5-73 所示。该对话框的设置将决定族在项目中的工作特性。

2）族参数：选择不同的“族类别”可能会有不同的“族参数”显示，如图 5-74 所示。

“常规模型”族是一个通用族，不带有任何特定族的特性，它只有形体的特征，以下是其中一些族参数的意义；

① 基于工作平面。如果勾选了【基于工作平面】，即使选用了“公制常规模型 .rft”样板创建的族也只能放在某个工作平面或是实体表面，通常不勾选这个选项。

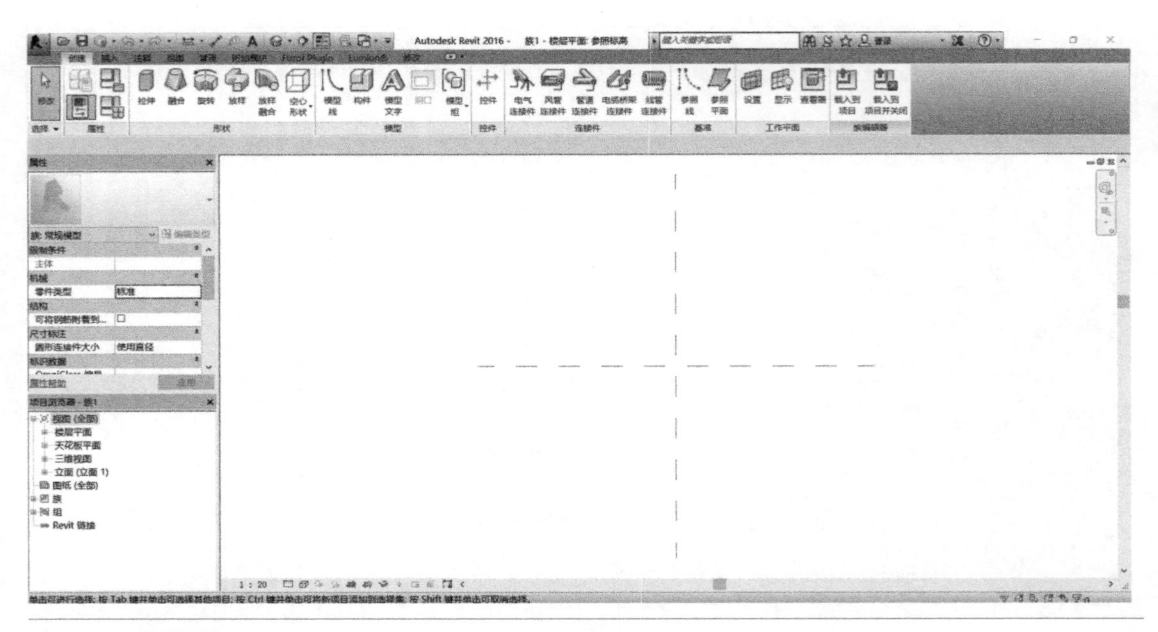

图 5-72　族编辑器界面

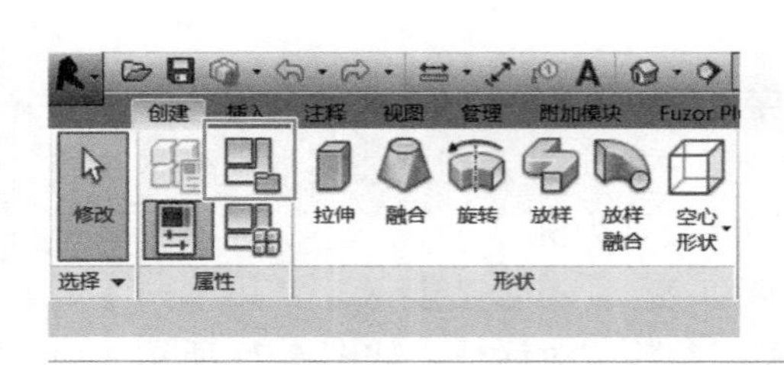

图 5-73　族类别和族参数

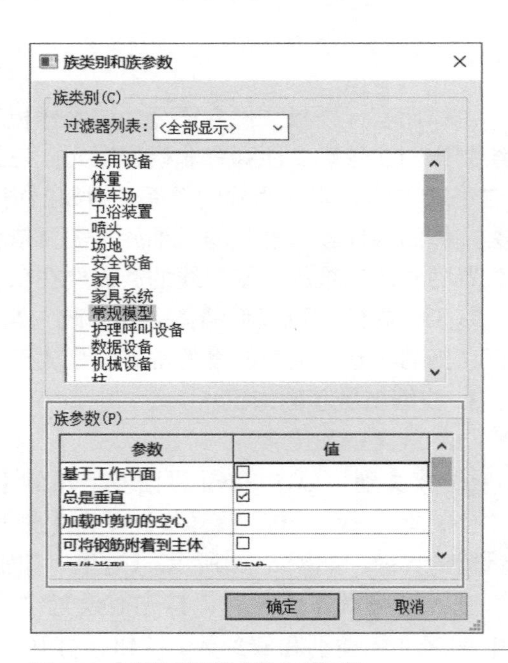

图 5-74 【族类别和族参数】对话框

② 总是垂直。对于勾选了【基于工作平面】的族和【基于面的公制常规模型】创建的族，如果勾选了【总是垂直】，族将相对于水平面垂直。如果不勾选【总是垂直】，族将垂直于某个工作平面。

③ 加载时剪切的空心。用户只要勾选了【加载时剪切的空心】，那么在导入到项目文件时，会同时附带可剪切的空心信息；而不勾选则会自动过滤空心信息，只保留实体模型，用户在选择此项时要特别注意。

④ 可将钢筋附着到主体。勾选此项时，在载入到用 Revit 打开的项目中，剖切此族，用户就可以在这个族剖面上自由添加钢筋。

⑤ 部件类型。“部件类型”和“族类别”密切相关，在选择族类别时，系统会自动匹配相对应的部件类型，用户一般不需要再次修改。

⑥ 共享。如果勾上【共享】选项，当这个族作为嵌套族载入到另一个主体族中，该主体族被载入到项目中后，勾上【共享】选项的嵌套族也能在项目中被单独调用，实现共享。默认不勾选。

⑦ OmniClass 编号 / 标题。这两项用来记录美国用户使用的“ OmniClass”标准，对于中国地区的族不用填写。

（2）族类型和参数

当设置完族类别和族参数后，单击功能区【常用】→（族类型）按钮，打开【族类型】对话框对族类型和参数进行设置，如图 5-75 所示。

1）新建族类型：“族类型”是在项目中用户可以看到的族的类型。一个族可以有多个类型，每个类型可以有不同的尺寸形状，并且可以分别调用。在“族类型”对话框右上角单击【新建】按钮以添加新的族类型，对已有的族类型还可以进行“重命名”和“删除”操作。

2）添加参数：参数对于族十分重要，正是有了参数来传递信息，族才具有了强大的生命力。单击【族类型】对话框中右侧的【添加】按钮，打开【参数属性】对话框，如图 5-76 所示。

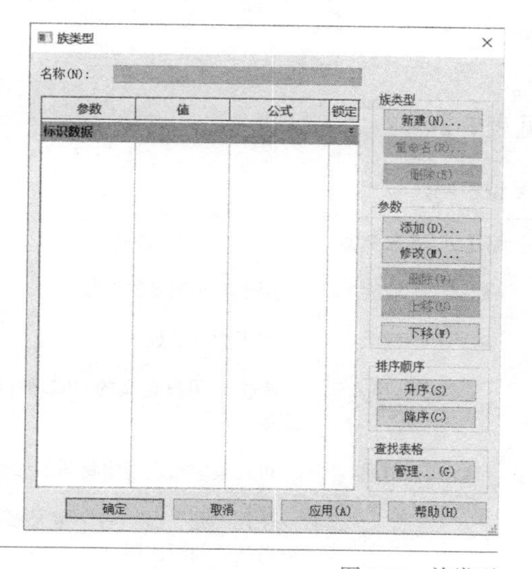

图 5-75　族类型

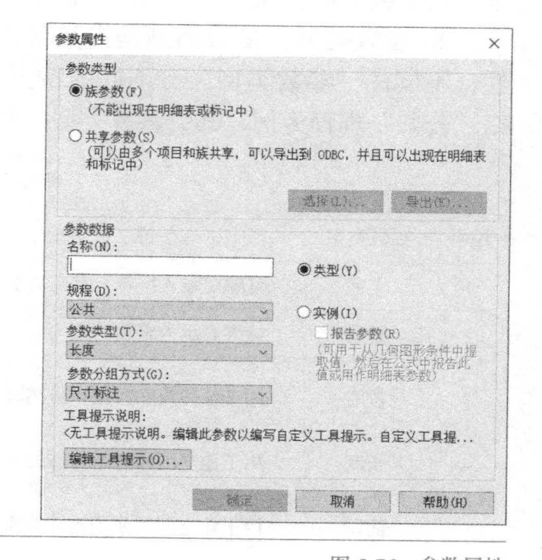

图 5-76　参数属性

3）参数类型。

① 族参数。参数类型为“族参数”的参数，载入项目文件后，不能出现在明细表或标记中。

② 共享参数。参数类型为“共享参数”的参数，可以由多个项目和族共享，载入项目文件后，可以出现在明细表和标记中。如果使用“共享参数”，将在一个 TXT 文档中记录这个参数。

③ 特殊参数。还有一类比较特殊的参数，是族样板中自带的一类参数。用户不能自行创建这类参数，也不能修改或删除它们的参数名。选择不同的“族样板”或“族类别”，在“族类型”对话框中可能会出现不同的此类参数。这些参数也可以出现在项目的明细表中。

4）参数数据。

① 名称。参数名称可根据用户需要自行定义，但在同一个族内，参数名称不能相同。参数名称应区分大小写。

② 规程。共有三种规程可选择，公共、结构和电气，规程说明见表 5-1。

表 5-1　规程说明表

编号	规　程	说　明
1	公共	可以用于任何族参数的定义
2	结构	用于结构族
3	电气	用于定义电气族的参数

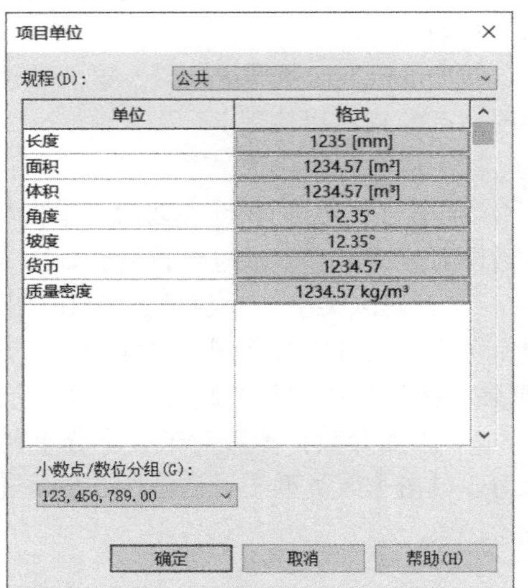

图 5-77　项目单位

不同“规程”对应显示的“参数类型”不同。在项目中，可按“规程”分组设置项目单位的格式，如图 5-77 所示，所以此处选择的“规程”也决定了族参数在项目中调用的单位格式。

③ 参数类型。参数类型是参数最重要的特性，不同的“参数类型”有不同的特点和单位。以“公共”规程为例，其“参数类型”的说明见表 5-2。

表 5-2　参数类型说明表

编号	参数类型	说　明	编号	参数类型	说明
1	文字	可随意输入字符，定义文字类参数	8	坡度	用于定义坡度的参数
2	整数	始终表示为整数的值	9	货币	用于货币参数
3	数值	用于各种数字数据，是实数	10	URL	提供至用户定义的 URL 的网络链接
4	长度	用于建立图元或子构件的长度	11	材质	可在其中指定特定材质的参数
5	面积	用于建立图元或子构件的面积	12	是 / 否	使用“是”或“否”定义参数，可与条件判断连用
6	体积	用于建立图元或子构件的体积	13	<族类型···>	用于嵌套构件，不同的族类型可匹配不同的嵌套族
7	角度	用于建立图元或子构件的角度			

④ 参数分组方式。参数分组方式定义了参数的组别，其作用是使参数在“族类型”对话框中按组分类显示，方便用户查找参数。该定义对于参数的特性没有任何影响。

⑤ 类型 / 实例。用户可根据族的使用习惯选择“类型参数”或“实例参数”，其说明见表 5-3。

表 5-3　类型 / 实例参数说明表

编号	参数	说　明
1	类型参数	如果有同一个族的多个相同的类型被载入到项目中，类型参数的值一旦被修改，所有的类型个体都会做出相应的变化
2	实例参数	如果有同一个族的多个相同的类型被载入到项目中，其中一个类型的实例参数的值一旦被修改，只有当前被修改的这个类型的实体会相应变化，该族其他类型的这个实例参数的值仍然保持不变，在创建实例参数后，所创建的参数名后将自动加上“默认”两个字

任务实施 5.2.2　创建二维族

Revit 除了三维族，还包括二维族。这些二维族可以单独使用，也可以作为嵌套族载入三维族中使用。轮廓族、详图构件族、注释族、标题栏族是 Revit 中常用的二维族，它们有各自的创建样板。轮廓族和详图构件族只能在“楼层平面”视图的“参照标高”工作平面上绘制，注释族和标题栏族只能在“视图”平面上绘制。二维族主要用作辅助建模、平面图例和标注图元。

（1）轮廓族

轮廓族用于绘制轮廓截面，所绘制的是二维封闭图形，在放样、放样融合等建模时作为轮廓载入使用。用轮廓族辅助建模，可以使建模更加简单，用户可以通过替换轮廓族随时改变实体的形状。

（2）详图构件族

详图构件族主要用于绘制详图，所绘制的详图可附着在任何一个平面上。详图构件族载入到项目中后，其显示大小固定，不会随着视图的显示比例变化而改变。

（3）注释族

注释族是用来表示二维注释的族文件，它被广泛运用于很多构件的二维视图表现。注释族载入到项目中后，其显示大小会随视图比例变化自动缩放显示，注释图元始终以同一图纸大小显示。

（4）标题栏族

标题栏族是用来绘制图纸样板的族文件，它被广泛运用于制作各种图框，定义图纸的大小并添加边界、公司徽标和其他信息。

任务实施 5.2.3　创建二维族实例

1. 创建室外台阶轮廓族

先创建一个室外台阶的族文件。单击（应用程序菜单）→【新建】→【族】命令，如图 5-78 所示。

在弹出的选择样板文件对话框中，选择“公制轮廓”，单击【打开】按钮，如图 5-79 所示。

进入族编辑界面后，单击【创建】选项卡→【详图】面板→【直线】命令，如图 5-80 所示。

单击【修改 | 放置线】→【绘制】面板→【直线】命令，根据图 5-81 中数据绘制室外

三级台阶轮廓。按 <Ctrl+S> 键保存文件，命名为室外三级台阶，单击【保存】按钮保存文件，如图 5-82 所示。

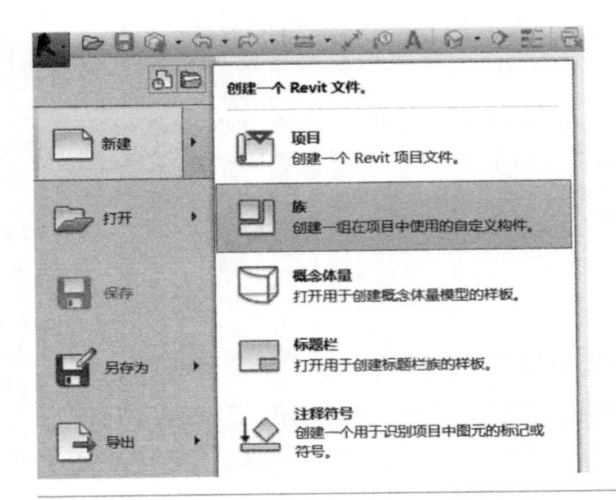

图 5-78　新建族

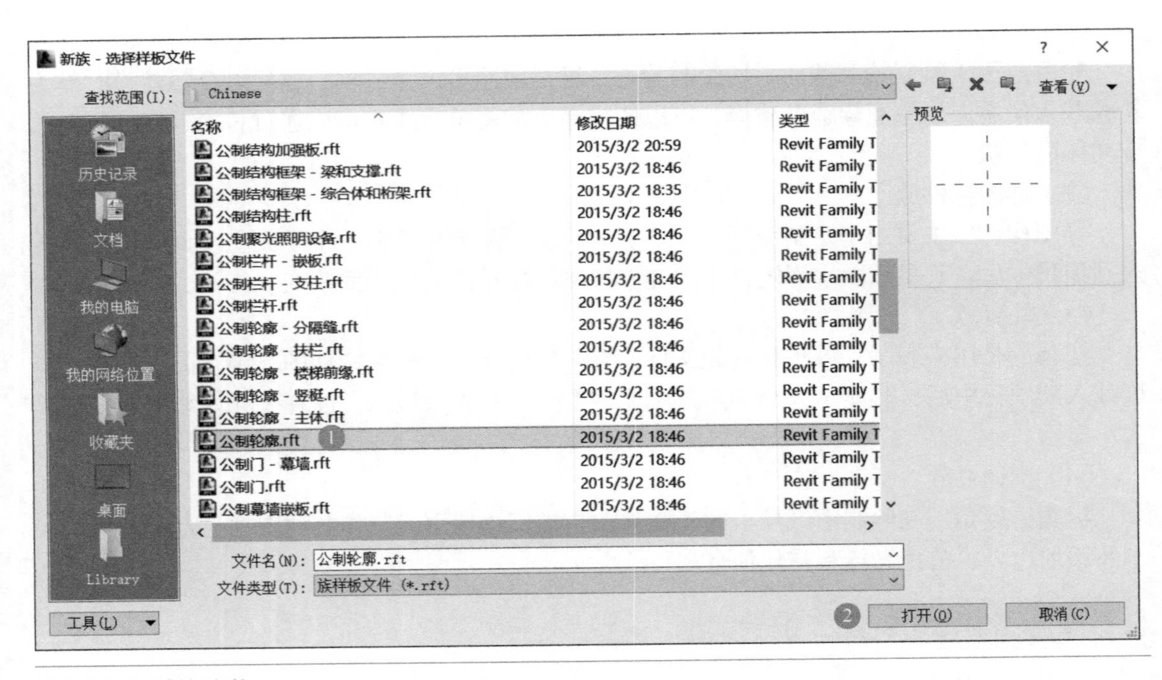

图 5-79　选择样板文件

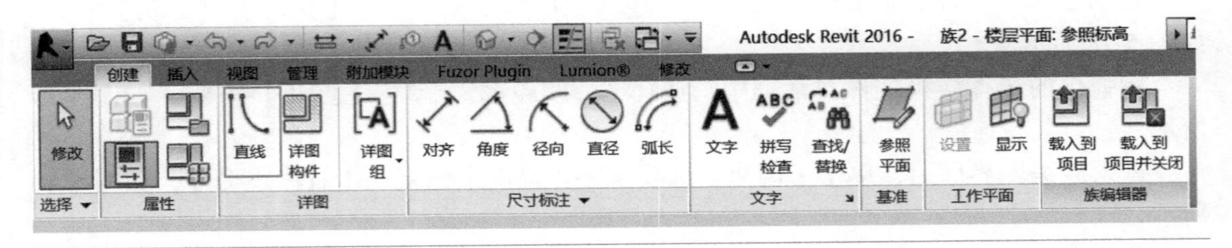

图 5-80　【直线】命令

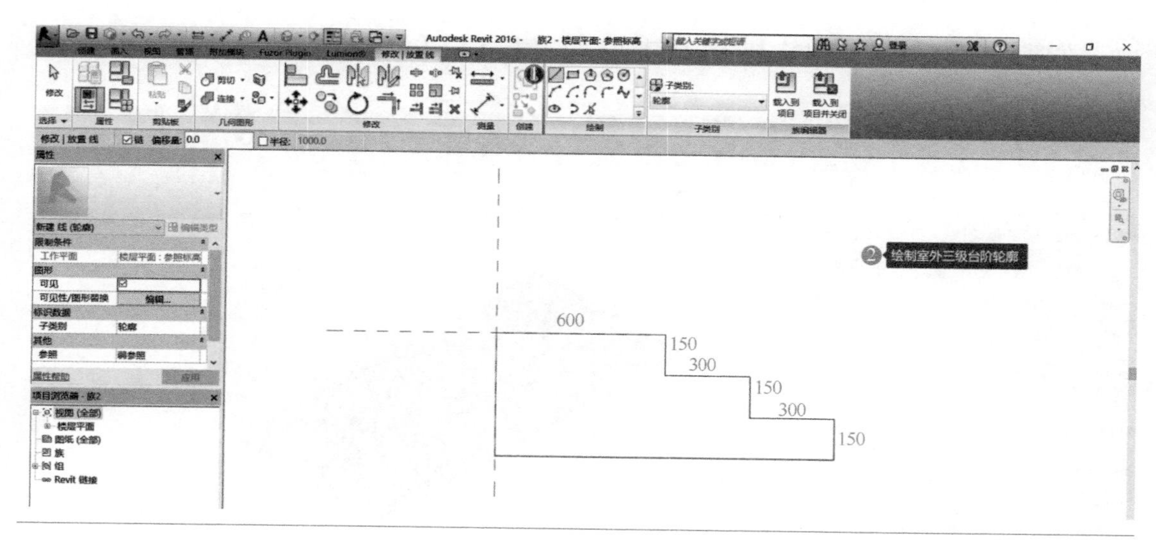

图 5-81　台阶轮廓

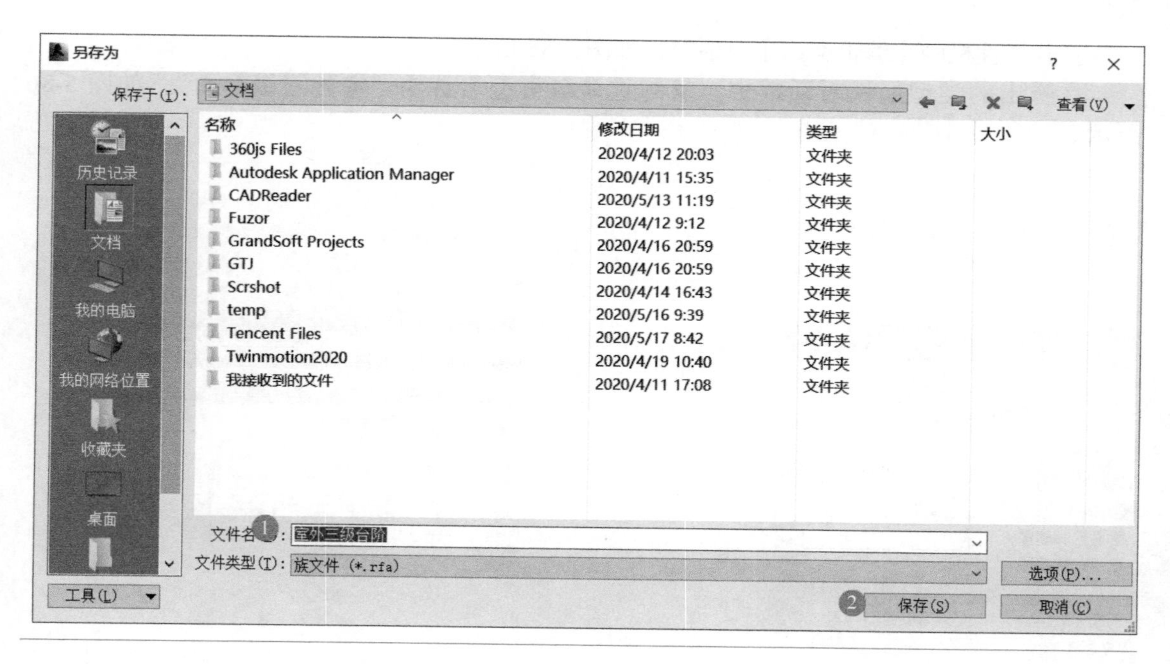

图 5-82　保存轮廓

然后载入到已经新建好的项目 1 中，如图 5-83 所示。

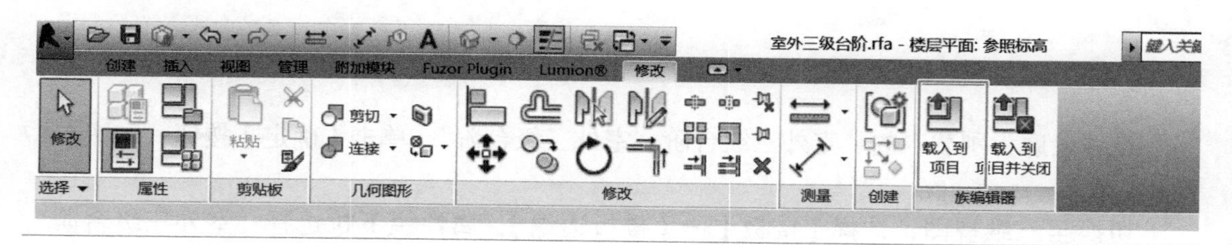

图 5-83　载入轮廓

在项目 1 中，单击【建筑】→【构建】→【楼板】→【楼板边】命令，如图 5-84 所示。

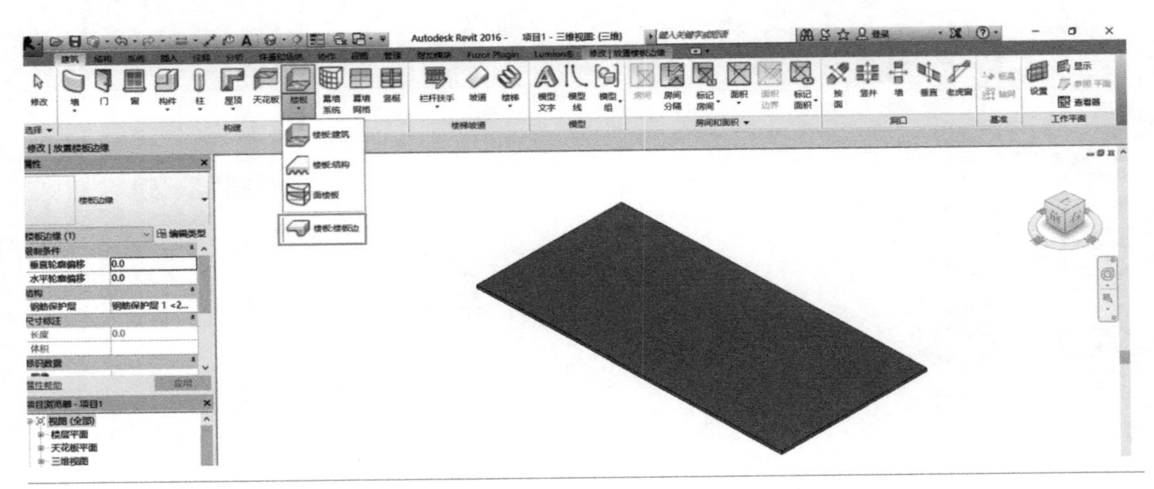

图 5-84 【楼板边】命令

打开属性栏的【编辑类型】对话框，如图 5-85 所示。

在弹出的类型属性对话框中，复制重命名类型名称为“室外三级台阶”，如图 5-86 所示。

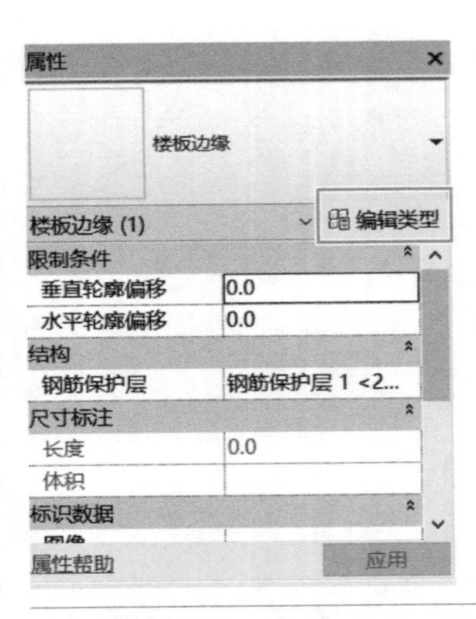

图 5-85 编辑类型

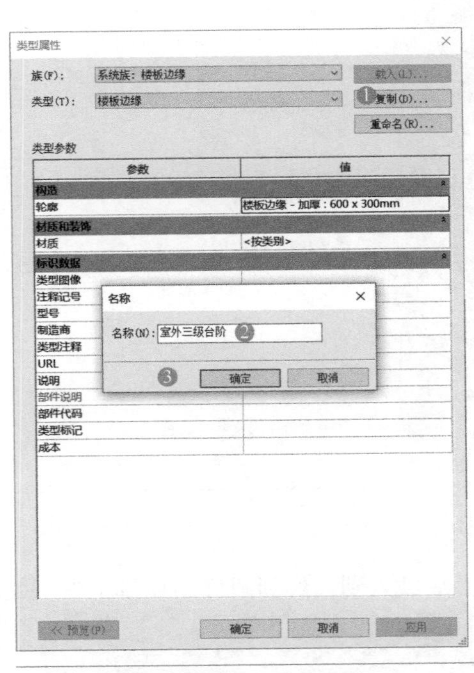

图 5-86 复制重命名

设置轮廓为刚载入的“室外三级台阶：室外三级台阶”，单击【确定】按钮，如图 5-87 所示。

切换至三维视图，选择【楼板】→【楼板边缘】，属性栏下拉选择“室外三级台阶”，单击楼板上边缘，如图 5-88 所示，生成的室外三级台阶如图 5-89 所示。

2. 创建土壤详图构件族

1）打开样板文件：单击应用程序菜单“下拉”按钮，选择【新建】→【族】命令，打开【选择样板文件】对话框，选择“公制详图构件”，单击【打开】按钮。

2）绘制土壤族图案：在绘制素土夯实的图例符号时，我们是以地坪的下表面为基线来绘制的，而这些图例是位于这条基线之下的，因此我们应该在第一象限绘制土壤的图例。

① 绘制参照平面并进行尺寸标注：以“公制详图构件”的原有参照平面定位绘制两个参照平面，完成后进行标注，并进行锁定，绘制结果如图 5-90 所示。

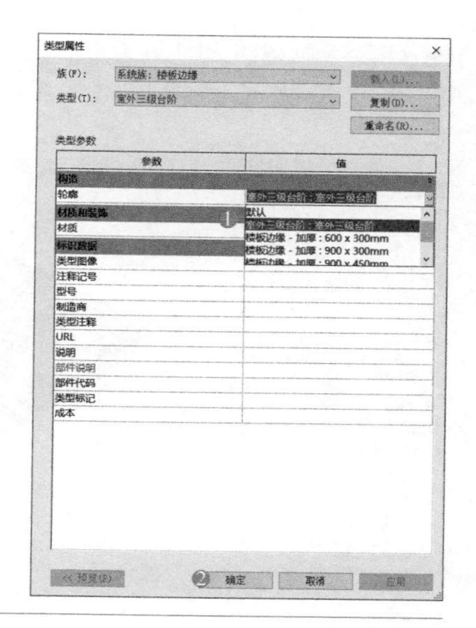

图 5-87 选择轮廓

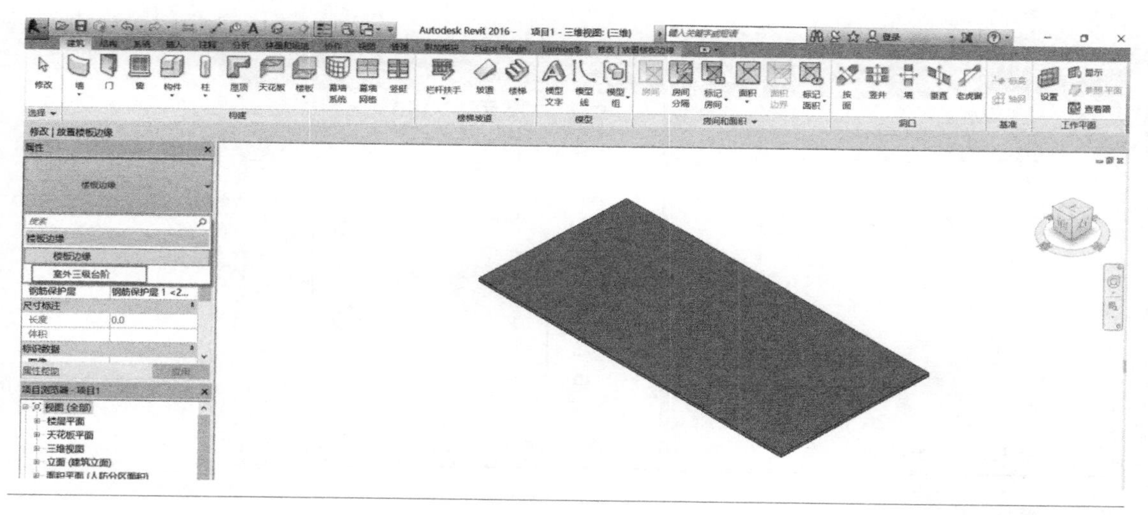

图 5-88 选择楼板边缘

② 添加尺寸参数。选择长度为 300mm 的尺寸标注，单击左上角的【标签】栏选择“添加参数”，弹出【参数属性】对话框，选择“族参数”，在【参数数据】下的【名称】选项中对参数输入名称“长度”，单击【确定】按钮。同理，将长度为 150mm 的尺寸标注添加厚度参数，将长度为 100mm 的尺寸标注添加间距参数，如图 5-90 所示。

③单击【属性】面板→【族类型】命令，打开【族类型】对话框，依据图 5-91 设置参数公式。

■ 小提示

在输入公式时数字与符号一定要在英文输入法的状态下进行。

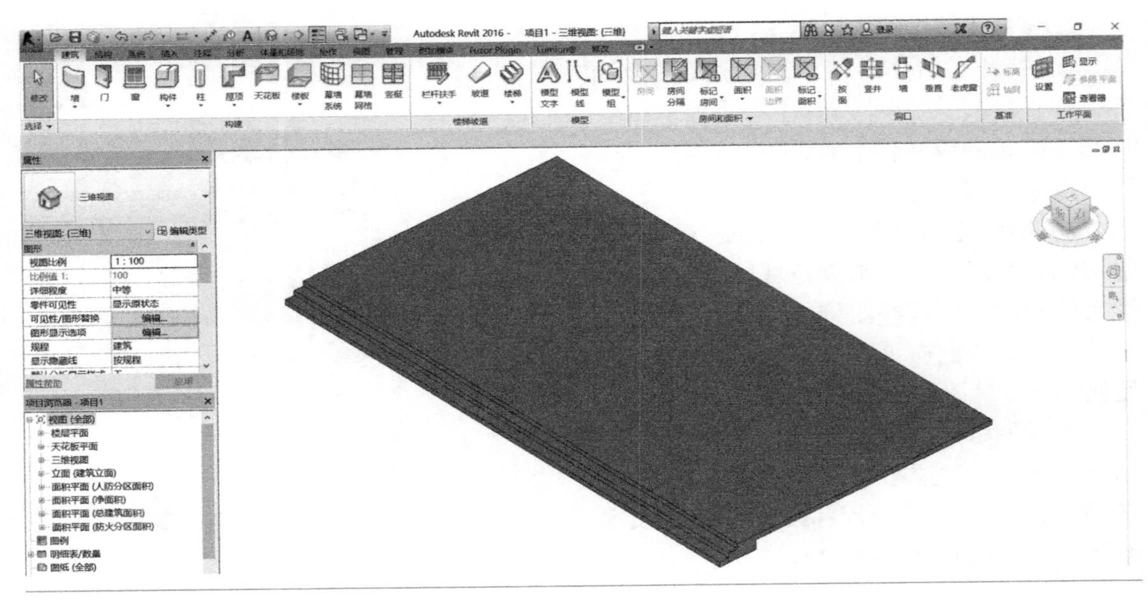

图 5-89　室外三级台阶

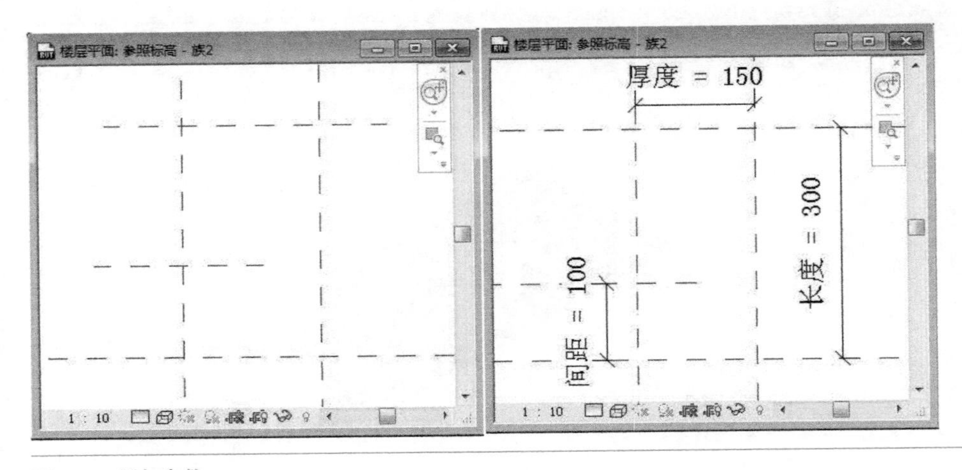

图 5-90　添加参数

3）绘制符号：单击【创建】选项卡→【详图】面板→【直线】命令，选择“轻磅线”子类别，以间距 100mm 的参照平面为起点，绘制角度为 45° 的第一条斜线，然后以 70mm 为距离复制 3 条，对其进行尺寸标注，并均分。将这四条直线的端点分别与对应的参照平面对齐。单击【详图】面板→【直线】命令，绘制弧线如图 5-92 所示。

单击【创建】选项栏→【详图】面板→【填充区域】命令，拾取刚画好的

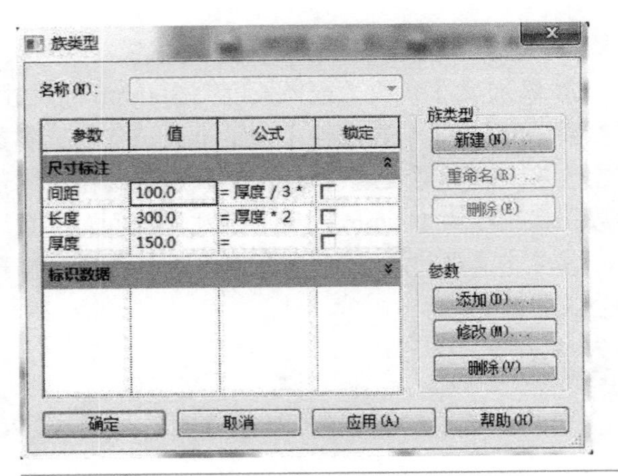

图 5-91　族类型设置

弧线和垂直参照平面，修剪使其围合成区域，单击【属性】面板的【类型选择器】按钮，将填充样式设为“实体填充—黑色”，单击【完成】按钮，如图 5-93 所示。

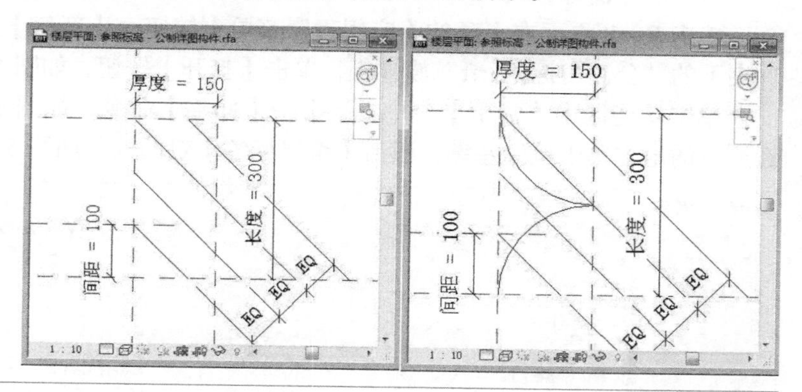

图 5-92　绘制弧线

4）保存文件为“公制详图构件”。

5）将其载入到项目中应用：单击【注释】选项卡→【详图】面板→【构件】命令下拉钮→【重复详图构件】命令，单击【属性】面板的【编辑类型】命令，单击【复制】按钮新建一个“土壤”族，其参数设置如图 5-94 所示。

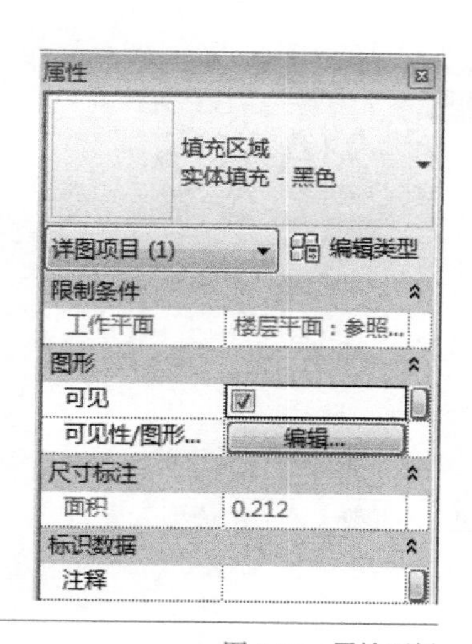

图 5-93　属性面板

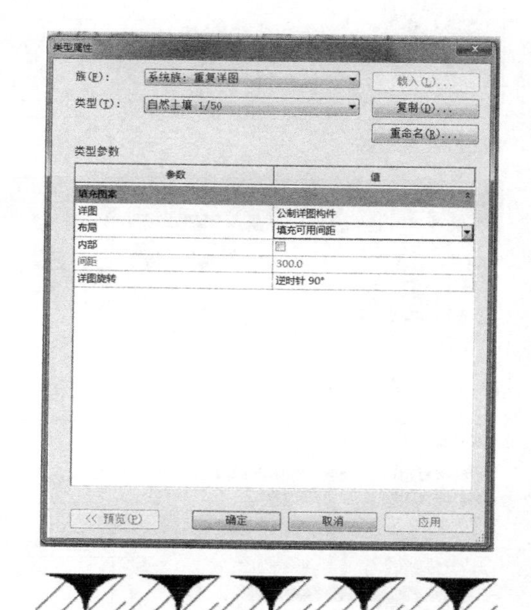

图 5-94　“土壤”族参数设置

■ 小提示

当在项目中重复详图时，单击的距离与详图实际距离可能不同，这是因为在项目中它是按整数重复详图的。若想让单击的距离与详图实际距离相同，可采用基于线的详图构件制作土壤详图。

3. 创建窗标记族

（1）制作窗标记族

单击 Revit 界面左上角的【应用程序菜单】按钮→【新建】→【族】→选择【注释】文件夹下的“公制窗标记 .rft”族样板，单击【打开】按钮，如图 5-95 所示。

单击功能区中【常用】→【文字】→【标签】命令，如图 5-96 所示，在绘图区域中靠近原点的地方单击鼠标左键，激活【编辑标签】对话框，如图 5-97 所示。

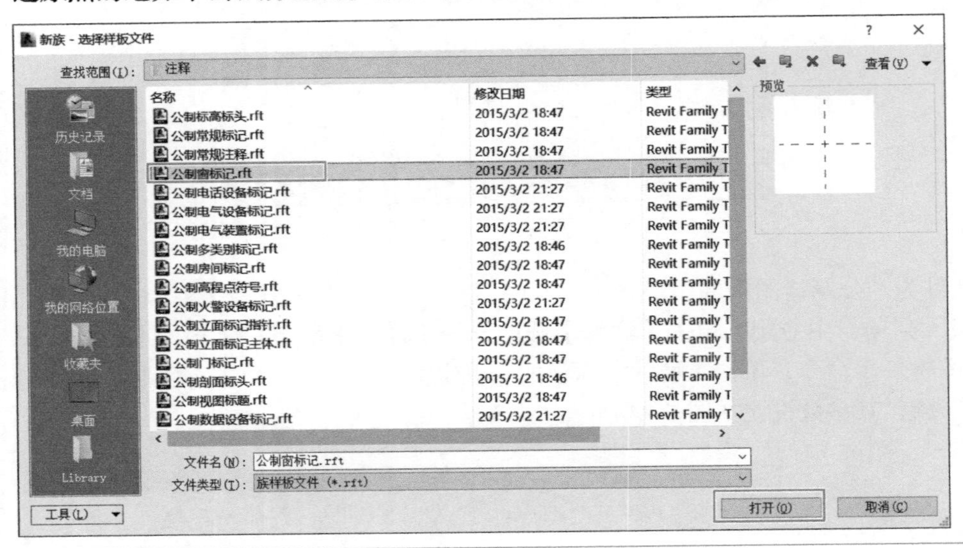

图 5-95　新建族

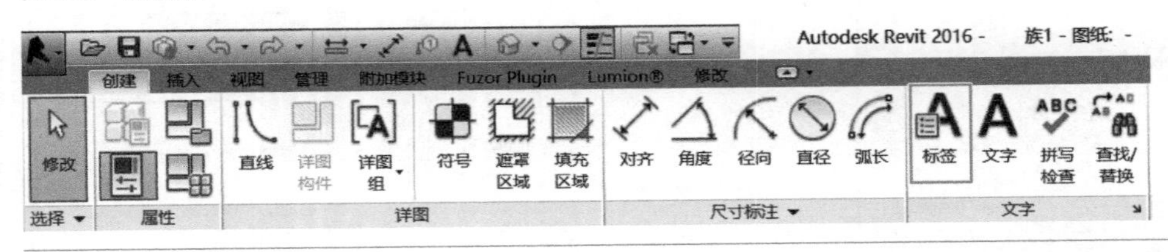

图 5-96　【标签】命令

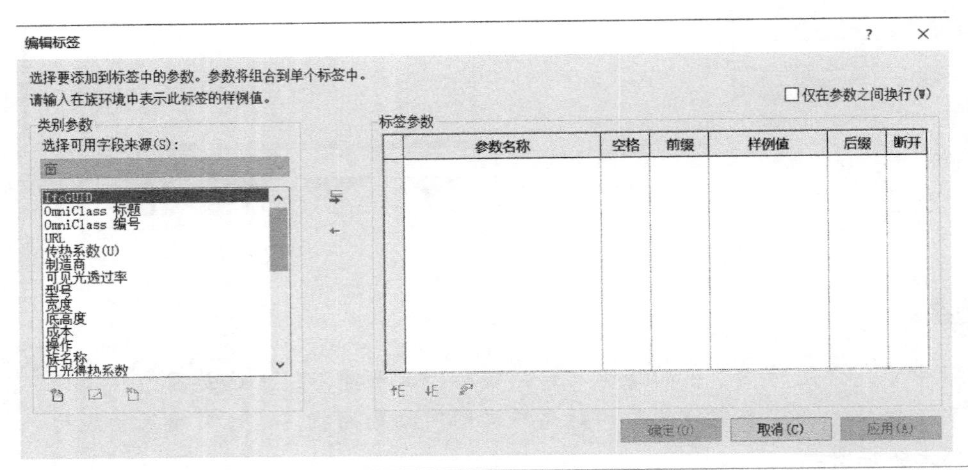

图 5-97　编辑标签

在【编辑标签】对话框中，在左侧【类别参数】中，列举了一个窗族可能被标记的所有类别参数。可以通过选择合适参数名称再单击中间绿色箭头符号的方法添加“标签参数”，也可直接双击参数名称。反之，如果想移除某个已经被添加到“标签参数”栏中的参数，只需选中此参数并单击中间的红色箭头即可。本例中，选择添加参数为“类型标记”（图 5-98），单击【确定】按钮。

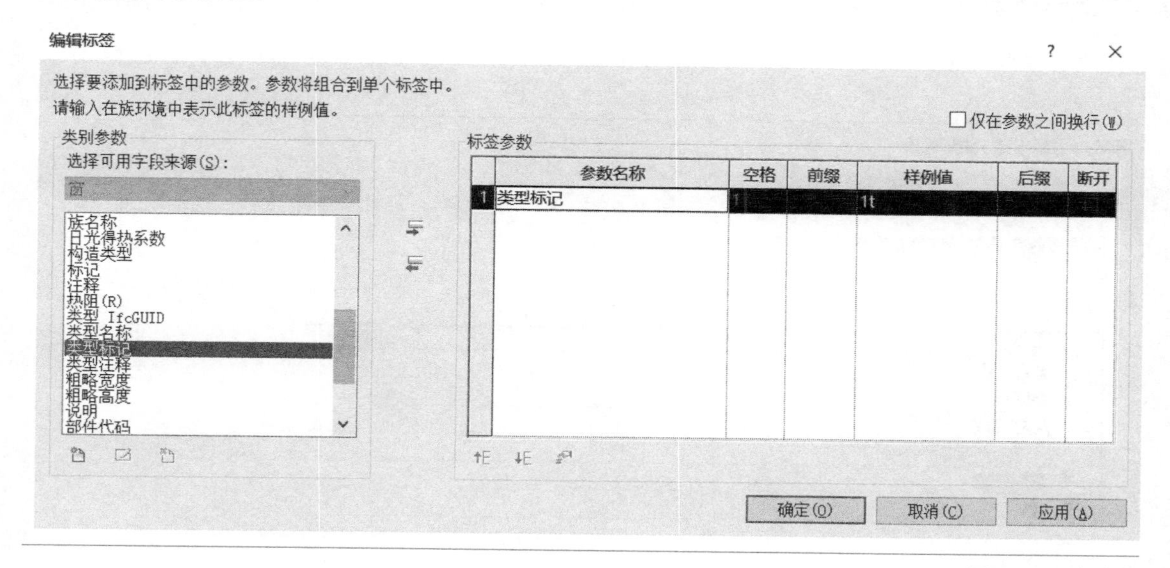

图 5-98 添加参数

在绘图区域中，可见标签已被添加，包括其“样例值”，如图 5-99 所示。

注 意

此例中，标记的插入点设置为族样板的原点。

窗标记的创建已经基本完成，在保存之前，先调整可见性，使图面更干净。单击功能区中【视图】→【图形】→【可见性 / 图形】命令，如图 5-100 所示，在【图纸：- 的可见性 / 图形替换】对话框中，在【注释类别】选项卡中，不勾选“参照平面”“参照线”和“尺寸标注”，如图 5-101 所示，单击【确定】按钮，将族保存为“窗标记 .rfa”，窗标记注释族创建到此完成。

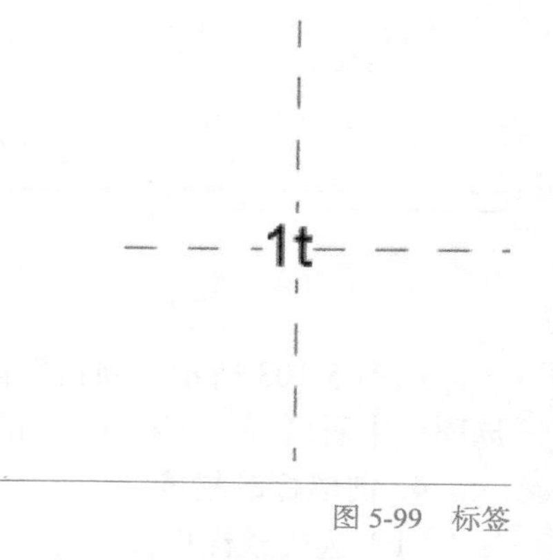

图 5-99 标签

（2）使用窗标记族

将创建好的“窗标记 .rfa”载入项目文件中测试其使用效果，具体操作为：

1）新建一个项目文件，先将项目样板自带的族“标记 _ 窗”删除，再将创建好的“窗标记 .rfa”载入此项目文件中。

2）单击功能区中【建筑】→【构建】→【墙】命令，如图 5-102 所示，在绘图区域中随意添加一堵墙；再单击【建筑】→【构建】→【窗】命令，在墙上放置一个窗，如图 5-103 所示。

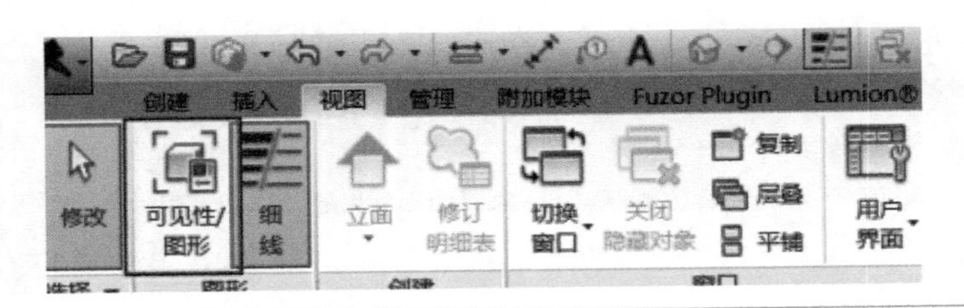

图 5-100 【可见性 / 图形】命令

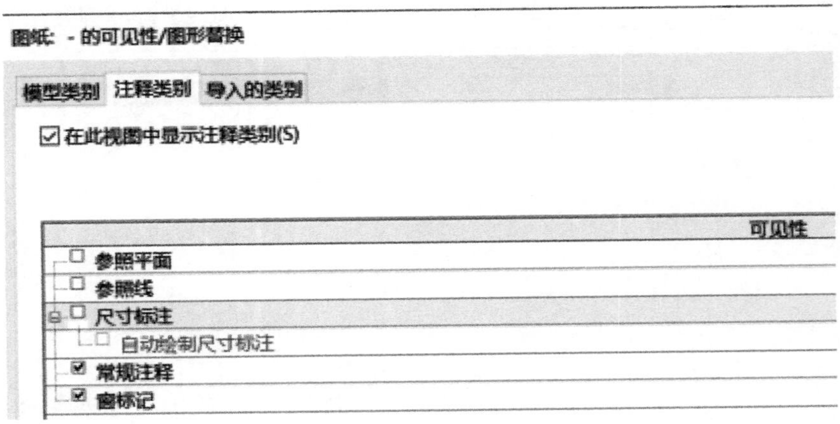

图纸: - 的可见性/图形替换

模型类别 注释类别 导入的类别

☑ 在此视图中显示注释类别(S)

可见性
☐ 参照平面
☐ 参照线
☐ 尺寸标注
☐ 自动绘制尺寸标注
☑ 常规注释
☑ 窗标记

图 5-101 注释类别

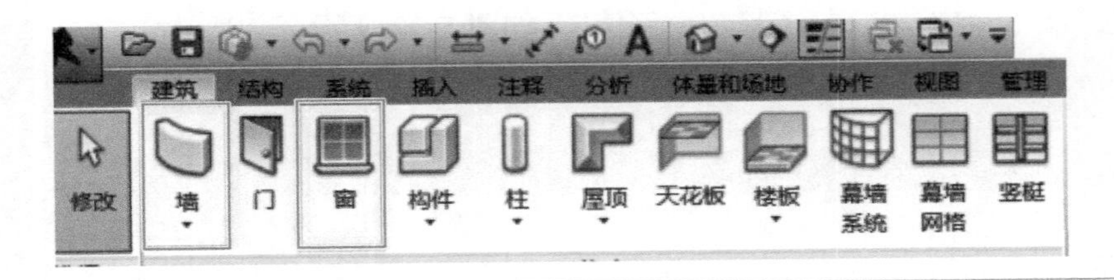

图 5-102 建筑选项卡

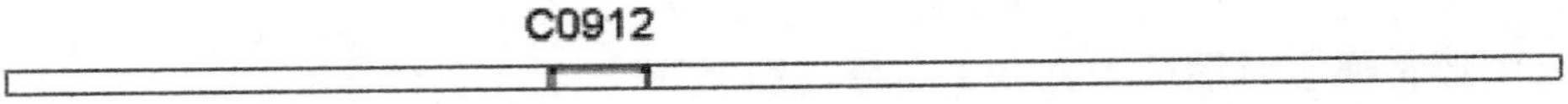

C0912

图 5-103 窗户放置

如图 5-103 所示，项目默认为此窗配置了一个窗标记。单击选中此窗标记可以在【属性】选项板中看到为“窗标记”，即调用了“窗标记 .rfa”。

4. 创建标题栏族

（1）选用族样板

Revit 自带的族样板文件中已经预设了从 A0 到 A4 的 5 个常用尺寸的标题栏族样板，用户应根据图纸大小需要选用。如果需要特殊尺寸，可选用“新尺寸公制 .rft”族样板，进行进一步编辑。本例中，选用“A3 公制 .rft”族样板。

具体操作为：单击 Revit 界面左上角的【应用程序菜单】按钮→【新建】→【族】→选

择【标题栏】文件夹下的“A3 公制 .rft”族样板，如图 5-104 所示，单击【打开】按钮。

（2）绘制详图符号线

将标题栏进行布局设计时，使用详图符号线区分各个板块。

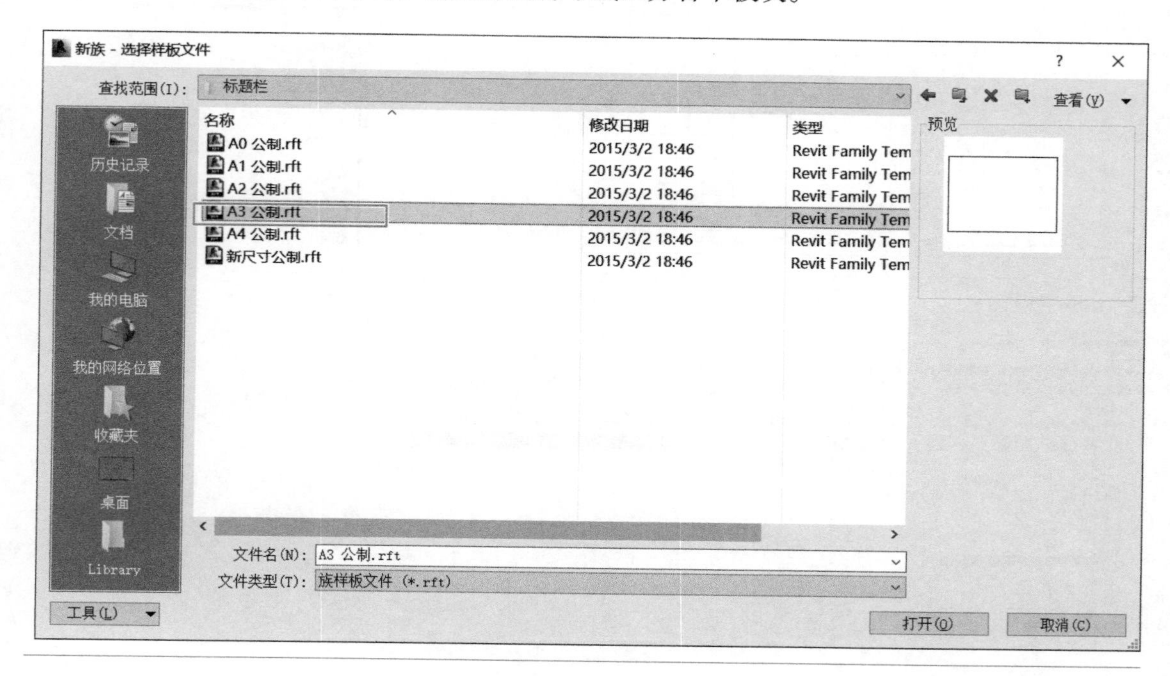

图 5-104 选择样板文件

单击功能区中【创建】→【详图】→【直线】命令，如图 5-105 所示，在当前视图下，绘制所有的直线，如图 5-106 所示。

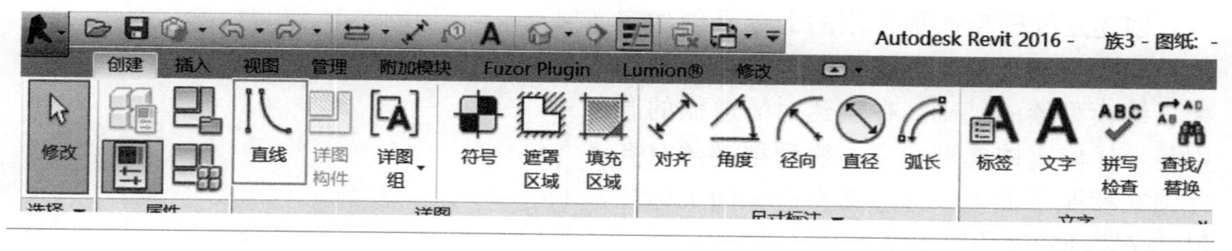

图 5-105 直线工具菜单

绘制直线时，注意直线的子类别。不同的子类别对应不同的线形设置。在此例中，表现为不同的线宽，如图 5-107 所示。按照一般使用习惯，需要将图标的外框子类别设为“宽线”，里侧的分隔线子类别设为“细线”，也可根据需要设定子类别，将线宽分成更多的等级。

（3）添加文字和标记

将标题栏进行布局设计时，使用详图符号线区分各个板块。

标题栏族中所有的文字信息均由文字或者标记构成。单击功能区中【创建】→【文字】→【标签】命令，在绘图区域中合适的地方单击鼠标左键定位标签，在【编辑标签】对话框中选择对应的“类别参数”添加到“标签参数”中，单击【确定】按钮。如图 5-108 所示，本例添加的是“客户姓名”，结果如图 5-109 所示。同样的方法，将其他标签添加好。

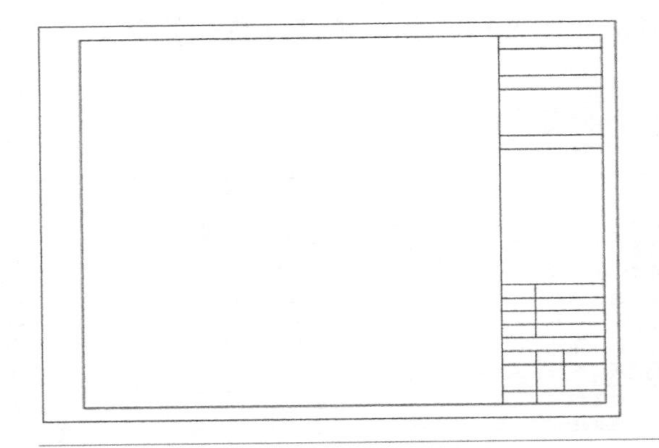

图 5-106　标题栏

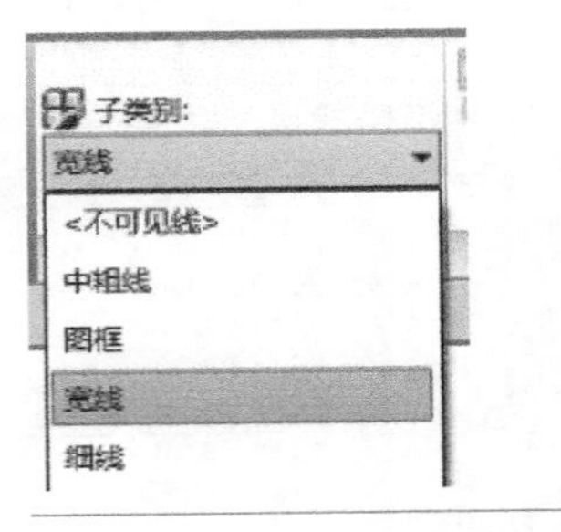

图 5-107　线宽设置

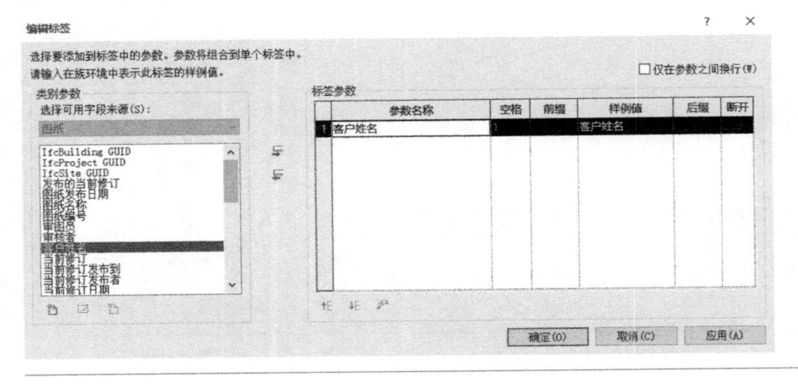

图 5-108　编辑标签

任务实施 5.2.4　创建常规三维模型族

创建三维模型族最常用的命令是创建实体模型和空心模型，熟练掌握这些命令是创建三维模型族的基础。在创建时需遵循的原则是：任何实体模型和空心模型都必须对齐并锁在参照平面上，通过在参照平面上标注尺寸来驱动实体的形状改变。

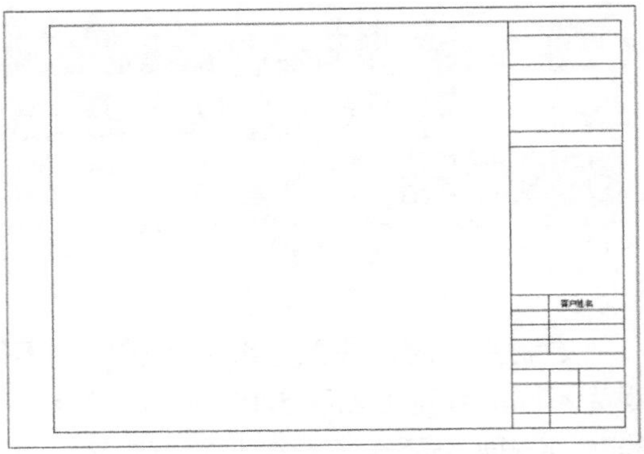

在功能区中的【常用】选项卡中，提供了“拉伸”“融合”“旋转”“放样”“放样融合”和“空心形状”的建模命令，如图 5-110 所示。下面将分别介绍它们的特点和使用方法。

图 5-109　标题栏

1. 常规三维模型族基本操作

（1）拉伸

“拉伸”命令是通过绘制一个封闭的拉伸端面并给予一个拉伸高度来建模的，其使用方法如下：

1）切换至“项目浏览器”→“视图（全部）”→“楼层平面”→“参照标高”。

2）单击功能区中的【创建】→【形状】—【拉伸】命令，激活【修改 | 创建拉伸】选

项卡。选择用【矩形】命令在绘图区域绘制，如图 5-111 所示。

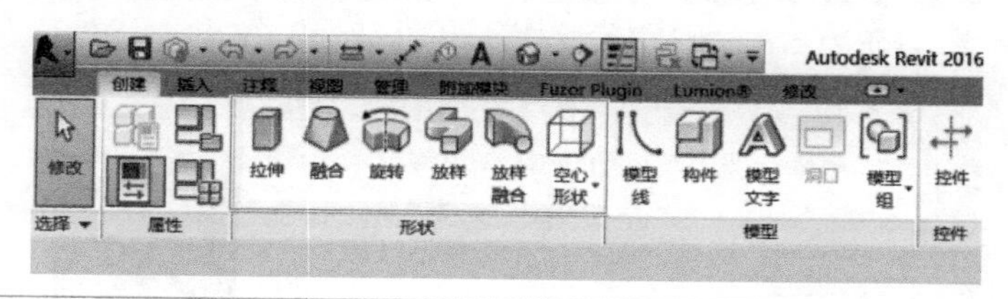

图 5-110　形状菜单

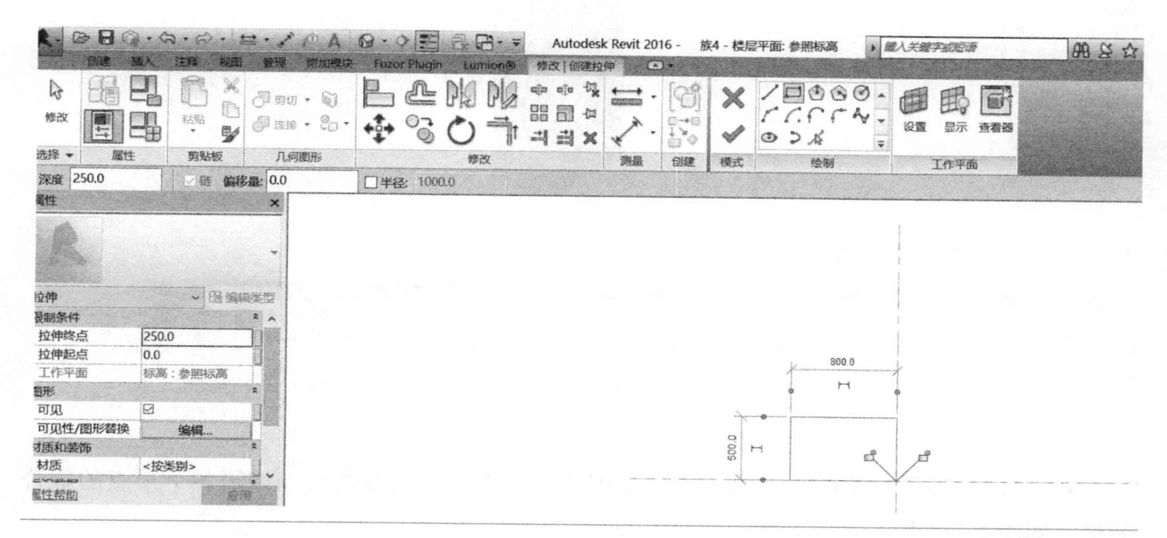

图 5-111　绘制拉伸形状

3）在选项栏中“深度”一栏设置拉伸的高度，单击✔完成拉伸体的创建，如图 5-112 所示，绘制结果的三维视图如图 5-113 所示。

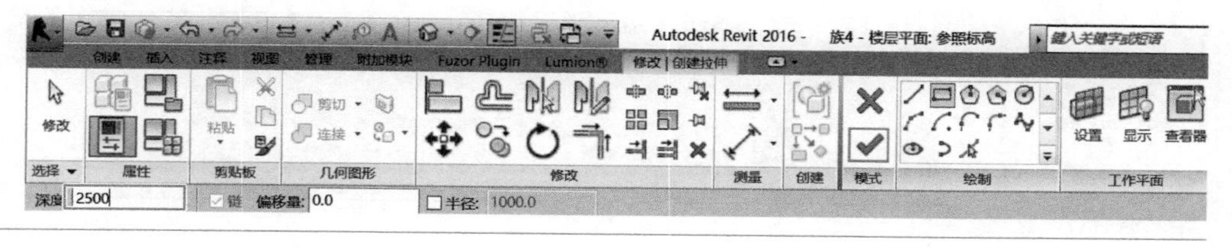

图 5-112　修改 | 创建拉伸

■ 小提示

拉伸命令适用于绘制在拉伸方向，且截面形状始终保持不变的实体构件。

（2）融合

“融合”命令可以将两个平行平面上的不同形状的端面进行融合建模，其使用方法如下：

1）单击功能区中【创建】→【形状】→【融合】命令，默认进入“创建融合底部边界”模式，如图 5-114 所示。这时可以绘制底部的融合面形状，绘制一个圆。

2）单击选项卡中的【编辑顶部】按钮，切换到顶部融合面的绘制，绘制一个矩形。

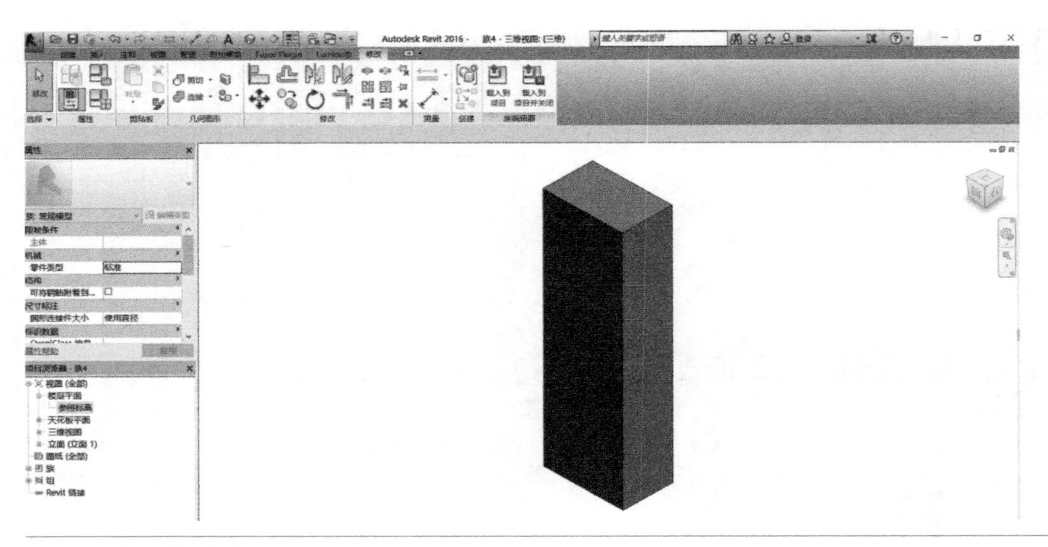

图 5-113　拉伸体三维视图

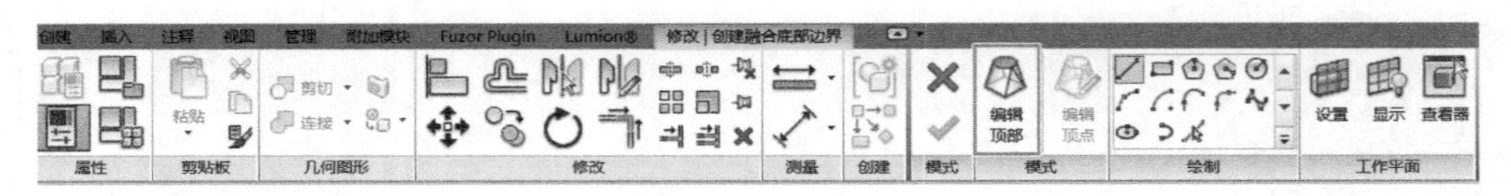

图 5-114　修改 | 创建融合底部边界

3）底部和顶部都绘制后，通过单击【编辑顶点】按钮的方式可以编辑各个顶点的融合关系，如图 5-115 所示。

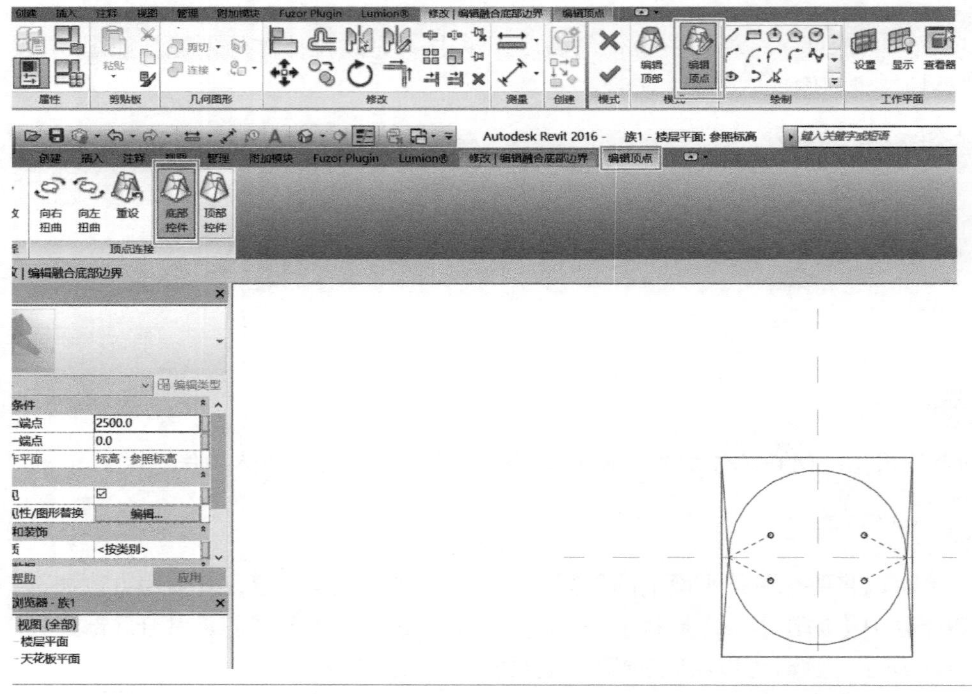

图 5-115　编辑顶点

4）单击【修改 | 编辑融合顶部边界】选项卡中的✔按钮，完成融合建模，如图 5-116 所示。

图 5-116　融合体三维视图

（3）旋转

“旋转”命令可创建围绕一根轴旋转而成的几何图形。可以绕一根轴旋转 360°，也可以只旋转 180° 或任意的角度，其使用方法如下：

1）单击功能区中【创建】→【形状】→【旋转】命令，出现【修改 | 创建旋转】选项卡，默认先绘制“边界线”。可以绘制任何形状，但是边界必须是闭合的，如图 5-117 所示。

2）单击选项卡中的【轴线】按钮，在中心的参照平面上绘制一条竖直的轴线，如图 5-118 所示。用户可以绘制轴线，或使用拾取功能选择已有的直线作为轴线。

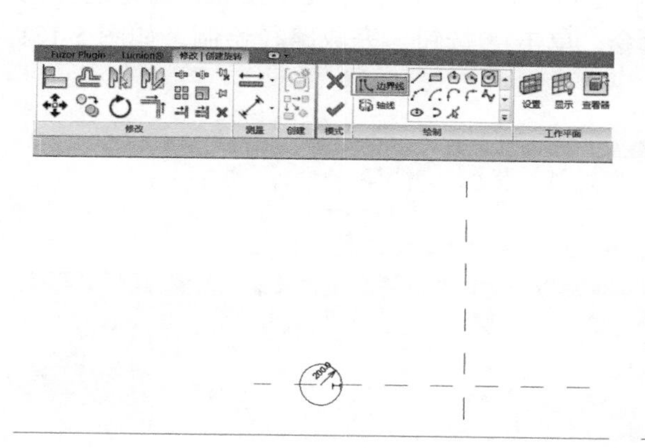

图 5-117　修改 | 创建旋转

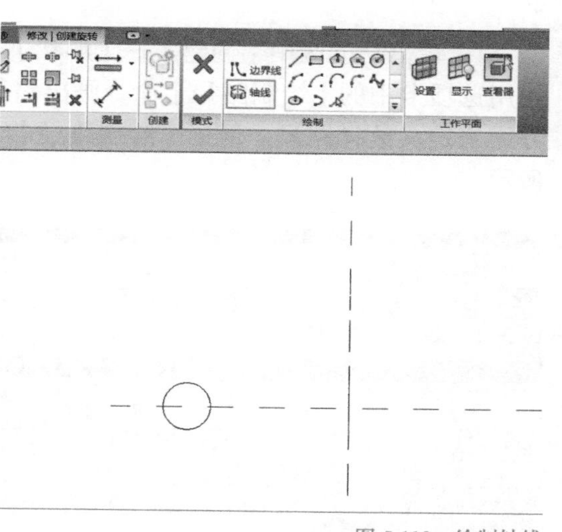

图 5-118　绘制轴线

3）完成边界线和轴线的绘制后，单击✔按钮，完成旋转建模。可以切换到三维视图查看建模的效果，如图 5-119 所示。

4）用户还可以对已有的旋转实体进行编辑。单击创建好的旋转实体，在【属性】对话框中，将“结束角度”修改成 90°，使这个实体只旋转 1/4 圆，如图 5-120 所示。

（4）放样

“放样”是用于创建需要绘制或应用轮廓（形状）并沿路径拉伸此轮廓的族的一种建模方式，其运用方法如下：

图 5-119　旋转体三维视图

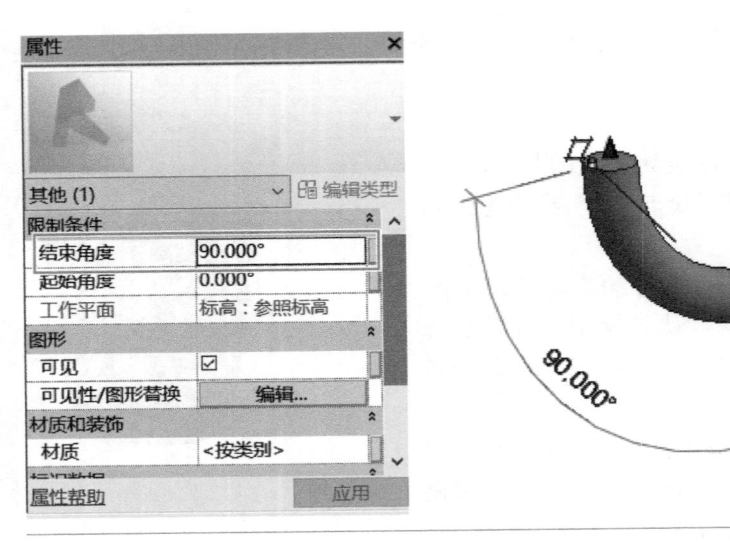

图 5-120　编辑旋转体

1）单击功能区中【创建】→【形状】→【放样】命令，进入放样绘制界面。用户可以使用选项卡中的【绘制路径】命令画出路径，也可以单击【拾取路径】按钮，通过选择的方式来定义放样路径。使用【绘制路径】命令，单击✔按钮，完成路径绘制，如图 5-121 所示。

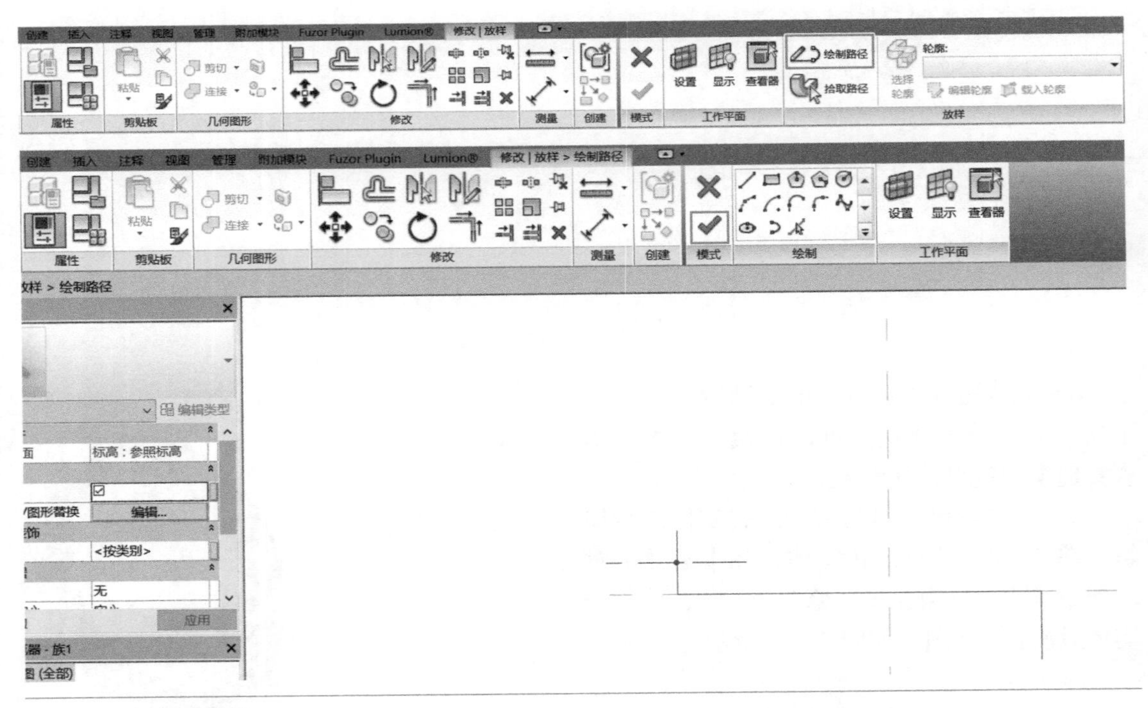

图 5-121　绘制放样路径

2）单击选项卡中的【编辑轮廓】按钮，这时会出现【转到视图】对话框，如图 5-122 所示，选择“立面：前”，单击【打开视图】按钮，在右立面视图上绘制轮廓线，任意绘制一个封闭的图形。

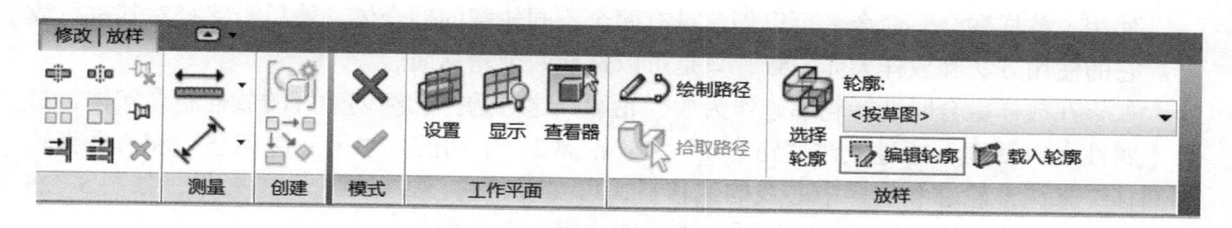

转到视图

要编辑草图，请从下列视图中打开其中的草图平行于屏幕的视图：

立面：前
立面：后

或该草图与屏幕成一定角度的视图：

三维视图：视图 1

打开视图　取消

图 5-122　编辑轮廓

3）单击✔按钮，完成轮廓绘制，并退出“编辑轮廓”模式，如图 5-123 所示。

4）单击【修改 | 放样】选项卡中的✔按钮，完成放样建模，如图 5-124 所示。

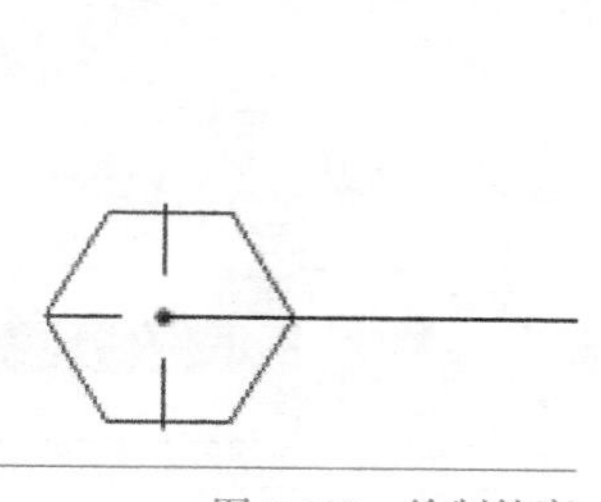

图 5-123　绘制轮廓

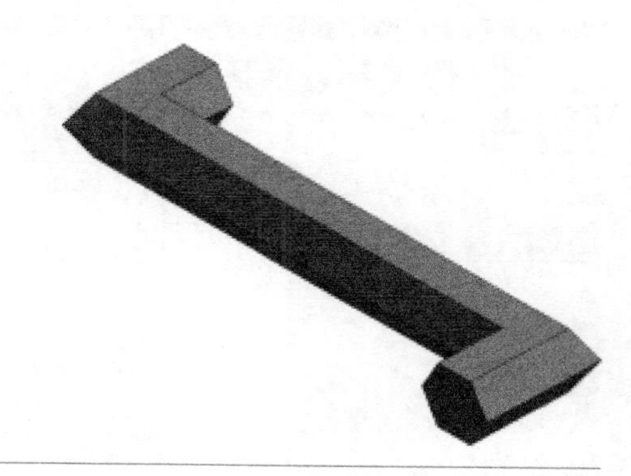

图 5-124　放样体三维视图

（5）放样融合

使用“放样融合”命令，可以创建具有两个不同轮廓的融合体，然后沿路径对其进行放样。它的使用方法和放样大体一致，只是可以选择两个轮廓面。

如果在放样融合时选择轮廓族作为放样轮廓，这时选择已经创建好的放样融合实体，打开【属性】对话框，通过更改“轮廓 1”和“轮廓 2”中间的“水平轮廓偏移”和“垂直轮廓偏移”来调整轮廓和放样中心线的偏移量，可实现“偏心放样融合”的效果，如图 5-125 所示。如果直接在族中绘制轮廓的话，就不能应用这个功能。

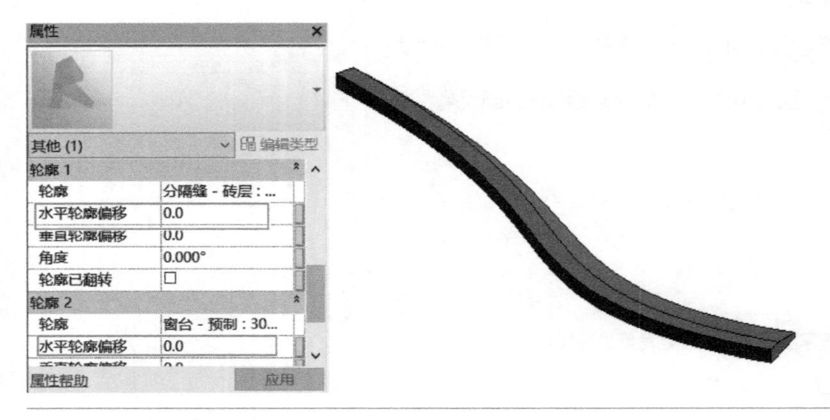

图 5-125　放样融合属性编辑

（6）空心形状

空心形状创建的方法有两种：

1）单击功能区中【创建】→【形状】→【空心形状】按钮，如图 5-126 所示，在下拉列表中选择相应命令，各命令的使用方法和对应的实体模型各命令的使用方法基本相同。

2）实心和空心相互转换。选中实体，在【属性】对话框中将实体转变成空心，如图 5-127 所示。

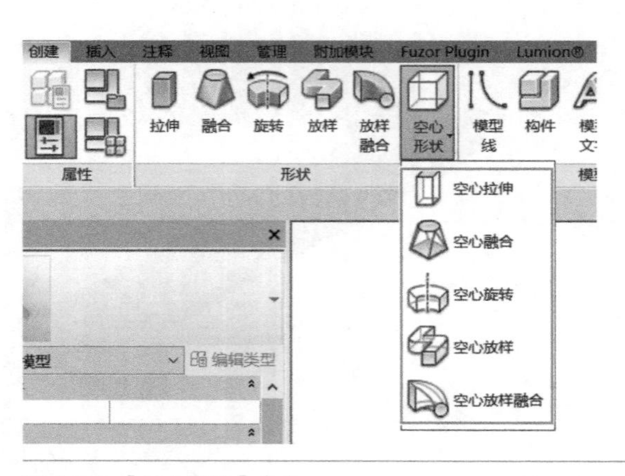

图 5-126　【空心形状】命令

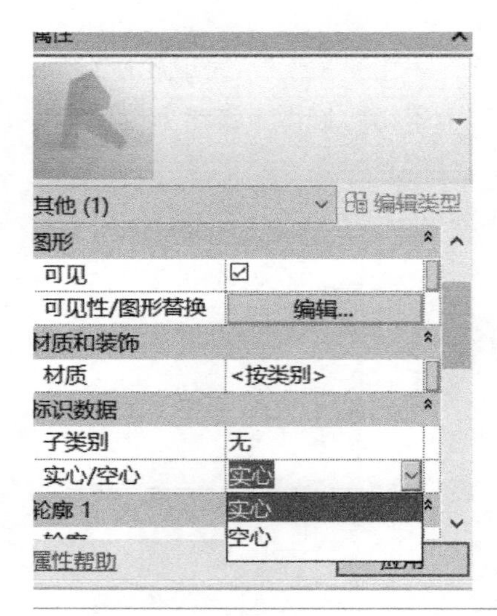

图 5-127　实心空心转换

2. 常规三维模型族创建实例

（1）拉伸实例

图 5-128 所示为某栏杆。材质设置方面，扶手及其他杆件材质设为“木材”，挡板材质设为“玻璃”。请按照图示尺寸要求新建并制作栏杆的构件集，截面尺寸除扶手外其余杆件均相同。

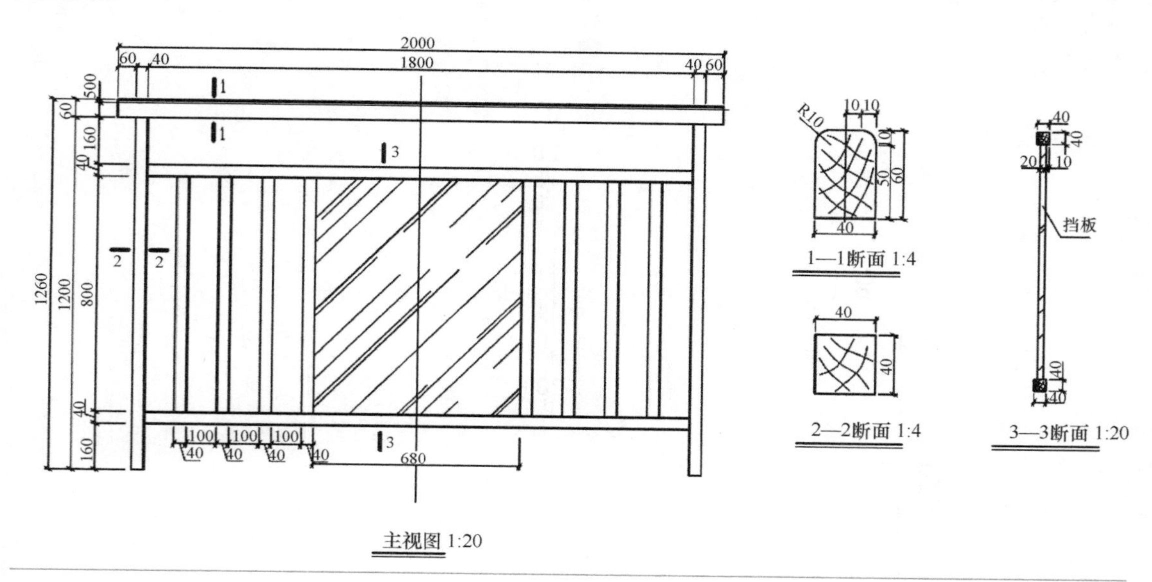

图 5-128 某栏杆图纸

该栏杆族具体创建步骤如下。

栏杆绘制

1）单击 Revit 界面左上角的【应用程序菜单】→【新建】→【族】→选择“公制常规模型 .rft”族样板，单击【打开】按钮。用户即可进入到【公制常规模型】族编辑器的界面，如图 5-129 所示。

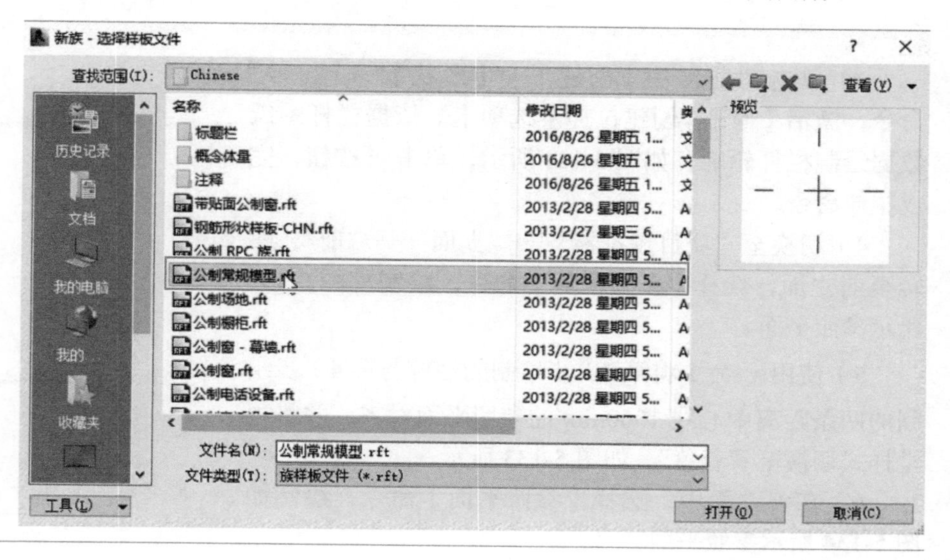

图 5-129 选择样板文件

2）在项目浏览器中选择【立面】→【左】，单击【参照平面】命令，绘制如图 5-130 所示参照平面。

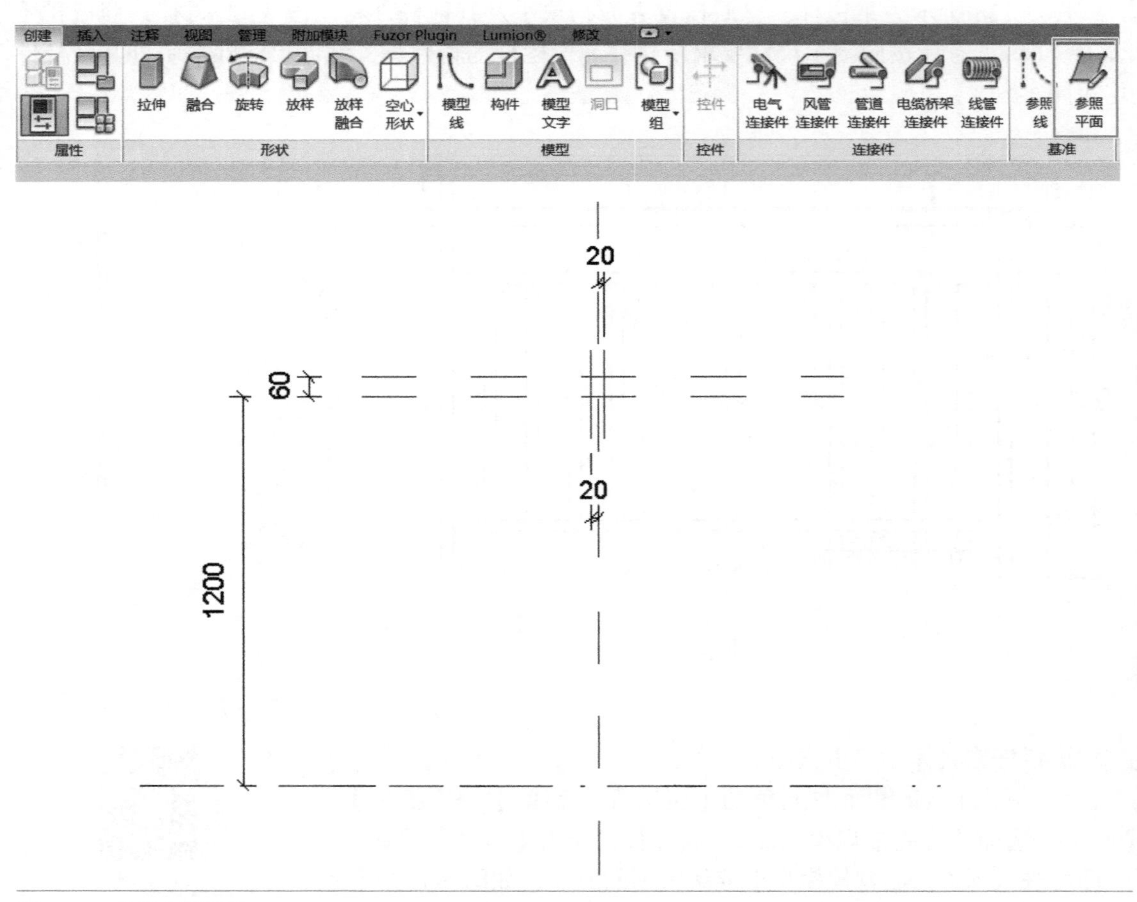

图 5-130 绘制参照平面

3）单击功能区中【创建】→【形状】→【拉伸】命令，激活【修改 | 创建拉伸】选项卡。依据栏杆图纸数据绘制栏杆轮廓，如图 5-131 所示，单击✔按钮，完成拉伸命令。

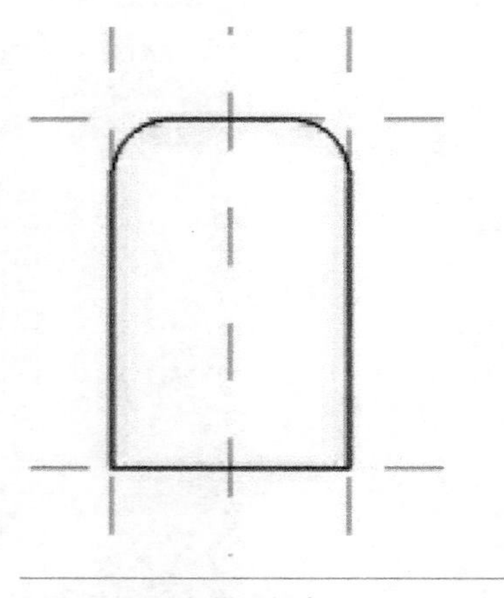

图 5-131 绘制栏杆轮廓

4）切换至“项目浏览器”→“立面”→“前”，跳转至前立面，选择【参照平面】命令，绘制如图 5-132 所示参照平面。

5）使用⌊命令将第 3）步绘制的栏杆与第 4）步绘制的两条距离中心线 1000mm 的参照平面对齐，并将视觉样式切换至“着色”，如图 5-133 所示。

6）在前立面中，选择【参照平面】命令，绘制如图 5-134 所示参照平面。

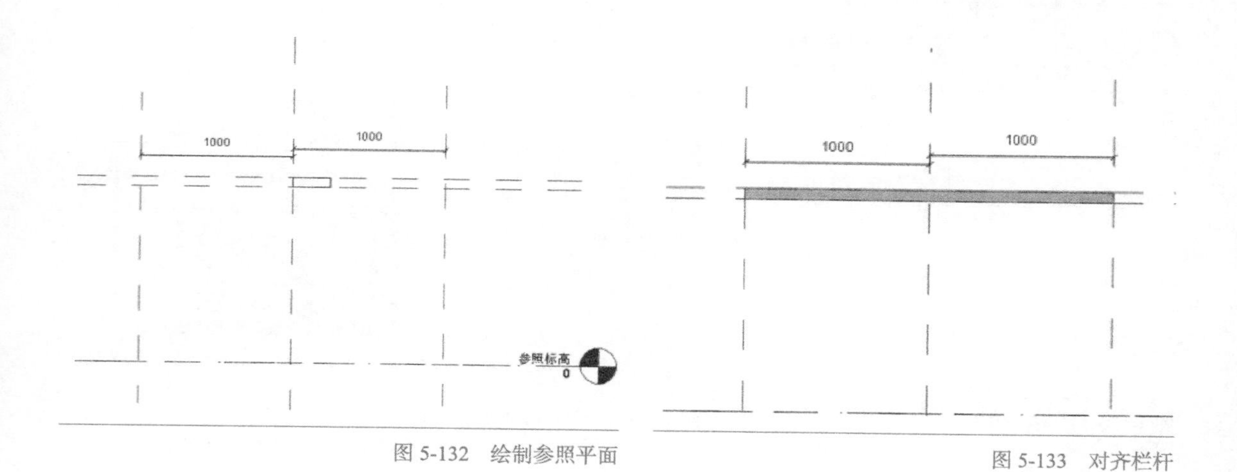

图 5-132　绘制参照平面

图 5-133　对齐栏杆

7）单击功能区中【创建】→【形状】→【拉伸】命令，激活【修改 | 创建拉伸】选项卡。依据栏杆图纸数据绘制栏杆轮廓，如图 5-135 所示，单击✔按钮，完成拉伸命令。

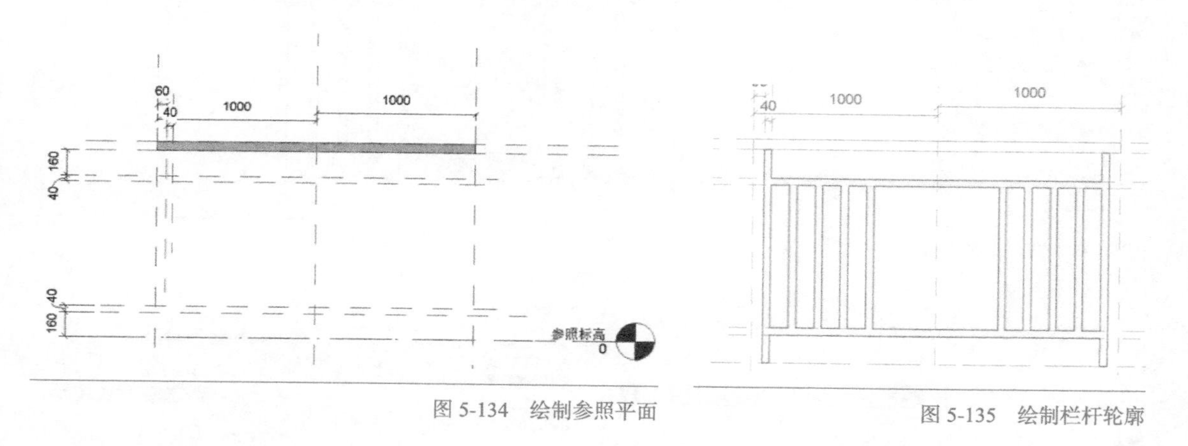

图 5-134　绘制参照平面

图 5-135　绘制栏杆轮廓

8）在前立面中，单击功能区中【创建】→【形状】→【拉伸】命令，激活【修改 | 创建拉伸】选项卡。依据栏杆图纸数据绘制玻璃如图 5-136 所示，单击✔按钮，完成拉伸命令。

9）在前立面中，单击选中如图 5-137 所示栏杆，在属性栏中修改拉杆拉伸起点为“–20”，拉伸终点为“20”，单击【应用】按钮，完成修改。

10）同理，单击选中如图 5-138 所示玻璃挡板，在属性栏中修改挡板拉伸起点为“–5”，拉伸终点为“5”，单击【应用】按钮，完成修改。

11）切换至三维视图，按 <Ctrl> 键选中如图 5-139 所示栏杆构件，在属性栏中单击材质一栏旁的□按钮，在弹出的【材质浏览器】对话框中修改材质为“木材”，单击【应用】→【确定】按钮，将栏杆材质修改为“木材”。

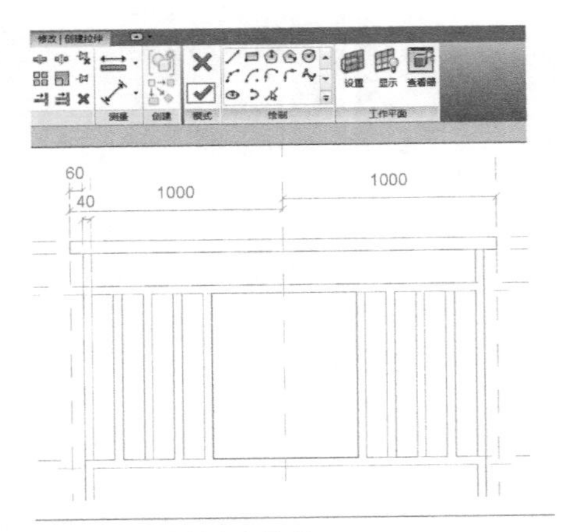

图 5-136　绘制玻璃轮廓

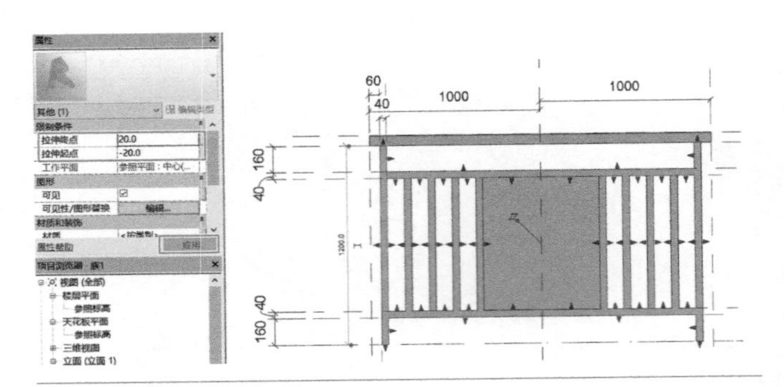

图 5-137　修改栏杆属性

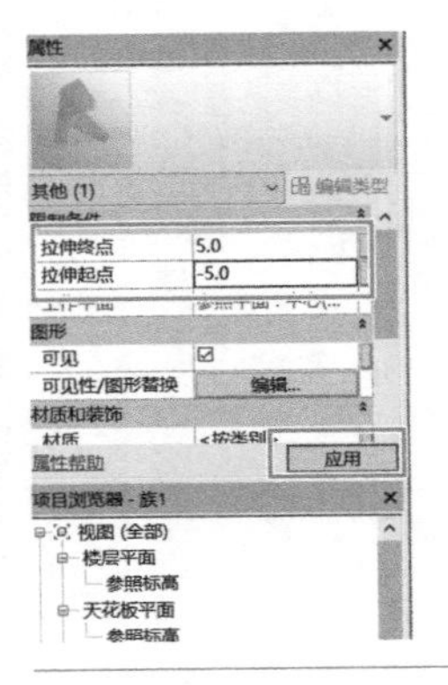

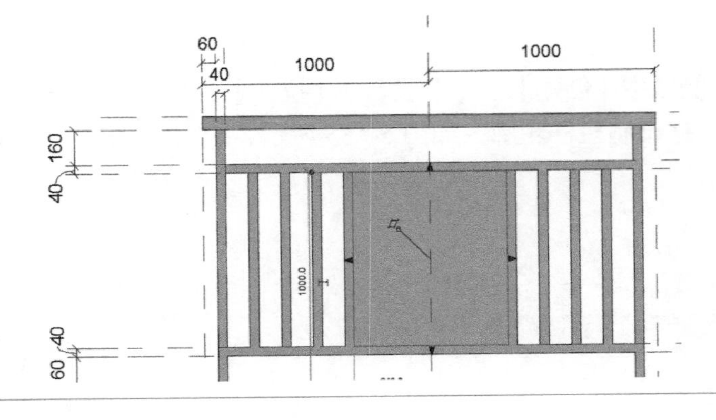

图 5-138　修改玻璃属性

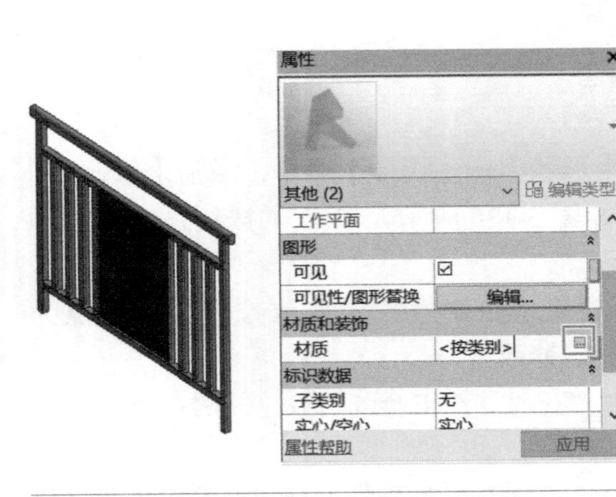

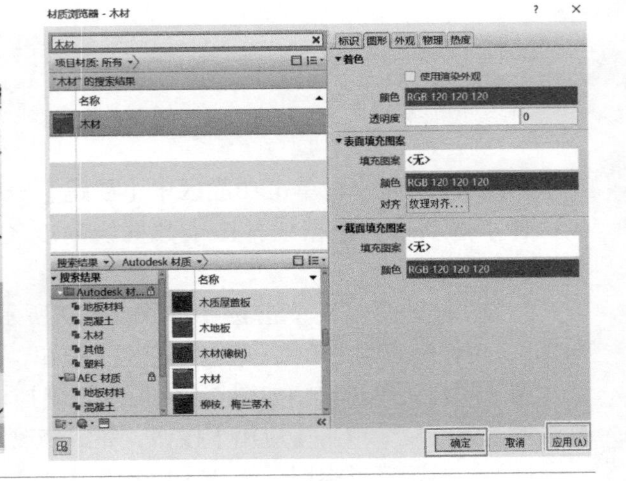

图 5-139　修改栏杆材质

12）同理，如图 5-140 所示，可将挡板材质修改为“玻璃”。

13）至此，栏杆已绘制完成，将视觉样式修改为“真实”可以查看栏杆的真实效果，如图 5-141 所示。

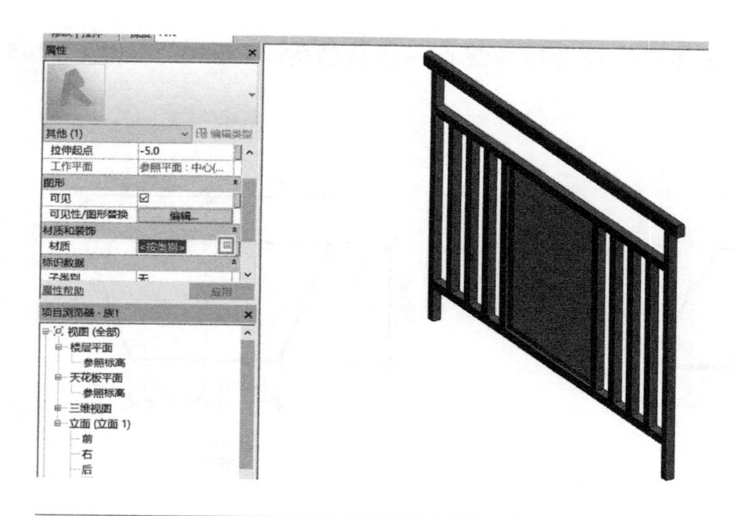

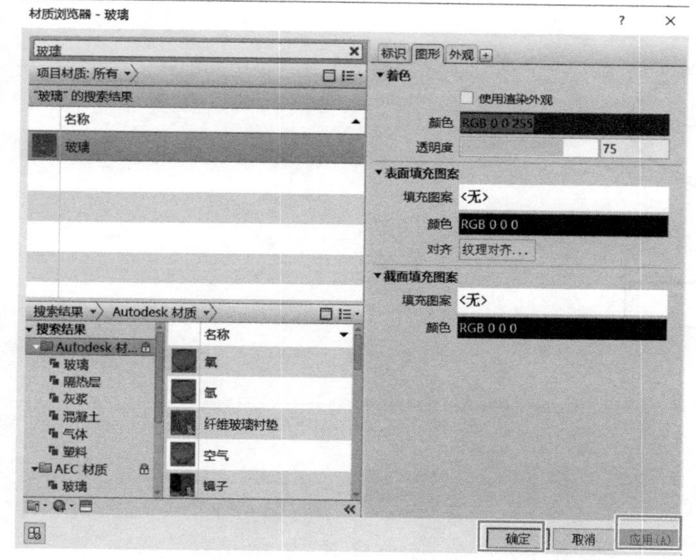

图 5-140 修改挡板材质

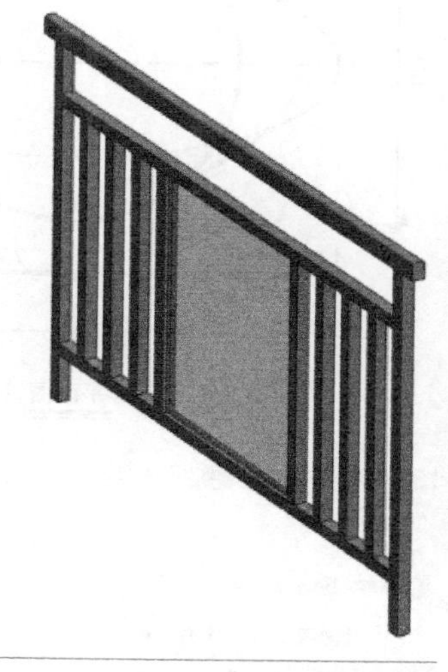

图 5-141 栏杆三维视图

（2）融合实例

根据图 5-142 中给定的投影尺寸，创建三维模型。该融合实例具体创建步骤如下。

1）单击 Revit 界面左上角的 （【应用程序菜单】按钮）→【新建】→【族】→选择“公制常规模型 .rft”族样板，单击【打开】按钮。用户即可进入到【公制常规模型】族编辑器的界面，如图 5-143 所示。

融合实例

2）单击功能区中【创建】→【形状】→【融合】命令，默认进入“创建融合底部边界”模式，依据图 5-142 中所给尺寸数据，椭圆长轴为“40000”，短轴为“15000”，绘制底部轮廓如图 5-144 所示。

3）单击选项卡中的【编辑顶部】按钮，切换到顶部融合面的绘制，在椭圆中心绘制一个半径为 25000mm 的圆。在属性栏中设置拉伸终点一栏数值为“25000”，如图 5-145 所示。

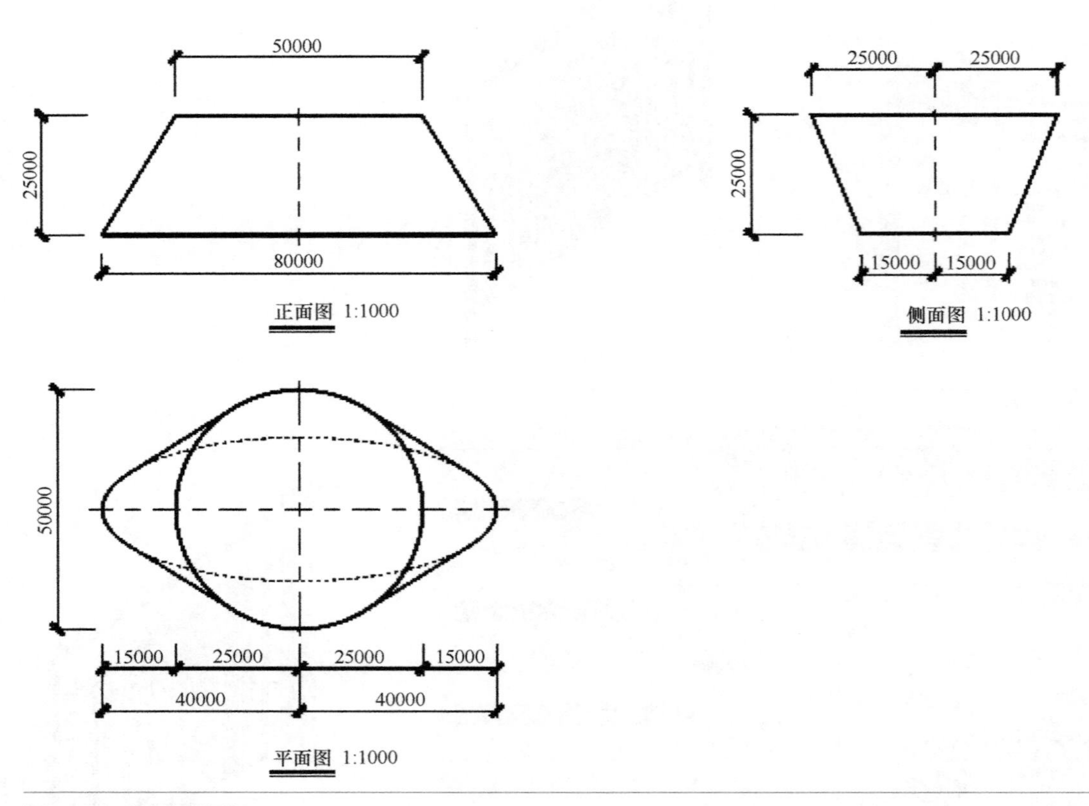

图 5-142　融合实例图纸

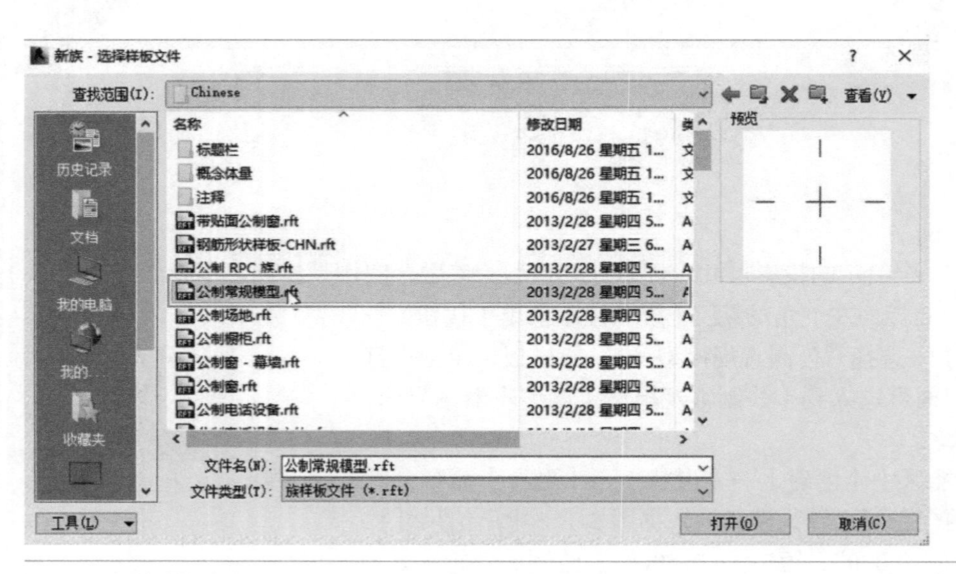

图 5-143　选择样板文件

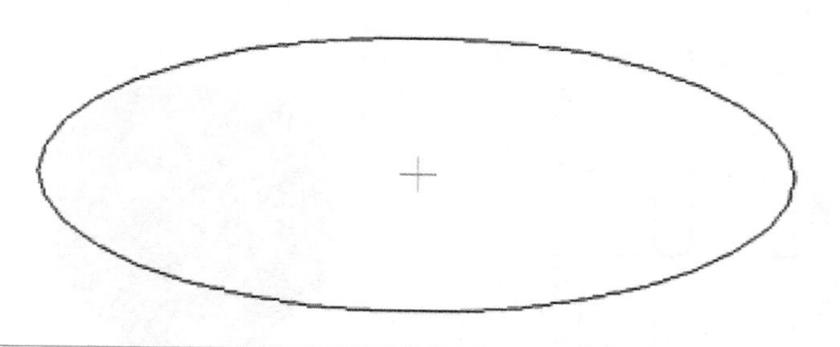

图 5-144　绘制底部轮廓

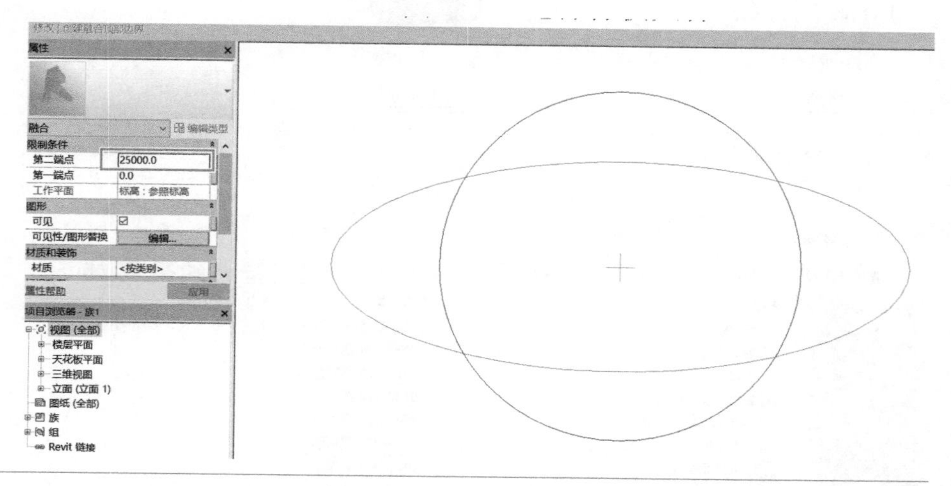

图 5-145　绘制顶部轮廓

4）单击【修改 | 编辑融合顶部边界】选项卡中的✔按钮，完成融合建模，切换至三维视图并着色，如图 5-146 所示。

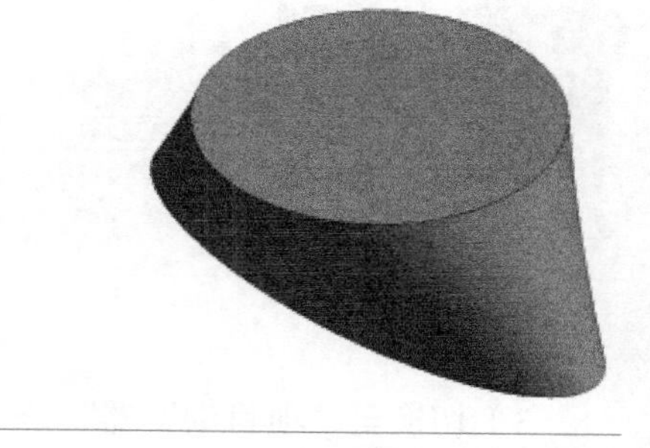

图 5-146　融合体三维视图

（3）旋转实例

创建一个公制参数化模型，命名为“螺栓”。给模型添加一个名称为“螺栓材质”的材质参数，并设置材质类型为“不锈钢”，尺寸要求如图 5-147 所示，尺寸不作参数化要求。

该螺栓族具体创建步骤如下。

1）单击 Revit 界面左上角的【应用程序菜单】→【新建】→【族】→选择“公制常规模型 .rft”族样板，单击【打开】按钮。用户即可进入到【公制常规模型】族编辑器的界面，如图 5-148 所示。

螺栓绘制

2）单击功能区中【创建】→【形状】→【拉伸】命令，激活【修改 | 创建拉伸】选项卡。依据图 5-149 所示数据，绘制螺栓上半部分内接六边形轮廓，如图 5-150 所示，内接六边形半径为“115.5”，在属性面板中设置拉伸终点数值为“150”，如图 5-149 所示，单击✔按钮，完成拉伸命令。

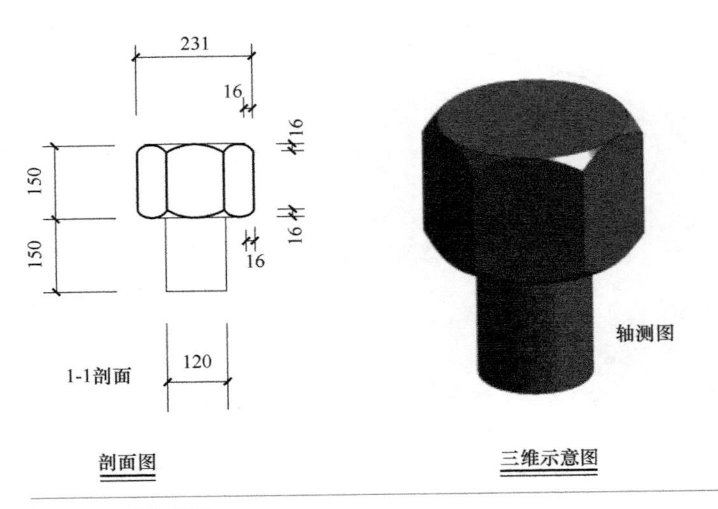

图 5-147　螺栓图纸

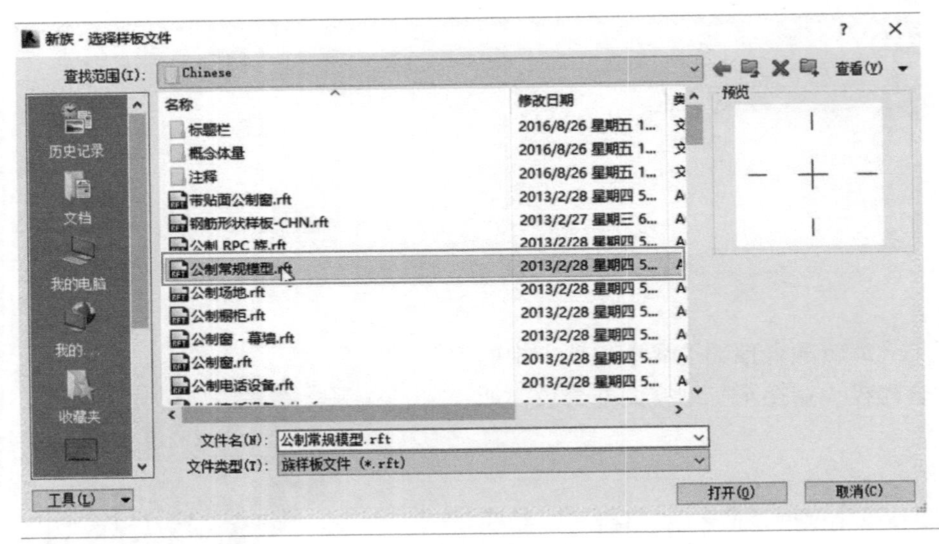

图 5-148　选择样板文件

3）切换至“项目浏览器”→“立面”→“前”，跳转至前立面，选择【参照平面】命令，绘制如图 5-151 所示两个参照平面。

4）单击功能区中【创建】→【形状】→【空心形状】→【空心旋转】命令，激活【修改 | 创建空心旋转】选项卡，绘制如图 5-152 所示轮廓，轮廓的弧线段半径设置为“16”。

5）在绘制面板中，单击【轴线】命令，拾取前立面垂直中心线，单击✔按钮，完成空心旋转的创建，如图 5-153 所示。

6）在前立面中，使用参照平面命令在参照标高上方 75mm 处绘制一个参照平面，如图 5-154 所示。

7）在前立面中，选中第 5）步创建的空心形状，在【修改】选项卡中，单击【镜像 - 拾取轴】命令，拾取第 6）步绘制的参照平面，如图 5-155 所示。

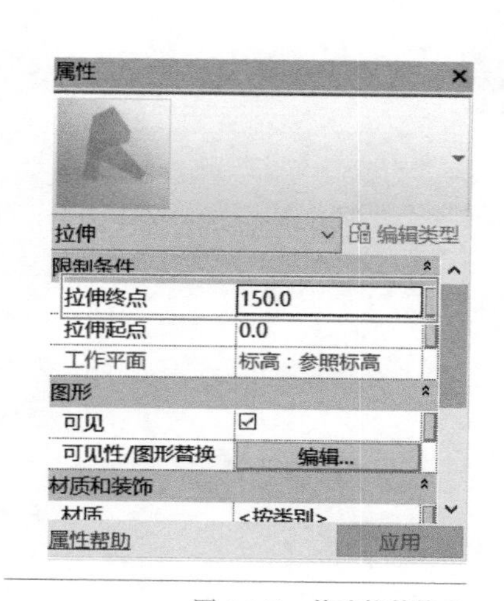

图 5-149　修改拉伸终点

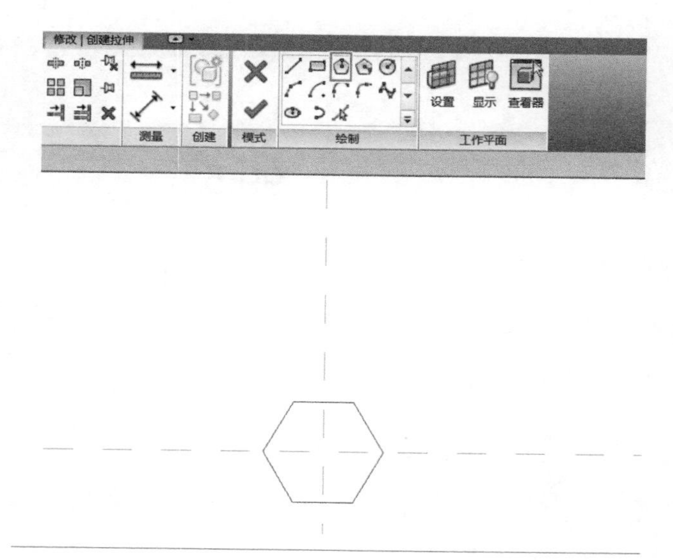

图 5-150　绘制轮廓

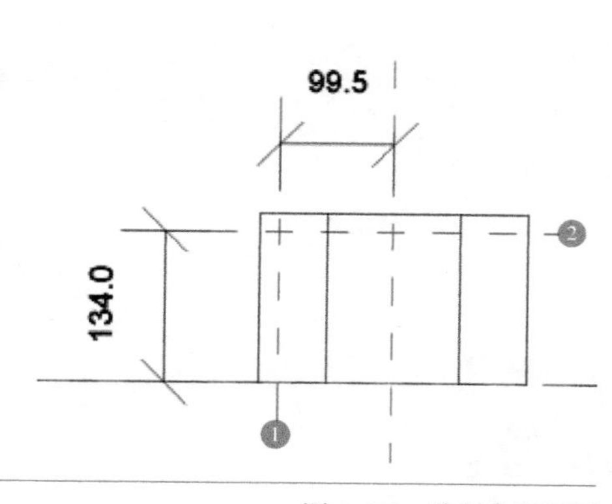

图 5-151　绘制参照平面

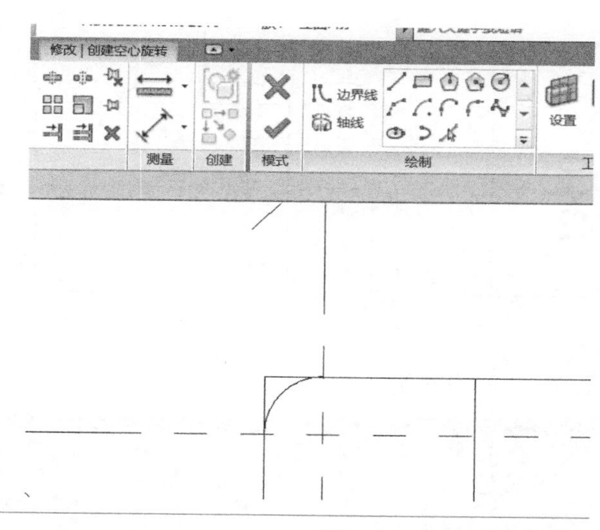

图 5-152　绘制空心旋转轮廓

8）通过项目浏览器切换至参照标高平面视图，单击功能区中【创建】→【形状】→【拉伸】命令，激活【修改 | 创建拉伸】选项卡。依据图 5-147 数据，绘制螺栓下半部分圆形轮廓，如图 5-156 所示，圆形半径为“60”，在属性面板中设置拉伸起点数值为“ –150.0”，拉伸终点数值为“0.0”，如图 5-156 所示，单击✔按钮，完成拉伸命令。

9）通过项目浏览器切换至三维视图，按住 <Ctrl> 键选中螺栓上半部分和下半部分，在其属性面板材质一栏单击【关联族参数】按钮，如图 5-157 所示。

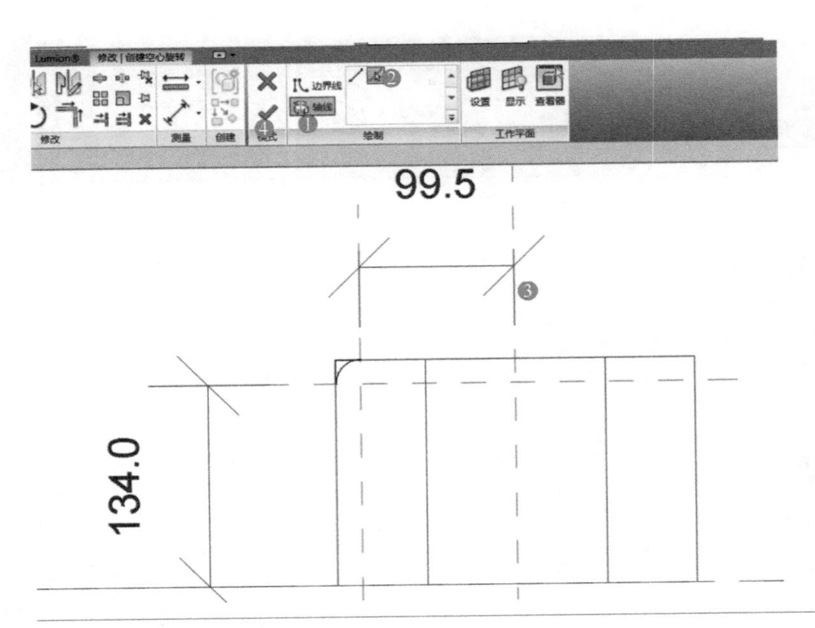

图 5-153　拾取轴线

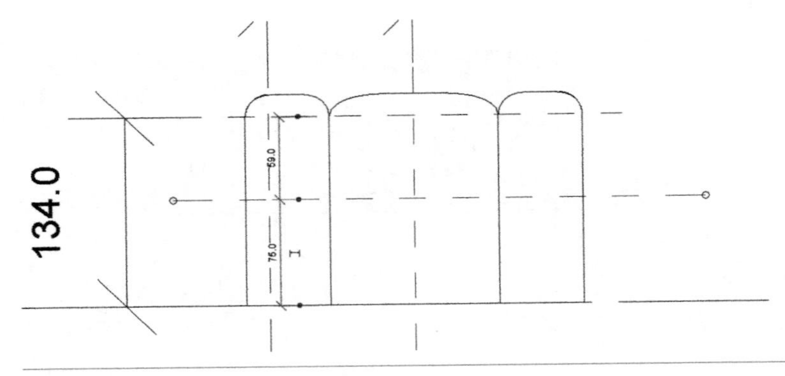

图 5-154　绘制参照平面

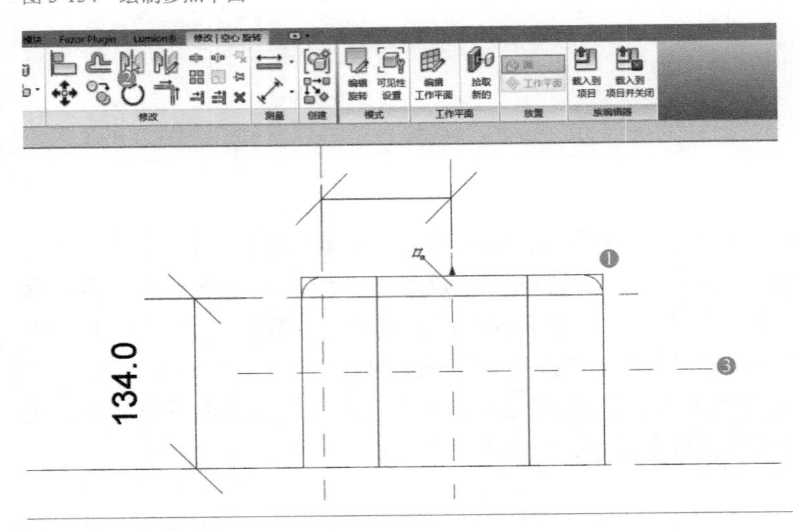

图 5-155　拾取参照平面

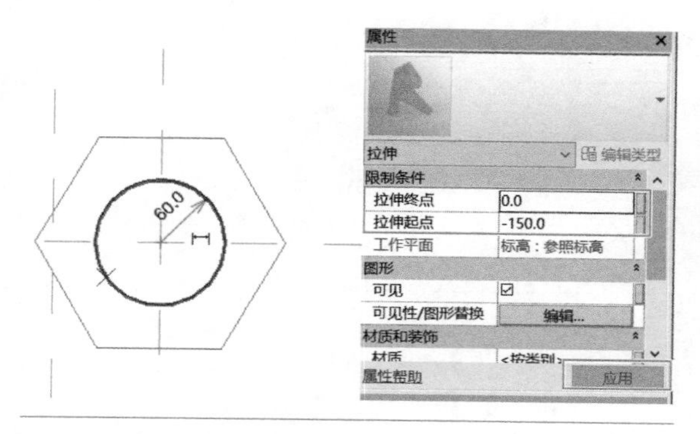

图 5-156 创建拉伸

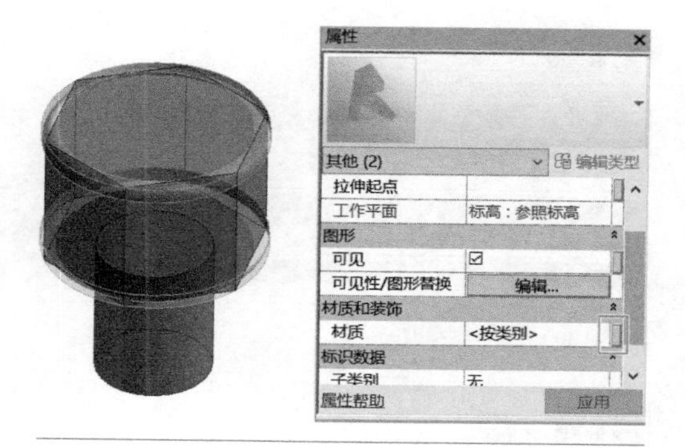

图 5-157 关联族参数按钮

10）在弹出的【关联族参数】对话框中，单击【添加参数】按钮，参数数据名称设为“螺栓材质”，单击【确定】按钮，如图 5-158 所示。

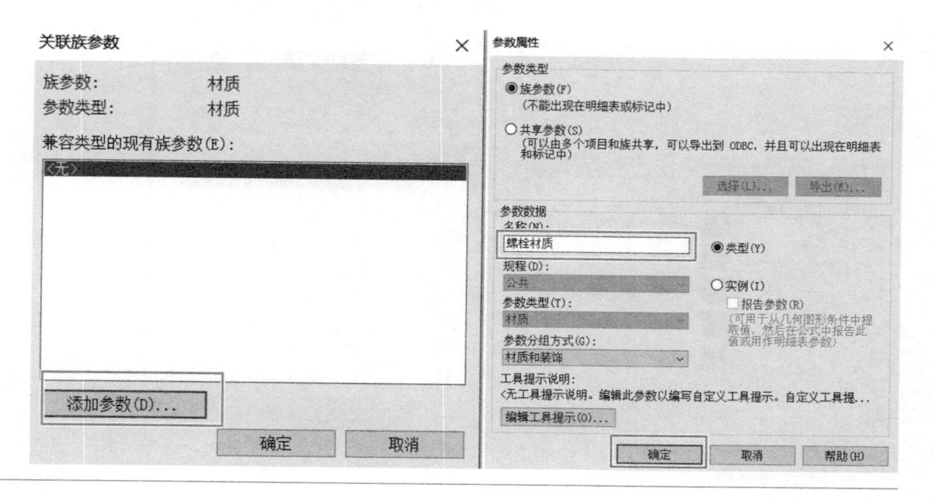

图 5-158 添加材质参数

11）单击【族类型】按钮，在弹出的【族类型】对话框中，单击材质一栏 按钮，修改螺栓材质为“不锈钢”，单击【应用】→【确定】按钮，如图 5-159~ 图 5-161 所示。

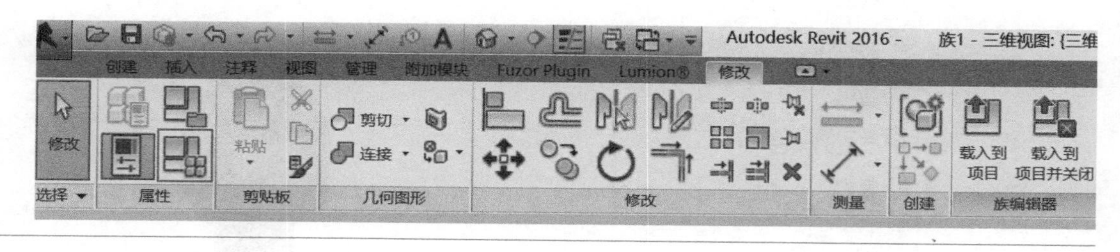

图 5-159 【族类型】按钮

12）在三维视图中，将视觉样式切换为“真实”，按住 <Ctrl+S> 键保存文件，命名为“螺栓”，如图 5-162 所示。

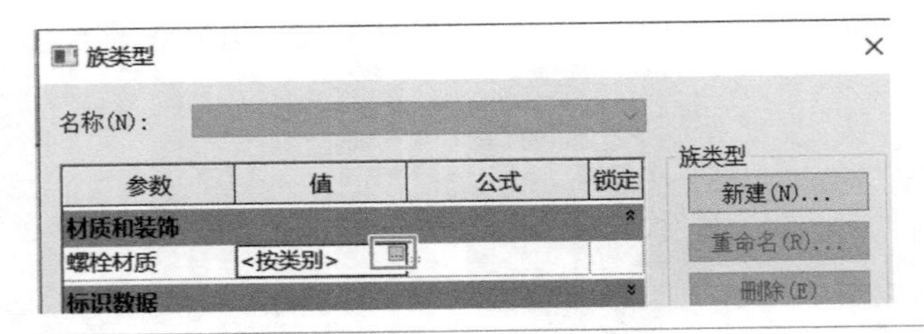

图 5-160　族类型菜单

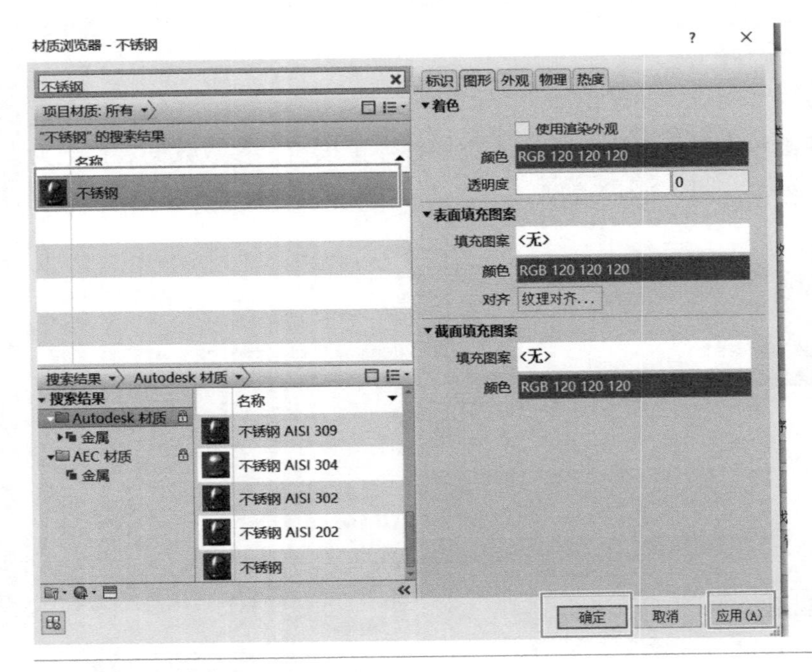

图 5-161　选择材质

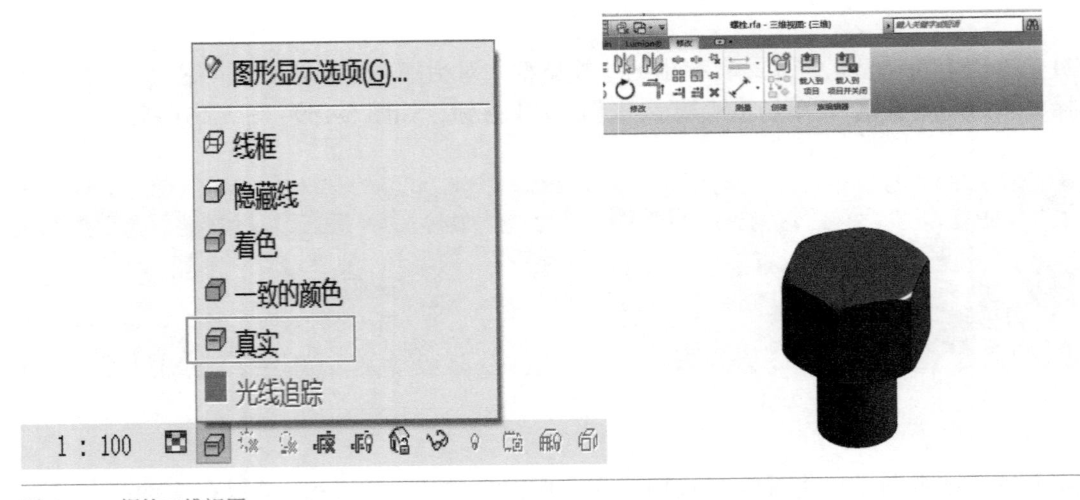

图 5-162　螺栓三维视图

（4）放样实例

根据图 5-163 给定的轮廓与路径，创建内建构件模型，请将模型文件以“柱顶饰条”为文件名保存。

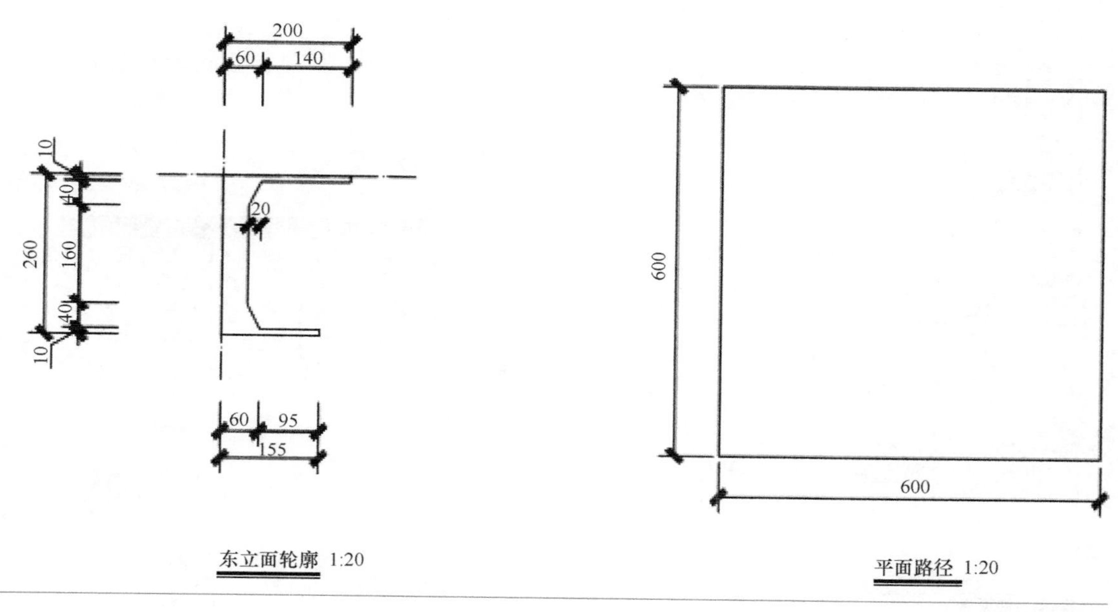

图 5-163　柱顶饰条图纸

该柱顶饰条族具体创建步骤如下。

柱顶饰条

1）打开 Revit 软件，单击打开建筑样板，单击功能区中【建筑】→【构件】→【内建模型】命令，如图 5-164 所示。

2）在族类别和族参数列表中选择族类别为“柱”，单击【确定】按钮。在弹出的【名称】对话框中输入“柱顶饰条”，如图 5-165 所示。

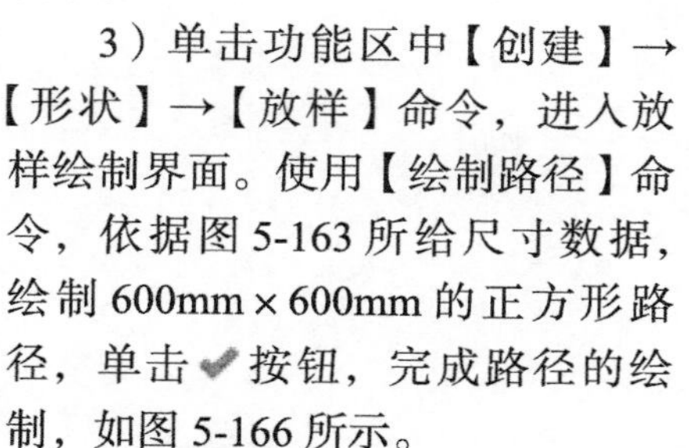

3）单击功能区中【创建】→【形状】→【放样】命令，进入放样绘制界面。使用【绘制路径】命令，依据图 5-163 所给尺寸数据，绘制 600mm × 600mm 的正方形路径，单击✔按钮，完成路径的绘制，如图 5-166 所示。

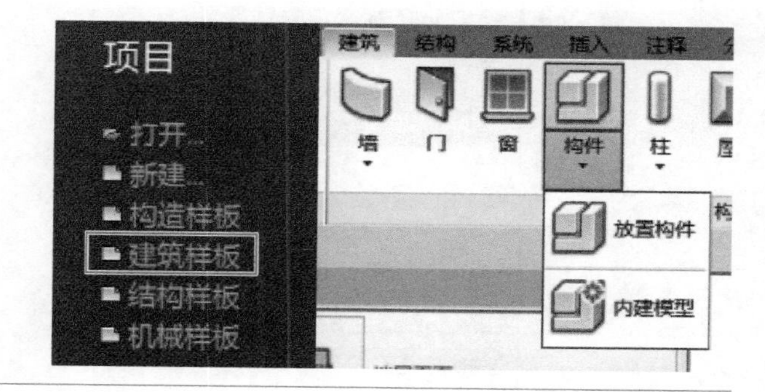

图 5-164　内建模型

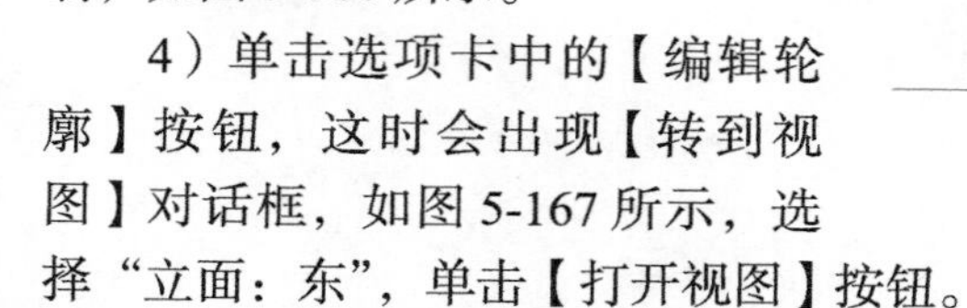

4）单击选项卡中的【编辑轮廓】按钮，这时会出现【转到视图】对话框，如图 5-167 所示，选择“立面：东”，单击【打开视图】按钮。

5）依据图 5-163 东立面轮廓数据，在东立面视图上绘制轮廓线。绘制完成后，单击✔按钮，完成轮廓绘制，如图 5-168 所示，并退出【编辑轮廓】模式。

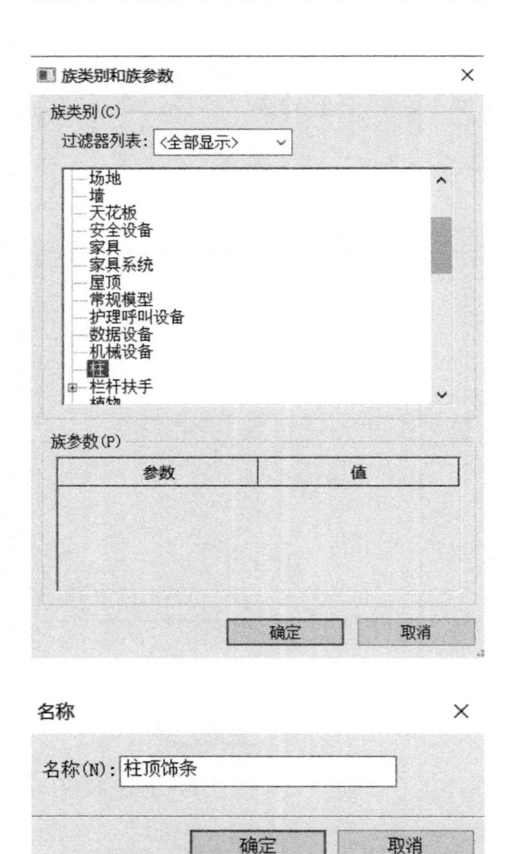

图 5-165　族类别和族参数

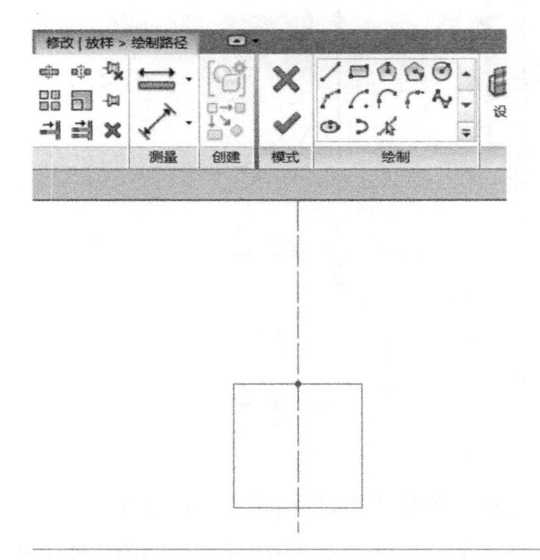

图 5-166　绘制路径

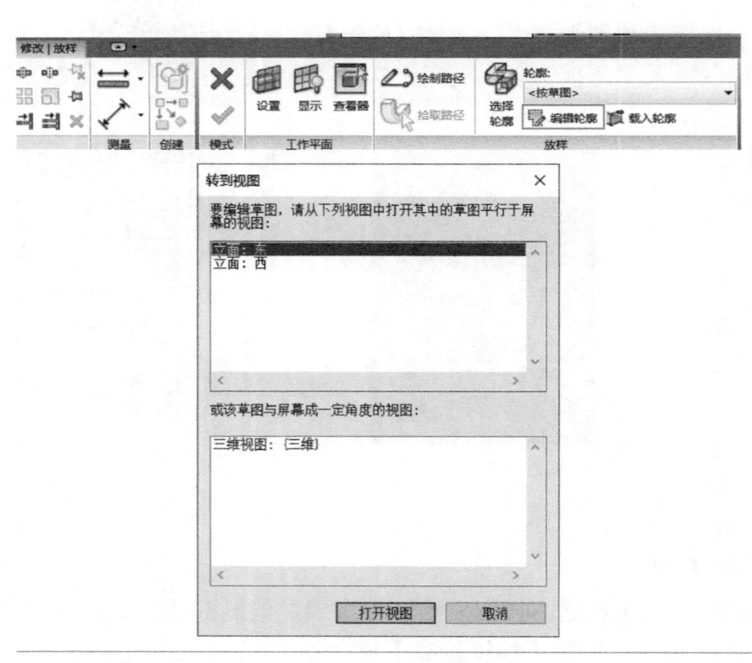

图 5-167　编辑轮廓

6）单击【修改 | 放样】选项卡中的✔按钮，完成柱顶饰条建模，在三维视图中，将视觉样式切换为“真实”，按住 <Ctrl+S> 键保存文件，并命名为“柱顶饰条”，如图 5-169 所示。

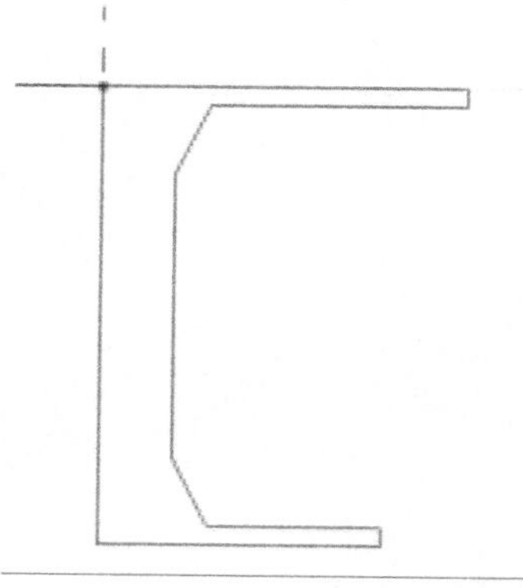

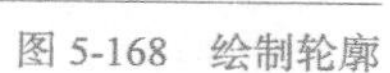

图 5-168　绘制轮廓

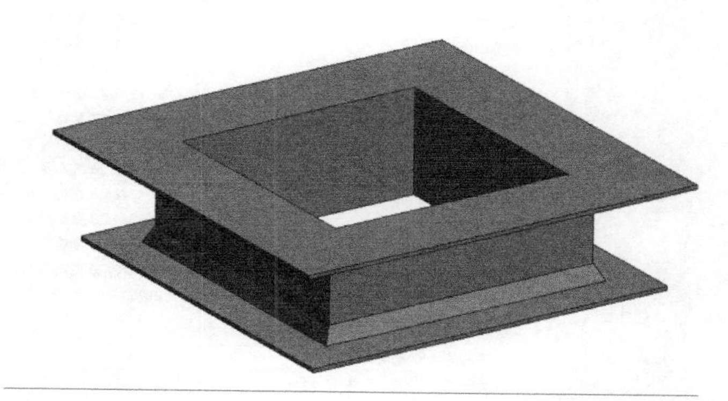

图 5-169　柱顶饰条三维视图

（5）族综合应用实例

图 5-170 为某凉亭模型的立面图和平面图，请按照图示尺寸建立凉享实体模型（立体形状如图 5-170 所示)，并以“凉亭”为文件名保存。

该凉亭族具体创建步骤如下。

凉亭绘制

1）单击 Revit 界面左上角的【应用程序菜单】按钮→【新建】→【族】→选择“公制常规模型 .rft”族样板，单击【打开】按钮。用户即可进入到【公制常规模型】族编辑器的界面，如图 5-171 所示。

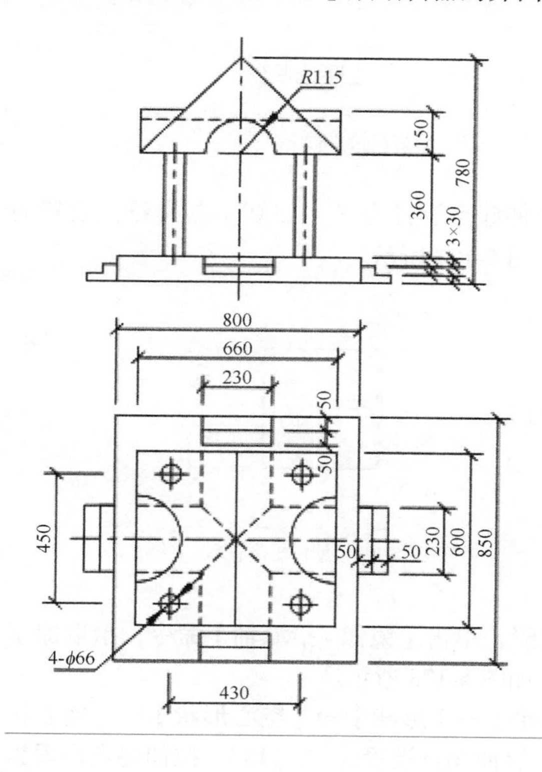

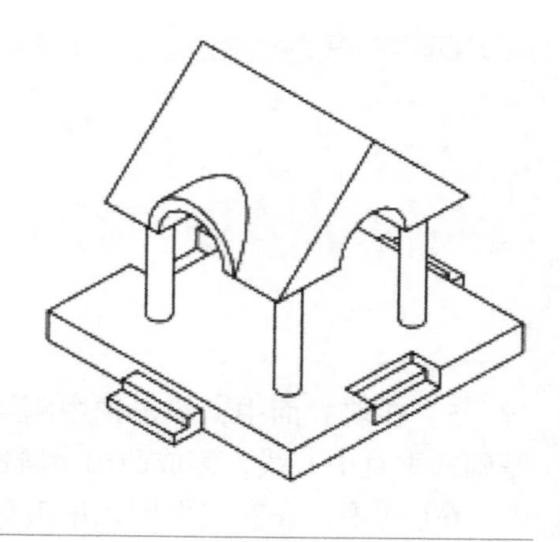

图 5-170　某凉亭图纸

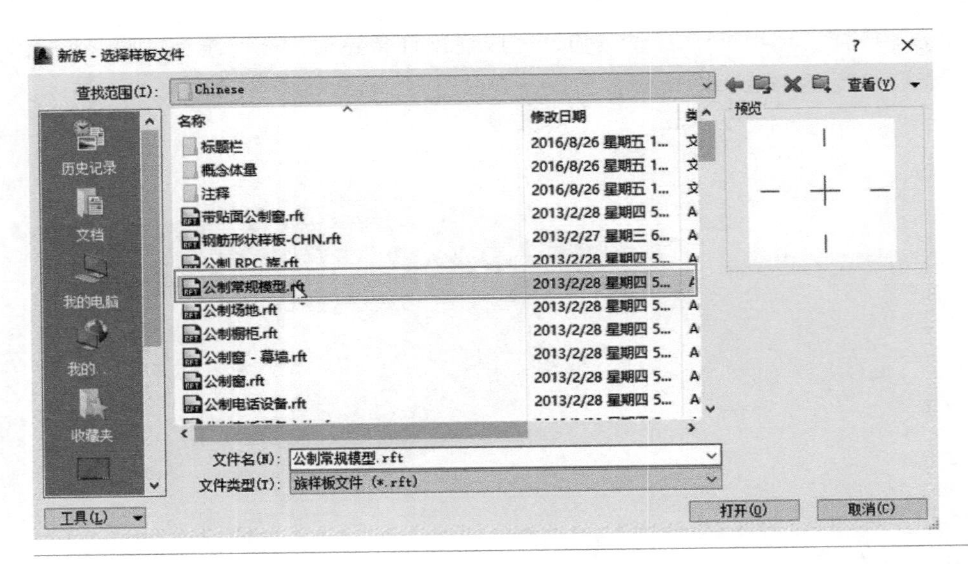

图 5-171　选择样板文件

2）在“参照标高”平面视图中，使用RP快捷键，绘制如图5-172所示4个参照平面。

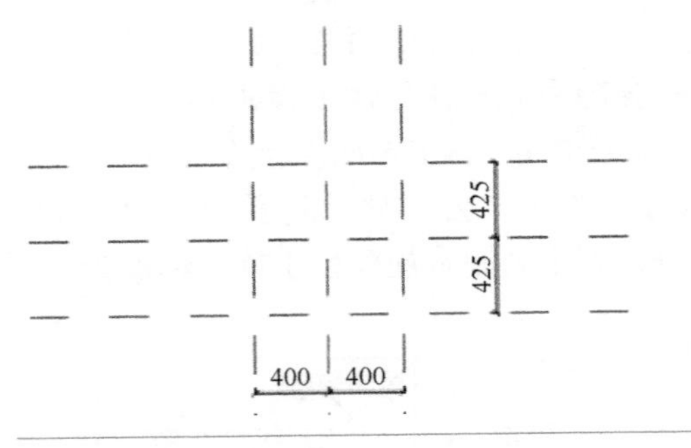

图 5-172　绘制参照平面

3）单击功能区中【创建】→【形状】→【拉伸】命令，使用【矩形】命令绘制凉亭基础，拉伸起点设置为“0”，拉伸终点设置为“90”，单击✔按钮，完成绘制，如图5-173~图5-175所示。

4）通过项目浏览器切换至前立面，单击功能区中【创建】→【形状】→【拉伸】命令，使用“直线”命令绘制凸出台阶轮廓，拉伸起点设置为“ –115.0”，拉伸终点设置为“115.0”，单击✔按钮，完成绘制，如图5-176和图5-177所示。

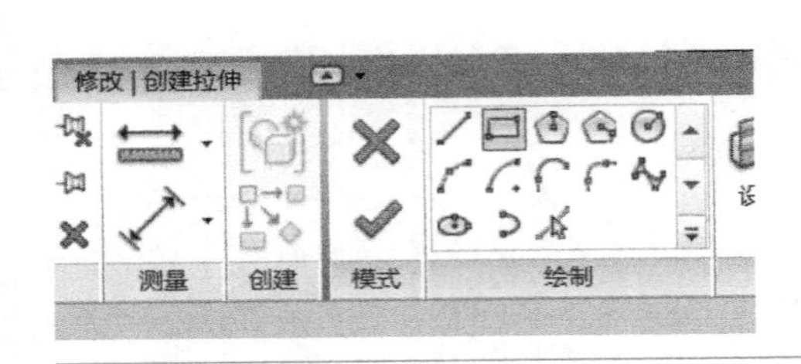

图 5-173　创建拉伸

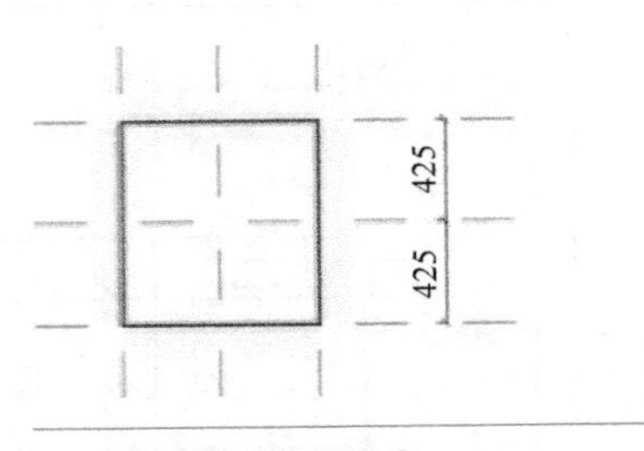

图 5-174　绘制矩形轮廓

5）在前立面中，单击选中刚绘制的凸出台阶，单击【镜像 - 拾取轴】命令，拾取凉亭基础的垂直中心线，完成凸出台阶的镜像复制，如图5-178所示。

6）同理，在左立面中，单击功能区中【创建】→【形状】→【空心形状】→【空心拉伸】命令，使用“直线”命令绘制凹台阶轮廓，拉伸起点设置为“ –115”，拉伸终点设置为

“115”。单击选中刚绘制的凹台阶，单击【镜像 - 拾取轴】命令，拾取凉亭基础的垂直中心线，完成凹台阶的镜像复制，如图 5-179~ 图 5-181 所示。

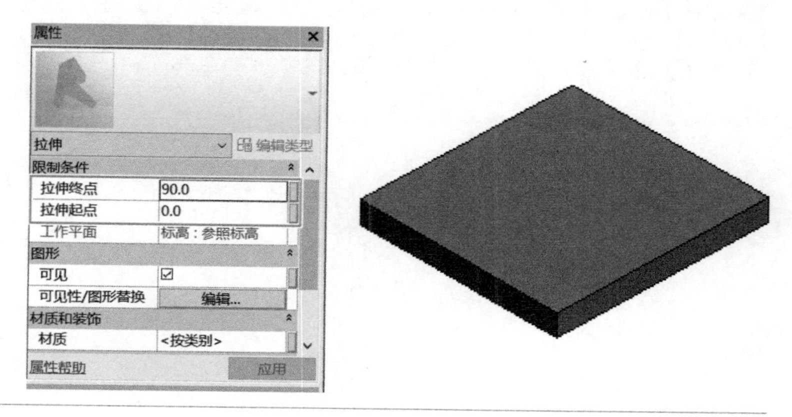

图 5-175　修改拉伸起点和终点

图 5-176　绘制凸台阶轮廓

7）在“参照标高”平面视图中，使用 RP 快捷键，绘制图 5-182 所示 2 个参照平面。

图 5-177　台阶三维视图

8）在“参照标高”平面视图中，单击功能区中【创建】→【形状】→【拉伸】命令，使用“圆形”命令绘制凸出台阶轮廓，圆形半径为“33”，拉伸起点设置为“90”，拉伸终点设置为“450”，单击✔按钮，完成凉亭柱子绘制。单击选中刚绘制的凉亭柱子，连续 3 次使用【镜像 - 拾取轴】命令，拾取相应参照平面，完成凉亭柱子的镜像复制，如图 5-183 所示。

9）在前立面中，单击功能区中【创建】→【形状】→【拉伸】命令，使用“直线”命令绘制三角形凉亭屋顶轮廓，拉伸起点设置为“ –300”，拉伸终点设置为“300”，单击✔按钮，完成三角形凉亭屋顶绘制，如图 5-184 所示。

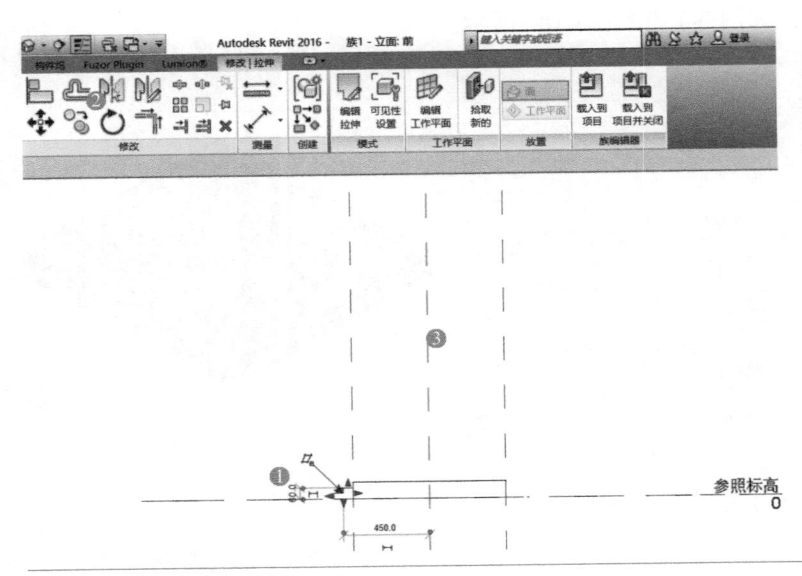

图 5-178　镜像复制凸台阶

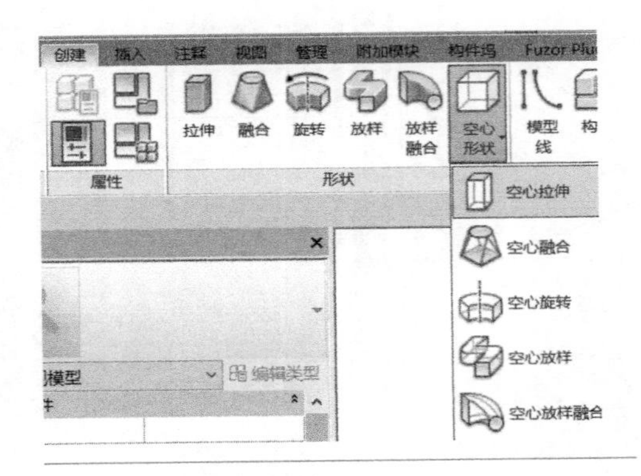

图 5-179　空心形状菜单

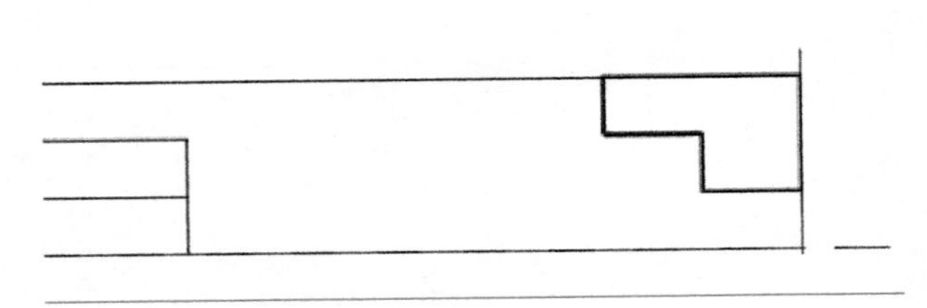

图 5-180　绘制凹台阶轮廓

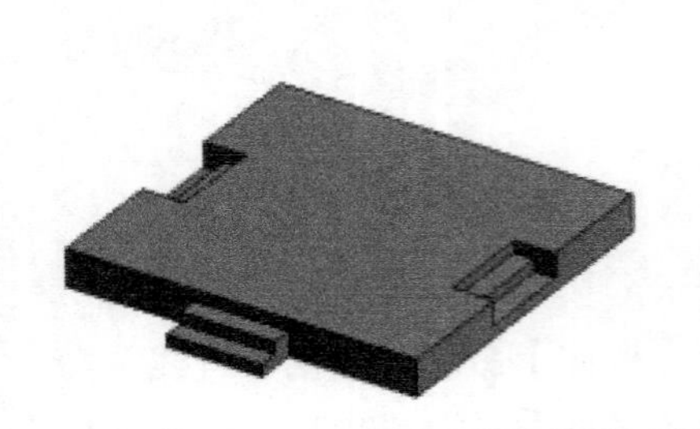

图 5-181　凹台阶三维视图

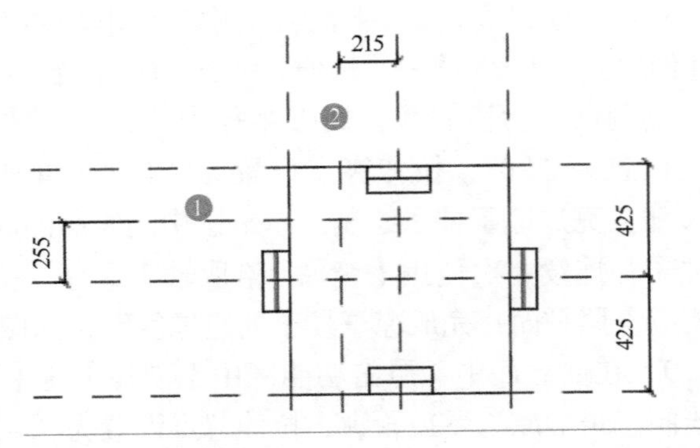

图 5-182　绘制参照平面

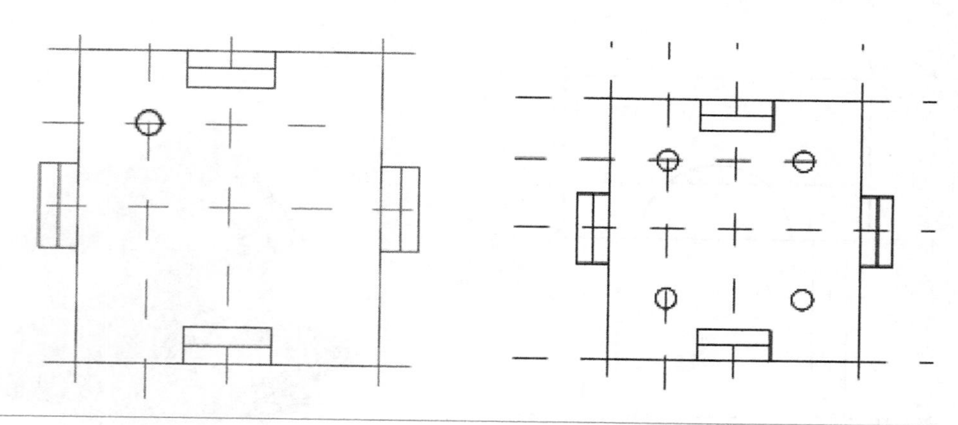

图 5-183 镜像复制凉亭柱子

10）在前立面中，单击功能区中【创建】→【形状】→【空心形状】→【空心拉伸】命令，使用“圆形”命令绘制三角形凉亭屋顶镂空部分，圆形半径为“115”，拉伸起点设置为“-300”，拉伸终点设置为“300”，单击✔按钮，完成绘制，如图 5-185 所示。

11）通过项目浏览器切换至左立面，单击功能区中【创建】→【形状】→【拉伸】命令，使用“圆形”命令绘制半圆形拉伸体，圆形半径为“150”，拉伸起点设置为“-330”，拉伸终点设置为“330”，单击✔按钮，完成半圆形拉伸体的绘制，如图 5-186 所示。

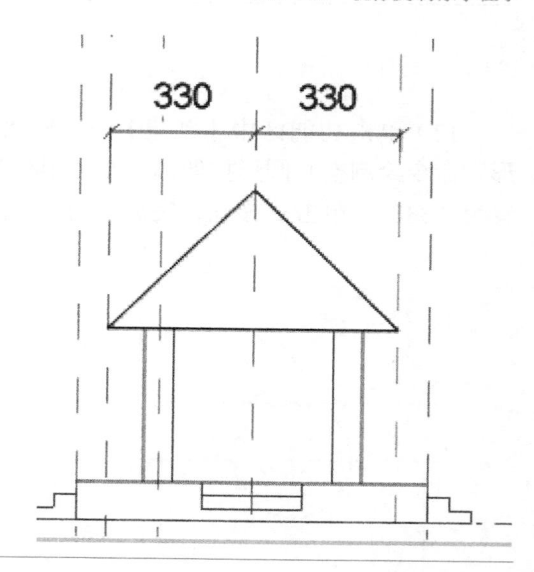

图 5-184 屋顶轮廓

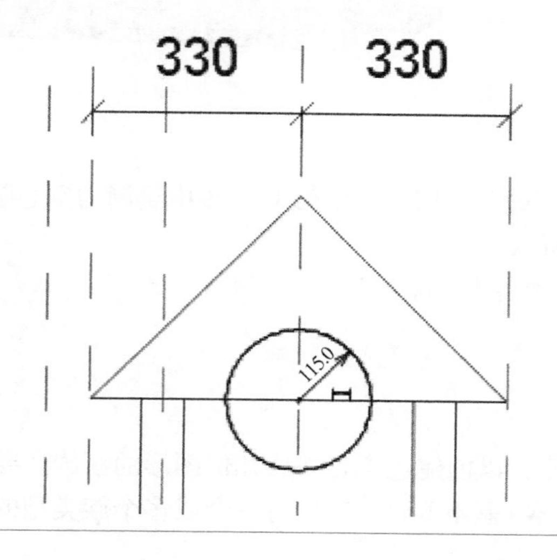

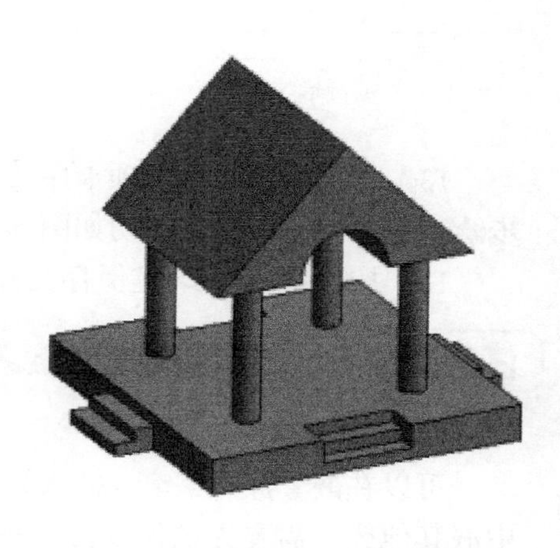

图 5-185 屋顶镂空部分

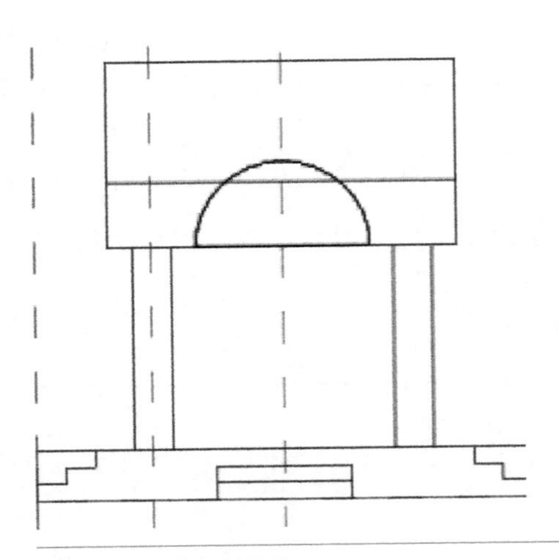
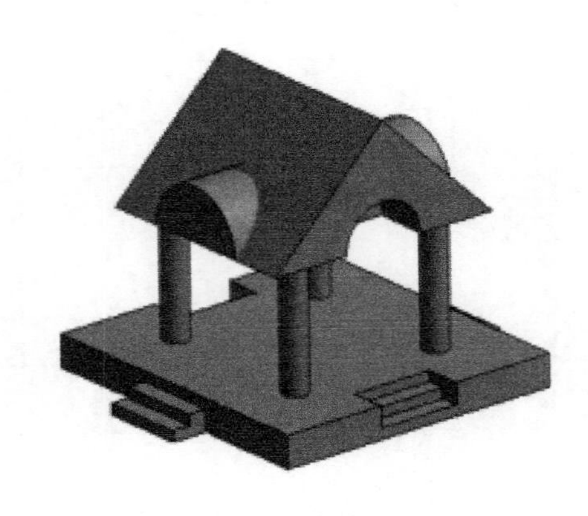

图 5-186　半圆形拉伸体

12）单击功能区中【创建】→【形状】→【空心形状】→【空心拉伸】命令，使用“圆形”命令绘制空心圆形拉伸体，圆形半径为“115”，拉伸起点设置为“ –330”，拉伸终点设置为“330”，单击✔按钮，完成绘制，如图 5-187 所示。

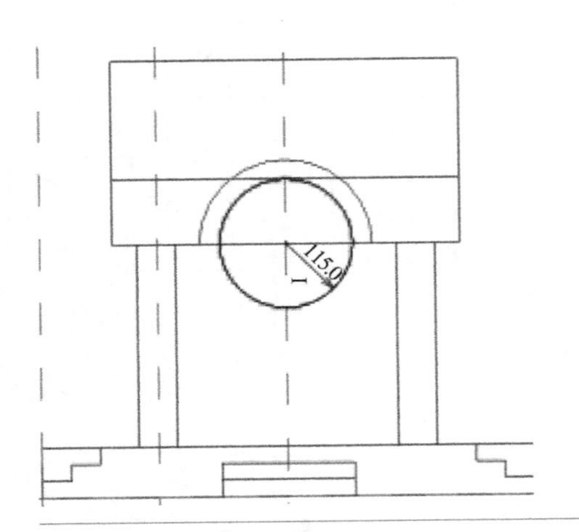

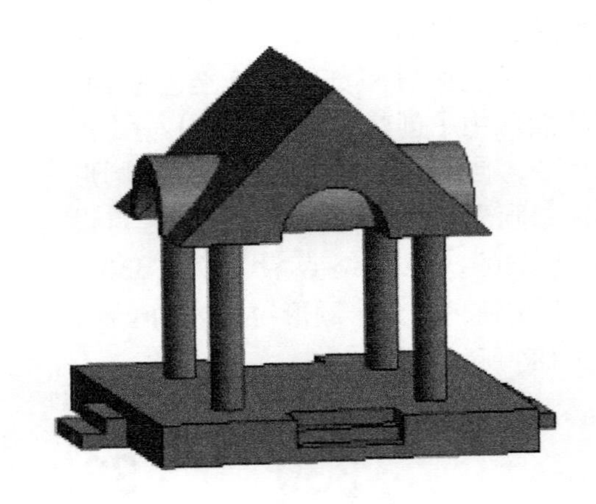

图 5-187　空心圆形拉伸体

13）单击【修改】选项卡中【剪切】命令，依次选中第 11）步中绘制的空心圆和第 12）步绘制的拉伸体，完成剪切如图 5-188 所示。

14）按住 <Ctrl+S> 键保存文件，并命名为“凉亭”。

任务实施 5.2.5 创建嵌套族

1. 嵌套族概念

可以在嵌套族中嵌套（插入）其他族，以创建包含合并族几何图形的新族。要在某一族中嵌其他族，需要先创建或打开一个主体（基本）族，然后将一个或多个族类型的实例载入并插入到该族中。

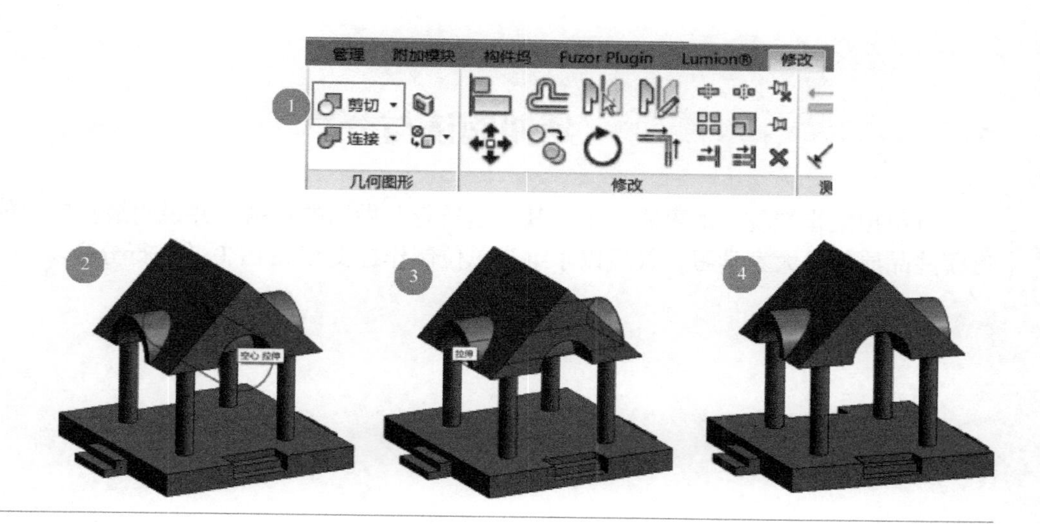

图 5-188 凉亭剪切

2. 嵌套族实例

根据图 5-189 给定的尺寸标注建立“百叶窗”构件集。所有参数采用图中参数名字命名，设置为类型参数，扇叶个数可以通过参数控制，并对窗框和百叶窗的百叶赋予合适材质，最后将模型文件以“百叶窗”为文件名保存。

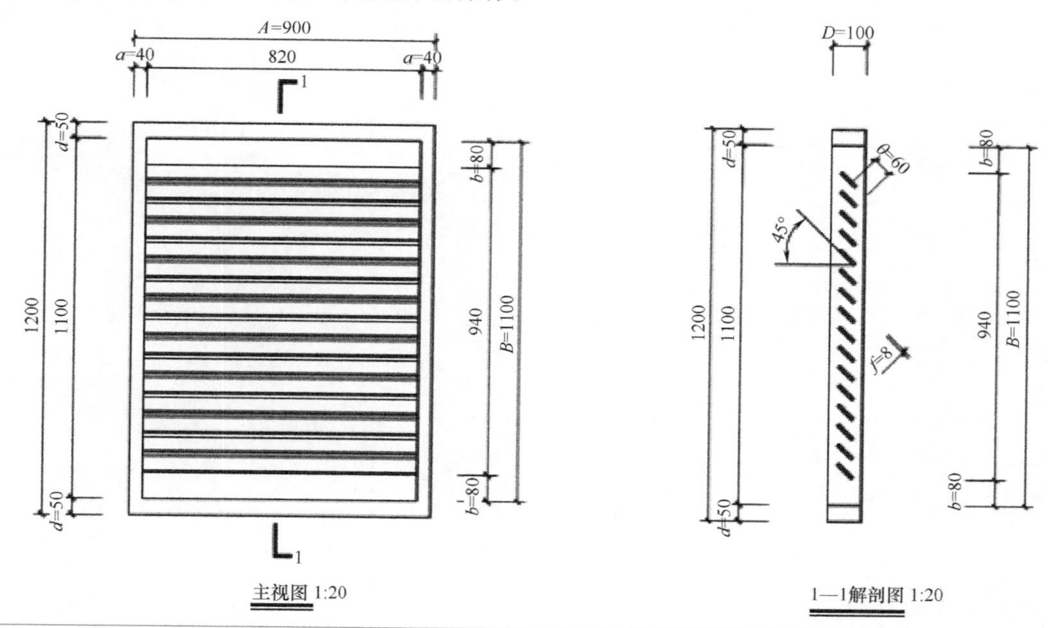

图 5-189 百叶窗图纸

读者可扫描以下二维码观看该百叶窗族具体创建步骤。

百叶窗绘制

延伸阅读与分享

分组搜集崔愷院士的事迹，了解其为建筑行业做出的贡献，并说明最喜欢他的原因以及有哪些品质值得大家学习，最后以小组为单位制作提交相关 PPT 并进行分享。

参考文献

[1] 刘鑫，王鑫．Revit 建筑建模项目教程［M］．北京：机械工业出版社，2019.

[2] 唐艳，郭保生．BIM 技术应用实务——建筑部分［M］．武汉：武汉大学出版社，2018.

[3] 柏慕进业．Autodesk Revit Architecture 2016 官方标准教程［M］．北京：电子工业出版社，2016.

[4] 黄亚斌，徐钦．Autodesk Revit 族详解［M］．北京：中国水利水电出版社，2013.